住房城乡建设部土建类学科专业“十三五”规划教材
高 校 建 筑 学 专 业 指 导 委 员 会 规 划 推 荐 教 材

建 筑 力 学

（第三版）

吕令毅　吕子华　编著

中 国 建 筑 工 业 出 版 社

图书在版编目（CIP）数据

建筑力学/吕令毅，吕子华编著. —3版. —北京：中国建筑工业出版社，2018.1（2025.6重印）
住房城乡建设部土建类学科专业“十三五”规划教材. 高校建筑学专业指导委员会规划推荐教材
ISBN 978-7-112-21745-8

Ⅰ. ①建…　Ⅱ. ①吕…②吕…　Ⅲ. ①建筑力学-力学-高等学校-教材　Ⅳ. ①TU311

中国版本图书馆CIP数据核字（2018）第002264号

责任编辑：王　惠　陈　桦
责任校对：王宇枢

为了更好地支持相应课程的教学，我们向采用本书作为教材的教师提供课件，有需要者可与出版社联系。
建工书院：http：//edu. cabplink. com/index
邮箱：jckj@ cabp. com. cn　电话：01058337285

住房城乡建设部土建类学科专业“十三五”规划教材
高校建筑学专业指导委员会规划推荐教材
建筑力学
（第三版）
吕令毅　吕子华　编著
*
中国建筑工业出版社出版、发行（北京海淀三里河路9号）
各地新华书店、建筑书店经销
北京鸿文瀚海文化传媒有限公司制版
天津画中画印刷有限公司印刷
*
开本：787毫米×1092毫米　1/16　印张：18　字数：393千字
2018年3月第三版　2025年6月第二十九次印刷
定价：**39.00**元（赠教师课件素材）
ISBN 978-7-112-21745-8
（31588）

第三版前言

《建筑力学》一书，2006 年发行第一版，2010 年再版，现应市场和出版社要求修改完成第三版。

本书第三版的主要变动在于新增了“结构动力分析入门”一章。建筑结构设计基于结构静力分析和结构动力分析两大部分。结构动力分析是建筑抗风和抗震这两个关键设计要素的核心。虽然笔者自 1994 年以来一直主讲东南大学博士学位课程《高等结构动力学》，深知结构动力学在建筑力学中不可或缺的地位，但在本书的前两版均采取了回避的态度。其原因在于本书追求实用性，希望读者在阅读本书后能将有关知识直接运用于设计工作，但结构动力学及其应用涉及的基础理论繁杂，按现有的教学体系撰写篇幅太大，恐怕难以接受。如果采用蜻蜓点水的科普式写法，读者又难以深入思考。《建筑力学》第三版对经典动力学和结构动力学各部分内容进行了有机整合，摒弃了大量和建筑师无关的技术细节，在注重实用性的同时，也保了全书链证逻辑的完整性。

“结构动力分析入门”一章共分五节，在保证逻辑链完整的情况下，以极小的篇幅介绍了结构动力学及其相关领域的核心内容和分析案例，使读者能在短时间内了解结构动力学核心概念、分析方法、解题技巧和工程应用。第 12.1 节介绍了结构动力学与结构静力学、经典动力学的关系，使读者对结构动力学在其相关领域中的定位有一个整体的认识。第 12.2 节摒弃了传统运动学由匀速直线运动逐步深入到空间曲线运动的教学路线，直接讨论空间一般曲线运动的三维向量描述。这样安排虽然对读者的素质有一定要求，但也有利于读者快速、简洁地把握运动学的核心内容，同时也节省了大量的教学篇幅。第 12.3 节介绍了经典动力学的核心原理——牛顿运动定律及其在工程应用中的常用形式——达朗贝尔原理。第 12.4 节“弹簧振子的运动”具有承上启下的作用。一方面，弹簧振子是经典动力学中的典型案例，其运动方程的建立及其求解过程很好地展示了经典动力学的方法、技巧和基本概念；另一方面，作为单自由度的范例，其通解可以直接应用于结构抗风、抗震单自由度模型的求解。在第 12.5 节“结构振动分析”建立了高层建筑和大跨结构抗风、抗震分析的单自由度动力学模型，这样可以直接运用第 12.4 节得到的通解求运动微分方程，节省的篇幅用于深入探讨结构动力学模型的建立方法和基本性质。尽管这条教学线路没有涉及多自由度系统的相关概念，但我们认为那对于建筑师来讲实用性不大，并非必须掌握。

总之，本书第三版尝试为结构动力学教学开辟一条针对建筑设计从业人员简洁而不失逻辑完整性的教学路线。至于实际效果如何，敬请读者提出宝贵意见。

第三版新增“结构动力分析入门”一章的插图由东南大学张良尘、吴熙、胡晚亭、刘远之绘制，在此表示由衷的感谢！

第一版前言

本书写作的初衷主要是面向非结构专业（如建筑学专业）的学生和工程技术人员，帮助他们在短时间内掌握建筑结构设计所必备的基本力学知识。

基于本书的写作背景，笔者以力的起源和静力学基本理论框架的建立为起点，一直讲述到对现代结构分析产生重大影响的位移法，其间穿插了结构分析所必备的有关力学知识。具体包括：第 1 章绪论，主要介绍建筑力学的任务和作用；第 2 章静力学基础，介绍静力学基本理论框架的形成过程和相关内容；第 3 章建筑结构的类型、结构计算简图和结构受力图，旨在阐述结构分析模型的建立方法和基本过程；第 4 章平面杆系结构的几何稳定性分析，介绍结构的构成和稳定性的基本判别方法；第 5 章静定结构内力分析，讨论静力学方法在静定结构分析中的应用问题；第 6 章杆件应力、应变分析，介绍如何由杆件的内力来计算杆件的应力和应变；第 7 章静定结构的位移计算，讨论杆系结构位移计算的若干技巧；第 8 章力法，介绍超静定结构分析的经典方法——力法；第 9 章位移法，介绍现代结构分析的基础——位移法；第 10 章压杆稳定，讨论结构弹性稳定验算的有关基本内容。

按照经典的学科分支划分方法，本书的内容涉及理论力学、材料力学、结构力学和弹性力学，此外还有部分结构设计原理的相关内容。要在 30 万字的篇幅内，面向以初等力学知识为背景的读者，自成体系地完成这项工作，不是件容易的事。这就必须对现行的讲授体系进行适当的改革。本书的第 6 章在教学体系上做了较大变动，在这一章里我们从弹性力学的应力、应变概念出发，讨论了物体内的应力、应变状态及其物理关系；然后通过介绍特定的工程假定，将杆件拉伸、压缩、纯弯曲和横力弯曲作为单向应力状态和平面应力状态的特例展现给读者。建立这样的教学体系有几个优点：第一，避免了应力应变概念教学过程中的重复性，节省了篇幅；第二，杆件应力应变分析体系的逻辑性大为加强；第三，将拉伸、压缩和弯曲作为特定应力状态的实例来介绍，有助于读者举一反三，同时将一般弹性理论运用到实际工程分析中。当然这样的教学体系要求读者具备一定的思维成熟性，对于大学低年级学生可能会感到有点吃力。和第 6 章类似，本书的第 2、3、5、7 章也对现行教学体系作了一些调整，最大限度地减少了教学内容的重复性。

写作过程中，笔者得到了多方面的大力支持和帮助。东南大学的周月庭、李强、邢俊刚、杨波、何学兵负责本书的插图绘制工作；陈彬、汤伟方承担了部分例题、习题的试算和验算工作；复旦大学的陈道勇教授、上海天文台的曹新伍研究员、东南大学的陆可人教授为本书的写作提出了许多有益的建议，对此笔者表示衷心的感谢！

本书涉及的学科分支比较多，限于笔者的才识，疏漏之处在所难免，敬请读者批评指正。

目 录

第 1 章
绪　论

Chapter 1
Introduction

1.1 建筑力学的使命

1.1.1 建筑力学——人类古老文明的结晶

建筑是人类文明的一个象征，是社会科学、自然科学和文学艺术有机结合的产物。从某种程度上说，建筑的历史和人类文明的历史一样久远。一个国家、一个民族、一个时代的特征，无不深深烙在了这个国家、这个民族、这个时代的建筑上。

力学作为人类科学史上的第一门带头学科，它的历史古老而悠远。力学对现代科技的发展发挥了巨大的推动作用。它对现代人的影响，已经深入到了生活的每一个角落、每一个瞬间，几乎无处不在、无时不见。

建筑力学作为人类这两个最伟大的文明相结合的产物，注定是一门具有不朽魅力的学科。经过几个世纪的大浪淘沙，呈现在我们面前的是一幅精美的长卷。它的每一章、每一节，都是人类在特定历史时期的智慧结晶。面对这样一幅长卷，我们不仅是在学习，更多的是在欣赏、是在品味。

1.1.2 建筑三要素和建筑力学的使命

在学习一门学科之前，首先要对这门学科有个整体的了解。要理解建筑力学在建筑设计中的地位和作用，有必要从建筑设计的基本理念谈起。建筑设计的理念取决于建筑价值观。从本质上看，建筑是人的居所。基于这一最基本的建筑价值观，2000年前古罗马奥古斯都时期的建筑理论家维特鲁威，在他著名的《建筑十书》中就提出了“坚固”、“适用”、“美观”的建筑设计原则。这一经典性的建筑设计理念，被后人当作金科玉律，世代流传。现已成为举世公认的*建筑三要素*。由此可见，西方历史上一直把“坚固”和“适用”作为评判优秀建筑的第一和第二准则。正因为如此，希腊、罗马和埃及的古老建筑才能历经几个世纪的风雨沧桑，而完好地保存了下来。

在实现建筑设计的第一要素方面，建筑力学发挥着举足轻重的作用。正是基于建筑力学的分析、计算，才保证了建筑物在其使用过程中能够抵御各种外荷载的侵袭，为用户提供一个安定、稳固的居住环境。实际上，建筑的第一要素和第三要素之间也存在相互影响的问题。“坚固”是一个比较客观的概念，不随人主观意志的改变而改变。而“美观”的标准，主观成分就比较大。将坚固作为建筑第一要素有其非常积极的一面，这会在潜意识中将人们的审美情趣引向健康、向上的一面，而不是去追求片面的病态美。从这一角度看，建筑力学的熏陶也有助于增强设计者对“力之美”的理解和运用。

海德格尔有句名言：“人应该诗意地栖居。”“诗意地栖居”的前提，是我们生活在一个安定、闲适的环境中。优秀建筑不仅要在事实上提供一个稳固的栖居环境，而且也应该向居住者传递出稳定、从容的信息。这正是建筑力学所肩负的使命。

1.2 建筑力学的任务

1.2.1 建筑界的专业分工

维特鲁威的建筑三要素理念直接促成了建筑业三大专业的形成。这就是建筑学专业、结构工程专业和建筑设备专业。这三大专业在现代建筑的建设过程中既分工明确，又相互制约。只有通过它们之间的协同工作，才能保证建筑三要素在个体上的有机结合。要充分理解建筑力学在建筑设计中的具体任务，就要对这三大专业在建筑工程中发挥的作用有个整体的认识。

迄今为止，建筑业各部门之间的信息交换和成果交接都是以图纸方式进行的。通过各专业所递交的图纸，就可以了解它们的分工和作用。一幢建筑完工后的所有图纸，统称为该项建筑的建筑工程图。建筑工程图是以投影原理为基础，按国家规定的制图标准，把已经建成或尚未建成的建筑工程的形状、大小等准确地表达在平面上的图样，并同时标明该工程所用的材料以及生产、安装方面的要求。它是工程项目建设的技术依据和重要的技术资料。建筑工程图包括方案设计图、建筑工程施工图和工程竣工图。由于工程建设各个阶段的任务要求不同，各类图纸所表达的内容、深度和方式也有差别。方案设计图主要是为征求建设单位的意见和供有关上级管理部门审批时使用的图纸；建筑工程施工图是施工单位组织施工的依据；工程竣工图是工程完工后按实际建造情况绘制的图样，作为技术档案保存起来，以便于需要的时候随时查阅。

在设计阶段工作量最大、最关键的一步就是建筑工程施工图，简称施工图。施工图是表示工程项目总体布局、建筑物的外部形状、内部布置、结构构造、内外装修、材料做法以及设备、施工等要求的图样。它是设计工作的最后成果，是进行工程施工、编制施工预算和施工组织设计的依据，也是进行施工技术管理的重要技术文件。一套完整的建筑工程施工图，一般包括：建筑施工图、结构施工图和设备施工图。

建筑施工图简称“建施”。它一般由设计部门的建筑学专业人员进行设计绘图。建筑施工图主要反映一个工程的总体布局，表明建筑物的外部形状、内部布置情况以及建筑构造、装修、材料、施工要求等等。它可用来作为施工定位放线、内外装饰做法的依据，同时也是结构施工图和设备施工图的依据。建筑施工图包括：设计说明、建筑总平面图、建筑平面图、建筑立体图、建筑剖面图等基本图纸，以及墙身剖面图、楼梯、门窗、台阶、散水、浴厕等详图和材料做法说明等。

结构施工图，简称“结施”。它是结构工程师根据建筑物使用时的外荷载情况，对建筑主要承重构件进行力学分析计算后绘制的，描述建筑物骨架布置和制作方法的图样。结构施工图主要反映了结构构件的布置、断面形状、大小、材料、内部构造以及相互关系等。它是施工放线、基础开挖、构件制作、结构安装、设置预埋件和编制预算和施工组织计划的主要依据。结构施工图一般包括：结构设计说明、基础平面图和基础详图、结构平面图、构件详图等有关内容。

设备施工图是给水排水、采暖通风以及电气设备等施工图的统称，是建筑设备专业技术人员设计工作的体现。

从上面介绍的各专业所递交的图纸内容可以看出，建筑学专业是建筑工程设计中的龙头，负责建筑的整体设计、规划和各细节的制作设计。结构工程和建筑设备是特定建筑功能的专项专业。其中，结构工程专业主要负责建筑物的骨架设计，以确保建筑第一要素在实际工程中的体现。

1.2.2 建筑力学的任务

在整体上把握了建筑工程设计施工的各个环节之后，就很容易理解建筑力学在建筑物建设中的具体任务和作用了。

通过前面的介绍我们已经知道，建筑工程的设计工作具体包括：建筑设计、结构设计和设备布置三大部分。其中，结构设计又可分为结构分析和构件设计两个环节。结构分析主要负责将建筑物抽象成骨架形式——建筑结构，然后根据建筑物在其使用期内可能遭遇到的荷载情况，运用结合建筑结构固有特性的力学原理和方法，对结构进行分析、计算，以确定各结构构件的负荷；构件设计则根据结构分析的成果，按照各结构构件的负荷情况，对构件的尺寸、材料、制作方法、节点处理方式等进行设计，以保证各构件能够承担各自的责任。其中结构分析中依据的原理和使用的方法，就是建筑力学所要讨论的内容。由此可见，建筑力学在实现建筑第一要素的过程中，发挥着不可或缺的作用，它是结构工程工程师必备的主干专业知识。

虽然实现建筑第一要素主要是结构工程技术人员的职责，但建筑师作为建筑工程设计的总体负责者，也必须具备一定的建筑力学知识。实际上，建筑方案的制定就已经牵涉到了许多结构问题。例如，建筑总体方案就存在结构选型的问题；建筑平面图中就涉及柱网的布置问题，如此等等，不一而足。具备一定的建筑力学知识有助于建筑师开拓思路，提出现实而大胆的方案。建筑方案的制定过程，是一个交织着现实和创意矛盾的创造过程。对建筑力学的感悟，可以帮助建筑师在现实和创意的矛盾中找到最佳的平衡点。因此，建筑力学对建筑师来说，也是一门应该有所了解的学科。

1.3 建筑力学的基本内容和作用

从整体上说，建筑力学包括两方面的内容：一是经典力学的基础知识；二是融合了建筑结构固有特征的专业力学知识。

基础力学知识部分主要介绍一些普适的力学原理和方法。这一部分内容有些可能并不直接运用于实际生产，但它却是学习专业力学知识的基础。例如，第2章静力学基础、第5.1节内力和内力图的一般概念、第5.2节静定结构指定截面的内力分析、第5.3节直杆的荷载—内力关系、第6章杆件应力应变分析、第7.1节结构位移计算的一般概念、第7.2节变形体的虚功原理、第10.1压杆稳定的一般概念，等等，就属于基础力学知识的范畴。

建筑力学中的专业力学知识部分，主要介绍在建筑工程特有背景下提出的一些分析方法和力学概念。这一部分内容大幅度地提高了基础力学知识在解决建筑工程实际问题时的操作效率。专业力学知识将直接运用于实际工程分析中。例如，第3章建筑结构的类型·结构计算简图和结构受力图、第4章平面杆系结构的几何稳定性分析、第5.4节单跨静定梁的简单弯矩图、第5.5节叠加法作弯矩图、第5.6节多跨静定梁分析、第5.7节静定平面刚架分析、第5.8节静定平面桁架分析、第7.3节结构位移计算的一般公式·单位力法、第7.4节结构在荷载作用下的位移计算、第7.5节图乘法、第7.6节刚架和组合结构在荷载作用下位移计算举例、第7.7节结构由于温度变化、支座移动所引起的位移计算、第8章力法、第9章位移法、第10章压杆稳定，等等，就属于专业力学知识的范畴。

基础知识和专业知识的联合运用，就可以解决结构分析中的各种实际问题。例如，第3章建筑结构的类型·结构计算简图和结构受力图，就解决了从实际建筑中抽象出承载骨架的问题；第4章平面杆系结构的几何稳定性分析，解决了建筑结构的基本存在问题和组成问题；第5章、第6章、第7章和第9章的联合运用，解决了结构的强度验算问题；第5章、第7章和第8章的联合运用，可以解决结构的刚度验算问题；第5章、第8章和第10章联合运用，可以解决结构的稳定性问题。这样建筑结构的存在性和坚固性问题就得到了圆满的解答。

1.4 怎样欣赏建筑力学这门学科

被动地去“学”一门学科是一件比较枯燥的事，当这门学科比较复杂的时候尤其如此，而主动地去“欣赏”一门学科就是另外一回事了。

前面我们已经提到，建筑力学由人类两大文明支脉汇合而成。经过几个世纪的大浪淘沙，这里积淀的是人类智慧的结晶。因此，这应该是一门有足够魅力让我们去品味的学科。问题是我们怎么去欣赏她，站在哪个角度去欣赏她。

即使单从力学的角度上看，建筑力学也汇集了理论力学、材料力学、结构力学和弹性力学这四个经典力学分支的内容。因此，在这门学科的学习过程中，需要不断变换欣赏角度，这正是建筑力学比较难学的一面。

力学本身是一门具有双重性的学科，它既有注重纯粹理性思辨的一面，也有注重工程技术性的一面。对于不同的内容，应该从不同的角度去思考。例如，本书第2章的许多内容，实际上就是现代物理学起源的部分内容。从力的产生到力的度量，到力的运算，直至解决实际问题，这充分体现了从物理学概念出发，构造以定律为基石的理论框架，直至应用定理去解决实际问题的现代物理学工作模式。又如第6章介绍的胡克定律，它成功地将复杂应力状态下的应力应变关系投射到三个待定常数上，然后通过简单应力状态下的力学实验来确定这些待定常数，最终达到了对材料弹性性能进行完整描述的目的。这一整套思维模式，几个世纪以来一直影响着现代科学的各个分支，至今未变。这些内容即使是站在哲学的角度思考，也是十分耐人寻味的。

力学，在完成了现代物理学理性起源的历史使命之后，近代开始转向工程实际应用。作为工程领域的一个重要分支，专业力学分支比较注重解决问题时的方法性和技巧性。虽然没有基础力学内容那样辉煌夺目，但它那极富灵气的各种技巧和方法也足以让观赏者赏心悦目，流连忘返。例如，结构位移计算原本是一个基于杆件弹性变形的几何问题，但第7章的讨论，通过引入虚功的概念，在建立虚力原理的基础上，戏剧性地将它演变成了一个结构的内力计算问题。细细回味，实在令人嗟吁不已。像这样的令人叹为观止的技巧，贯穿全书，俯拾即是。

总而言之，对于基础力学的内容，学习时可以相对增加些哲理方面的揣摩，而对于专业力学方面的内容，也许更应该注重品尝它的技巧性和方法性。

第 2 章
静力学基础

Chapter 2
Elements of Statics

2.1　力的概念

2.1.1　什么是力

力是人们在生产实践和日常活动中逐步总结和抽象出来的一个物理学概念。从生活层面上讲，力是一个很容易感知的东西。例如，当人们提取重物时会感到手臂肌肉紧张，人们会说这件物体很重，提起来很费劲。这种“费劲”的感觉就是人们对力的最原始的描述。作为物理学的一个基本概念，“力”在生活直觉的基础上，经过了提炼和升华。在物理学中，力被定义为：物体之间的一种相互作用，这种作用将使物体的运动状态或形状发生变化。

理论上之所以采用这样一种文绉绉的方式，来描述原本非常朴素和直观的一个生活现象，完全是基于理论体系的自恰性和可操作性的考虑。这种经过提炼处理后的物理概念和其原始的“费劲”的感觉已经有了很大区别。力的物理学定义表明，当我们提取重物时，力是重物和手之间的一种相互作用，这种相互作用将使手下坠，肌肉拉长。为了克服这种下坠和拉长，大脑将调动肌体为手臂提供能量以保持原样，于是我们就有了所谓费劲的感觉。这种费劲的感觉实际上是大脑对手和重物之间相互作用的一种的评判和度量。

从上面的讨论可以看出，力作为物体之间的一种相互作用是不能直接被观测和测量的。在力的物理学定义中，后半句陈述很重要，它表明力会改变物体的运动状态和形状。这实际上规定了力是物体之间的一种机械作用，改变物体的运动状态和形状是力对物体的机械作用效应，前者称为运动效应，后者称为变形效应。众所周知，物体的运动状态和形状的改变是外在的，很容易被感知和测量。这样一来，我们就可以通过力的作用效应来感知力和测量力。但是，要通过力的作用效应来测量力，必须首先解决两个问题，一是建立“力”和“物体的运动状态改变”之间的定量关系，二是建立“力”和“物体形状改变”之间的定量关系。解决这两个问题可不是件容易的事，它花了人类很长时间。幸运的是，感谢牛顿（Isaac Newton）和虎克（Robert Hooke）等人的杰出贡献，这两个问题已经得到了圆满解决，那就所谓的牛顿第二定律

$$F = ma \tag{2-1}$$

和胡克定律

$$F = k\varepsilon \tag{2-2}$$

式中　F——力；

m 和 k——分别为物体的质量和刚度，是物体的固有属性；

a——物体的加速度，是对“物体运动状态改变”的度量；

ε——物体的变形率，是对“物体变形程度”的度量。

至此，我们不仅规定了力的性质，而且给出了力大小的度量方法，于是，“力”这样一个普通的生活概念也就堂堂正正地走进了现代物理学的殿堂。

2.1.2 质点和刚体

既然我们将力定义为“物体之间的一种相互作用”，那么，我们就必须仔细考虑“物体”这个概念的物理学含义，考虑在我们的理论体系中，物体可以抽象成哪些理想形式。

日常生活中，任何物体都具有很多特性，如：颜色、形状、大小、透明度等。对于我们所研究的特定问题，并不是所有这些特性都必须予以考虑的。例如，在研究光学问题时，物体的重量就无关紧要；同样，一辆汽车的加速及机动性能和它的颜色也没多大关系。由此看来，我们必须针对我们的研究领域，对物体进行抽象，去掉和问题无关的特性，保留其必要部分，也就是在该领域建立物体的物理学理想模型。研究表明，静力学中物体可以抽象成质点和刚体这两种理想模型。

1）质点

很多情况下，我们所讨论的力学问题只和研究对象的质量和质心的空间位置有关，和物体的大小、形状没有什么关系。这时该物体就可抽象成一个只有质量，没有大小的点，称之为质点。应该指出的是，并不是只有在研究对象很小时才能当作质点来处理。例如，在研究行星轨道时，地球、太阳等巨大的天体都被抽象成质点进行研究。相反，在研究微电子元件的力学性能时，我们又将肉眼看不到的微电子元件当成梁、板等有形模型进行研究。所以，是否将物体抽象成质点，完全由问题本身的性质决定，和物体的大小没有直接关系。

2）刚体

一般来说，在研究物体力学形态时，我们要考虑其质量、位置、大小、形状和弹性等。如果仅仅质量、位置和问题有关，物体就可以被抽象成质点。同样，在另一些问题的研究中，质量、位置、大小和形状都会对问题的分析结果产生重要影响，但物体的弹性性能却无关紧要，这时，物体就可以被抽象成一个有质量、大小、形状，但不会发生变形的理想模型，称之为刚体。

质点和刚体都是物体理想的力学模型，是对实际物体的理论抽象。如果一个研究对象被抽象成了质点，那么，我们就只关心它的质量和质心位置，至于该物体是由什么制成的，有哪些物理、化学属性，和问题无关，我们不予理会。虽然，自然界的物体千变万化，但从静力学的角度来看只有两个，即质点和刚体。因此，本章的内容在静力学层面，对自然界任何物体都是普遍适用的。

2.1.3 分布力、集中力和力的三要素

力是物体之间的相互作用。前面我们也对物体进行了抽象。与之对应，我们还需要对力的形式，也就是物体之间的相互作用形式进行必要的抽象。

严格地讲，自然界各物体之间都是通过作用面发生相互作用的。所以，力在自然界应该以分布形式存在，即所谓的分布力。然而，在我们的理论体系中仅仅使用分布力概念不仅不方便，而且在理论上也难以自恰。如前所述，静力学中，物体被理想化为质点或刚体。将物体抽象成质点，虽然一方面极大地简化了分析

流程；但另一方面，也给理论体系带来了一些歧点。由于我们规定质点有质量没大小，所以，从数学上说，质点的质量密度趋于无穷大。这显然不符合常理。但研究表明，质点的这种在质量密度方面的奇异性并不影响静力学体系本身的自恰性。所以，我们认为质点在质量密度上的奇异性并不影响它在静力学范畴内的合理性。但与此同时，没有大小的质点也就没有了作用面，这样分布力就无法描述质点之间的相互作用，这就造成了理论体系的内部矛盾。为了克服这一矛盾，我们需要依靠集中力的概念。所谓集中力，可以理解为作用面无穷小，分布集度无穷大，分布集度在作用面上的积分为一有限值的、一个特殊的分布力。引进集中力的概念不仅可以克服质点概念带来的理论歧点，而且也使许多问题的分析过程大为简化。所以，集中力是最重要、应用最普遍的力，物体间的大多数作用都可以抽象成集中力的形式。以后未予特殊说明，所说的力均指集中力。

我们对力的感知是通过力的作用效应获得的。力作用于刚体时会产生平移效应和转动效应。经验告诉我们，平移效应和力的大小和方向有关，而转动效应不仅和力的大小、方向有关，还与力的作用点有关。事实上，力对物体的作用效应取决于力的大小、方向和作用点这三个因素，称之为力的三要素。给定了这三个要素，一个力就被完全确定了。

2.2 静力学的定律和原理

力的三要素给出了单个力的完整描述方法。接下来要考虑的就是多个力在一起的运算问题。

既然决定力的三要素是大小、方向和作用点，这就不能不使我们猜测，力可能是个矢量。如果力是矢量，那么力和力之间的运算问题就迎刃而解，我们就可以按照数学上的矢量运算法则来处理多个力之间的合成和分解问题。那么，作为物理学基础概念的力是不是矢量呢？这一点是不能从数学上予以证明的，但可以得到实践的检验。随着时间的流逝，从大量物理学实践中，人们总结出了如下静力学定律。

定律 2.1 共点的两个力可以按平行四边形法则合成为一个力。

定律 2.1 也可以称为力的矢量定律。定律 2.1 表明，共点的两个力 $\boldsymbol{F}_1$ 和 $\boldsymbol{F}_2$ 的合力 $\boldsymbol{F}$ 等于两个力的矢量和，如图 2－1（a）所示，用矢量方程可表示为

$$\boldsymbol{F} = \boldsymbol{F}_1 + \boldsymbol{F}_2 \tag{2-3}$$

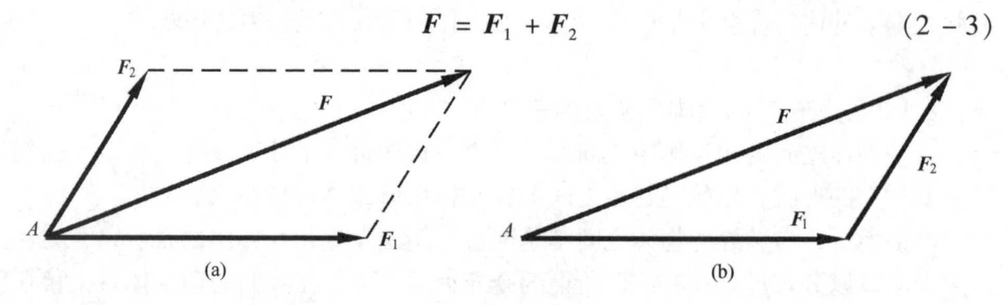

图 2－1

自然，合力也作用于两分力的公共作用点 A。

很多情况下，为简单起见，可以用图2－1（a）中四边形的一半来表示这一合成过程。如图2－1（b）所示，依次将 $\boldsymbol{F}_1$、$\boldsymbol{F}_2$ 首尾相接形成一个三角形，那么该三角形的第三条边就是 $\boldsymbol{F}_1$、$\boldsymbol{F}_2$ 的合力 $\boldsymbol{F}$。这种做法也称为力的三角形法则。

定律2.1虽然以合成的形式给出，但实际上也规定了力的分解方法，这一点请大家自己考虑，在此就不赘述了。

至此，我们已经能处理多个力作用于物体同一点的情况了。然而，实际生活中，力常常作用于物体的不同部分，这时我们又该如何处理呢？为了进一步讨论这个问题，我们需要引入一些新的概念。首先，既然力是矢量，那就有个作用线的问题。在以后的讨论中，我们称过力的作用点，和力的方向重合的直线为力的作用线。其次，我们还必须考虑力的平衡概念。力对质点或刚体的作用效应是改变质点或刚体的运动状态。如果在一个质点或刚体上施加一组力以后，刚体的运动状态不发生改变，那么该组力就称为一平衡力系。

借助于作用线和平衡的概念，我们就可以引入另一个静力学定律。

定律2.2　作用于同一刚体的二力平衡的充分必要条件是：两个力的作用线相同，大小相等，方向相反。

粗看一眼，也许会以为定律2.2可以从定律2.1中导出。但必须强调的是，定律2.2中的两个力不一定作用于刚体的同一点，所以，定律2.2是独立的，其正确性和定律2.1一样也只能由实践来检验。

从定律2.1、定律2.2以及平衡力系的定义出发，很容易得到力学中一个应用比较广泛的静力学原理。

原理2.1　在任一力系中增加或减去一个平衡力系，所得新力系与原力系对刚体的作用效应相同。

再进一步，从原理2.1出发我们又可以得到如下力的可传性原理。

原理2.2　作用于刚体上某一点的力，可沿其作用线移至刚体的任意一点而不改变该力对刚体的作用效应。

值得强调的是，力的可传性原理告诉我们，力在沿作用线移动以后，不改变的是对刚体的作用效应，即，不改变物体的运动状态；但对于弹性体，其变形效应可能会发生很大变化。图2－2（a）所示的杆件受一对平衡力 $\boldsymbol{F}$ 作用，将力 $\boldsymbol{F}$ 沿作用线移动后得图2－2（b）。图2－2（a）、（b）中杆件的运动状态是一样的，但变形情况正好相反，一个压缩，一个拉伸。这一点在今后使用原理2.2时要特别注意。

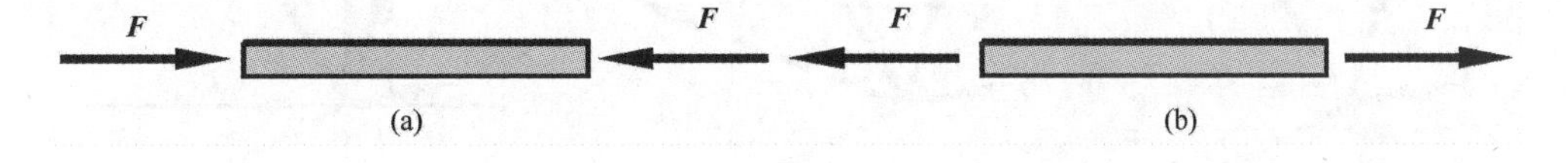

图2－2

到目前为止，我们一直在讨论同一物体上的受力情况。那么，物体和物体之间的相互作用又是怎样的呢？下面我们来讨论物体之间的作用力与反作用力定律。

定律2.3　两物体间相互作用的力（作用力与反作用力）同时存在于同一作用线上，大小相等，方向相反。

作用力和反作用力定律又称牛顿第三定律。

上面讨论的三个定律、两条原理是静力学的基石，它们构成了现代静力分析的基本理论框架。通俗地讲，这三个定律和两条原理规定了我们今后在静力分析时的基本游戏规则。

2.3　力系的分类和简化

2.3.1　力系的分类

从理论上讲，在第2.2节构筑了静力学基本理论体系后，我们就可以开始分析静力学问题了。但分析问题总要有个章法，不能胡子眉毛一把抓，我们应该首先对问题分门别类，然后一部分一部分地解决。按惯例，静力分析一般根据力的特征对问题进行分类。因此，本节中我们先来考虑力系的分类问题。

力系可以按照力系中各个力的空间分布情况进行分类。即使这样我们也有两条线索。第一条线索就是将力系分为：平面力系和空间力系。力系中所有力都处于同一平面内的力系称为平面力系，反之，则称为空间力系。第二条线索是根据力系中各力作用线的汇交、平行情况将力系分为：汇交力系、平行力系和任意力系。力系中所有力作用线都汇交于一点的力系称为汇交力系；力系中所有力作用线都彼此平行的力系称为平行力系；不满足这两条的就称为任意力系。显然，平面力系是空间力系的特殊情况，而汇交和平行力系则是任意力系的特殊情况。此外，两种不同的分类方式也存在交叉情况。如果一个力系既是平面力系也是汇交力系，就称为平面汇交力系。在工程结构分析中，一般将问题分为平面的或空间的。而在静力学中则通常按汇交力系和任意力系来划分问题。下面我们先来考虑汇交力系的简化问题。

2.3.2　汇交力系的简化

设在物体的O点作用一平面汇交力系$\boldsymbol{F}_1$、$\boldsymbol{F}_2$、$\boldsymbol{F}_3$、$\boldsymbol{F}_4$，如图2-3（a）所

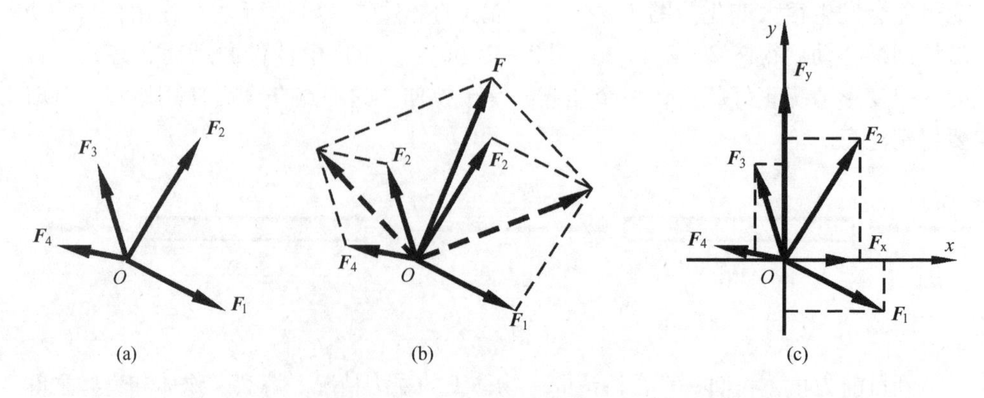

图2-3

示。根据定律2.1力的四边形合成法则，这四个力可以逐步合成简化为一个作用于O的合力$\boldsymbol{F}$，如图2-3（b）所示。这一结果具有普适性。也就是说，汇交力系合成的最终结果是，作用于力系汇交点的合力，合力的大小和方向由各力的矢量和决定。

在实际问题分析中，很多情况需要将力系简化到坐标轴上，而不是仅仅合成为一个合力。如图2-3（c），在O点建立xOy坐标系。这一汇交力系的合力$\boldsymbol{F}$可以再分解为x和y轴上的两个力，$\boldsymbol{F}_x$和$\boldsymbol{F}_y$。$\boldsymbol{F}_x$和$\boldsymbol{F}_y$是$\boldsymbol{F}$在x和y轴上的投影，可表示为

$$\boldsymbol{F}_x = \sum_{i=1}^{4} \boldsymbol{F}_{ix} \qquad F_y = \sum_{i=1}^{4} F_{iy} \tag{2-4}$$

式中　$\boldsymbol{F}_{ix}$和$\boldsymbol{F}_{iy}$——分别为力$\boldsymbol{F}_i$在x和y轴上的投影，其大小可按下式计算

$$F_{ix} = F_i\cos\alpha_i \qquad F_{iy} = F_i\sin\alpha_i \tag{2-5}$$

其中，α_i为力$\boldsymbol{F}_i$和x轴的夹角。

式（2-4）表明汇交力系的合力在坐标轴上的投影等于该汇交力系中各个力在坐标轴上投影的和。这一结论具有普适性，也称为合力投影法则。对于空间汇交力系，在方程（2-4）、（2-5）中增补z轴分量表达式后，该法则仍然成立。

2.3.3 任意力系的简化

和汇交力系不同，任意力系中各个力的作用线并不交于一点。在简化这样一个力系时，一个自然的想法就是先对力系中的各个力作平移变换，使它们的作用线交于一点，然后运用2.3.2节的方法，求变换后新力系的合力。但这样做会遇到一个问题。原理2.2告诉我们，将力在力的作用线上移动不会改变力对刚体的作用效应。现在将力平移到其作用线以外，力对刚体的作用效应会不会发生变化呢？回答是肯定的！这样一来，我们就必须考虑如何对平移后的力系进行补偿，使之和原来的力系等价，也就是说，要保证平移后的力系和平移前的力系对刚体的作用效应相同。所以，下面我们首先来考虑力的平移变换问题。

1）力矩·力偶·力的平移定理

在具体讨论力的平移定理之前，我们需要先介绍几个概念。如图2-4（a）所示，物体上A点有一作用力$\boldsymbol{F}$。空间任意一点O至力$\boldsymbol{F}$的作用点A的矢径是$\boldsymbol{r}$，称矢径$\boldsymbol{r}$和力$\boldsymbol{F}$的矢量积为该力对O点的力矩，记为$\boldsymbol{M}_O$（$\boldsymbol{F}$），即

$$\boldsymbol{M}_O(\boldsymbol{F}) = \boldsymbol{r} \times \boldsymbol{F} \tag{2-6}$$

式（2-6）表明，力矩$\boldsymbol{M}_O$（$\boldsymbol{F}$）是一作用于矩心O的矢量，其方向为$\boldsymbol{r}$和$\boldsymbol{F}$的矢积方向，如图2-4（a）所示。d表示矩心O点到力$\boldsymbol{F}$的作用线的垂直距离，称为力臂。从式（2-6）还可以看出，力矩的大小$M_O(\boldsymbol{F})$为力的大小和力臂的乘积，即

$$M_O(\boldsymbol{F}) = |\boldsymbol{M}_O(\boldsymbol{F})| = d \cdot |\boldsymbol{F}| = d \cdot F \tag{2-7}$$

式中　$|\cdot|$——表示矢量的模。$M_O(\boldsymbol{F})$越大，那么，力$\boldsymbol{F}$就越容易改变物体在$O-\boldsymbol{F}$平面内绕O点的转动状态。也就是说，力矩与力对刚体的转动效应有关。

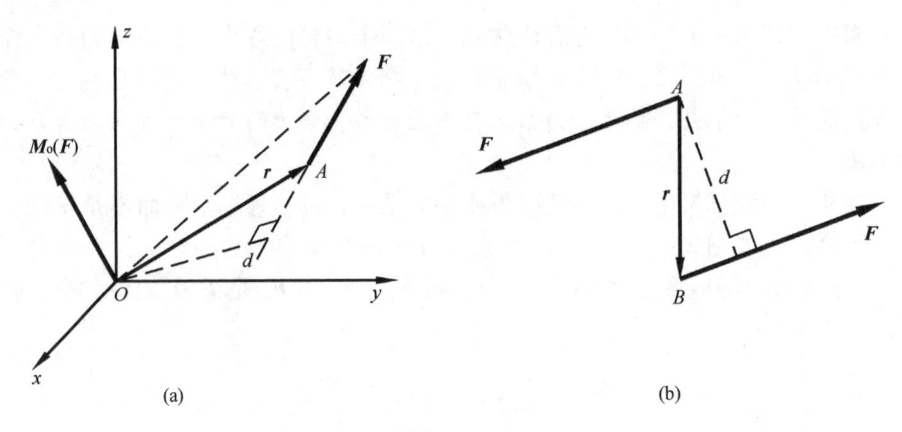

图2-4

有了力矩的概念，就可以着手讨论静力分析中常遇到的一对特殊力构成的力偶。所谓力偶是指大小相等、方向相反、作用线平行但不重合的两个力，如图2-4（b）所示。显然，力偶本身是一个由两个特殊的力组成的力系。由于这个二力力系具有非常特殊的性质，所以，力学分析中将它作为一个独立的单元，当作一种基本力学量来考虑。由于力偶中的两个力大小相等、方向相反，所以，力偶对刚体只有转动效应，没有平移效应。非常有趣的是，力偶中两个力对空间中任意一点的合力矩为常数，这一常数称为力偶的力偶矩，用 $\boldsymbol{M}$ 表示，可写为

$$\boldsymbol{M} = \boldsymbol{r}_{BA} \times \boldsymbol{F} \tag{2-8}$$

由式（2-8）表明：力偶矩的大小 M 等于力偶中力的大小 F 和二力作用线间的距离 d 的乘积，即

$$M = |\boldsymbol{M}| = d \cdot |\boldsymbol{F}| = d \cdot F \tag{2-9}$$

由于力偶对刚体上任意一点的力矩为常数，所以，在研究刚体问题时，力偶和力不一样，它不存在作用点的问题，力偶可以在其平面内任意移动而不改变对刚体的作用效果。

力对刚体的运动效应一般可以分解为平移效应和转动效应，力偶矩刻画了力偶对刚体的转动效应，是一个非常有用的力学量。

现在我们来讨论力的平移问题。如图2-5（a）所示，刚体上的 A 点作用有力 $\boldsymbol{F}$ 和力偶 $\boldsymbol{M}$。

力偶 $\boldsymbol{M}$ 可以表示为图2-5（b）所示间距为 $a = M/F$ 的一对力。因此，图2-5（a）、（b）所示的两个力系是等价的。图2-5（b）中 A 点作用了大小相等、方向相反的两个力。根据原理2.1，从图2-5（b）所示的力系中去掉 A 点的这一对平衡力不改变力系对刚体的作用效果，也就是说，图2-5（b）所示的力系等价于图2-5（c）所示的力系。所以，图2-5（a）、（c）所示的两个力系是等价的。从这一结论可以得到如下具有普遍意义的力的平移定理。

定理2.1 一个力 $\boldsymbol{F}$ 可以从原来的作用点平移到另一个指定点 O，但须在该力和指定点构成的平面（$O-\boldsymbol{F}$ 平面）内附加一力偶，该力偶的矩等于原力对指定点 O 的矩 $\boldsymbol{M}_O(\boldsymbol{F})$。

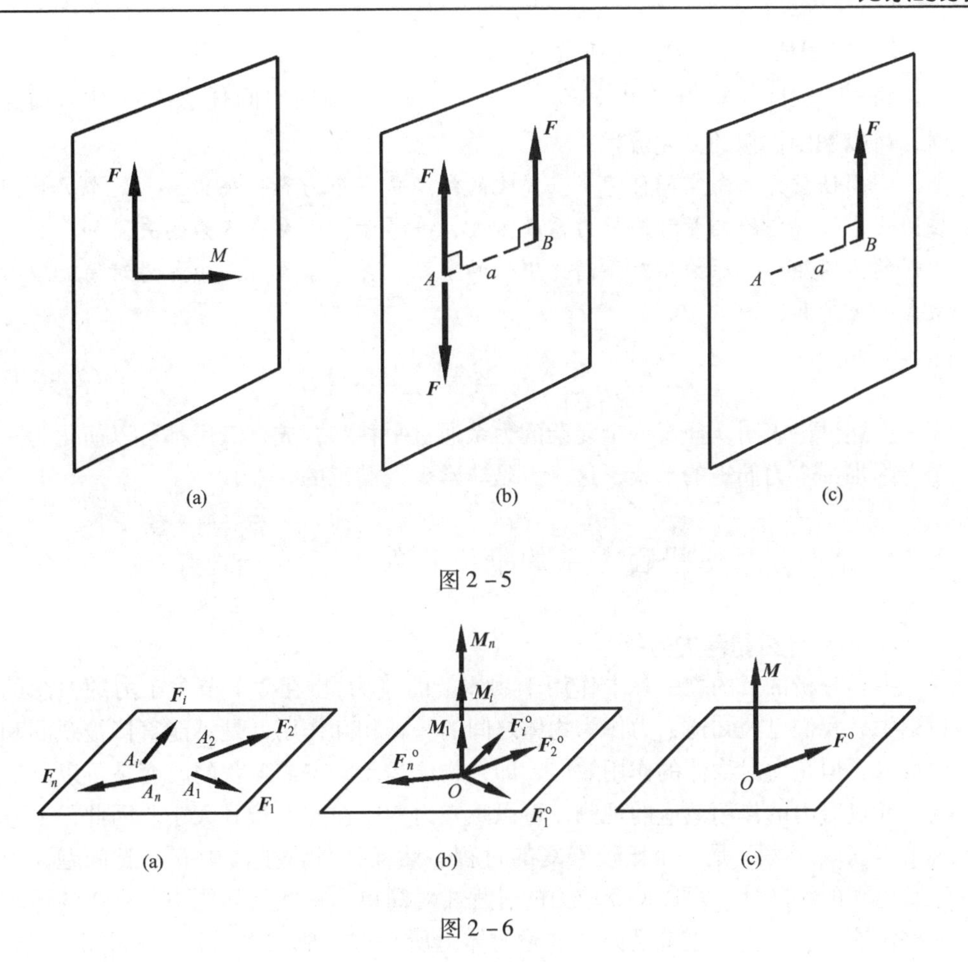

图 2-5

图 2-6

2）平面任意力系向平面内任意一点的简化

借助于力的平移定理，可以对任意力系进行简化。我们首先来讨论平面任意力系向平面内任意一点简化的情况。如图 2-6（a）所示，平面任意力系 $\boldsymbol{F}_1$、$\boldsymbol{F}_2$、…、$\boldsymbol{F}_i$、…、$\boldsymbol{F}_n$ 分别作用于 A_1、A_2、…、A_i、…、A_n 点。在力系所在平面内任取一点 O。运用力的平移定理，将力 $\boldsymbol{F}_i$ 附加一力偶矩为 $\boldsymbol{M}_i$ 的力偶后平移至 O 点，得到作用于 O 点的力 $\boldsymbol{F}_i^0$ 和一力偶矩 $\boldsymbol{M}_i$，该力偶矩等于力 $\boldsymbol{F}_i$ 对 O 的矩，即，$M_i = M_0$（$\boldsymbol{F}_i$）。对 $i=1$，2，…，n 重复此项工作，可得到一个作用于 O 点的平面汇交力系 $\boldsymbol{F}_1^0$、$\boldsymbol{F}_2^0$、…、$\boldsymbol{F}_n^0$ 和力偶矩为 $\boldsymbol{M}_1$、$\boldsymbol{M}_2$、…、$\boldsymbol{M}_n$ 的平面力偶系，如图 2-6（b）。然后将汇交力系合成得到一个作用于 O 点的合力 $\boldsymbol{F}^0$，称为该任意力系的主矢；同时，将力偶系合成，得到一个力偶矩为 $\boldsymbol{M}$ 的合力偶，$\boldsymbol{M}$ 称为原力系对 O 点的主矩，见图 2-6（c）。

上述讨论可一般性地总结为：

平面任意力系向作用面内任意一点简化的结果是一个力和一个力偶。这个力作用在简化中心，它的矢量称为原力系的主矢，并等于该力系中各力的矢量和；这个力偶的力偶矩称为原力系对于简化中心的主矩，并等于该力系中各力对简化中心之矩的和。

3）空间任意力系向空间任意一点的简化

将一个空间任意力系 $\boldsymbol{F}_1$、$\boldsymbol{F}_2$、…、$\boldsymbol{F}_i$、…、$\boldsymbol{F}_n$ 向空间任意一点 O 点简化时，可以采用类似的简化流程。

空间任意力系向空间任意一点简化的结果是一个力和一个力偶。这个力作用在简化中心，它的矢量称为原力系的主矢，并等于该力系中各力的矢量和；这个力偶的力偶矩称为原力系对于简化中心的主矩，并等于原力系中各力对简化中心之矩的矢量和，即

$$\boldsymbol{F} = \sum_{i=1}^{n} \boldsymbol{F}_i^0 \quad \boldsymbol{M} = \sum_{i=1}^{n} \boldsymbol{M}_O(\boldsymbol{F}_i) \tag{2-10}$$

上述讨论表明，任意一个复杂的力系通过平移和合成，最后都可以简化为一个力附加一个力偶矩的形式，这一点是非常令人满意的。

2.4 静力分析·平面力系的平衡条件

2.4.1 什么是静力分析

力学分析的目的之一是求作用于物体上的“力”。在2.1节关于力的概念的讨论中，我们已经知道，力作为物体之间的一种相互作用，是不能直接被观测和测量的。但是力对物体的作用效应，即，物体运动状态或形状的改变是可以测量的。通过对力的作用效应的观测，可以感知力的存在并度量其大小。因此，一般说来，获取“力”是一个比较繁复的过程。然而，日常生活中有一类问题，由于其内在的特殊性，可以使获取力的过程相对简单。在此类问题中，物体的运动状态没有发生变化，也就是说，这时物体上所有力构成的力系是一个平衡力系。此外，由于种种原因，该平衡力系中的某些力为已知。研究表明，一个力系只有在满足特定条件时才能成为平衡力系，这一条件称为力的平衡条件。这样，根据力的平衡条件，从物体上的已知力出发，就可能求得物体上其他的未知力。这种根据力的平衡条件从物体上的已知力出发，求解物体上其他的未知力的过程，称为静力分析。显然，静力分析的对象一定处于静止或匀速运动状态，但反过来，静力分析并不能求解所有处于静止或匀速运动状态的物体的力学问题。本章仅讨论静力分析能够求解的问题。

2.4.2 平面汇交力系的平衡条件

从2.2节介绍的定律2.1、2.2出发，可得如下平面汇交力系的平衡定理。

定理2.2 平面汇交力系平衡的充分必要条件是其合力为零。

结合平面力系和矢量运算的特征，这一定理又可以改写为如下更为实用的形式。

定理2.3 平面汇交力系平衡的充分必要条件是：对于任意给定的 xOy 坐标系，力系中所有各力在 x、y 两个坐标轴中每一轴上投影的代数和为零，即

$$\sum_i F_{ix} = 0 \qquad \sum_i F_{iy} = 0 \tag{2-11}$$

式（2-11）称为平面汇交力系的平衡方程。这个定理表明，平面汇交力系的平衡条件可以提供两个独立的代数方程，这两个独立方程可以求解两个未知量，它们可以是力的大小，也可以是力的方位。

定理2.3是静力学基本定律和原理在平面汇交力系分析中的具体体现，它使得我们不用事事都从定律和原理出发来考虑问题，从而简化了具体问题的分析流程。下面举例说明定理2.3的实际运用。

【例2-1】 图2-7所示为一平面汇交力系。已知 $F_1=1.5\text{kN}$，$F_3=0.25\text{kN}$。问：当 F_2 和 F_4 分别取多少时，该力系达到平衡？

【解】 本例中 F_1、F_2、F_3 和 F_4 组成一平衡的平面汇交力系。平面汇交力系的平衡方程为：

$$\sum F_x = 0 \qquad \text{(a)}$$

$$\sum F_y = 0 \qquad \text{(b)}$$

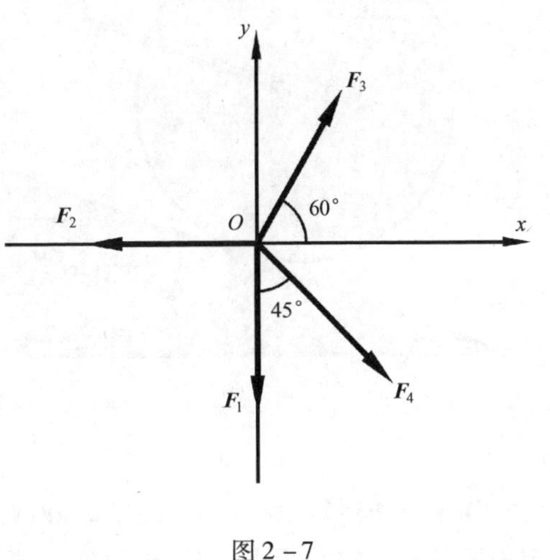

图2-7

其中，式（a）表示 x 方向上的投影平衡条件，即，所有力在 x 轴上投影的代数和为零；式（b）表示 y 方向上的投影平衡条件，即，所有力在 y 轴上投影的代数和为零。在本例中，平衡条件式（a）、（b）可进一步具体写为：

$$\begin{cases} F_3\cos60° + F_4\cos45° - F_2 = 0 \\ F_3\sin60° - F_4\sin45° - F_1 = 0 \end{cases} \qquad \text{(c)}$$

将 $F_1=1.5\text{kN}$，$F_3=0.25\text{kN}$ 代入（c）式可得：

$$0.5\times0.25+\frac{\sqrt{2}}{2}F_4-F_2=0 \qquad \text{(d)}$$

$$\frac{\sqrt{3}}{2}\times0.25-\frac{\sqrt{2}}{2}F_4-1.5=0 \qquad \text{(e)}$$

由式（e）可得

$$F_4=-1.82\text{kN} \qquad \text{(f)}$$

式（f）代入式（d）得

$$F_2=\frac{\sqrt{2}}{2}\times(-1.82)+0.125=-1.16\text{kN} \qquad \text{(g)}$$

F_2、F_4 为负值，说明其实际方向和图2-7中原设定的方向相反。

力是物体和物体之间、物体各部分之间的相互作用。要分析物体或物体某一部分所受力的情况，就需要将该物体或该物体的某一部分从与它联系的周围物体中分离出来进行分析。这种把物体或物体的某一部分（研究对象）从周围物体的联系中脱离出来，解除其全部约束，得到一个与外界完全隔离的隔离体，这一过程称为取隔离体。取好隔离体后，需要把周围各物体对该隔离体的全部作用力都画在隔离体上，这就得到该隔离体的示力图。作示力图是静力分析的第一步。

【例2-2】 用绳索拉动重 $W=600\mathrm{N}$ 的均质圆柱沿 20°斜面匀速上升，如图2-8（a）所示。求绳索的拉力和斜面的反力。假设斜面是光滑的，绳索平行于斜面。

【解】 以圆柱为考察对象。将圆柱独立取出，并标注圆柱上所有的作用力，如图2-8（b）所示。这一步就是所谓的取隔离体，作示力图。

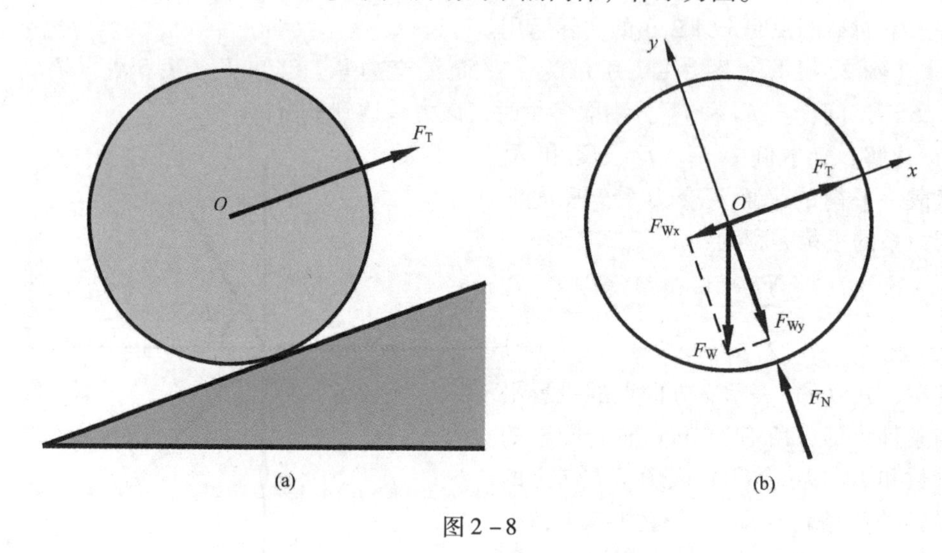

图2-8

作用于圆柱的力有：重力 $F_W=600\mathrm{N}$；绳索拉力 F_T 和斜面反力 F_N。题中假定斜面是光滑的，所以，F_N 垂直于斜面，并指向圆心。这三个通过圆心的力 F_W、F_T 和 F_N 组成一平面汇交力系。又因为圆柱系匀速上升，所以，作用于圆柱的三个力应保持平衡。如图2-8（b）建立 xOy 坐标系，根据平面汇交力系的平衡条件可得

$$\sum F_x = -F_W\sin20° + F_T = 0; \tag{a}$$

$$\sum F_y = -F_W\cos20° + F_N = 0。 \tag{b}$$

由式（a）、（b）可得：

$$F_T = 600\times\sin20° = 205.21\mathrm{N};\ F_N = 600\times\cos20° = 563.8\mathrm{N}。 \tag{c}$$

F_T、F_N 为正值，说明其实际方向和图2-8（b）中原设定的方向相同。

【例2-3】 如图2-9（a）所示，压路机碾子重 $W=20\mathrm{kN}$，半径 $r=40\mathrm{cm}$。用一通过其中心的水平力 F_T 拉此碾子。问：当 F_T 力应为多大时，碾子能正好越过高 $h=8\mathrm{cm}$ 的石坎（假定接触面均为光滑）？

【解】 以碾子为研究对象，如图2-9（b）取隔离体作示力图。碾子上受有水平面给碾子的反力 F_{N1}、碾子的重力 F_W、拉力 F_T 和石坎给碾子的反力 F_{N2}。因为假定接触面均为光滑，所以，F_{N1} 和 F_{N2} 均通过碾子中心 O，这样碾子所受的力是一个平面汇交力系。碾子正好能够越过石坎时，它应处于即将离开、尚未离开水平面的状态，即 $F_{N1}=0$，F_W、F_T 和 F_{N2} 正好维持平衡。

建立 xOy 坐标系［如图2-9（b）］，根据平面汇交力系的平衡条件可得

$$\sum F_x = F_{N2}\cos\alpha - F_T = 0; \tag{a}$$

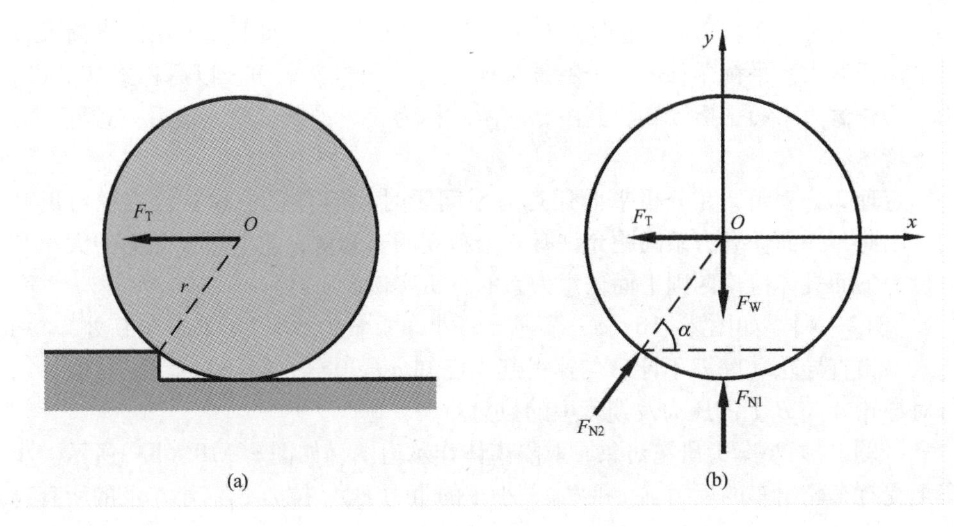

图2-9

$$\sum F_y = F_{N2}\sin\alpha + F_{N1} - F_W = 0, \tag{b}$$

其中，

$$F_{N1} = 0; \sin\alpha = \frac{r-h}{r} = \frac{40-8}{40} = 0.8 \quad \cos\alpha = \sqrt{1-\sin^2\alpha} = 0.6 \tag{c}$$

将式（c）代入（a）、（b）后可解得

$$F_{N2} = F_W \times \frac{5}{4} = 20 \times \frac{5}{4} = 25\text{kN} \quad F_T = F_{N2} \times \frac{3}{5} = 25 \times \frac{3}{5} = 15\text{kN} \tag{d}$$

F_T、F_{N2}为正值，说明其实际方向和图2-9（b）中原设定的方向相同。

2.4.3 平面任意力系的平衡条件

式（2-10）表明，任一平面任意力系都可以简化为平面内任意一点 O 的主矢 $\boldsymbol{F}_0$ 和主矩 $\boldsymbol{M}_0$ 的形式。下面就 $\boldsymbol{F}_0$ 和 $\boldsymbol{M}_0$ 的不同可能的取值情况分别予以讨论。①如果 $\boldsymbol{F}_0$ 和 $\boldsymbol{M}_0$ 均为零，则该力系等同于物体上没有作用力的情况，即，该力系是平衡的；②如果 $\boldsymbol{F}_0$ 不等于零，力系总可以简化为一个非零的力，即，该力系是一非平衡力系；③如果 $\boldsymbol{F}_0$ 等于零，而 $\boldsymbol{M}_0$ 不等于零，则力系简化为一力偶，力偶本身是一非平衡力系，这就意味着，原力系是一非平衡力系。由此可见，除非主矢和主矩都为零，否则力系无法平衡。归纳起来，我们就得到如下平面任意力系的平衡定理。

定理2.4 平面任意力系平衡的充分必要条件是：力系的主矢和力系对任意一点的主矩均为零。

实际应用中，这一定理又可以改写为如下更为实用的形式。

定理2.5 平面任意力系平衡的充分必要条件是：对于任意给定的 xOy 坐标系，力系中所有各力在 x、y 两个坐标轴中每一轴上投影的代数和为零，所有力对平面内任意一点 A 的矩的代数和为零，即

$$\sum_i F_{ix} = 0; \sum_i F_{iy} = 0; \sum_i M_A(F_i) = 0 \tag{2-12}$$

比较定理2.2和2.4、定理2.3和2.5可以看出，平面汇交力系的平衡条件是平面任意力系平衡条件的一个特殊情况。这是很自然的事。以后称式（2.12）为*平面任意力系的平衡方程*，其中，前两式称为*投影平衡方程*，最后一式称为*力矩平衡方程*。

定理2.5表明，在分析平面任意力系问题时我们有三个独立的方程可以利用，因此，平面任意力系问题允许有三个独立的未知量，它们可以是力的大小和方位。下面具体讨论两则平面任意力系的分析实例。

【例2-4】 如图2-10（a）所示，一小车重量为60kN（重心在C处）。用缆索沿铅直导轨（摩擦不计）匀速吊起。已知$a=30\text{cm}$，$b=60\text{cm}$，$\alpha=10°$。求每对导轮A与B上的压力及缆索中的拉力。

【解】 以小车为研究对象，取隔离体作示力图，如图2-10（b）所示。小车上受有车轮给车的反力F_{NA}和F_{NB}、小车的重力F_W、拉力F_T。小车上的所有这些作用力构成了一平面任意力系。

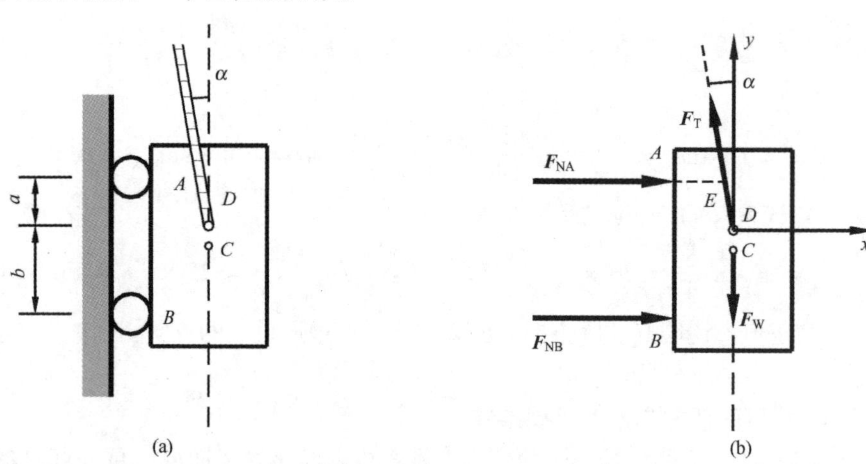

图2-10

如图2-10（b）建立xDy坐标系。本例中，小车匀速上升，运动状态没有变化，所以，小车上的作用力应满足如下平面任意力系的平衡条件：

$$\sum F_x = F_{NA} + F_{NB} - F_T\sin\alpha = 0 \tag{a}$$

$$\sum F_y = F_T\cos\alpha - F_W = 0 \tag{b}$$

$$\sum M_E = (a+b)F_{NB} - (a\tan\alpha)F_W = 0 \tag{c}$$

式（a）、（b）分别为x和y方向的投影平衡方程。式（c）为以力F_{NA}与F_T的作用线交点E为矩心的力矩平衡方程。

将已知条件$F_W=60\text{kN}$，$a=30\text{cm}$，$b=60\text{cm}$，$\alpha=10°$代入式（a）、（b）、（c），可解得：

$$F_T = \frac{F_W}{\cos\alpha} = \frac{60}{0.985} = 60.9\text{kN} \tag{d}$$

$$F_{NB} = \left(\frac{a\tan\alpha}{a+b}\right)F_W = \frac{30\times0.1763}{30+60}\times60 = 3.53\text{kN} \tag{e}$$

$$F_{NA} = F_T\sin\alpha - F_{NB} = \frac{b\ \tan\alpha}{a+b}F_W = \frac{60 \times 0.1763}{30+60} \times 60 = 7.05\text{kN} \qquad (f)$$

F_T、F_{NA}、F_{NB}均为正值，说明其实际方向和图2-10（b）中原设定的方向相同。

【例2-5】 一均质杆AB的质量线密度为m，长为$2l$，置于水平面和斜面上，其上端系一绳子，绳子绕过滑轮C吊起一重量为W的物体，如图2-11（a）所示。各处摩擦均不计，求杆平衡时的W值及A、B两处的作用力，其中α为已知。

【解】 以均质杆AB为研究对象，取隔离体作示力图，如图2-11（b）所示。杆AB所受力包括：平面和斜面对杆的作用力F_{NA}和F_{NB}、绳子的拉力F_T、杆的自重$2mgl$。杆上的所有这些作用力构成一平面任意力系。

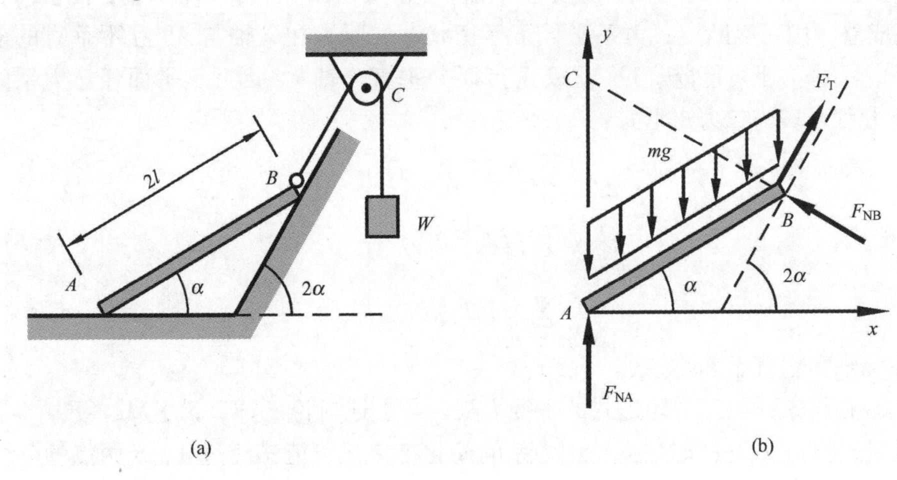

图2-11

如图2-11（b）建立xAy坐标系。杆上的所有作用力应满足如下平面任意力系的平衡方条件：

$$\sum F_x = F_T\cos2\alpha - F_{NB}\sin2\alpha = 0 \qquad (a)$$

$$\sum F_y = F_T\sin2\alpha + F_{NB}\cos2\alpha + F_{NA} - 2mgl = 0 \qquad (b)$$

$$\sum M_C = \left(2l\frac{\cos\alpha}{\sin2\alpha}\right)F_T - (l\cos\alpha)2mgl = 0 \qquad (c)$$

式（a）、（b）分别为x和y方向的投影平衡方程。式（c）为以力F_{NA}与F_{NB}的作用线交点C为矩心的力矩平衡方程。

解（a）、（b）、（c）可得：

$$F_T = mgl\sin2\alpha \qquad (d)$$

$$F_{NB} = \frac{F_T\cos2\alpha}{\sin2\alpha} = mgl\cos2\alpha \qquad (e)$$

$$F_{NA} = 2mgl - F_T\sin2\alpha - F_{NB}\cos2\alpha = mgl \qquad (f)$$

最后由定滑轮的性质可得

$$W = F_T = mgl\sin2\alpha \qquad (g)$$

所有力的实际方向和图2-11（b）中原设定的方向相同。

必须指出的是，定理2.5是定理2.4在实际应用中的一个基本形式，但不是唯一形式。许多情况下，力矩方程比投影方程用起来更方便。因此，有必要讨论一下能否用力矩方程代替投影方程的问题。分析表明，平面任意力系的平衡条件除了基本形式外，还可以采用两个力矩方程和一个投影方程，或三个全部采用力矩方程的形式。

首先讨论二力矩形式的平衡条件。设$\sum M_{\mathrm{A}}(\boldsymbol{F}_i)=0$成立，即，力系中所有力对$A$点的合力矩为零，则力系的简化结果不会是一个力偶，只可能是经过A点的一个力，或处于平衡状态。设，又有$\sum M_{\mathrm{B}}(\boldsymbol{F}_i)=0$成立，则力系只可能简化为经过$A$、$B$两点的一个力，或处于平衡状态。如果$x$轴与$AB$不垂直，而$\sum F_{\mathrm{x}}=0$也成立，则可以断定，力系必处于平衡状态。因为在$x$轴与$AB$互不垂直的前提下，一个力不可能既经过$A$、$B$两点而又垂直于轴$x$。因此，平面任意力系的平衡方程可表为二力矩形式：

$$\left.\begin{aligned}\sum_i F_{\mathrm{ix}} &= 0\\ \sum_i M_{\mathrm{A}}(F_i) &= 0\\ \sum_i M_{\mathrm{B}}(F_i) &= 0\end{aligned}\right\}\qquad(2-13)$$

其中x轴不垂直于AB连线。

现在再来讨论三力矩形式的平衡方程。与上述讨论一样，设$\sum M_{\mathrm{A}}(\boldsymbol{F}_i)=0$和$\sum M_{\mathrm{B}}(\boldsymbol{F}_i)=0$同时成立，则力系的简化结果只可能是经过$A$、$B$两点的一个力，或处于平衡状态。如果$\sum M_{\mathrm{C}}(\boldsymbol{F}_i)=0$也成立，且$C$点不在$AB$连线上，则可以断定，力系必处于平衡状态。因为一个力不可能经过不在一直线上的三点。因此，平面任意力系的平衡方程又可表为三力矩形式：

$$\left.\begin{aligned}\sum_i M_{\mathrm{A}}(\boldsymbol{F}_i) &= 0\\ \sum_i M_{\mathrm{B}}(\boldsymbol{F}_i) &= 0\\ \sum_i M_{\mathrm{C}}(\boldsymbol{F}_i) &= 0\end{aligned}\right\}\qquad(2-14)$$

其中A、B、C三点不在一直线上。

这样，平面任意力系的平衡方程可以有三种不同的形式，即基本形式(2-12)、二力矩形式（2-13）及三力矩形式（2-14）。在实际应用中，选取何种形式，完全取决于计算是否方便。通常尽量写出只含有一个未知量的平衡方程，以避免解联立方程的麻烦。但不论采用何种形式，都只能写出三个独立的平衡方程，任何第四个方程都必定是前三个方程的同解方程，不具有独立性。

2.4.4　平面平行力系的平衡条件

平面力系中还有一种特殊情况，就是所有力的作用线相互平行。这种力系中所有力的作用线相互平行的平面力系称为*平面平行力系*。平面平行力系作为平面任意力系的特殊情况，其平衡条件当然要满足式（2－12）的三个条件。但必须指出的是，对于平面平行力系，式（2－12）的前两个方程是同解方程，也就是说，他们两者中只要有一个满足，另一个也就自然满足。所以，和平面汇交力系一样，平面平行力系也只有两个独立方程。所不同的是，平面汇交力系保留的是平面任意力系三个平衡条件中的两个投影平衡条件，而平面平行力系保留的是三个平衡条件中的一个投影平衡条件（两个中的任意一个）和力矩平衡条件。

由于平面平行力系的分析方法和平面任意力系的分析方法几乎没有什么差别，所以在此就不多赘述了。

2.5 空间力系的平衡条件

日常生活中，除非经过理想化处理，物体所受力的作用线一般都不在同一平面内，所以，严格地讲，实际问题大多为空间力系问题。与平面力系的平衡一样，空间力系的平衡问题也可分为空间汇交力系的平衡和空间任意力系的平衡来讨论。

2.5.1 空间汇交力系的平衡条件

运用静力学的基本定律和原理，很容易将平面汇交力系的平衡定理2.2推广成如下空间汇交力系的形式。

定理2.6 空间汇交力系平衡的充分必要条件是：对于任意给定的 $Oxyz$ 坐标系，力系中所有各力在 x、y、z 三个坐标轴中每一轴上投影的代数和为零，即

$$\sum F_{x}=0 \qquad \sum F_{y}=0 \qquad \sum F_{z}=0 \tag{2-15}$$

可以看出空间汇交力系的平衡条件和平面汇交力系的平衡条件在形式上完全一样，只是多了一个 z 轴方向上的投影平衡条件。这样空间汇交力系就可以提供三个独立方程用于求解三个未知量。

2.5.2 空间任意力系的平衡条件

分析表明，平面任意力系的平衡条件（定理2.4）对空间任意力系同样适用，即，对于空间任意力系我们有如下平衡定理。

定理2.7 空间任意力系平衡的充分必要条件是：力系的主矢和力系对任意一点的主矩均为零。

和平面力系分析一样，用主矢和主矩表达的力系平衡定理虽然形式简单，但使用起来不是很方便。实际应用中，我们更偏爱像定理2.5那样的投影平衡形式。

根据投影法则，很容易将“主矢量为零”条件变化为“力系中所有力在 x、y、z 三个坐标轴中每一轴上投影的代数和为零”这一条。但在处理“主矩为零”条件时，我们遇到一点麻烦。由于平面力系的主矩的方向是一定的，总是垂直于力系的作用平面。这样对于平面力系，“主矩为零”条件就等同于

"所有力对平面内任意一点的矩的代数和为零"这一条。但在空间力系问题中，主矩的方向是任意的。这时"主矩为零"条件应该等同于"主矩在三个坐标轴上的投影为零"。那么，主矩在坐标轴上的投影具有什么含义意义呢？我们需要仔细考察一下。考虑一空间任意力系 $\boldsymbol{F}_i$，$i=1, 2, \cdots, n$。任取一坐标系 $Oxyz$。令，$\boldsymbol{M}_z=\left(\sum_{i=1}^{n}\boldsymbol{F}_i\right)$表示该力系对坐标原点之矩在 z 轴上的投影矢量；$\boldsymbol{F}_i^{xOy}$，$i=1, 2, \cdots$，表示力系 $\boldsymbol{F}_i$，$i=1, 2, \cdots, n$，在 xOy 平面内投影组成的平面力系。研究表明：

$$\boldsymbol{M}_z\left(\sum_{i=1}^{n}\boldsymbol{F}_i\right)=\sum_{i=1}^{n}\boldsymbol{M}_O(\boldsymbol{F}_i^{xOy}), \tag{2-16}$$

式中 $\boldsymbol{F}_i^{xOy}$——力 $\boldsymbol{F}_i$ 在 xOy 平面内的投影。$\boldsymbol{F}_i^{xOy}$ 对坐标原点 O 之矩，称为力 $\boldsymbol{F}_i$ 对 z 轴之矩，以后记为 $\boldsymbol{M}_z$（$\boldsymbol{F}_i$）。实际上，力对轴之矩反映了该力改变物体绕该轴转动状态的能力。式（2-16）表明，*力系对 O 点之矩在 z 轴上的投影等于该力系中各力对 z 轴之矩的和*。由于 $\boldsymbol{F}_i^{xOy}$，$i=1, 2, \cdots$，是一个平面力系，所以，$\boldsymbol{M}_z$（$\boldsymbol{F}_i$），$i=1, 2, \cdots, n$ 在同一方向上。这样，$\sum_{i=1}^{n}\boldsymbol{M}_z$（$\boldsymbol{F}_i$）就可以退化为一个代数和。有了这些概念，我们就很容易得到如下空间形式的平衡定理。

定理 2.8 *空间任意力系平衡的充分必要条件是：对于任意给定的 $Oxyz$ 坐标系，力系中所有力在 x、y、z 三个坐标轴中每一轴上投影的代数和为零；所有力对每一个坐标轴之矩的代数和为零，即*

$$\left.\begin{aligned}&\sum F_x=0;\sum F_y=0;\sum F_z=0;\\&\sum_i M_x(\boldsymbol{F}_i)=0;\sum_i M_y(\boldsymbol{F}_i)=0;\sum_i M_z(\boldsymbol{F}_i)=0\end{aligned}\right\} \tag{2-17}$$

定理 2.8 表明，空间任意力系有 6 个独立平衡条件，可以求解 6 个独立未知量。它们可以是力的大小，也可以是力的方位。

2.6 本章小结

本章系统地介绍了静力分析的基本内容。

学习静力学首先要弄清物体和力的描述方法。在静力分析中我们一般将物体抽象成质点和刚体两种理想模型。质点只考虑物体的质量和质心的空间位置，忽略了研究对象的大小、形状等其他属性；刚体在质点的基础上，考虑了物体的大小和形状，但仍然没有考虑对象的弹性等属性。从物理学上讲，力是物体之间的一种相互作用，它会改变物体的运动状态。从数学上讲，力是一个矢量。当一个力的大小、方向和作用点给定以后，这个力就被完全确定了。作为矢量，作用于一点的多个力可以按矢量的运算法则合成为一个力。同样，反过来，一个力也可以分解为一点的几个力。

静力学的核心问题是平衡问题。如果在物体上施加一组力以后，物体的运动状态不发生改变，那么该组力就是平衡的。同一物体上的两个力相互平衡的充分必要条件是两个力的作用线相同、大小相等、方向相反。从这一点出发可以推知，物体上某一点的力沿其作用线移动后不会改变该力对该物体的刚体作用效应。作为物体之间的一种相互作用，力发生在物体之间。当两个物体发生作用时会产生一对力，即作用力与反作用力。牛顿第三定律表明：作用力与反作用力同时存在于同一作用线上，且大小相等、方向相反。

静力分析中物体上一般会同时作用很多力，这些力构成了一个力系。根据力系的空间形态可以将力系分为：平面力系和空间力系。进一步，根据力系中各力作用线的相对位置。平面力系又分为：平面汇交力系、平面平行力系和平面任意力系。同样，空间力系也可以分为：空间汇交力系、空间平行力系和空间任意力系。

力系中有一个非常特殊的二力力系，即力偶。力偶是由大小相等、方向相反、作用线平行但不重合的两个力构成的力系。由于力偶这个力系非常特殊，力学分析中一般将它作为一个独立的单元，就像力一样，当作一种基本力学量来考虑。力偶只能改变物体的转动效应，不会改变物体的平移效应。

力不仅可以在其作用线上移动，也可以向作用线外平移。但向作用线外移动会改变该力对物体的转动效应。为了保证移动以后的力和原力在刚体作用效应上等效，就需要在物体上加上一个力偶。具体地说，一个力可以从原来的作用点平移到另一个指定点，但须在该力和指定点构成的平面内附加一个力偶，该力偶的矩等于原力对指定点的矩。这就是力的平移法则。运用力的平移法则就可以对力系进行简化。任意一个力系，不论是平面力系还是空间力系，都可以简化为一个主矩和主矢的形式。

静力分析的根本目的是根据平衡条件求作用于物体上的未知力。静力平衡条件是静力分析中最常用，也是最重要工具。从根本上说，无论是平面力系还是空间力系，其平衡的充分必要条件都是：力系的主矢和力系对任意一点的主矩均为零。但在实际应用中一般都采用平衡方程形式的平衡条件。从平衡方程的角度来看，平面任意力系平衡的充分必要条件可以表述为：对于任意给定的 xOy 坐标系，力系中所有力在 x、y 两个坐标轴中每一轴上投影的代数和为零，所有力对平面内任意一点的矩的代数和为零。对于平面汇交力系，力矩为零条件是自然满足的。此时，平衡条件退化为：对于任意给定的 xOy 坐标系，力系中所有各力在 x、y 两个坐标轴中每一轴上投影的代数和为零。平衡方程形式的空间任意力系平衡条件为：对于任意给定的 $Oxyz$ 坐标系，力系中所有力在 x、y、z 三个坐标轴中每一轴上投影的代数和为零，所有力对每一个坐标轴之矩的代数和为零。和平面力系一样，对于空间汇交力系，力矩为零条件也是自然满足的。此时平衡条件退化为：对于任意给定的 $Oxyz$ 坐标系，力系中所有力在 x、y、z 三个坐标轴中每一轴上投影的代数和为零。

本章的内容是进一步学习的基础，需要仔细体会，熟练掌握。

习　题

2-1　什么是力？什么是力的三要素？

2－2　什么是平衡力系？平面任意力系平衡的充分必要条件是什么？

2－3　什么是平面汇交力系？平面汇交力系有何特殊性？

2－4　什么是力偶？力偶有哪些特性？

2－5　二力平衡条件与作用和反作用定律都是说二力等值、反向、共线。问二者有什么区别？

2－6　试画出下列物体 A，或杆件 AB 的示力图。

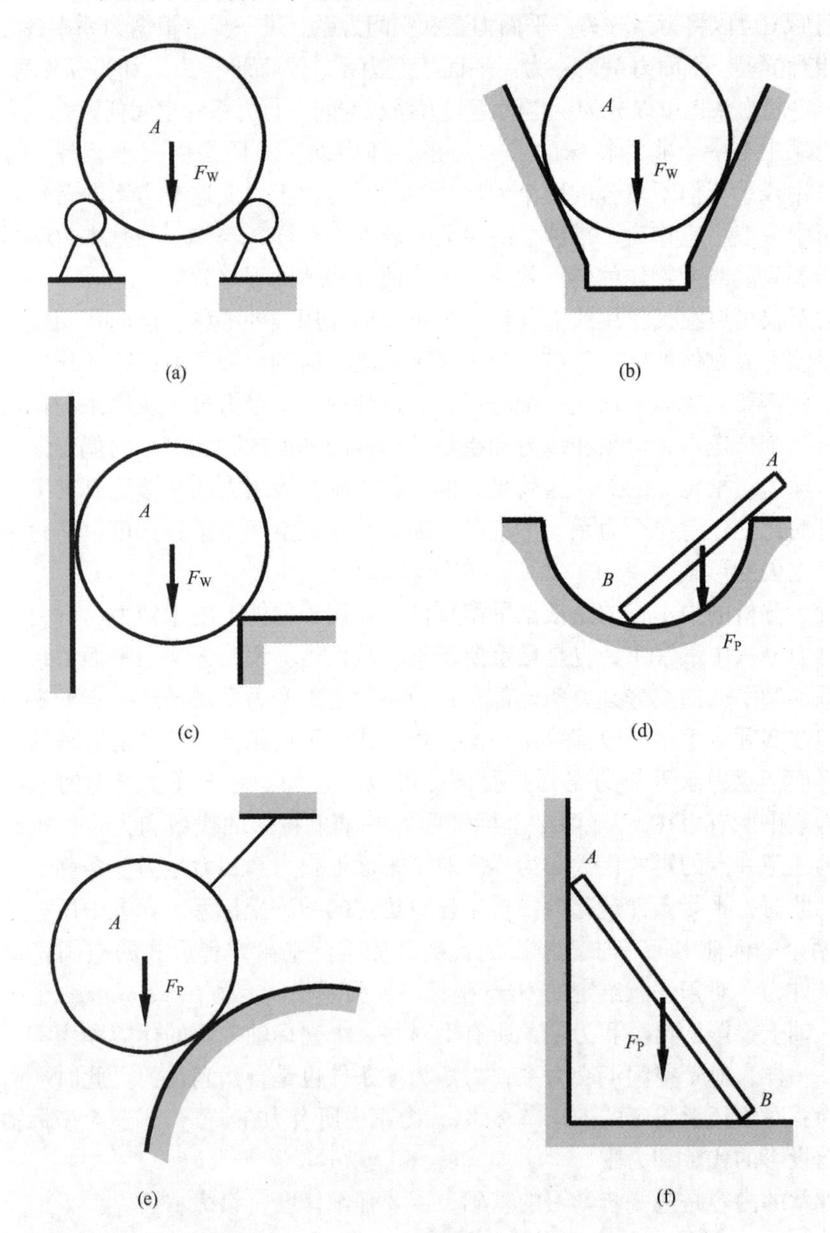

题2－6图

2－7　设 $F_1=10N$，$F_2=30N$，$F_3=50N$，$F_4=70N$，$F_5=90N$ 及 $F_6=10N$，各相邻的二力的作用线之间的夹角均为60°。试求各力的合力。

2－8　图示简易起重机，由把杆 BC 钢索 AB 构成。把杆的一端用铰链固定在柱的 C 点，另一端用绳 BD 悬挂重物 $W=5\mathrm{kN}$。如 $\angle BAC=115°$，$\angle BCA=35°$，且不计把杆的重量。求钢索 AB 的拉力 F_T 和把杆所受的力 F_{BA}。

2－9　将两个相同的光滑圆柱放在矩形槽内，各圆柱的半径 $r=20\mathrm{cm}$，重 $W_1=W_2=600\mathrm{N}$。求接触点 A、B、C 的约束反力 F_A、F_B、F_C。

2－10　用 AB 杆在球心铰接的两均质球 A、B，分别放在两个相交的光滑斜面上，不计 AB 杆的自重。（a）设两球的重量相等，平衡时求 α 角；（b）已知 A 球重 W_A，要使 $\alpha=0$，求 B 球的重量。

2－11　图示等边三角形板 ABC，边长 a，今沿其边缘作用大小均为 F 的力，方向如图（a）所示。求三力的合成结果。若三力的方向改变成如图（b）所示，其合成结果如何？

2－12　AB 为均质杆，重 W_2，长 l，在 A 点用铰链支承。A、C 两点在同一铅垂线上，且 $AB=AC$。用绳子一端拴在杆的 B 点，一端经过滑轮 C 与重物 W_1 相连。滑轮 C 的大小略去不计。试求杆的平衡位置，即求杆平衡时的角度 θ。

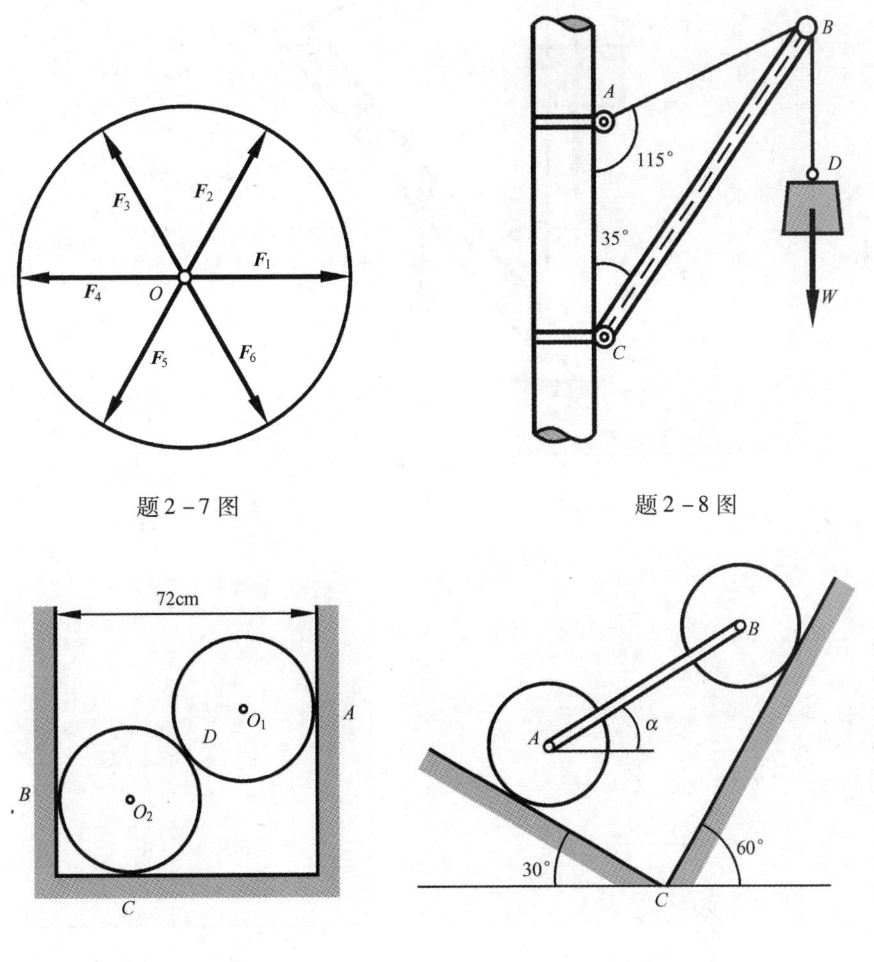

题 2－7 图　　题 2－8 图

题 2－9 图　　题 2－10 图

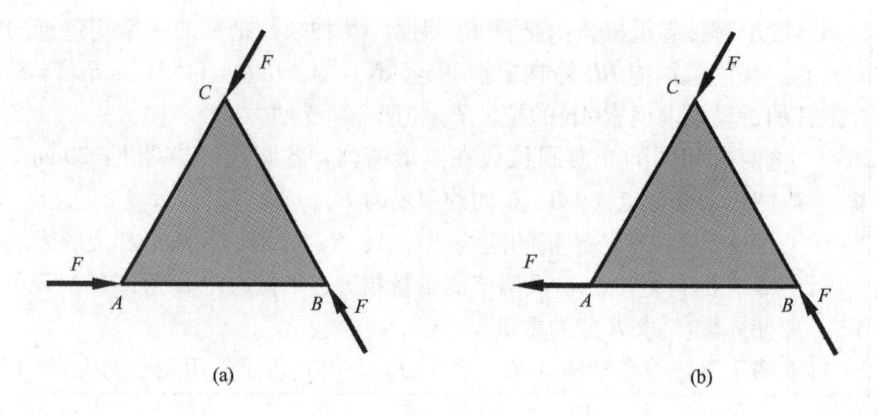

题2－11图

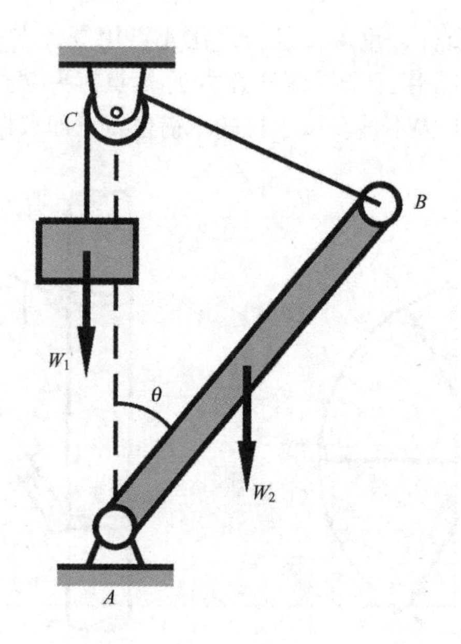

题2－12图

第 3 章
建筑结构的类型和结构计算简图

Chapter 3
Types and Sketches of Structures

我们在第二章系统地讨论了力学分析的基础内容——静力分析。实例分析表明，运用静力分析理论，我们已经能够解决一些日常生活中的简单力学问题。然而，要真正将力学理论运用于实际建筑物的分析，还有一个非常重要的问题要处理，那就是建筑物的力学抽象——建筑结构。本章将着重介绍有关建筑结构的一些概念。

3.1 常见建筑结构的类型

3.1.1 建筑结构和建筑结构设计

房屋在实际使用过程中具有多功能性。例如，为用户提供生活的空间、隔声、隔热、防水、抵抗外荷载等。其中，抵抗外荷载、为用户提供一个安全的环境，是建筑物最重要的功能之一，也是房屋建设中最基本的要求。建筑物是否能满足安全坚固方面的要求，取决于建筑物设计时的承载能力分析。因此，承载能力分析，是建筑物设计过程中非常重要的一个环节。一般说来，建筑物的承载能力，和其内外装饰、隔声隔热处理等其他建筑内容没有多大关系。就好比一个人能否站得稳取决于他的肌肉、骨骼和中枢神经，而与他的服饰没有多大关系。所以，在进行建筑物的承载能力分析时，首先要对建筑物进行抽象，去掉其中繁杂的无关内容，只保留和承载能力有关的核心骨架。*这种决定建筑物承载能力的核心骨架就称为建筑结构，简称结构*。

一般说来，建筑物的主体设计分为两大部分：第一部分是建筑设计，包括美观、舒适性等使用功能的设计；第二部分是结构设计，包括建筑物的承载力、刚度和稳定性设计。实际工作中，第一部分由建筑师承担，而第二部分由结构工程师完成。但建筑师作为建筑物的总体规划者也应该对第二部分的工作有所了解，否则，拟订的建筑方案在结构上根本行不通也是件非常尴尬的事。

从上面的讨论可以看出，结构设计的对象是建筑结构。总体上说，建筑结构设计又分为两大环节：一是结构的力学分析，简称*结构分析*；二是结构的构件和构造设计，简称*结构设计*。因此，建筑结构设计的整个过程包括：结构分析和结构设计。结构分析的目的是获取建筑结构在各种使用荷载下的内力。结构设计则是根据结构分析的结果，对结构的各构件进行设计，并采取相应的构造措施以保证它们能够承受已知的内力。建筑力学就是解决结构分析过程中遇到的各种问题的一门学科。

3.1.2 建筑结构的分类

1）结构的一般分类

结构从不同的角度有不同的分类方法。首先，按采用材料的不同，结构可分为*混凝土结构*、*钢结构*、*砖石结构*、*木结构*等。其中混凝土结构防火性能好，耐腐蚀，在一般民用建筑中用的最多。钢结构受力性能好，重量轻，在超高层建筑和工业厂房建设中运用较多，著名的纽约世贸大厦就是全钢结构。但钢结构一直存在防火和抗腐蚀的问题。“911 事件”就充分暴露了钢结构在防火方面的薄弱性。砖石结构造价低廉，在多层民用住宅设计中使用较多。至于木结构，由于原材料和防火等方面的原因，目前已经很少采用了。

按照结构构件的几何尺度（线、面、体）不同，结构也可分为杆系结构、薄壁结构和实体结构。杆系结构中所有的结构构件均为杆件。多功能综合楼设计中广为采用的混凝土框架结构就是典型的杆系结构，如图3－1（a）所示。工程中常用的板壳结构则属于薄壁结构的范畴。高层建筑中常用的筒体结构也是一种薄壁结构，建造时将电梯井的壁用钢筋混凝土在现场浇筑而成，形成一个薄壁筒体，如图3－1（b）所示。筒体结构的受力性能很好，是高层建筑设计运用最广的一种结构形式。

此外，按结构承受荷载时传力的单向或多向性，结构又可分为平面结构和空间结构。平面结构在进行力学分析时采用的是平面力系，所以平面结构分析比空间结构简单得多。但必须指出的是，严格意义上讲，工程结构都是空间结构，平面结构只是对建筑结构进行适当近似化处理以后得到的结构。将实际的空间结构简化处理成平面结构进行设计一般是偏于安全的。而平面结构分析又比空间结构简单得多，所以，在适当的时候将结构简化为平面结构来处理是一种明智的做法。

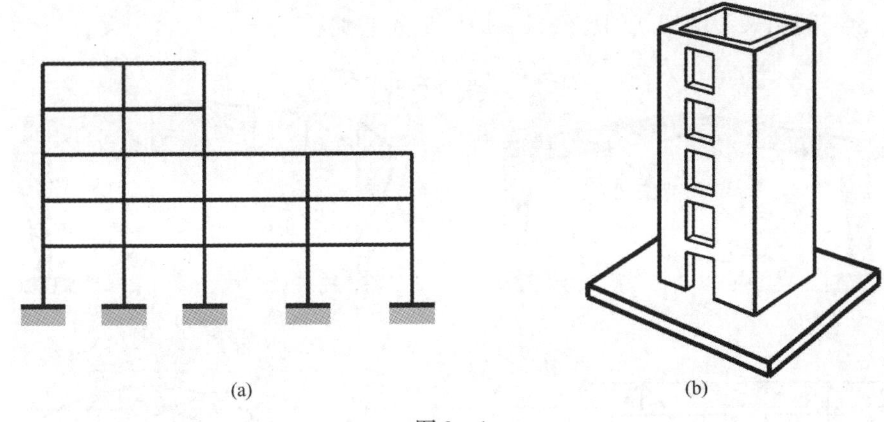

图3－1
（a）框架结构；（b）筒体结构

以上介绍的是比较经典的几种结构分类方法。还有一些目前常用的结构形式没有概括在内，例如，剪力墙结构和索膜结构。剪力墙结构是指在设计中为加强建筑物在特定方向上抵御横向外荷载的能力，将建筑物的某一片墙用钢筋混凝土现场浇筑而成。该混凝土墙在其自身平面内具有很强的承载能力，称为剪力墙。实际使用中，剪力墙一般和框架联合使用，形成框架－剪力墙结构，如图3－2（a）所示。近代使用较多的一种新型结构就是索膜结构，如图3－2（b）所示。索膜结构不但造型漂亮，而且充分利用了材料的受拉性能，十分轻巧，应用也非常广泛。

2）杆系结构的分类

在一般民用建筑中，杆系结构应用最广，分析流程也相对简单。本书主要介

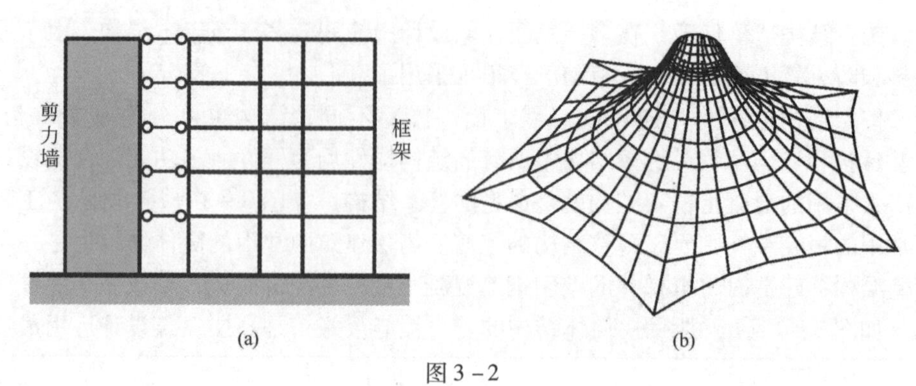

图3－2
（a）框架－剪力墙结构；（b）索膜结构

绍杆系结构的分析方法。杆系结构根据节点的连接方式和空间形态一般分为：刚架、桁架、网架、网壳，如图3－3所示。刚架的各杆之间以刚接的方式连接，前面提到的混凝土框架结构就是一种刚架。桁架的各杆之间以铰接的方式连接。桁架的跨度可以比较大，在工业厂房建设中使用较多。网架和网壳属于空间结构的范畴。和桁架一样，其杆件之间以铰接方式连接。网架和网壳的区别在于：前者为平面，后者为曲面；网架一般是双层的，而网壳有单层壳和双层壳之分。网架和网壳在大跨度的体育馆建筑中使用较多。刚架和桁架有平面和空间之分。实际上，空间桁架和网架之间已经没有原则上的差别。

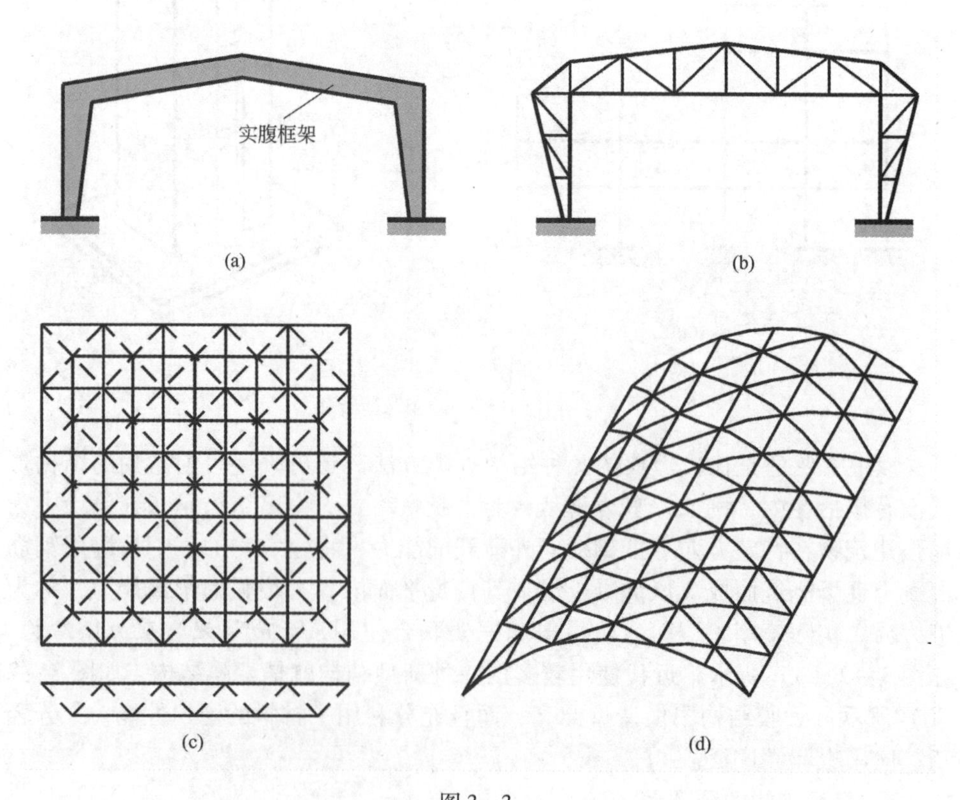

图3－3
（a）刚架；（b）桁架；（c）网架；（d）单层网壳

3.2 结构计算简图

3.2.1 什么是结构计算简图

前面我们已经介绍，建筑物承受外荷载的骨架称为建筑物的结构。从力学的角度，用以描述建筑结构的图，就是所谓的结构计算简图。结构计算简图是对结构进行力学分析的起点。结构计算简图是否正确，关系到整个建筑物建设的成败，非常重要，必须予以充分重视。

结构计算简图是对建筑物力学本质的描述，是从力学的角度对建筑物的抽象和简化。这一抽象和简化过程包括三个环节：①建筑物所受荷载的抽象和简化；②约束的抽象和简化；③结构构件的抽象和简化。下面我们对这三个环节逐一进行讨论。

3.2.2 建筑荷载的简化和计算

1）建筑荷载的分类

结构在建筑自重、用户重量、自然风力、雪的压力等外力的作用下会产生内力和位移。所有作用在结构上的这些外力统称为荷载，而结构在荷载作用下产生的内力和位移称为结构在荷载作用下的响应或反应。结构除了在建筑物自重、风力这些明确的外力作用下会产生响应以外，在温度变化、基础沉陷、材料收缩等外因影响下一般也会产生内力和位移。温度变化、基础沉陷这类会导致结构产生响应的非力外因称为广义荷载。荷载和广义荷载都是结构上的外部作用。实际上建筑结构本身是一个系统，外部作用是外界给建筑结构系统的一个激励，即输入。结构系统在荷载输入下会产生输出，这就是内力、位移等响应。结构分析就是求结构系统在特定输入下的输出。当然，在这一分析过程中首先要确定系统的输入，即，确定作用在结构上的荷载。

在建筑结构设计中，荷载按其性质大致可分为三类：①永久荷载；②可变荷载；③偶然荷载。永久荷载也称恒载，是指长期作用在结构上的不变的荷载。如，屋面板、屋架、楼板、墙体、梁、柱等建筑物各部分构件的自重都是恒载。此外，土压力、预应力等也属于永久荷载的范畴。可变荷载指作用在结构上的可变动的荷载，例如，楼面活荷载、屋面活荷载和积灰荷载、吊车荷载、风荷载、雪荷载等。偶然荷载一般指爆炸力、撞击力等比较意外的荷载。

相对于永久荷载来讲，可变荷载的确定比较复杂。日常生活中作用于建筑结构的活荷载具有很大的随机性。为了简化设计流程，《建筑结构荷载规范》GB 50009—2001 经过大量调查研究和统计分析，给出了各类建筑活荷载的标准值。例如，规范中规定：住宅的楼面活荷载标准值为 2.0kN/m^2；食堂餐厅活荷载标准值为 2.5kN/m^2；剧场影院活荷载标准值为 3.0kN/m^2。这些都是在调查了全国各大城市和地区的住宅、餐厅和影院的实际活荷载（包括人和物的重量及布置方式）基础上，根据统计计算得到的。这样我们在设计时就可以按照规范中给出的这些标准值计算出所设计的建筑的活荷载。

建筑荷载按分布方式又可分为：集中荷载、均布荷载和非均布荷载。建筑结构各部分构件的传力次序，一般是楼板荷载传到次梁上，然后再从次梁传到主梁（框架梁）上。次梁和主梁的接触面是非常小的，简便起见，一般就把次梁传到主梁上的荷载作为集中力来处理，这就产生了集中荷载，如图3－4（a）所示。许多情况下楼板的荷载也会直接传到框架梁上，这时框架梁上受到的是均布力，即所谓的均布荷载，如图3－4（b）所示。此外，还有一些特殊情况，如风、水对建筑物的压力是随空间位置变化而变化的，这就产生了非均布荷载。

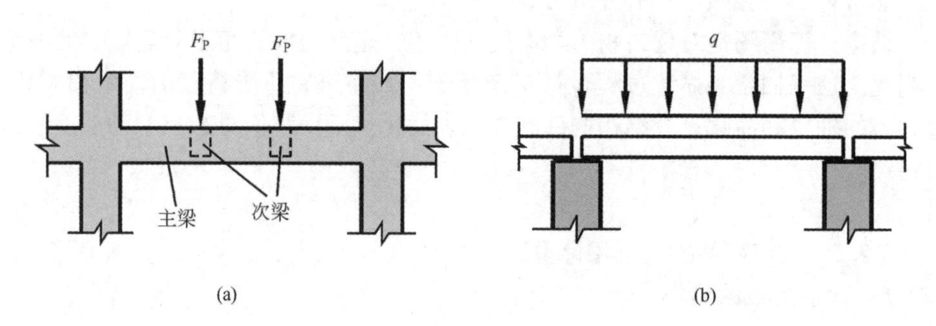

图3－4
（a）集中荷载；（b）均布荷载

2）建筑荷载的计算

当建筑物给定以后，建筑物的尺寸和各种建筑材料的用量就已经确定了，所以，只要根据材料用量和材料密度，就很容易计算出作用在该结构上的永久荷载。同时，根据规范还可以计算出建筑物上的可变荷载。例3－1给出了某建筑物面荷载的计算过程。

【例3－1】　图3－5所示为南京地区某建筑物平顶楼盖的剖面图。试根据现行《建筑结构荷载规范》GB 50009—2001计算其屋面永久荷载和可变荷载。

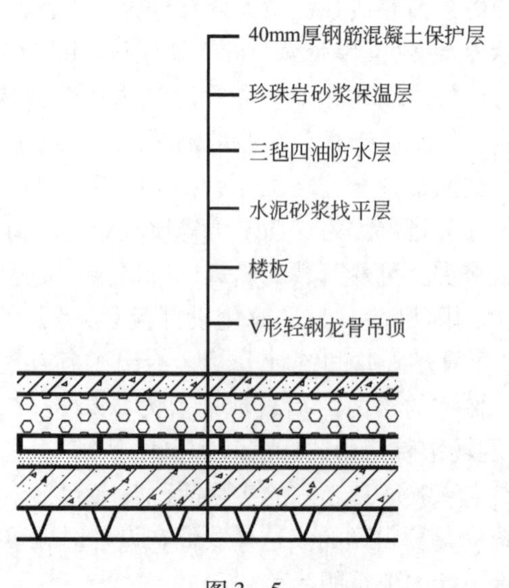

图3－5

【解】 (1) 屋面永久荷载标准值计算。

根据中华人民共和国国家标准《建筑结构荷载规范》GB 50009—2001 可知该建筑物屋面所用材料自重分别为：

钢筋混凝土：24 ~ 25kN/m^3；

膨胀珍珠岩砂浆：7 ~ 15kN/m^3；

油毡防水层（包括改性沥青防水卷材。八层做法，三毡四油上铺小石子）：0.35 ~ 0.4kN/m^2；

水泥砂浆：20kN/m^3；

V 形轻钢龙骨吊顶（二层 9mm 纸面石膏板，有厚 50mm 的岩棉板保温层）：0.25kN/m^3。

该建筑物屋面永久荷载的计算过程和结果示于表 3-1。

屋面永久荷载列表 **表 3-1**

荷载种类	荷载标准值（20kN/m^2）
钢筋混凝土保护层 40mm	0.04 × 25 = 1.0
保温层（珍珠岩砂浆）200mm	0.2 × 7 = 1.4
防水层（三毡四油）	0.4
水泥砂浆找平层 20mm	0.02 × 20 = 0.4
楼板 120mm	0.12 × 25 = 3.0
吊顶（V 形轻钢龙骨）	0.25
合计	6.45

(2) 屋面可变荷载标准值计算

本例的可变荷载有：屋面上人维修时产生的均布活荷载、南京地区的雪压力。根据《建筑结构荷载规范》GB 50009—2001 可查得：

上人屋面均布活荷载标准值：2.0kN/m^2

南京市 50 年一遇的基本雪压：$s_0 = 0.40\text{kN/m}^2$

本例中建筑物为平顶，所以屋面水平投影面上的雪荷载标准值 s_k 为：

$$s_k = \mu_r s_0 = 1.0 \times 0.4 = 0.4\text{kN/m}^2 \tag{a}$$

式中 μ_r——屋面积雪分布系数，对于平顶取为 1.0。

(3) 结论 该屋面的永久荷载标准值为：

$$g_k = 6.45\text{kN/m}^2 \tag{b}$$

屋面上的可变荷载有屋面活荷载和南京地区的雪压力，其中，屋面活荷载标准值 g_k 为：

$$g_k = 2.0\text{kN/m}^2 \tag{c}$$

屋面雪压力 s_k 为：

$$s_k = 0.4\text{kN/m}^2 \tag{d}$$

3.2.3 约束的简化和约束力

工程中的物体可以分为自由体和非自由体两类。自由体在空间的位置完全自由，不受任何限制，如飞机、火箭等。非自由体的空间位置是受到限制的，不能随意移动。显然，建筑物属于非自由体的范畴。对自由体进行限制，使之成为非自由体的部件称为约束。杆系结构的基本结构构件是杆件，独立的杆件是典型的自由体，不能成为结构。众多的杆件通过杆件和杆件之间的约束——节点，以及杆件和地基之间的约束——支座，联系成为一个非自由的、可以抵御外荷载的杆系——结构。因此，杆系结构的基本组成部件是：杆件、节点和支座。本节介绍支座和节点的分类和抽象方法。

1）支座

实际工程中支座的构造多种多样，比较复杂，为了便于分析计算，理论上必须对支座加以抽象。经过理论上的简化处理以后，杆系结构的支座一般有：固定支座、铰支座、辊轴支座和滑移支座。

图3－6（a）给出了某结构的一个局部大样。局部大样显示，由于墙的约束作用，完全限制了梁在A点的运动，使得梁的A端既不能上下、左右移动，也不能转动。也就是说梁的A端完全被固定住了，我们称这种完全固定的支座为固定支座。固定支座在今后的图示中抽象地表达为图3－6（b）的形式，图3－6（b）就是固定支座的计算简图。固定支座在梁的A端对梁提供三个约束反力，即，图3－6（c）所示的竖向反力F_V、水平反力F_H和力矩M。

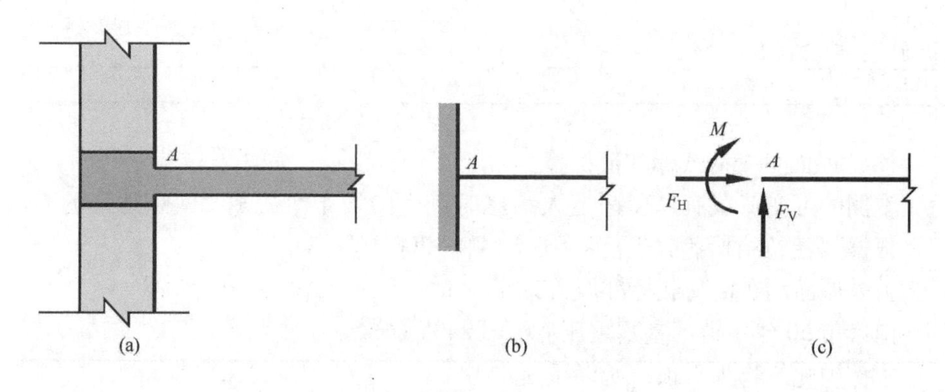

图3－6
（a）固定支座原型；（b）固定支座计算简图；（c）固定支座的约束力

下面考虑图3－7（a）所示的一个柱脚。柱子的底部插入杯形基础中，然后加入填料予以固定。这里我们可以看到，由于杯形基础的制约，柱脚不可能产生竖直或水平方向上的移动，也就是说柱子在柱脚A处没有线位移。另一方面，填料对柱脚有一定的固定作用，但这种固定作用是很不牢靠，很不确定，也就是说柱子在A点的转动受到了一种很不确定的约束。为安全起见，设计时我们忽略了填料的作用，假定柱子在A处是可以自由转动的。这样柱子在A点的约束就被抽象成了一个没有线位移，但可以自由转动的铰支座，其计算简图示于图3－7（b）。铰支座在A点对柱子提供了两个约束反力，即，竖向反力F_V和水平反力F_H，如图3－7（c）所示。必须指出的是，同样是柱脚，如果基础中留出钢筋并和柱子现场用混凝土浇筑成一个整体，那么柱脚处的转动就受到了明确可靠的制约。此时，支座A就应该简化为图3－6所示的固定支座了。由此看来，约束的抽象和简化往往是比较复杂的工作。一方面要尽可能地接近工程实际；另一方面也要考虑到安全性和计算的简便性。

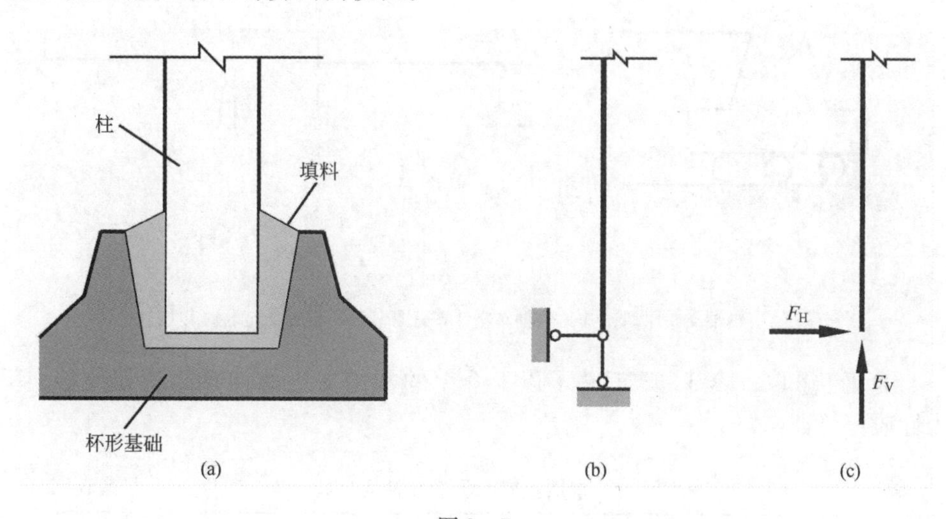

图3－7

（a）铰支座原型；（b）铰支座计算简图；（c）铰支座的约束力

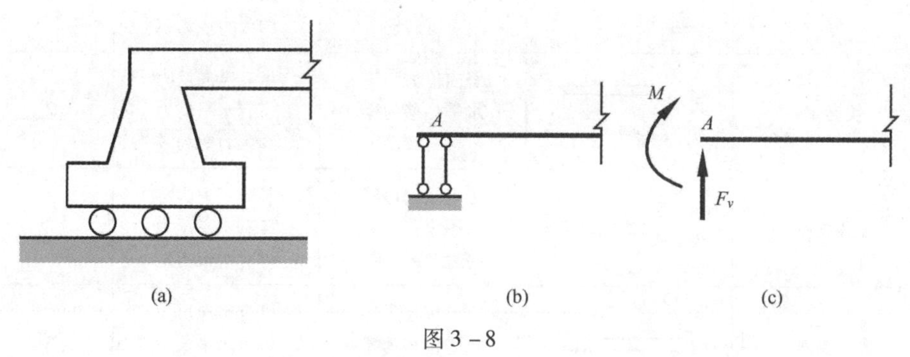

图3－8

（a）滑移支座原型；（b）滑移支座计算简图；（c）滑移支座的约束力

现在来考虑滑移支座。图3－8（a）显示了某钢结构的支座大样。设计时一般忽略滚珠的摩擦作用，这样该钢结构在支座处可以沿水平方向自由滑动，但其转动和在竖直方向上的运动是受到明确限制的，这样的支座称为*滑移支座*。图3－8（b）为滑移支座的计算简图。滑移支座在A点为结构提供了竖向反力F_V和力矩M。滑移支座在防止温度应力方面有很大作用。

最后我们介绍工程中另一种常见的约束——*辊轴支座*。考虑图3－9（a）所示的某钢结构支座的大样。图3－8（a）和图3－9（a）所示支座的差别在于，图3－9（a）的结构在支座处不仅可以像图3－8（a）结构那样沿水平方向自由滑移，而且可以自由转动。这样辊轴支座只能限制结构在竖直方向上的运动，对结构的水平移动和转动没有任何限制，其计算简图可以简化为图3－9（b）的形式。辊轴支座只能为结构提供一个竖向约束反力F_V，如图3－9（c）所示。由此可见，辊轴支座对结构的约束作用是最少的。

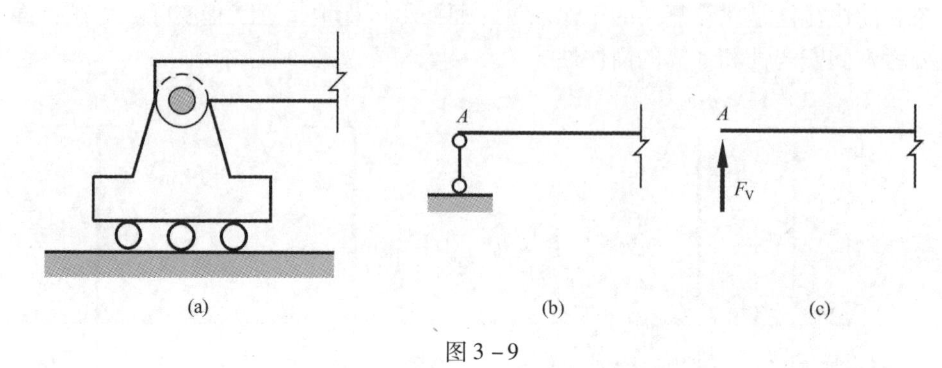

图3－9
（a）辊轴支座原型；（b）辊轴支座计算简图；（c）辊轴支座的约束力

为便于查取，表3－2汇总了以上介绍的常用支座的计算简图和位移、反力性质。

常用支座的类型和性质　　　　**表3－2**

支座名称	计算简图	位移性质	反力性质	反力数
辊轴支座		竖向位移为零 可有水平位移 可有转动	可有竖向反力 水平反力为零 约束力矩为零	1
铰支座		竖向位移为零 水平位移为零 可有转动	可有竖向反力 可有水平反力 约束力矩为零	2
滑移支座		可有竖向位移 水平位移为零 角位移为零	竖向反力为零 可有水平反力 可有约束力矩	2
固定支座		竖向位移为零 水平位移为零 角位移为零	可有竖向反力 可有水平反力 可有约束力矩	3

2）节点

上面我们讨论了杆件和基础之间的约束方式（支座）的抽象和简化。下面介绍杆件和杆件之间的约束方式（节点）的抽象和简化。杆系结构的节点一般有三种：刚节点、铰节点和组合节点。

考虑图3－10（a）所示的梁柱节点。梁和柱在节点A处浇筑成一个整体，形成一个刚性的节点。这样无论结构怎样变形，节点A的两个相邻截面1和2始终保持原有的夹角，这种刚性的节点称为*刚节点*，其计算简图见图3－10（b）。

考虑图3－11（a）所示的杆件节点。由于设计中一般忽略销钉的摩擦力，所以，图中的两根杆件在节点A处可以自由转动。但同时由于销钉的作用，两根杆件在节点A处始终保持连接，没有相对线位移。这样的节点称为*铰节点*。图3－11（b）为铰节点的计算简图。

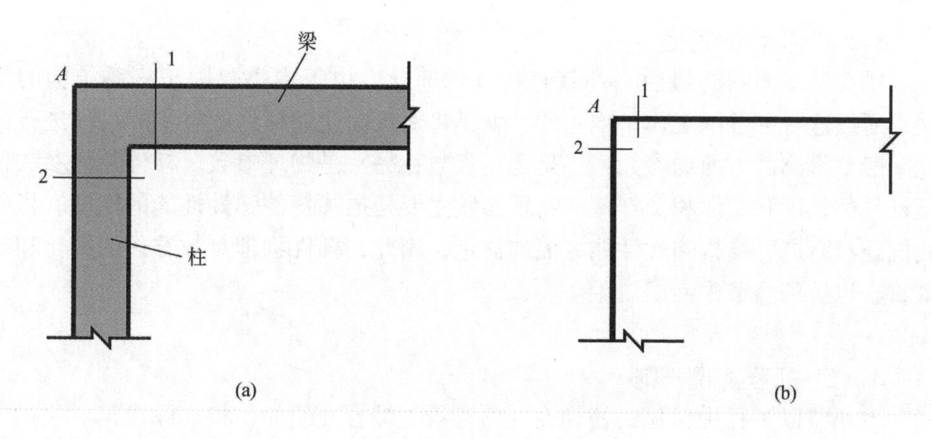

图 3－10
（a）刚节点原形；（b）刚节点计算简图

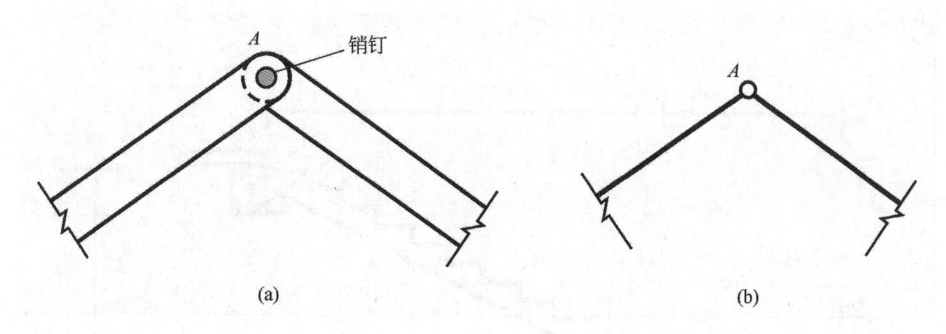

图 3－11
（a）铰节点原形；（b）铰节点计算简图

最后我们来介绍组合节点。图 3－12（a）所示的节点和铰节点有点相似，但又有所不同。由于忽略了销钉的摩擦，该节点的 1—3 和 2—3 之间是可以自由转动的。但 1—2 截面之间的角度是不变的。也就是说，该节点既有刚节点的成分，也有铰节点的成分，称为组合节点。

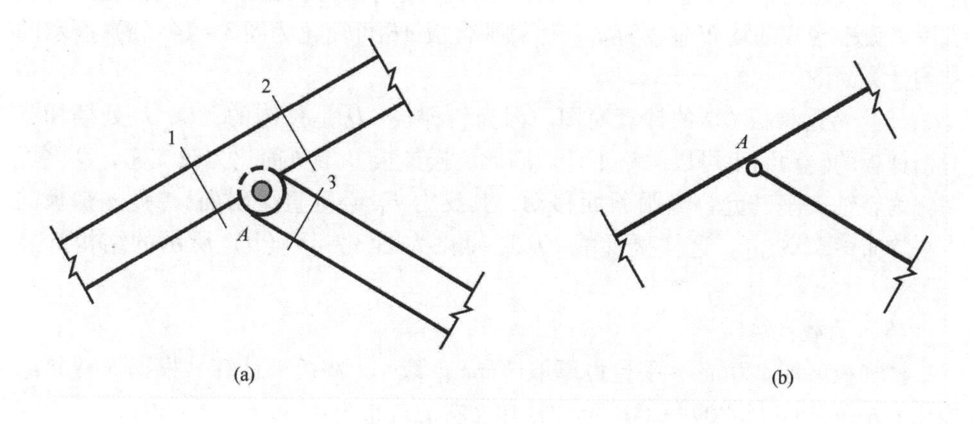

图 3－12
（a）组合节点原形；（b）组合节点计算简图

3.2.4　构件的简化

结构计算简图的最后一环就是构件的简化。由于本书仅限于杆系结构的范畴，所以这一部分的工作是唯一的，就是将对象简化成杆件。将实际构件进行简化一般要得到两方面的参数：一是几何参数；另一是物理参数。杆件几何参数包括杆件的长度和截面积。杆件的物理参数主要是描述杆件弹性性能的刚度。目前我们还没有展开结构弹性性能方面的讨论，因此，杆件物理参数方面的简化和抽象将在以后的章节中专门讨论。

3.2.5　工程实例一则

本小节以工程中常见的楼梯设计为背景，综合介绍如何将实际建筑对象抽象成结构计算简图。

【例3-2】　某预制楼梯的实际构造如图3-13所示。试绘制出楼梯计算简图。

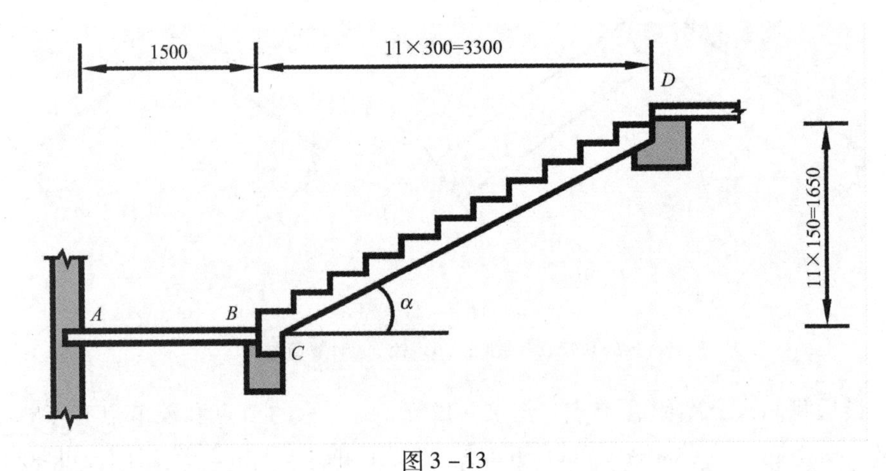

图3-13

【解】　(1) 考虑休息平台板 AB 的计算简图。因为是预制楼梯，墙和梁对平台板的转动约束可以忽略不计，因此板的 A 端简化为铰支座，B 端简化为辊轴支座。设平台板的均布荷载为 p_1。休息平台板 AB 可简化为图3-14(a)所示的结构计算简图。

(2) 考虑梯板 CD 的计算简图。因为斜梯板 CD 是预制的，C、D 处楼梯梁对楼梯板的转动约束可以忽略不计。因此，楼梯板 C 端可简化为铰支座，D 端可简化为辊轴支座（允许其沿斜面移动，其反力 F_D 必垂直于斜面）。设楼梯板的水平均布荷载为 p_2。这样楼梯板 CD 可简化为图3-14(b)所示的结构计算简图。

(3) 荷载计算

楼梯板厚取120mm，平台板厚取70mm。取1m宽板带计算。根据《建筑结构荷载规范》GB 50009—2001可知楼梯材料的自重为：

钢筋混凝土：24~25kN/m^3；

水磨石地面：0.65kN/m^2（10mm面层，20mm水泥砂浆打底）；

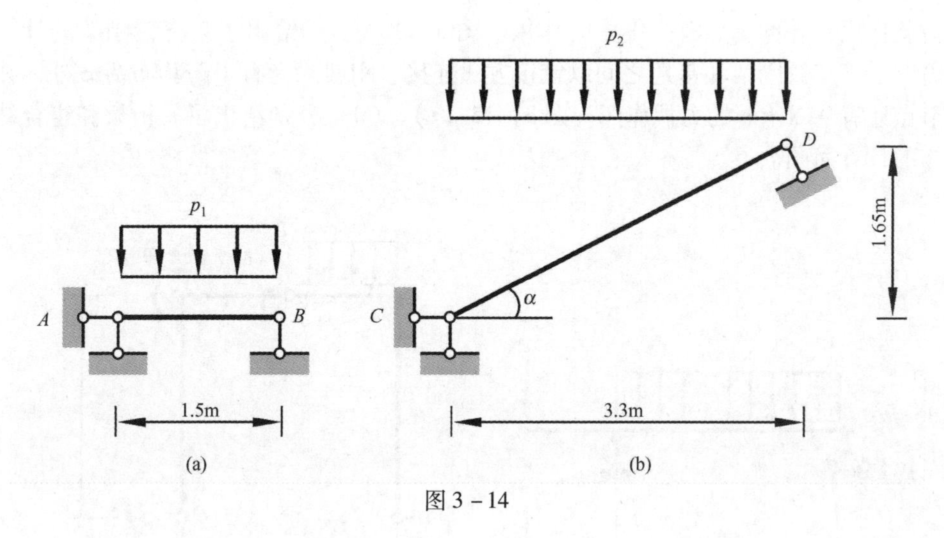

图 3-14

石灰砂浆：$17kN/m^3$（板底抹灰 20mm）。

该预制楼梯的基本组成单元包括：水磨石面层、三角形踏步、混凝土斜板、板底抹灰。根据楼梯材料的自重可计算出楼梯各组成单元的自重，列于表 3-3。

楼梯各组成单元的自重列表 **表 3-3**

荷载种类		荷载标准值（kN/m）
恒载	水磨石面层	（0.3+0.15）×0.65/0.3=0.98
	三角形踏步	0.5×0.3×0.15×25/0.3=1.88
	混凝土斜板	0.12×25=3.00
	平台板	0.07×25=1.75
	板底抹灰	0.02×17=0.34

根据表 3-3 可得平台板的恒载标准值 g_{k1} 为：

$$g_{k1} = 1.75 + 0.34 + 0.65 = 2.74kN/m \quad (a)$$

板倾斜角 $\tan\alpha = 150/300 = 0.5$，$\cos\alpha = 0.894$。楼梯板的恒载标准值 g_{k2} 为：

$$g_{k2} = 0.98 + 1.88 + (3.00 + 0.34)/0.894 = 6.60kN/m \quad (b)$$

根据《建筑结构荷载规范》GB 50009—2001 可查得楼梯的活载标准值为：

$$q_k = 2.5kN/m \quad (c)$$

3.2.6 几种常见杆系结构的计算简图

前面我们已经讨论了结构的分类，以及结构计算简图的产生过程。本小节我们给出一些常见的杆系结构的计算简图，为以后的学习在感性认识方面做一些准备。

图 3-15（a）所示为一外伸简支梁。其 AB 跨受有一集度为 16kN/m 的均布

荷载作用，外伸端点有一集中力作用。图3－15（b）给出了某三铰刚架的计算简图。该三铰刚架和基地之间以铰接方式连接。刚架除受有半跨均布荷载外，在节点还有9kN·m的力偶作用。图3－15（c）、（d）分别给出了一桁架和组合结构的计算简图。

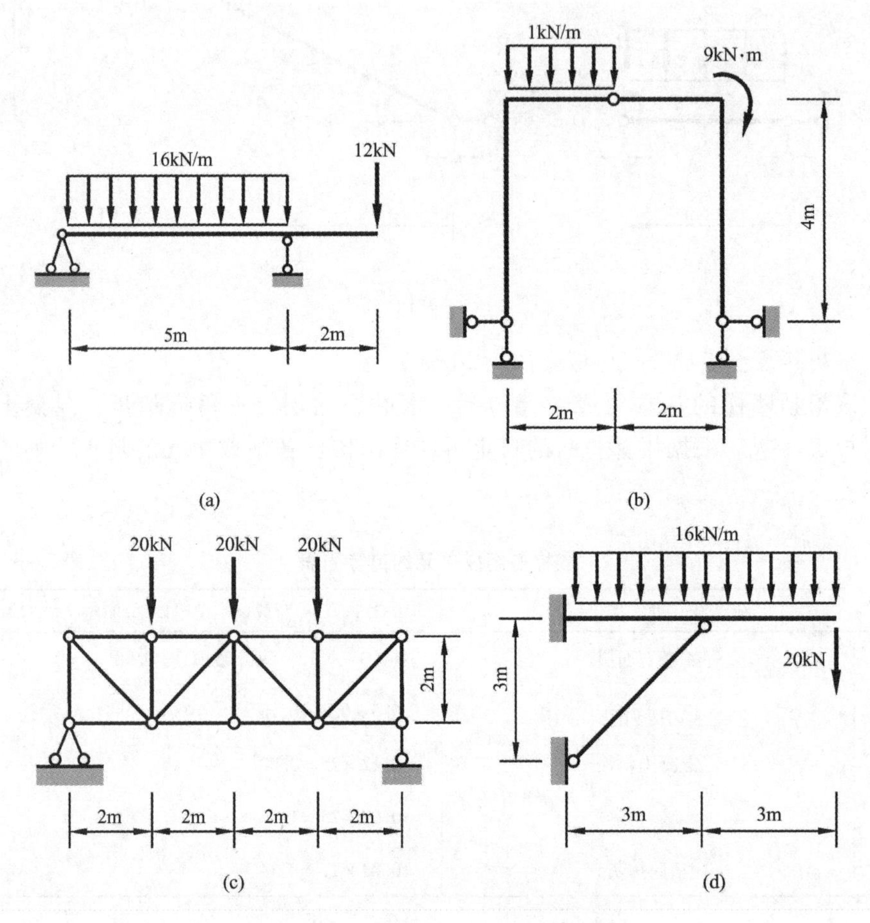

图3－15　几个常见杆系结构计算简图

3.3　结构受力分析图

实际建筑物抽象成结构计算简图后，问题就转变成了一个纯粹的力学问题。正如第2章所讨论的那样，力学问题求解的第一步就是取隔离体做出示力图。如果说结构计算简图是结构力学分析的起点的话，那么，取隔离体、作示力图就是进行结构力学分析时迈出的第一步。这一步非常重要，是取得正确分析结果的关键步骤之一。如果示力图画错了，必将导致整个分析工作的失败。下面举例说明如何对结构取隔离体，作示力图。

【例3－3】　图3－16（a）为一外伸简支梁的计算简图。试以杆件*ABCD*为对象作出示力图。

【解】 第一步，取 *ABCD* 为对象。去掉 *B*、*C* 处的两个支座，得隔离体*ABCD*。

第二步，将作用在 *ABCD* 上 12kN/m 的均布荷载、12kN 的集中荷载和 10kN · m 的力偶画上。

第三步，根据铰支座的性质，杆 *ABCD* 在 *B* 点可能会受到一个水平约束反力 F_{HB} 和一个竖向约束反力 F_{VB}。根据辊轴支座的性质，杆 *ABCD* 在 *C* 点可能会受到一个竖向约束反力 F_{VC}。将 F_{HB}、F_{VB} 和 F_{VC} 都画到隔离体 *ABCD* 上。这样就得到了图 3－16（b）所示的以 *ABCD* 为对象的示力图。

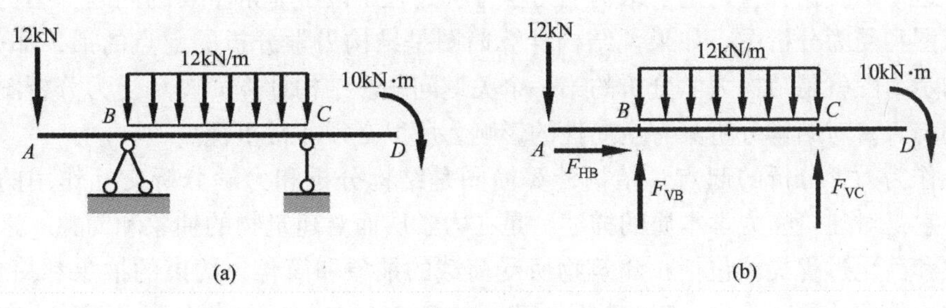

图 3－16

必须指出的是，以 *ABCD* 为对象的示力图标出了 *ABCD* 上所有受到的、和可能受到的作用力。这里不排除某些力可能为零，例如，进一步的分析计算表明，本例中水平约束反力 F_{HB} 实际上为零。

【例 3－4】 图3－17（a）为某组合结构的计算简图。试以杆件 *ABC* 为对象作出示力图。

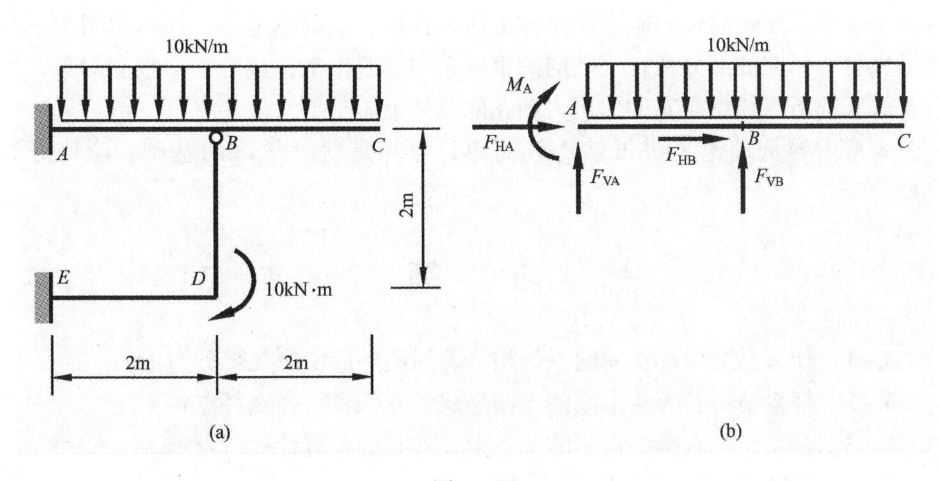

图 3－17

【解】 第一步，取 *ABC* 为对象。去掉 *A* 处支座和结构的 *BDE* 部分，得隔离体 *ABC*。

第二步，将作用在 *ABC* 上 10kN/m 的均布荷载画上。

第三步，根据固定支座的性质，杆 *ABC* 在 *A* 点可能会受到一个水平约束反

力 F_{HA}、一个竖向约束反力 F_{VA} 和一力偶 M_A。该结构的 *BDE* 部分通过一个组合节点和 *ABC* 部分连接。根据 3.2.3 小节中介绍的组合节点的性质，结构的 *BDE* 部分将通过组合节点 *B* 对 *ABC* 部分施加两个作用力，即，*B* 点的水平反力 F_{HB} 和竖向力 F_{VB}。将 F_{HA}、F_{VA}、M_A、F_{HB} 和 F_{VB} 全画到杆件 *ABC* 上就得到了如图 3－17（b）所示的示力图。

3.4　本章小结

这一章我们着重讨论了结构的力学分析过程中两个非常重要的问题：结构计算简图和受力分析图。如果说结构计算简图是结构力学分析的起点的话，那么，结构示力图就是结构力学分析的第一个关键问题。结构计算简图和受力分析图的正确与否，对结构分析具有全局性的影响，所以必须非常重视。

作为力学分析的起点，结构计算简图是结构分析和力学分析交互作用的产物。它是对建筑物力学本质的描述，是在力学层面对建筑物的抽象和简化。这一抽象和简化过程具体包括：建筑物所受荷载的抽象和简化、约束的抽象和简化、结构构件的抽象和简化。建筑物所受荷载一般有分布荷载和集中荷载两种。它们可以按照建筑物的实际情况和《建筑结构荷载规范》GB 50009—2001 的有关规定予以确定。建筑结构有很多类型，本书仅限于讨论杆系结构。杆系结构的约束有支座和节点两大类。结构和地基之间的常见约束一般有：辊轴支座、铰支座、滑移支座和固定支座。杆系结构中杆件之间的联系一般可以简化为：铰节点、刚节点和组合节点。

所谓结构的示力图，实际上是以结构某特定部分为对象的示力图。作示力图有两个环节：取隔离体和画出隔离体上所有作用力。简单地说，作示力图的过程就是先将要研究的部分从它周围的约束联系中解脱出来，成为一个独立对象；然后将解脱前所有约束对它的作用力画在隔离体上。

本章内容从理论上讲虽然比较简单，但却是后续学习的基础，应该好好掌握。

习　　题

3－1　什么是结构计算简图？结构计算简图一般由哪几部分组成？

3－2　杆系结构有哪些常用的支座形式？它们各有什么特点？

3－3　杆系结构有哪些常用的节点形式？它们各有什么特点？

3－4　作图示结构杆件 *AB* 的示力图。

3－5　作图示结构 *ABCD* 部分的示力图。

3－6　试求图示结构支座 *A* 的反力。

3－7　试求题 3－5（a）图示结构的支座反力。

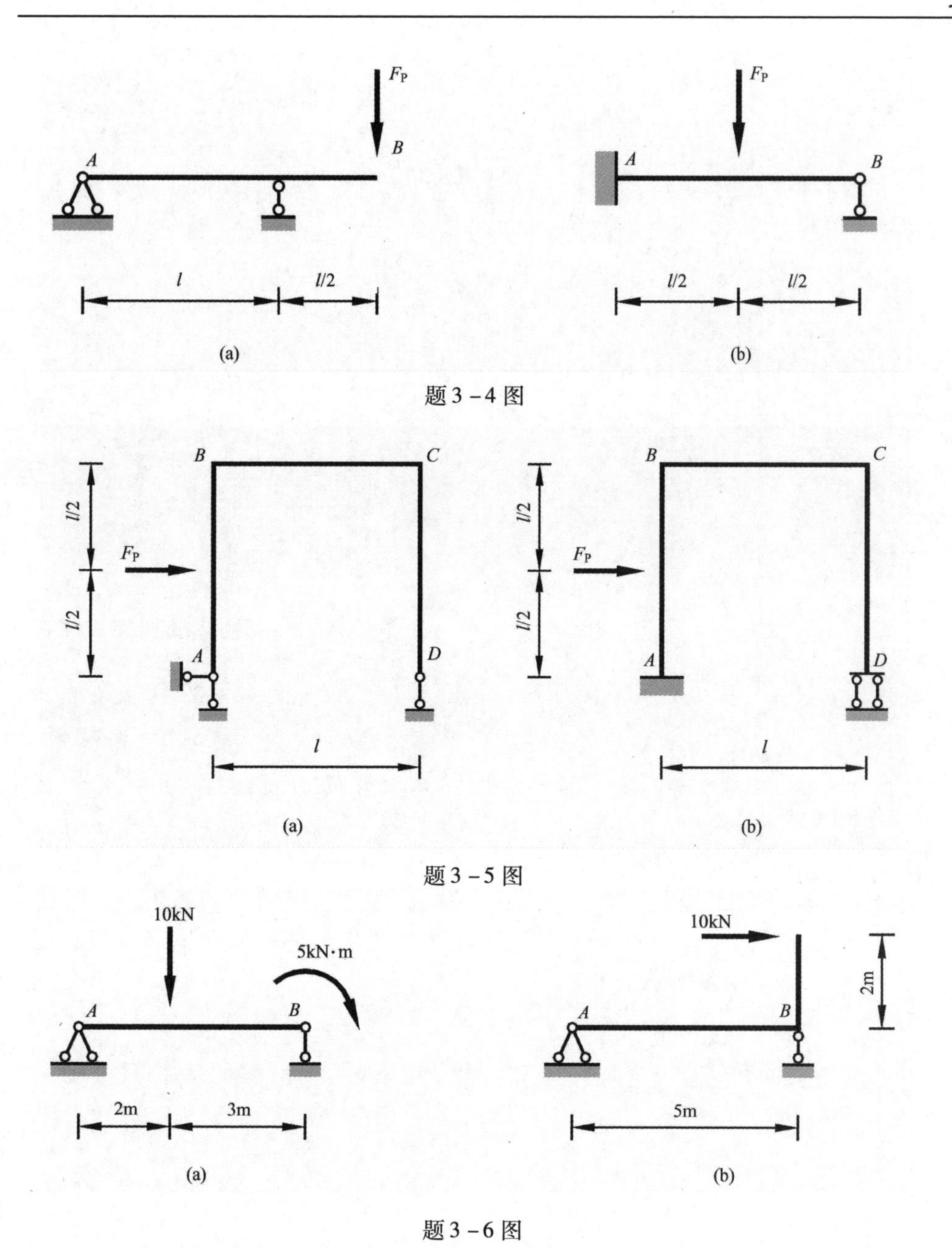

题3－4图

题3－5图

题3－6图

第 4 章 平面杆系结构的几何稳定性分析

Chapter 4 The Determinacy and Stability of Structures

通过第三章的学习我们已经了解到，结构是建筑物抵御外荷载的骨架，是建筑物赖以存在的基石。建筑作为人类文明的一个象征，是人为建造出来的，那么，当我们面对一堆纷繁杂乱的结构元件时，应该遵循什么样的法则去构造出一个合理的、能很好抵御外荷载的结构呢？这是结构设计时首先必须面对的问题。本章将对此展开详尽讨论。

4.1　对一则感性实例的思考

实际工程中，建筑结构的类型多种多样，当前应用最广的一种就是杆系结构。从结构计算简图的角度来看，杆系结构由杆件、节点和支座三部分组成。那么，是不是随便取几根杆件用节点和支座凑合在一起，就能抵御外荷载，成为结构了呢？为了回答这个问题，让我们先来考虑图4－1所示的例子。图4－1（a）和（b）给出了用同样多的杆件组成的两个不同的杆件体系。不难看出，图4－1（a）所示的杆件体系在极其微小的水平扰动影响下会发生侧倾，直至倒塌。这样一个经不起任何风吹草动的体系显然是不能当作结构来支撑建筑物荷载的。下面再来考虑图4－1（b）所示同样用4根杆件组成的杆件体系。观察后可以发现，不论你从哪个方向去推或拉这个体系，它都能很好地抵抗你的影响。直觉告诉我们，图4－1（b）这样的体系，是可以作为结构来抵御外荷载的。

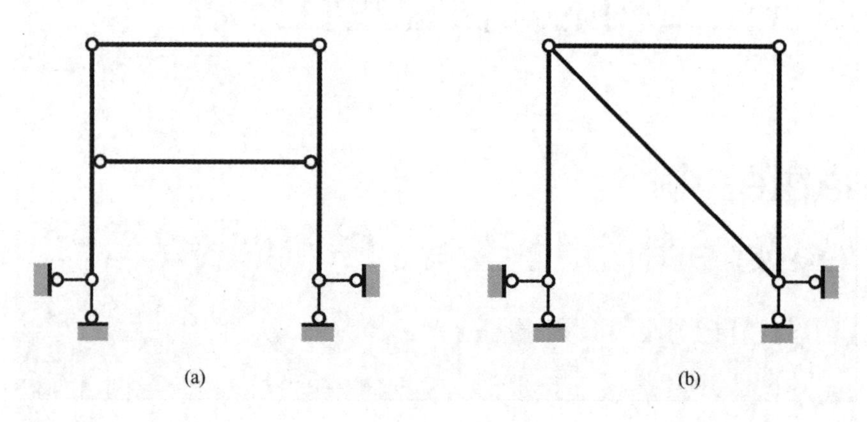

图4－1

通过对图4－1所示的实例的考察，可以得出以下两点结论：①不是所有的杆件体系都能作为结构的；②一个杆件体系能否成为结构，关键在于其杆件的布置方式，而和杆系中杆件的数目没有太大关系。这样，我们就面临着两个必须回答的问题。首先，什么样的杆件体系才能成为结构？其次，分析工程结构时，不能总凭直觉去研判对象。实际工程结构往往由成百、上千根杆件组成，单凭感觉是无能为力的。因此，必须建立起一套“理性”的法则来判定一个杆系能否成为结构。探讨杆件体系中杆件的布置规律，应用这些规律去判断一个杆系是“机构”还是“结构”，就是我们下面将要考虑的问题。

4.2 几何稳定性分析的基本概念

4.2.1 几何不变体系和几何可变体系

如果反省一下思考图 4 – 1 所示问题的过程，不难发现，我们之所以认为体系（a）不能成为结构，而体系（b）可以成为结构，是基于这样一个朴素的认识，即，体系（a）会“动”，会发生位移；而体系（b）推不动，没有位移。诚然，“能动”和“不能动”确实是今后判断一个体系是否能够成为结构的根本标准。但这样说，似乎太粗糙了，不严密。要知道，工程材料都是弹性体，体系（a）不仅在荷载作用下会产生变形，而且温度变化时体系的形状也会改变。因此，我们直觉中的所谓“能动”和“不能动”是有前提的。在提出有关概念时，必须考虑这些前提。经过这样一番考虑之后，就有了如下几何不变体系的定义。几何不变体系是指，在不考虑杆件变形的前提下，体系的位置和形状保持不变的体系，反之则为几何可变体系。按照这一概念来判断图 4 – 1 所示的两个体系，很容易得知，体系（a）是几何可变体系，而体系（b）是几何不变体系。

4.2.2 瞬变体系

从以上的讨论我似乎可以得出结论：只有几何不变体系才能成为结构。但问题真的就这么简单吗？善于思辨的人想出了图 4 – 2（a）所示的情况。图 4 – 2（a）描述的体系很特别。很难说这样一个体系是能动的还是不能动。从理论上说，AC 杆限制了 C 点在水平方向上的移动，允许它沿竖直方向运动；同样，CB 杆也只限制了 C 点在水平方向上的移动，还是允许它沿竖直方向运动。这样一来，该结构在竖直方向是可以动的。可是一旦 C 点偏离了原来的位置，由于 AC 和 CB 的制约，体系无法继续移动。像这样只能发生瞬间位移的体系，我们称之为瞬变体系。而像图 4 – 1（a）那样可以发生大幅位移的体系，称为常变体系。

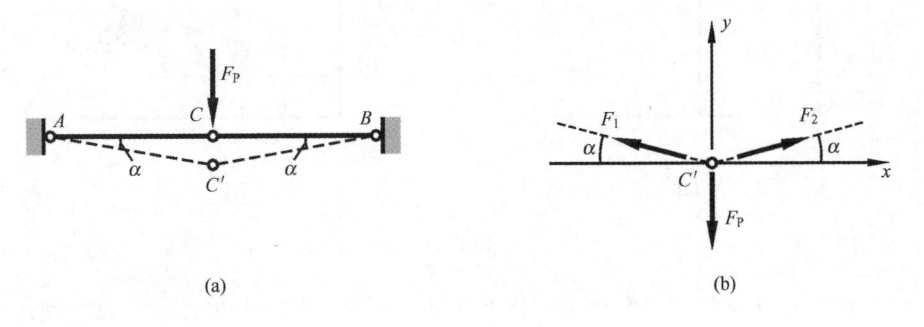

图 4 – 2

常变体系当然不能成为结构。那么，瞬变体系能不能成为结构呢？仅从能不能动的角度来看，瞬变体系似乎是可以作为结构的，但现在下结论还为时尚早。我们不妨来分析一下它的内力情况。假定体系在 C 点受到一个竖向力 F_P 的作用。图 4 – 2（b）给出了 C 点的示力图。这是一个平面汇交力系，根据第二章介绍的平面汇交力系的平衡条件可得：

$$\sum F_x = F_1\cos\alpha - F_2\cos\alpha = 0; \tag{4-1}$$

$$\sum F_y = F_P - F_1\sin\alpha - F_2\sin\alpha = 0; \tag{4-2}$$

解之得

$$F_1 = F_2 = \frac{F_P}{2\sin\alpha} \tag{4-3}$$

因为角度 α 趋近于零，这样，由式（4-3）可知，即使外力 F_P 非常小，该体系也会产生极大的内力。作为结构，这一点是非常糟糕的，所以，一般说来，瞬变体系也不能作为结构。

从以上的讨论可以看出，杆件体系可以分为几何可变体系和几何不变体系。几何可变体系又包括常变体系和瞬变体系。其中只有几何不变体系才能成为结构，而常变体系和瞬变体系一般都不能用作结构。

4.2.3　自由度和约束

1）自由度

从上面的讨论可以看出，判断一个体系的几何稳定性时，“能不能动”是关键。但即使是“能动”的体系也有个“能动”的程度问题。例如，有些体系可以四面八方随意移动；但有些体系，则只能在特定的方向上移动。遇到这种情况我们不能简单地说，这个体系能动的厉害，那个体系只能动一点点。这样描述既不严谨，也不科学。为此，需要引入一个描述体系能动程度的概念——自由度。

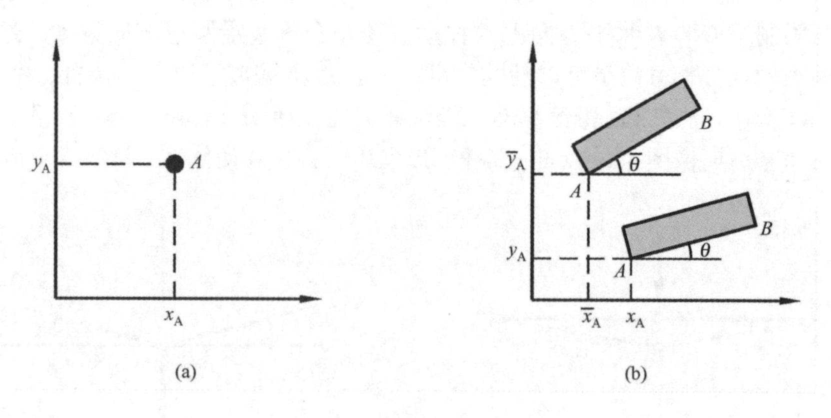

图4-3

所谓自由度是指，确定体系的位置所需要的独立参数或坐标的个数。现在考虑两则实例。图4-3（a）所示的 xOy 平面内有一质点 A，它可以沿 x 轴和 y 轴方向分别发生独立运动。为确定该点在 xOy 平面内的位置。需要两个独立的坐标，即 x_A 和 y_A。由此可见，平面内一点的自由度为2。再考虑图4-3（b）所示 xOy 平面内的一个刚体。为了描述该刚体在 xOy 平面内的位置，首先在刚体上设立一个标识点（例如 A）和一根标识线（例如 AB）。如果能知道标识点 A 在 xOy 平面内的坐标 x_A 和 y_A，同时知道标识线 AB 和 x 轴的夹角 θ，那么，我们就可以对该刚体完全定位。如果刚体在 xOy 平面内发生了漂移，只要设法获取标识点 A 在新位置的坐标 $\bar{x}_A$ 和 $\bar{y}_A$，以及标识线 AB 在新位置和 x 轴的夹角 $\bar{\theta}$，我们就可以完全描述刚体所在的新位置。由此可见，平面内一刚体具有 3 个自由度。

从几何不变体系和自由度的概念可以看出，任何几何不变体系的自由度都应该等于零，而任何几何可变体系的自由度都要大于零。设计一个结构就是要在一个体系中合理地布置一些约束，使得这个体系变为几何不变体系。注意，这里我们不知不觉地使用了一个概念——约束。直觉告诉我们，约束和自由度是一对矛盾，是完全对立的两个概念。但必须指出的是，迄今为止，本书对约束的理解完全基于生活的感性认识。用这样一个完全感性的生活概念，去和具有明确数学力学定义的自由度概念配对，实在是太不协调。因此，下面需要对约束的概念在力学层面进行一些探讨。

2）约束

感性知识告诉我们，约束就是不让对象“动”。因此，约束可以定义为：阻止研究对象某一特定运动的条件（或因素）。经过这样一番修饰，原本非常朴实的约束概念，一下变的有点抽象模糊了。我们需要考虑几个例子来重新使约束概念形象化、具体化。图 4－4（a）所示的质点 A 被用刚性链杆 1 连于地基，链杆 1 阻止了质点 A 在竖直方向上的运动。根据上面约束的定义，可以得出结论：一个刚性链杆相当于一个约束。再考虑图 4－4（b）所示的刚体。该刚体用一个铰 A 和地基相连。铰 A 不仅限制了刚体在水平方向上的平移，而且阻止了刚体在竖直方向上的移动。由此推断，一个铰相当于两个约束。这样一来立即就提出了一个问题：难道两根链杆就等于一个铰吗？进一步的分析表明，两根链杆就相当于一个铰。下面就几种工程中可能遇到的具体情况进行讨论。

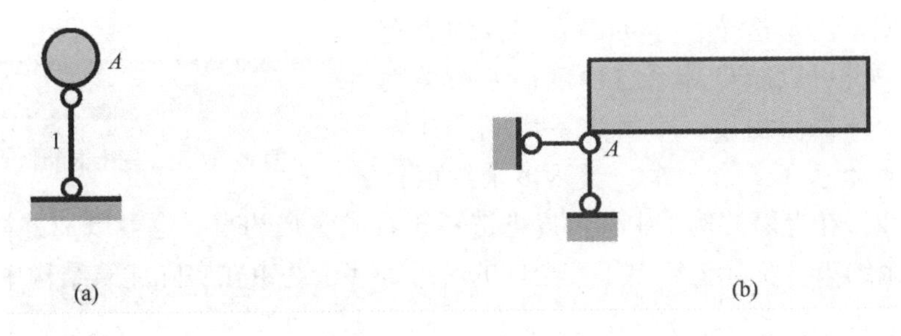

图 4－4 约束的概念

图 4－5（a）中所示的两根链杆相交于 A 点。显然，刚体在这两根链杆的限制下只能绕着 A 点转动，就好像在刚体的 A 点装了一个铰，这种情况我们称链杆 1 和 2 构成了一个实铰。图 4－5（b）中所示的两根链杆的延长线相交于 A 点。从运动的角度不难看出，由于链杆 1 的制约，刚体在 B 点只能沿着 τ 的方向运动；同时由于链杆 2 的限制，刚体在 C 点只能沿着 n 的方向运动。于是，链杆 1 和 2 的作用效果，就好像使刚体绕着一个虚拟中的铰 A 在转动。这种情况我们称链杆 1 和 2 构成了一个虚铰。最后，考虑图 4－5（c）的情况。由于链杆 1 和 2 是平行的，所以，在它们的限制下图中的刚体只能沿水平方向作平动。可以想

像，一个刚体在水平方向平动，就相当于绕着无穷远一点转动，而平行的链杆 1 和 2 恰巧就相交于无穷远处，这就是说，链杆 1、2 给这个刚体在无穷远处装了一个铰。这种情况我们称链杆 1 和 2 构成了一个无穷铰。

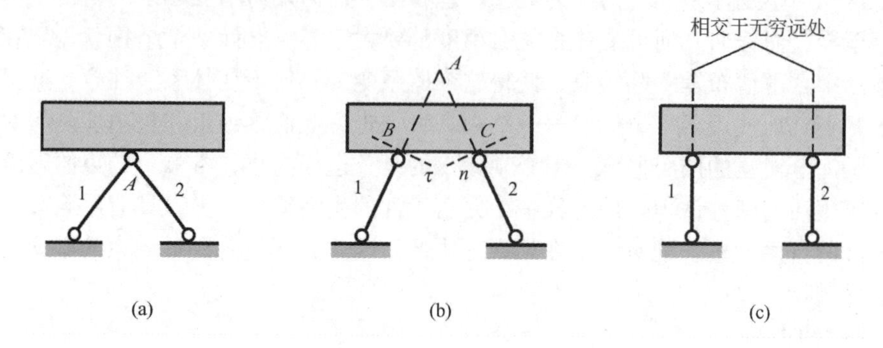

图 4－5　铰的概念

经过上面一番加工的约束概念现在已经正式步入了力学分析的殿堂。在结束有关约束的讨论前，还有一个问题需要处理。我们知道，约束和自由度是一对矛盾，前面已经有了自由度的严格数学力学定义，那么，为什么不简单地定义约束为“减少自由度的条件（或因素）”呢？这里一定存在某种顾虑。为了说明这个问题，考虑图 4－6 所示的体系。质点 A 受到了链杆 1、2、3 的约束。该质点本来就只有两个自由度，在链杆 1 和 2 的制约下，已经构成了一个自由度为零的几何不变体系。这时候再加上一个链杆 3 已经不能再减少体系的自由度了。从这个例子可以看出，约束有两类：一类可以减少体系自由度；另一类则不能减少体系自由度。今后称不能减少体系自由度的约束为多余约束。当然多余约束具有相对性，在上面的例子中你可以把链杆 3 看成多余约束，也可以把链杆 1 或 2 看成多余约束。实际上，出于安全性的考虑，多余约束在实际建筑结构中是普遍存在的。

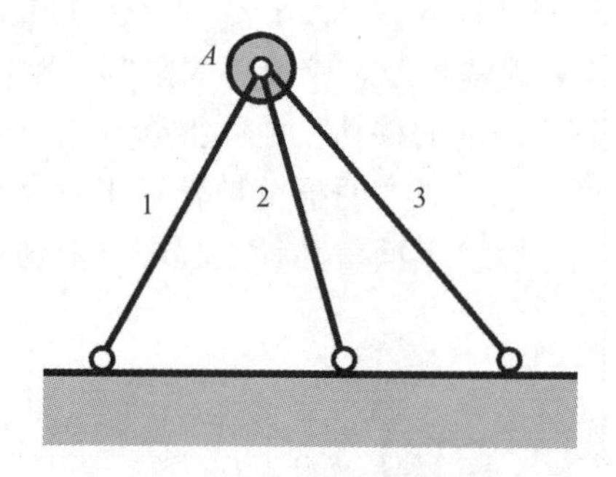

图 4－6　多余约束的概念

4.3　几何不变体系的基本组成规则

在以上的讨论中，我们主要运用直观的方法来分析体系发生机构运动的可能性，以此来判断体系的几何可变性和运动自由度。必须承认，这种直观的运动判别方法对杆件数目不多的简单体系有一定的效果。然而，实际工程中的杆件体系都是比较复杂的，用这种直观的运动判别方法去解决工程实际问题根本行不通。这促使我们不得不去探寻几何不变体系的内在组成规律，希望能够以这些组成规律为基础，建立起比较理性化的几何稳定性判别方法。本节将在这一方面展开讨论。

4.3.1 两刚片规则

由于本章局限于讨论平面体系的几何稳定性，所以在以下的讨论中，将使用“刚片”一词来代替“刚体”。考虑图 4－7（a）的两个刚片 *I* 和 *II*。刚片 *I* 和 *II* 通过铰 *A* 和链杆 1 联系在一起。铰 *A* 使得刚片 *II* 只能绕着 *A* 点相对于刚片 *I* 转动，这时体系有一个自由度，然而链杆 1 恰巧阻止了这一运动，这样一来，刚片 *I* 和 *II* 就通过铰 *A* 和链杆 1 组成了一个几何不变体系。必须指出的是，刚片 *I* 和 *II* 之间本来有 3 个相对自由度，而铰 *A* 和链杆 1 提供的三个约束正好全用上，一个不多，一个不少，所以，这是一个没有多余约束的几何不变体系。将这个例子提炼抽象就可以得到如下几何稳定性分析中常用的一个规则——两刚片规则。

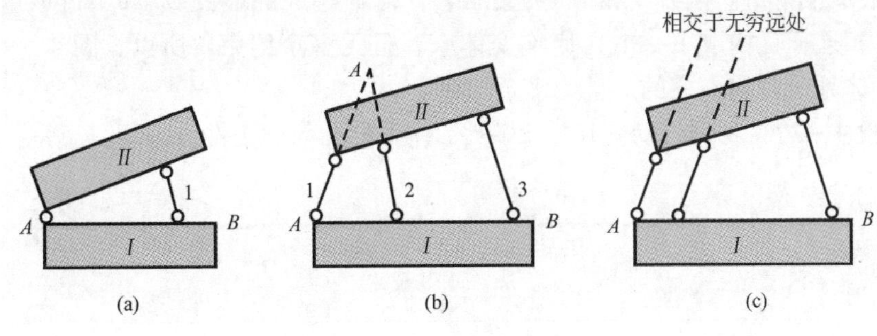

图 4－7　两刚片规则

规则 4.1　（两刚片规则）两刚片通过一铰和不过该铰的一链杆相连，构成一几何不变体系，且无多余约束。

前面关于约束一节的讨论已经将铰的概念扩大到了虚铰和无穷铰的范畴，所以，规则 4.1 包含了图 4－7（b）和（c）两种情况。但必须注意的是，在规则 4.1 的叙述中，用了定语“不过该铰的”来限制“链杆”一词，这样，规则 4.1 也就排除了图 4－8 所示的三种情况。显然，这三种情况组成的体系都不是几何不变体系。

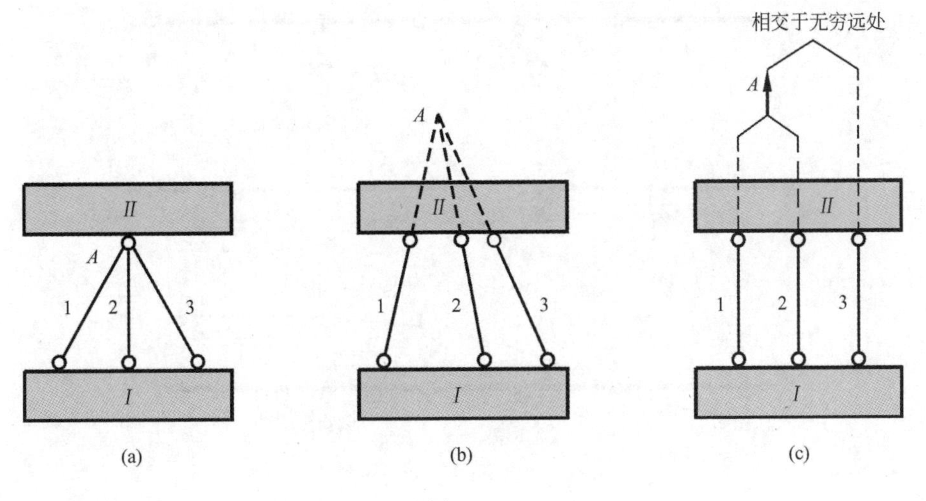

图 4－8

为了体会规则4.1的应用价值，下面考虑几则实例。

【例4-1】　分析图4-9（a）所示体系的几何稳定性。

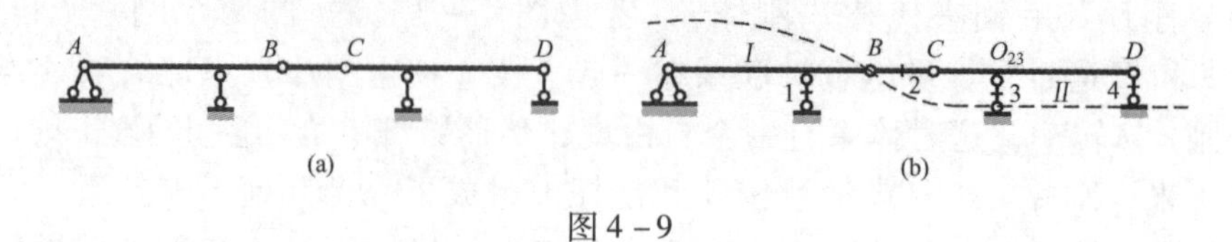

图4-9

【解】　先不考虑BCD部分。将杆件AB和大地各看成一个刚片。这两个刚片通过铰A和不过铰A的一链杆1相连构成一几何不变体系，且无多余约束，如图4-9（b）所示。将AB和大地组成的几何不变体系看成一新的刚片I。同时将CD杆看成刚片II。刚片I和II通过由链杆2、3构成的虚铰O_{23}和不过该虚铰的链杆4相连，又构成了一个几何不变体系，且无多余约束。所以，图4-9（a）所示的体系是几何不变的，且无多余约束。

【例4-2】　分析图4-10（a）所示体系的几何稳定性。

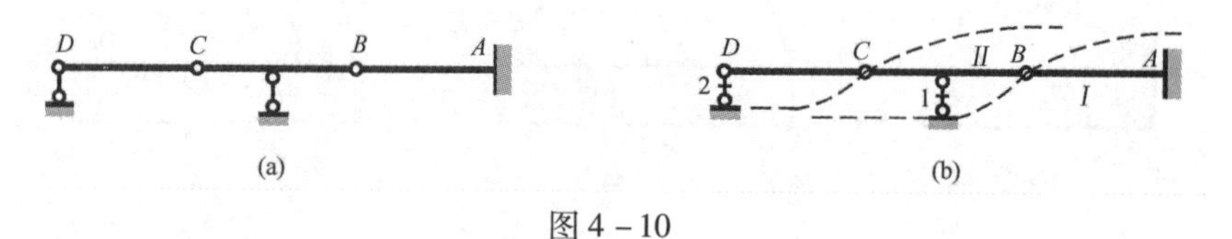

图4-10

【解】　先不考虑BCD部分。地基外伸一个悬臂梁AB后扩大为一个新的刚片I，如图4-10（b）所示。将CB杆看成一个刚片。它和刚片I通过铰B和不过铰B的链杆1相连，构成一个几何不变体系，且无多余约束。将这一新体系看成刚片II，它和CD杆通过铰C和不过铰C的链杆2相连，构成一几何不变体系，且无多余约束。所以，图4-10（a）所示的体系是几何不变的，且无多余约束。

【例4-3】　分析图4-11（a）所示体系的几何稳定性。

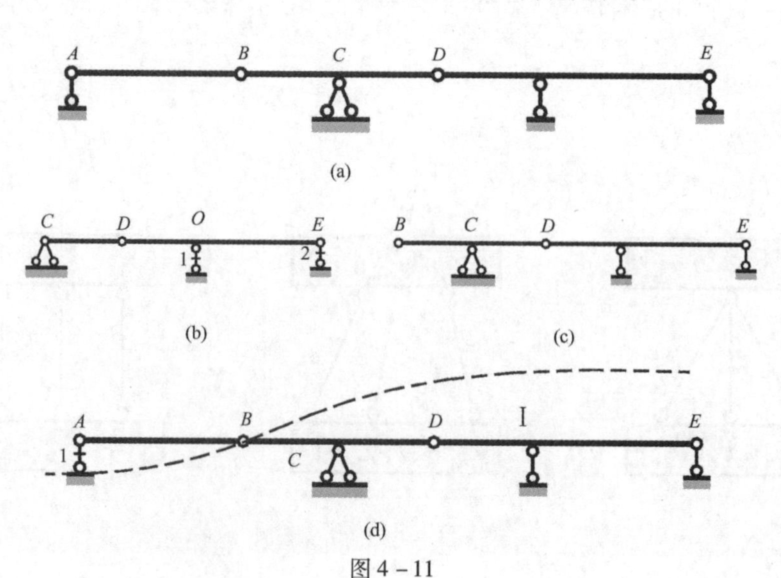

图4-11

【解】　先考虑图4－11（b）所示的一个体系。将 *CD* 看成链杆，*DE* 看成刚片。*CD* 和链杆 1 形成实铰 *O*。刚片 *DE* 通过铰 *O* 和不过铰 *O* 的一链杆 2 和大地相连，形成一几何不变体系，且无多余约束。将 *DC* 杆外伸得到如图 4－11（c）所示的体系。显然这一体系是几何不变的，且无多余约束，如图 4－11（d）所示，将它看成一个新的刚片 *I*。刚片 *AB* 和刚片 *I* 通过铰 *B* 和不过铰 *B* 的一链杆 1 相连，构成一几何不变体系，且无多余约束。所以，图 4－11（a）所示的体系是几何不变的，且无多余约束。

4.3.2　三刚片规则

现在来讨论体系几何稳定性分析中另一个常用的规则——三刚片规则。考虑图 4－12（a）所示的三刚片组成的体系。由三角形 *ABC* 形状的唯一性可以看出，该体系的三个刚片之间没有相对自由度。同时我们注意到，如果没有铰的约束，这三个刚片之间的相对自由度是 6。而三个铰能、且只能提供 6 个约束。这表明三个铰在约束这三个刚片时没有产生多余约束。所以，该体系是无多余约束的几何不变的。从这一实例出发，可以抽象出如下三刚片规则。

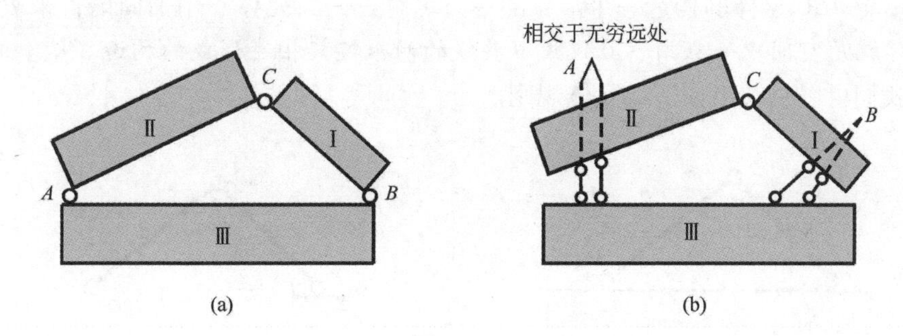

图 4－12

规则 4.2　（三刚片规则）三刚片用不共线的三个铰两两相连，构成几何不变体系，且无多余约束。

考虑到铰概念的广义性，规则 4.2 包括了图 4－12（b）所示的虚铰和无穷铰的情况。下面来考虑一则例题。

【例 4－4】　分析图4－13（a）所示体系的几何稳定性。

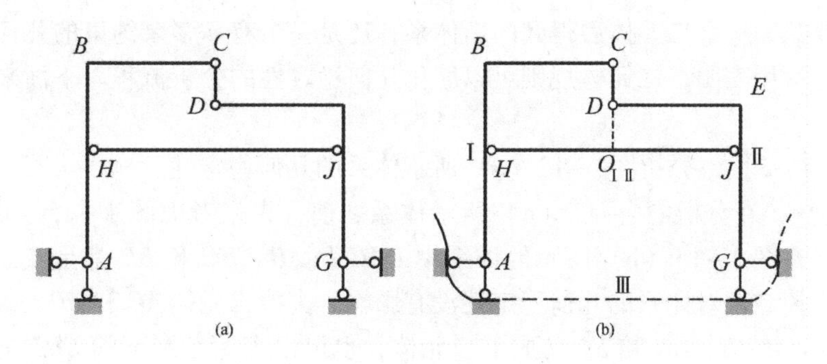

图 4－13

【解】　如图4－13（b）将 ABC 看成刚片Ⅰ、DEG 看成刚片Ⅱ、大地看刚片Ⅲ。链杆 CD 和 HJ 形成了连接刚片Ⅰ和Ⅱ的一个虚铰 $O_{Ⅰ-Ⅱ}$。这样，刚片Ⅰ、Ⅱ、Ⅲ通过不共线的三个铰 $O_{Ⅰ-Ⅱ}$、A、B 两两相连，形成了一个几何不变体系，且无多余约束。所以，图4－13（a）所示的体系是没有多余约束的几何不变体系。

4.3.3　二元体规则

考虑图4－14（a）所示的一个体系。某体系 S 上用两根不共线的链杆铰接形成了一个附加部分 ABC。点 A 相对于体系 S 有两个自由度。假定 B、C 的位置已经确定，由于链杆 AB、AC 不共线，根据三角形 ABC 形状的唯一性可以看出，在体系上增加一个 ABC 这样的构造不会增加体系的自由度；另一方面，如图4－14（b）所示，在 B 点位置已经确定的前提下，要确定 C 的位置，仍然需要知道角 α、β 两个独立参数，而 C 点本身也只有两个自由度。这就是说，ABC 这样的构造不能为体系提供任何附加的约束。由此看来，在一个（几何可变的或不可变的）体系 S 上增加或减去一个 ABC 这样的构造，对体系 S 的几何稳定性没有任何影响。这是一个非常有用的规律，应该提炼到规则的高度来推广应用。首先，赋予 ABC 这样的构造一个形象的专有名称——二元体。用书面语言来表达，二元体就是空间中一点用、且仅用不共线的两根链杆相连形成的构造。从上面的讨论我们可以总结出如下二元体规则。

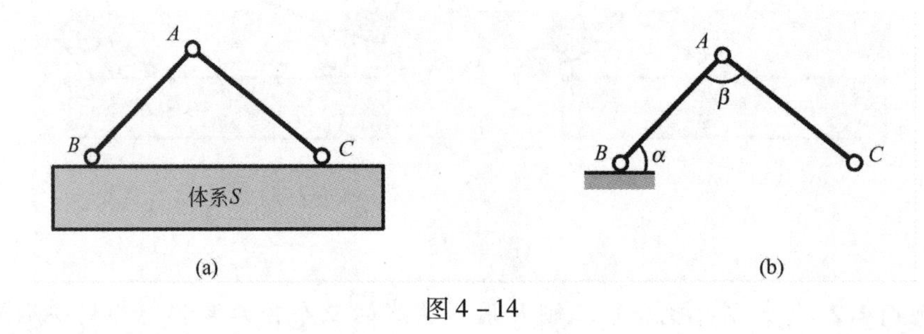

图4－14

规则4.3　（二元体规则）在一个体系上增加或减去一个二元体，体系的几何稳定性不变。

规则4.3表明，如果一个体系有 n 个自由度，在其上增加或减去一个二元体后，得到的新体系还是有 n 自由度；如果一个几何不变体系有 n 多余约束，在其上增加或减去一个二元体后得到的新体系，还是一个有 n 多余约束的几何不变体系。实际运用表明，二元体规则可以简化几何稳定性的分析流程。下面来考虑一则例题。

【例4－5】　分析图4－15（a）所示体系的几何稳定性。

【解】　在分析图4－15（a）所示体系之前，先来考虑图4－15（b）所示的体系。在图4－15（b）所示的体系中，AC 和 AD、BC 和 BE 都是二元体。从体系中去掉它们对体系的几何稳定性没有影响。去掉二元体 AC 和 AD、BC 和 BE 之后，DG 和 DH、EG 和 EJ 又成了二元体，也可以去掉。剩下的 GHJ 是一没有多余约束的几何不变体系。至此我们可以得出结论：图4－15（b）所示的体系

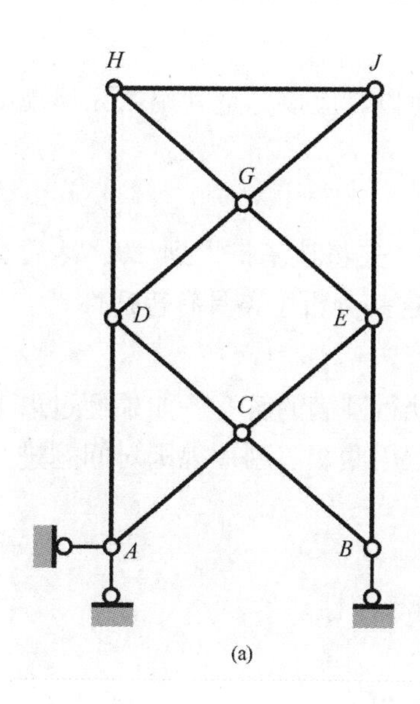

(a)

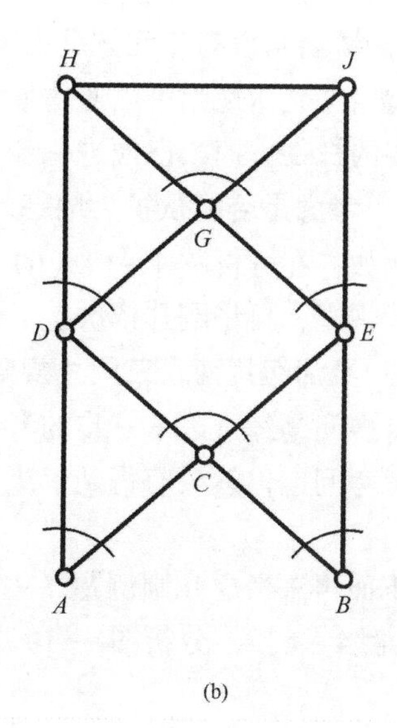

(b)

图4-15

是几何不变的，且无多余约束。将图4-15（b）所示的体系看成一个刚片，它通过铰A和不过铰A的一链杆和地基相连，构成一个无多余约束的几何不变体系。所以，图4-15（a）所示体系是几何不变的，且无多余约束。

4.3.4 几何稳定性分析的一般思路

通过以上的讨论可以看出，规则4.1～4.3在杆系结构的几何稳定性分析中发挥了非常重要的作用。上面的几则实例很难用直观的方法去判断。即使能判断出体系的运动情况，也无法知道它有没有多余约束。但另一方面，上述几则例题的分析过程也表明，运用几何组成规则去分析体系的几何稳定性，是一项颇具灵活性的工作。同样一个链杆，有时候当成链杆，有时候则看成刚片。这种分析技巧上的灵活性往往使初学者难以把握。为了避免盲目性，让分析过程尽可能有条理，根据我们的经验，几何稳定性分析可以按照以下的步骤进行思考。

1）考察体系是否为简支

从例题4-3可以看出，当整个体系和地基以简支方式（即，一个铰和不过该铰的一根链杆）连接时，可以暂时不考虑地基，先分析上部体系。如果上部体系是一个有n（n可以等于零）个多余约束的刚片，那么，该刚片和地基通过简支方式连接后得到的新体系，也是有n个多余约束的几何不变体系。如果上部体系是一个有n个自由度的可变体系，那么，该体系相对于地基就有$n+3$个自由度，而简支只能提供三个约束。所以，该体系和地基通过简支方式连接后，得到的新体系也是一个有n个自由度的几何可变体系。类似，如果上部体系是一个有n个多余约束和n个自由度的可变体系，那么，该体系和地基通过简支方式连接后得到的新体系，也还是一个有n个多余约束和n个自由度的可变体系。总之，简支方式对体系几何稳定性没有影响。

2）看看有没有二元体可去

运用二元体规则可以使体系大幅度简化。所以，应该尽量利用二元体规则将不必要的杆件去掉，以便进一步分析。

3）考虑是否能从扩大地基入手分析

例如，在分析图4－10（b）所示的体系时，先将地基扩大到*AB*，然后运用两刚片规则，再将刚片依次扩大到*BC*和*CD*。这一分析思路具有普适性。

4）灵活运用两、三刚片规则进行分析

许多问题经过以上三步的考虑就已经可以获得圆满的解答。如果经过以上几步的思考问题仍然没有得到解决，就需要灵活运用两、三刚片规则对问题进行分析了。

下面再来考虑几则例题。

【例4－6】　分析图4－16所示体系的几何稳定性。

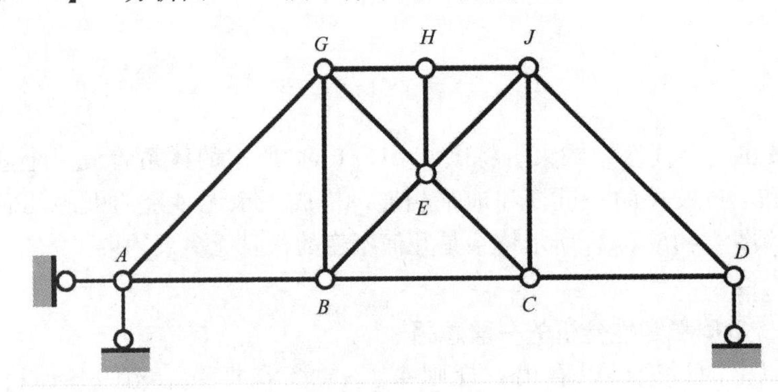

图4－16

【解】　第一步,考虑能否去简支。本例上部结构和地基以纯简支方式连接，所以可以不管地基只分析上部，如图4－17（a）所示。

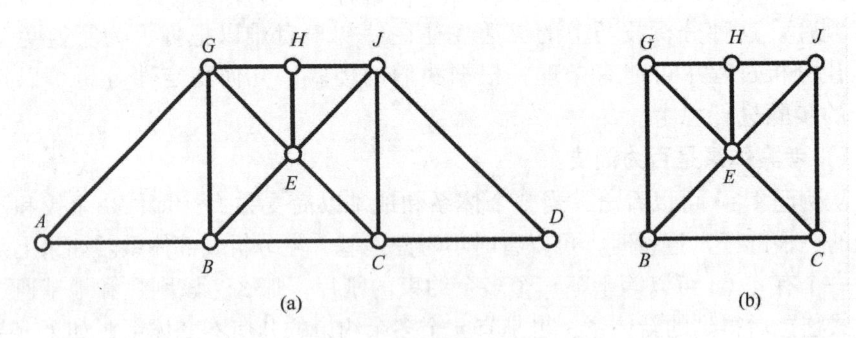

图4－17

第二步，考虑能否去二元体。对于图4－17（a）所示的体系来说，*BAG*和*CDJ*是两个二元体，可以去掉，得图4－17（b）所示的体系。

第三步，运用两、三刚片规则分析图4－17（b）所示的体系。*GHE*是一个三角形，以此为基础加上二元体*EJH*后扩大成无多余约束的刚片*GEJ*，然后再加上两个二元体*EBG*和*ECJ*扩大成无多余约束的刚片*BECJG*。可以看出链杆*BC*是

加在刚片 *BECJG* 内的一个多余约束。

通过以上分析可以看出，图 4 – 16 所示的体系是具有一个多余约束的几何不变体系。

【例 4 –7】 分析图4 – 18 所示体系的几何稳定性。

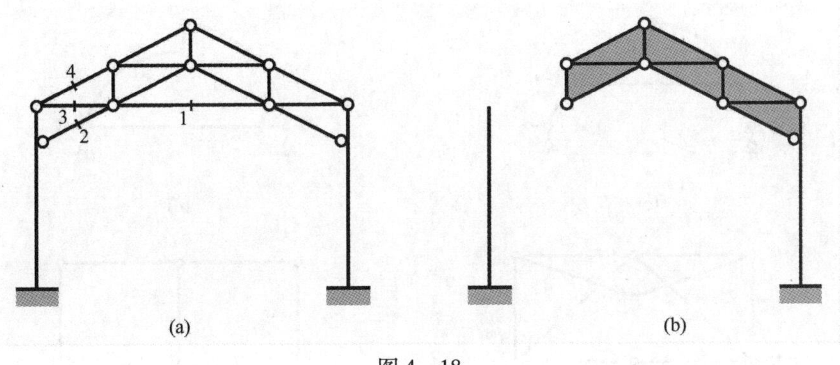

图 4 – 18

【解】 第一步,考虑能否去简支。本例显然无简支可去。

第二步，考虑能否去二元体。本例也无二元体可去。

第三步，考虑能否从地基扩大入手分析。本例先在地基上延伸出两根柱子，然后在右边的柱子上依次累加 6 个二元体，得到图 4 – 18（b）所示的无多余约束的几何不变体系。比较图 4 – 18（a）、（b）后可以看出，链杆 1、2、3、4 是加在几何不变体系内部的多余约束。

通过以上分析可以看出，图 4 – 18（a）所示的体系是具有 4 个多余约束的几何不变体系。

4.4　本章小结

本章详细介绍了杆系结构几何稳定性的有关概念和分析方法。杆件体系可以分为几何可变体系和几何不变体系。几何可变体系又包括常变体系和瞬变体系。其中只有几何不变体系才能成为结构，而常变体系和瞬变体系一般都不能作为结构来抵御外荷载。

两刚片法则、三刚片法则和二元体法则是几何稳定性分析的三个基本法则。通过本章的学习，读者应该熟练掌握这三大法则的应用技巧和方法。

习　题

4 – 1　如何确定空间一点的位置？空间一个质点有几个自由度？空间一个刚体有几个自由度？

4 – 2　什么是多余约束？瞬变体系一定有多余约束吗？为什么？

4 – 3　试分析图示结构的几何稳定性。

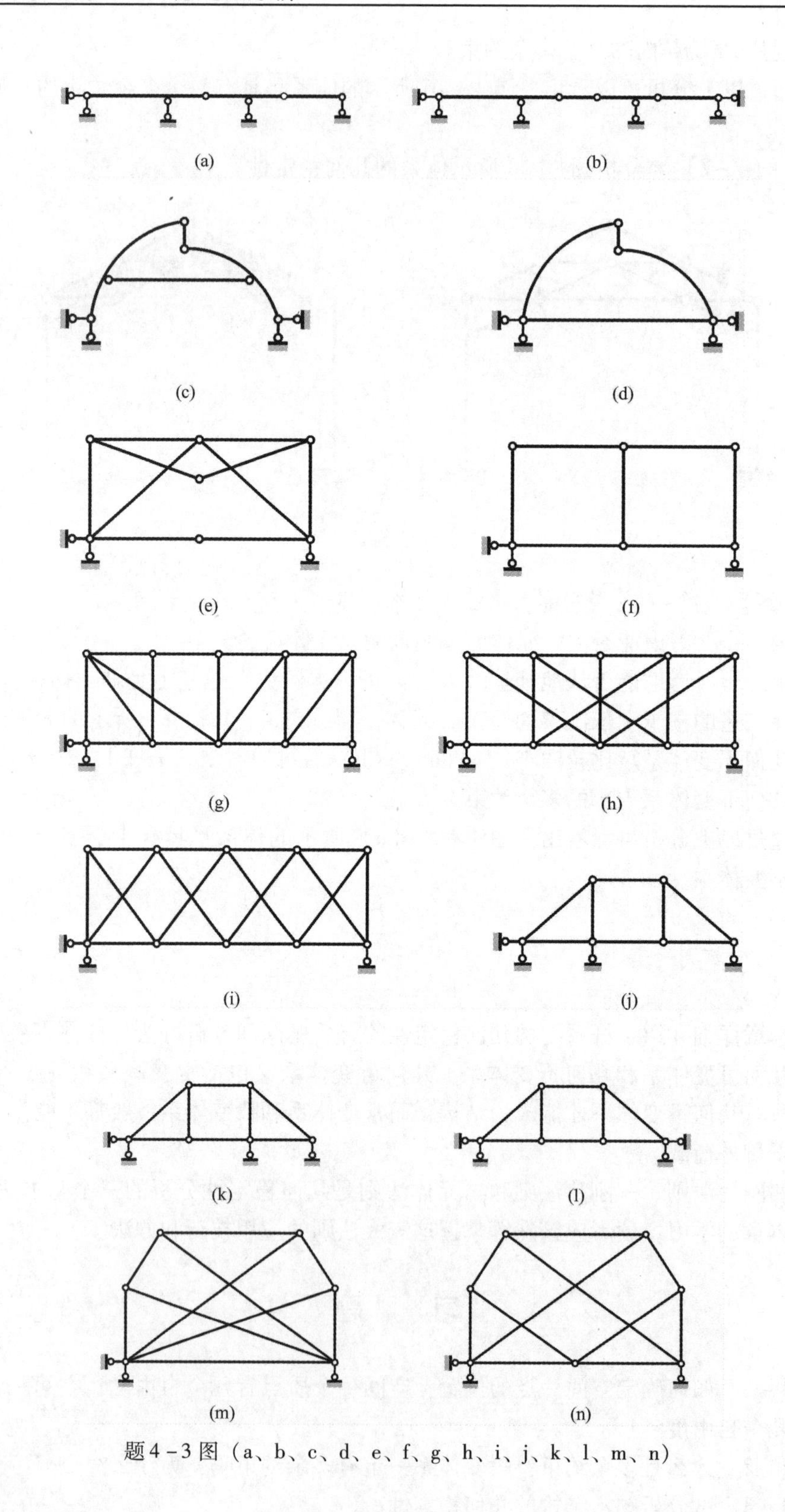

题4－3图（a、b、c、d、e、f、g、h、i、j、k、l、m、n）

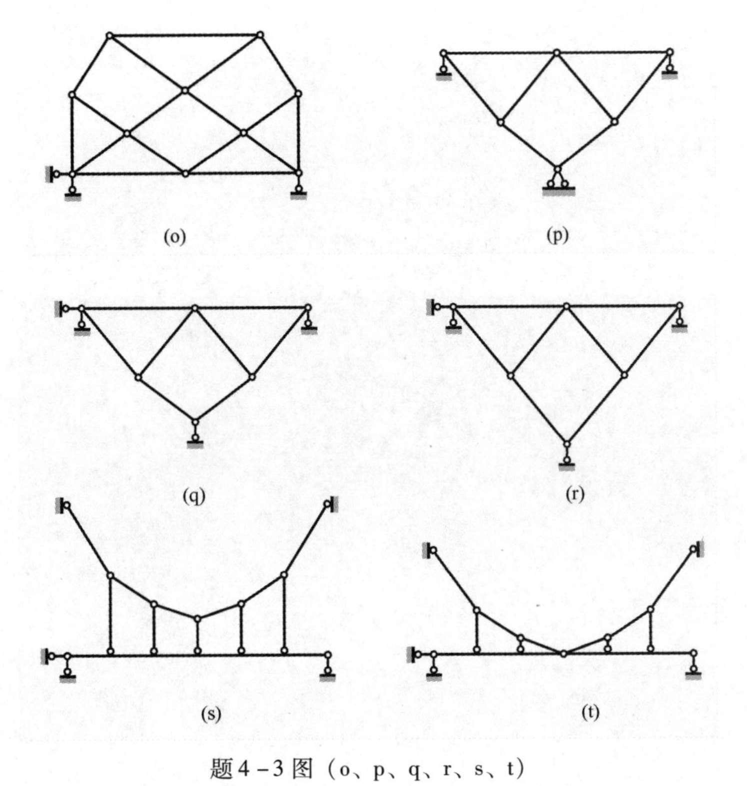

题4－3图（o、p、q、r、s、t）

第 5 章
静定结构内力分析

Chapter 5
Analysis of Determinate Structures

结构分析的主要目的之一，就是对结构构件进行强度验算，以保证结构各部分在外荷载作用下不发生破坏。结构构件强度验算的基础是构件的应力分析，而应力分析的前提是构件的内力计算。所以，对结构进行力学分析时，第一步就是计算结构的内力，这是结构力学分析的首要任务，至关重要。本章将就此展开讨论。

5.1 内力和内力图的一般概念

5.1.1 杆件的内力

物体在受到外力作用时，其内部各质点间会产生相互作用，这种物体内部质点间的相互作用就是所谓的内力。下面以图5-1为例展开说明杆件横截面上的内力情况。图5-1（a）所示的杆件*AB*在外力作用下横截面1—1处的相邻质点之间会产生相互作用，即产生截面1—1处的内力。为了分析截面1—1处的内力，设想将杆件*AB*在截面1—1处切开，如图5-1（b）所示。由于假设了物体的介质是连续的，所以，杆件截面1—1处的内力应该是一种分布力。根据牛顿作用力和反作用力定律，截面1—1处的分布内力f_1和f_1'如图5-1（b）所示，它们大小相等、方向相反。为便于分析，如图5-1（c）将分布内力f_1分解为f_{N1}、f_{M1}和f_{Q1}，其中f_{N1}是横截面上均匀的、杆轴线方向上的分布内力；f_{M1}的主矢为零，但主矩不为零，其合力为一力偶；f_{Q1}是横截面上平行于横截面的分布力。

令

$$F_{N1} = \int_C^D f_{N1}\,dy \tag{5-1}$$

$$F_{Q1} = \int_C^D f_{Q1}\,dy \tag{5-2}$$

$$M_1 = \int_C^D f_{M1}\,dy \tag{5-3}$$

F_{N1}、f_{Q1}和M_1是横截面上对应分布内力分量的合力，分别称为杆件*AB*在横截面1—1上的轴力、剪力和弯矩。以后未作特殊说明，杆件的内力都是指其横截面上的轴力、剪力和弯矩，如图5-1（d）所示。

5.1.2 内力图

一根杆件有无穷多个截面，这些截面上的内力一般是不一样的。任何一个杆件截面发生破坏，结构都会出现问题。所以，在结构设计时需要知道杆件所有截面的内力情况，然后按最危险的截面进行设计。为了表示横截面上内力随横截面位置变化的情况，可以用杆件的轴线作为x坐标，建立xOy坐标系。x坐标表示横截面的位置，y坐标表示对应截面的内力。然后，按一定的比例尺，将各截面的内力在该坐标系中标注出来。用这样的方法画出的图称为内力图。内力图包括轴力图、剪力图和弯矩图，其中弯矩图非常重要，是结构分析的根本所在。图5-2给出了一简支梁在集中力作用下的轴力图、剪力图和弯矩图。

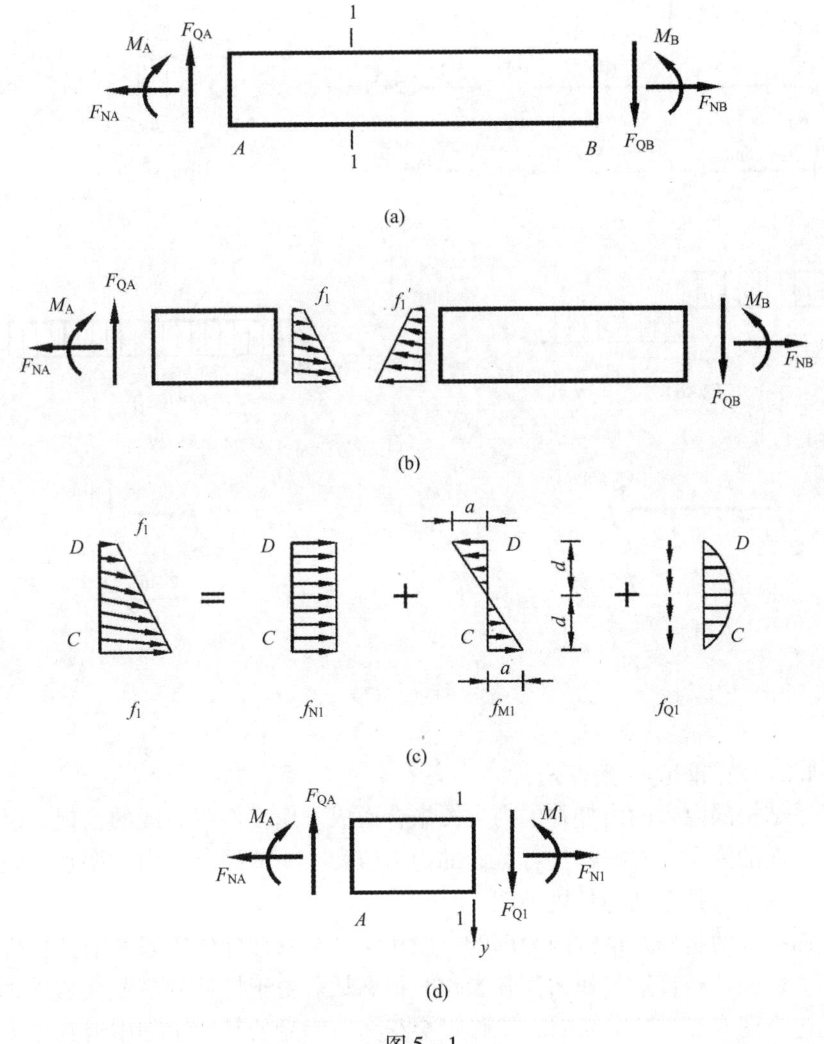

图 5－1

内力图要传递的信息有两个：一是各截面内力的大小；二是各截面内力的方向。如前所述，弯矩是横截面上的分布内力 f_{M1} 的合力。分布力 f_{M1} 会使杆件的一侧受拉，而另一侧受压，如图 5－1（c）所示。根据弯矩这一特性，以后规定：弯矩图画在杆件的受拉侧。这样弯矩图无须标明正负，就能传递弯矩的方向信息。例如，图 5－2（b）中梁的跨中弯矩值是 50kN·m 标在梁的下方，这表明梁在荷载作用下，其跨中弯矩为 50kN·m，该弯矩使梁在跨中上侧纤维受压，下侧纤维受拉，其方向如图 5－2（b）所示。对于轴力规定：杆件受拉为正，受压为负。这样，在画轴力图时就需要标明正负，如图 5－2（d）所示。对于剪力规定：截面的外法线顺时针转动 90°后所在的方向为剪力的正方向，外法线逆时针转动 90°后所在的方向则为剪力的负方向。所以，在画剪力图时也要表明正负，如图 5－2（c）所示。图 5－2（c）显示梁四分之一跨处的剪力为正 10kN。这表明梁在该处有图 5－2（f）所示的剪力。

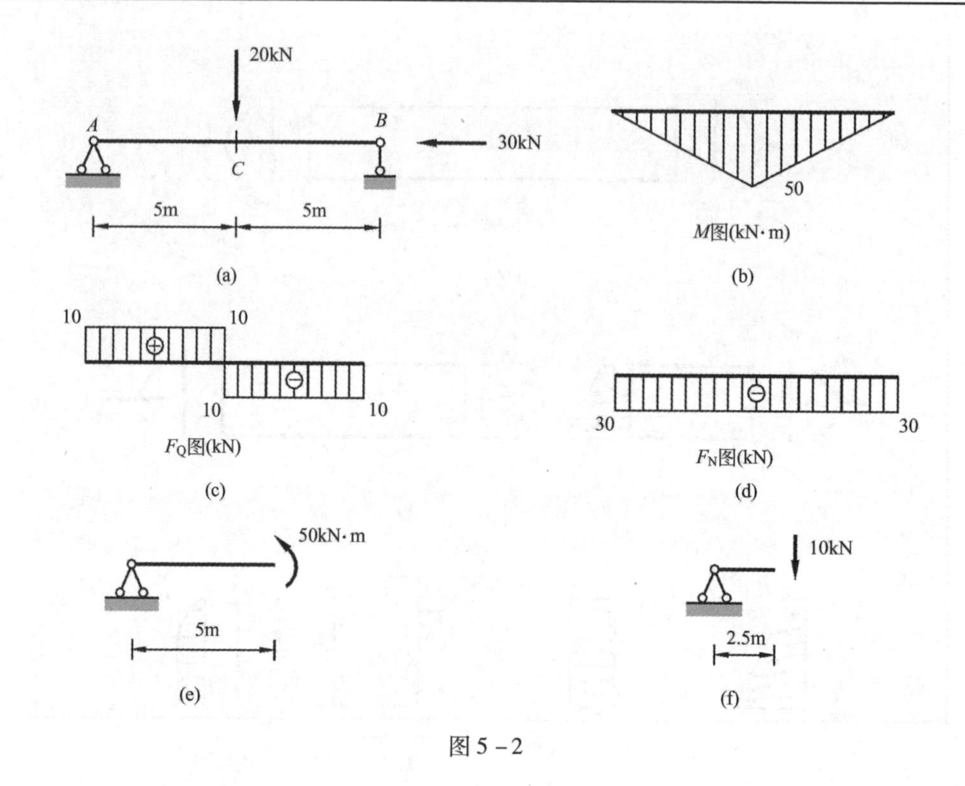

图5－2

5.1.3　内力图的一般作法

杆系结构的内力图由杆件的内力图组合而成。作杆件内力图的前提是已知杆件各个截面的内力。根据杆件各截面的内力值和上一节规定的内力图正、负号体系，就可以作出整个结构的内力图。

上面提到的是杆系结构内力图的一般作法，对直杆杆件体系和曲杆杆件体系都适用。然而这种普适的作法实际操作时很麻烦。由于杆件的横截面非常多，按这样的内力图一般作法分析时，工作量会很大。幸运的是，工程中遇到的大多为直杆杆系结构。研究表明，对于直杆杆系结构，我们只需要求出少数横截面的内力就可以求解整个问题。在接下来的几节中，我们将详细讨论直杆杆系结构内力图的快速作法。

5.2　静定结构指定截面的内力分析

*静定结构是指结构的内力可由静力平衡方程唯一确定的结构。*静定梁则是静定结构中最简单的一种形式。本节以静定梁为媒介，介绍静定结构内力分析中的一些方法和技巧。结构力学分析的成果是内力图。作内力图的基础是计算截面的内力。下面结合实例讨论结构指定截面内力的分析方法。

图5－3（a）所示为一受均布荷载 q 作用的简支梁。现在我们就以该梁为例介绍求解梁截面 C 内力的方法。为了求截 C 面的内力，需要先知道梁的支座反力，为此去掉支座，代之以支座反力 F_{HA}、F_{VA} 和 F_{VB}，得到图5－3（b）所示的

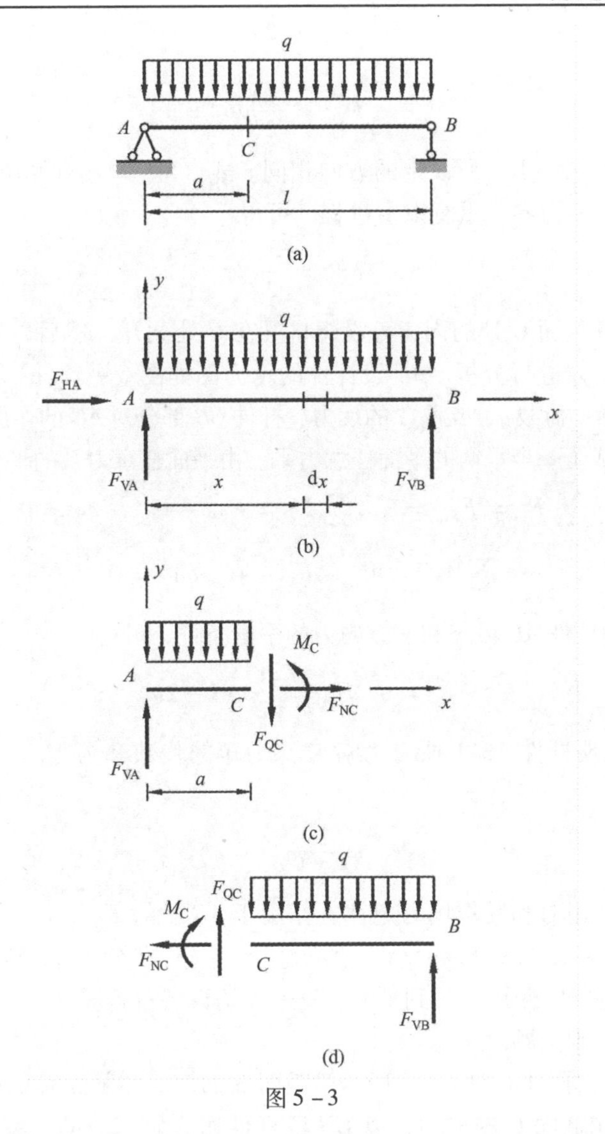

图 5-3

隔离体。杆件 AB 在荷载 q 和支座反力 F_{HA}、F_{VA} 和 F_{VB} 作用下保持平衡，这是一个平面任意力系的平衡问题。由平面任意力系的平衡条件，可得

$$\sum F_x = F_{HA} = 0 \tag{5-4}$$

$$\sum M_A = 0 \tag{5-5}$$

$$\sum M_B = 0 \tag{5-6}$$

式（5-4）为 x 轴方向上力的平衡条件。由此得知，铰 A 为梁提供的水平支座反力为零。式（5-5）表明 AB 杆上所有力对 A 点力矩的代数和为零。其中包含了分布荷载 q 对 A 点之矩和 F_{VB} 对 A 点之矩。为了求分布荷载 q 对 A 点之矩，在杆件 AB 上取一微段 $\mathrm{d}x$。微段 $\mathrm{d}x$ 上的均布荷载对 A 点之矩为 $x(q\mathrm{d}x)$。于是整个均布荷载 q 对 A 点之矩为 $\int_0^l xq\mathrm{d}x$ 。这样式（5-5）可以进一步表示为

$$F_{VB}l - \int_0^l xq\mathrm{d}x = 0 \tag{5-7}$$

所以

$$F_{VB} = \frac{1}{2}ql \tag{5-8}$$

正号表示和图5-3（b）所设定的方向相同。式（5-6）表明AB杆上所有力对B点力矩的代数和为零。重复以上过程，可得

$$F_{VA} = \frac{1}{2}ql \tag{5-9}$$

为了求杆件截面C处的内力可设想将梁在C处截开，然后以AC段杆件为研究对象，取隔离体进行分析。AC段杆件的示力图如图5-3（c）所示。AC段杆件所受的力包括：荷载q、支座A的反力、杆件CB部分对AC的作用定F_{QC}、F_{NC}和M_C。这些力构成了一个平衡的平面任意力系。由平面任意力系的平衡条件可得

$$\sum F_x = F_{NC} = 0 \quad \sum F_y = F_{VA} - F_{QC} - qa = 0 \tag{5-10}$$

$$\sum M_C = M_C - F_{VA}a + \frac{1}{2}qa^2 = 0 \tag{5-11}$$

式（5-10）为杆件AC段x和y方向力的平衡条件，可得

$$F_{NC} = 0;\ F_{QC} = \frac{1}{2}q(l-2a) \tag{5-12}$$

式（5-11）表明杆件AC上所有力对C点力矩的代数和为零。由此可得截面C处的弯矩M_C为

$$M_C = \frac{1}{2}qa(l-a) \tag{5-13}$$

根据牛顿作用力和反作用力定律，作用于AC段的F_{QC}、F_{NC}和M_C同样会反作用于CB段杆件，如图5-3（d）所示。杆件CB在荷载q、B支座反力F_{VB}，以及F_{QC}、F_{NC}和M_C作用下达到平衡，这一点请读者自行验证。

下面考虑一则例题。

【例5-1】 求图5-4（a）所示梁截面B的弯矩和截面C的剪力。

【解】 为求截面C的剪力，以CD段杆件作为研究对象，将杆件从C处截开，并对CD段杆件作示力图，如图5-4（b）所示。由竖直方向上的力平衡条件可得C截面的剪力为

$$F_{QC} = 10\text{kN} \tag{a}$$

正号表明剪力和图中设定的方向相同。

为求截面B的弯矩，以AB段杆件作为研究对象，将杆件从B处截开，并对AB段杆作示力图，如图5-4（c）所示。这时AB上有F_{VA}、F_{QB}、F_{HB}和M_B四个未知力。而平面任意力系的平衡条件只能提供三个独立的平衡方程，无法求解。为此需要先求出支座反力F_{VA}。

为求支座反力，以整个梁AD段杆件作为研究对象作示力图，如图5-4（d）所示。由C点的力矩平衡条件可得

$$\sum M_C = F_{VA} \times 4 - 20 \times 2 + 10 \times 2 = 0 \tag{b}$$

所以

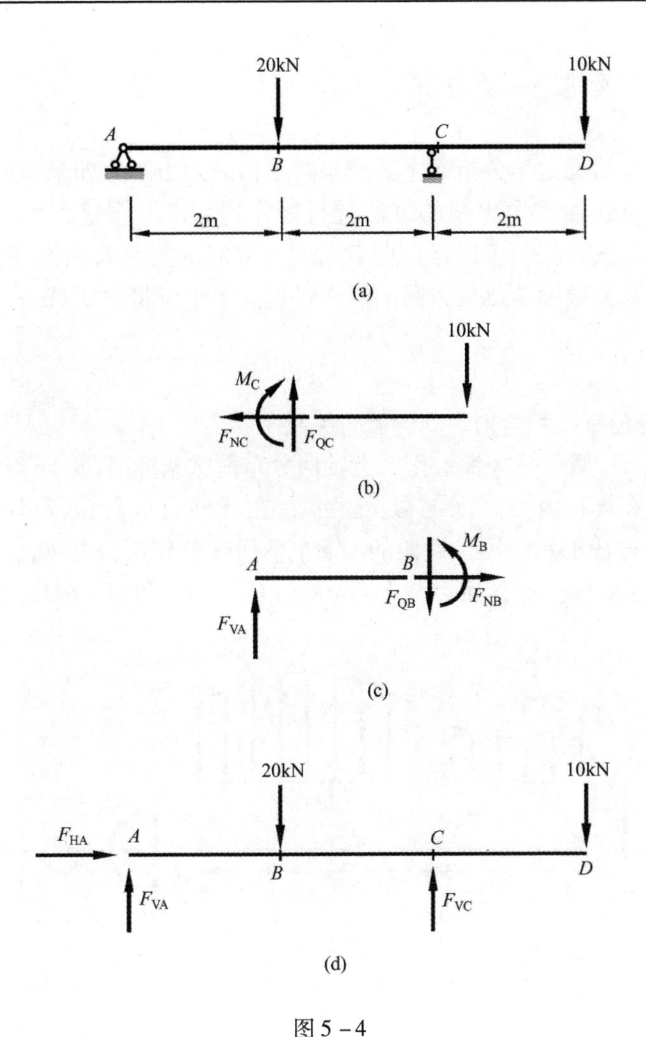

图 5－4

$$F_{VA} = 5\text{kN} \tag{c}$$

现在再来考虑图 5－4（c）所示 AB 杆的平衡。由 B 点的力矩平衡条件可得

$$\sum M_B = F_{VA} \times 2 - M_B = 0 \tag{d}$$

所以

$$M_B = 10\text{kN} \cdot \text{m} \tag{e}$$

方向和图中设定的相同。

所以，梁 C 截面的剪力和 B 截面的弯矩分别为 5kN 和 10kN · m，方向和图中设定的相同。

本例的分析中，我们将 B 截面取在集中荷载左边一点点。实际上将 B 截面取在集中荷载右边一点点也可以得到相同的结论。这一点请读者自行验证。

从本例可以看出，求解内力时并不一定就要先求出反力。例如，求 C 截面剪力时就没有用到支座反力。求不求反力？求什么反力？根据需要来定。这样可以避免求解过程的盲目性。

5.3　直杆的荷载—内力关系

如前所述，结构力学分析的主要成果是结构的内力图。如果按照求出所有截面的内力后，再连线成内力图的方法进行操作的话，工作量太大。对于直杆体系，不需要这样做。我们可以运用荷载—内力之间的关系对内力图做定性分析，利用定性分析来大幅度简化内力图的制作过程。本小节将对荷载—内力之间的关系展开讨论。

5.3.1　分布荷载和内力之间的微分关系

图5－5（a）所示一杆件上作用有轴向分布荷载 q_x 和垂直于杆轴的分布荷载 q_y。为分析其荷载和内力之间的微分关系，在杆件上取一微段 $\mathrm{d}x$。如图5－5（b）作出杆件微段的示力图。微段的 x 面上的所受的作用力是 F_N、F_Q 和 M。微段的 $x+\mathrm{d}x$ 面上的所受的作用力是 $F_N+\mathrm{d}F_N$、$F_Q+\mathrm{d}F_Q$ 和 $M+\mathrm{d}M$。此外还受有分

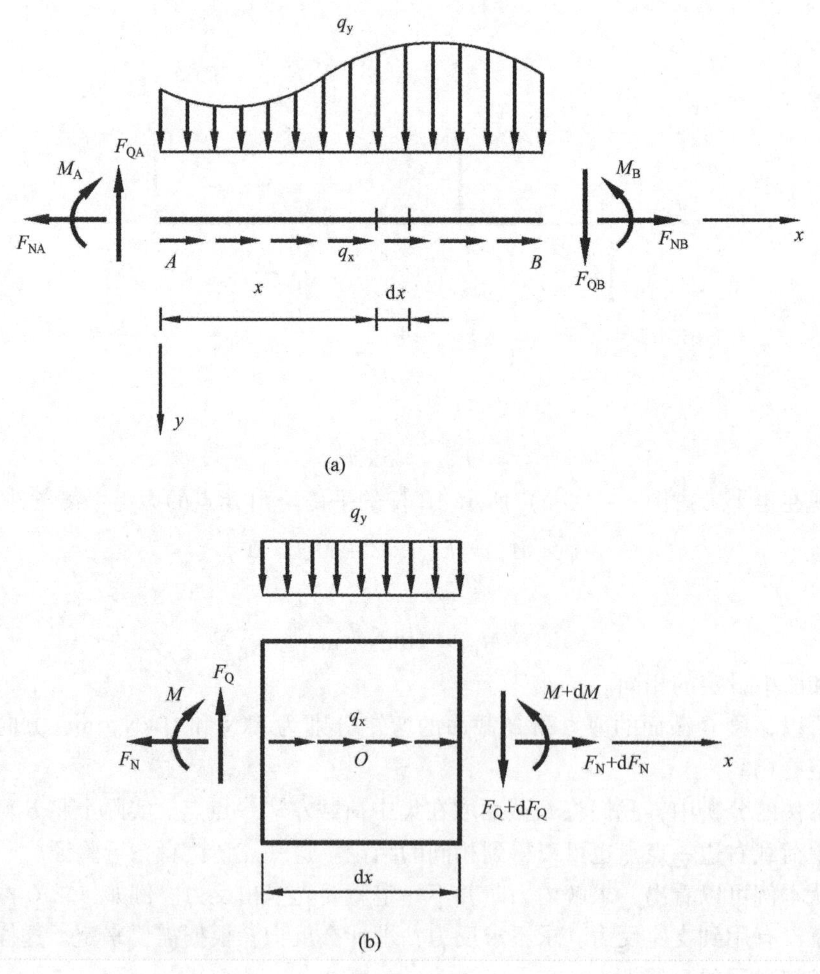

图5－5

布荷载 q_x 和 q_y。微段上的这些力构成了一个平衡的平面任意力系。其平衡条件为

$$\sum F_x = (F_N + dF_N) + q_x dx - F_N = 0 \tag{5-14}$$

$$\sum F_y = (F_Q + dF_Q) + q_y dx - F_Q = 0 \tag{5-15}$$

$$\sum M_O = \frac{1}{2}dx \times (F_Q + dF_Q) + \frac{1}{2}dx \times F_Q + M - (M + dM) = 0 \tag{5-16}$$

忽略高阶无穷小量 $0.5 \times dx \times dF_Q$ 后，由式（5-14）、（5-15）和（5-16）可得

$$\frac{dF_N}{dx} = -q_x \tag{5-17}$$

$$\frac{dF_Q}{dx} = -q_y \tag{5-18}$$

$$\frac{dM}{dx} = F_Q \tag{5-19}$$

式（5-17）、（5-18）和（5-19）就是分布荷载和内力之间的微分关系。

5.3.2 集中荷载和内力之间的增量关系

图5-6（a）所示一杆件 C 点上作用有轴向集中荷载 F_{Px}、垂直于杆轴的集中荷载 F_{Py} 和一力偶 m。由于集中荷载的关系，杆件 C 两侧截面的内力会产生跳跃。为分析这种跳跃，在 C 两侧用无限接近 C 的两个截面将 C 取出，得一微元体。如图5-6（b）作出微段的示力图。所有作用于微段上的力构成了一个平衡的平面任意力系，其平衡条件为

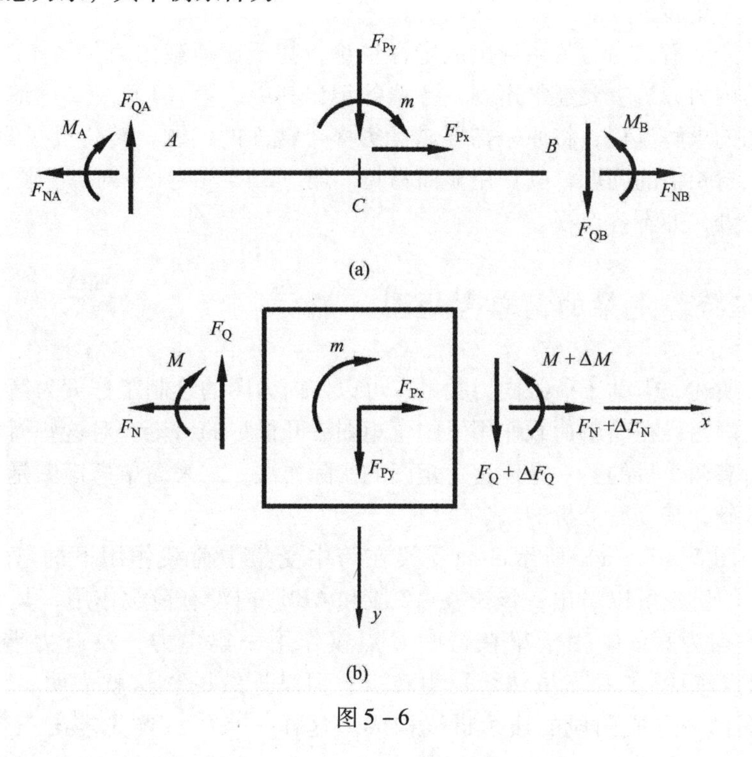

图5-6

$$\Delta F_{N} = -F_{Px} \tag{5-20}$$

$$\Delta F_{Q} = -F_{Py} \tag{5-21}$$

$$\Delta M = m \tag{5-22}$$

5.3.3 几点重要结论

从荷载—内力关系可以得到以下几点非常有用的结论：

(1) 如果杆件的 AB 段没有垂直于杆轴的荷载，那么，AB 段内杆件的弯矩图为一直线。从式（5-18）、（5-19）看出，当 AB 段没有垂直于杆轴的荷载时，该杆段内的剪力就是一常数，则弯矩就是一直线了。这一结论非常重要。根据这一结论，以后作弯矩图时，一般只要求出杆段两端的弯矩就可以了，而不必求杆段内所有截面的弯矩。

(2) 如果杆件的 AB 段剪力为零，那么，AB 段内杆件的弯矩图为一平行于杆轴的直线。显然，这是上一结论的一个特殊情况。由于在今后内力分析中常要用到，在此特别单设立一条，以示重要。

(3) 如果杆件在 C 处有集中力偶作用，那么，杆件的弯矩图在 C 点就会出现跳跃，否则，弯矩图在 C 点是连续的。这一点很容易从荷载—内力的增量关系中得到。

(4) 如果杆件在 C 处有集中力作用，但没有集中力偶作用，那么，杆件的弯矩图在 C 点虽然连续，但会出现转折，而剪力图在 C 点会出现跳跃。首先，从增量关系可以看出此时弯矩图是连续的，但剪力图会出现跳跃。根据微分关系，剪力图出现跳跃，C 点两侧的弯矩图的斜率就会发生变化，所以弯矩图在 C 点也就形成了一个转折点。

这几个从荷载内力关系导出的定性结论，甚至比荷载内力关系本身还重要。在以后的内力分析中要经常用到，务请熟记！其中，第（1）、（2）条直接简化了弯矩图的求解流程，将原来需要求无穷多个截面的问题，转化成了只要求一、两个截面弯矩值的问题，其作用显而易见。第（3）、（4）条对弯矩图的形状鉴别很有益处，亦不容忽视。

5.4 单跨静定梁的简单弯矩图

如上所述，借助于荷载内力关系，可以使内力图的绘制工作大为简化。本节将对单跨静定梁在简单荷载作用下的弯矩图展开详尽的讨论。对这些简单弯矩图进行分析有两个目的：一是体会弯矩图的实际作法；二来简单弯矩图是复杂内力分析的基础，是今后分析的必备资料。

考虑图5-7（a）所示一简支梁在跨中受集中荷载作用下的弯矩图。从5.2.3节的讨论可以看出，该梁在 AC 段和 CB 段内没有荷载作用，其弯矩图在这两段内均为直线。由于梁在跨中 C 点仅作用一集中力，没有力偶，所以，整个梁的弯矩图在 C 点虽然会发生转折，但是连续的。这就表明，该简支梁的弯矩图由一分成两段的连续折线构成。这样一来，只要先求出三个控制截

面 A、B、C 的弯矩值，连线以后就可以得到整个梁的弯矩图。下面就来具体实施。

先来考虑梁在 A 点的弯矩。以 A 点为对象作示力图，如图 5－7（b）所示。A 点受有铰支座的反力 F_{HA}、F_{VA} 和杆件对它的作用力 F_{QA}、F_{NA} 和 M_A。根据力矩平衡条件，显然应该有 $M_A=0$。应该指出的是，这一点具有普适性，也就是说，杆件在铰附近，弯矩为零。根据这一结论，自然也就得知，$M_B=0$。这样一来就只剩下 C 点的弯矩需要求解。

为求 C 截面的弯矩，需要知道支座 A 的反力。以整个梁为隔离体，作示力图，如图 5－7（c）所示。由平衡条件可解得支座 A 的反力为

$$F_{HA}=0 \quad F_{VA}=0.5F_P \tag{5-23}$$

因为弯矩图在 C 点是连续的，所以，C 点左面截面的弯矩和 C 右面截面的弯矩是相同的。将梁从 C 点左边截开，得图 5－7（d）所示的隔离体。杆件 $AC_{左}$ 上所有作用力构成了一平衡力系。由 C 点的力矩平衡条件，得

$$M_{C左}=\frac{1}{2}F_P\times\frac{1}{2}l=\frac{1}{4}F_Pl \tag{5-24}$$

由此可知梁跨中弯矩为 $0.25F_Pl$。它使得杆件下侧受拉上侧受压。

最后，根据 5.1.2 节中关于弯矩图画在受拉侧的约定，连线后即可作出该简支梁的弯矩图，如图 5－7（e）所示。

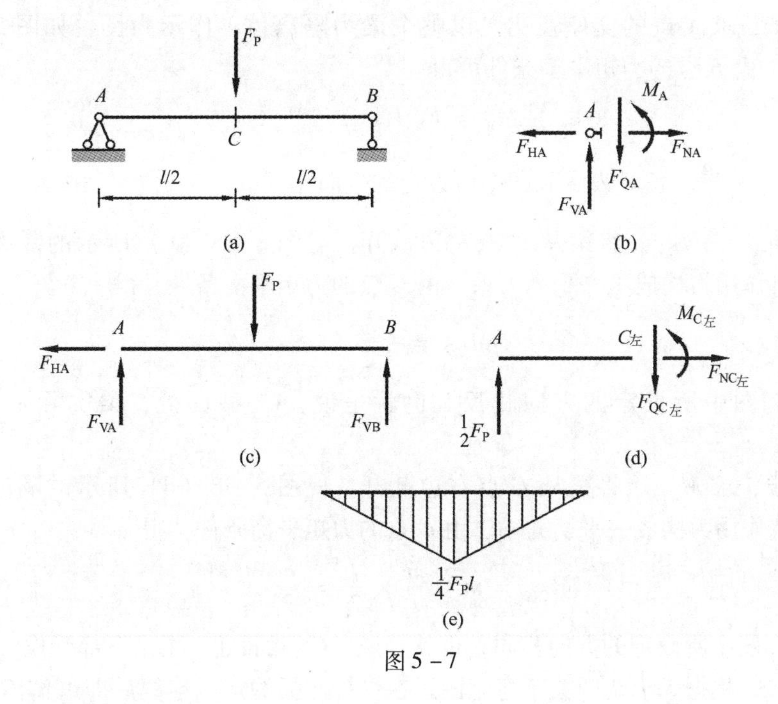

图 5－7

下面考虑一则例题。

【例 5－2】 图 5－8（a）所简支梁在跨中受一集中力偶作用，试作该简支梁的弯矩图。

【解】 第一步，对问题进行整体定性分析。梁在 AC、CB 两段内没有荷载作

用，这两段杆件的弯矩图应为直线。梁跨中 C 点作用有集中力偶 m，这意味着梁的弯矩图在 C 点会出现跳跃，跳跃值就是 m。由此可以看出，作本问题的弯矩图需要知道4个控制截面的弯矩。这4个控制截面分别是 A、$C_{左}$、$C_{右}$ 和 B，其中已经知道 $M_A = M_B = 0$。所以只要求 $M_{C左}$ 和 $M_{C右}$。

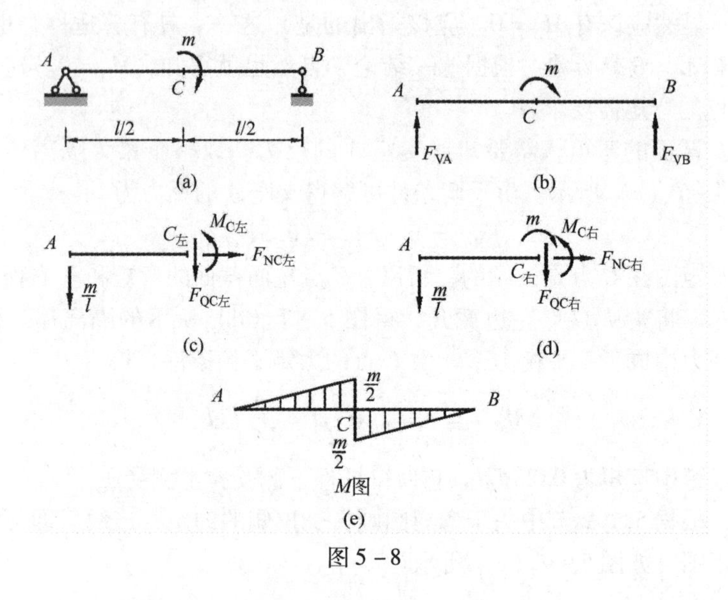

图5-8

第二步，求 A 点的支座反力。以整个梁为隔离体，作示力图，如图5-8（b）所示。由 B 点的力矩平衡条件可得

$$\sum M_B = F_{VA}l + m = 0 \tag{a}$$

所以，$F_{VA} = -\dfrac{m}{l}$。负号表示和图中所设定的方向相反。

第三步，求 $M_{C左}$。将梁从 C 点左边截开，得图5-8（c）所示的隔离体。$AC_{左}$上所有作用力构成了一平衡力系。由 C 点的力矩平衡条件，得

$$M_{C左} = -\frac{m}{2} \tag{b}$$

负号表示和图中所设定的方向相反。也就是说，$C_{左}$截面处，梁实际是上部受拉。

第四步，求 $M_{C右}$。将梁从 C 点右边截开，得图5-8（d）所示的隔离体。$AC_{右}$上所有作用力构成一平衡力系。由 C 点的力矩平衡条件，得

$$M_{C右} = m - \frac{m}{l} \times \frac{l}{2} = \frac{m}{2} \tag{c}$$

正号表示和图中所设定的方向相同。也就是说，$C_{右}$截面处，梁是下部受拉。

第五步，根据5.1.2中关于弯矩图画在受拉侧的约定，连线后即可作出该简支梁的弯矩图，如图5-8（e）所示。

用本例介绍的方法可以很容易作出表5-1中几个问题的弯矩图。这些简单弯矩图的使用频率很高，对今后各类问题的分析非常重要，务请熟记于心。

简 单 弯 矩 图　　　　表5－1

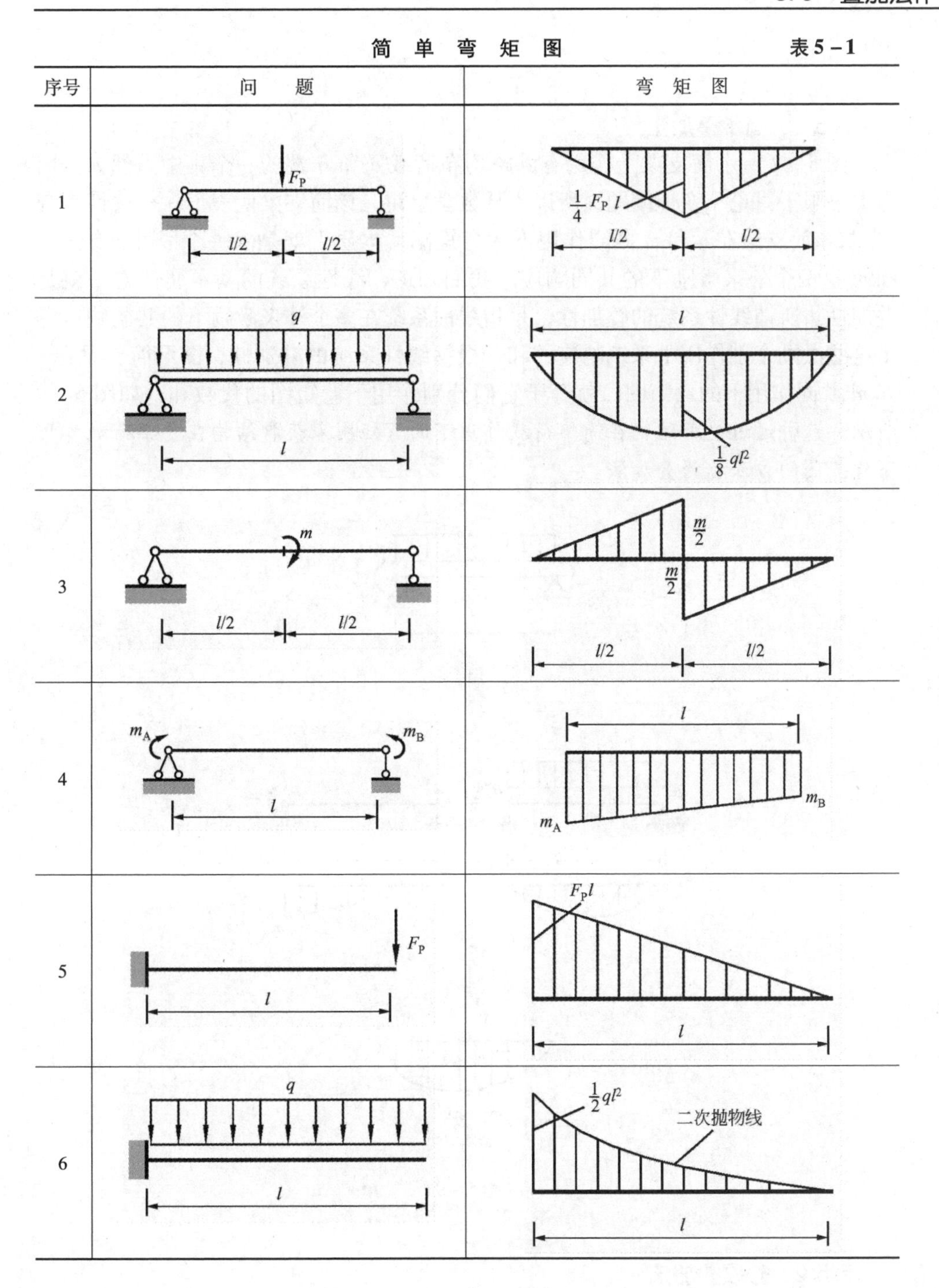

5.5 叠加法作弯矩图

上一节讨论的都是梁在单个荷载作用下的弯矩图。建筑物在实际使用过程中往往受到许多荷载的共同作用，情况比较复杂。为了能充分利用已有的分析成果，分析中常用叠加法来将复杂问题简化为简单问题来处理。本小节将就叠加法展开讨论。

5.5.1　简单叠加法

图5－9所示简支梁上作用有满跨均布荷载 q 和 B 端的一个集中力偶 m。因为本书限于讨论小变形问题，所以，从数学上讲，该简支梁代表了一个线性系统 S。求该简支梁在 q 和 m 共同作用下的弯矩图，本质上就是求一个线性系统在 q 和 m 这两个外来激励下的共同响应。我们知道，线性系统的基本属性之一就是叠加性。所谓线性系统的叠加性，是指线性系统在多个外来激励下的共同响应等于这些激励个别作用下系统响应的和。根据线性系统的叠加性，图示简支梁在 q 和 m 共同作用下的弯矩图，就等于它们分别作用下弯矩图的代数和，如图5－9所示。这种通过叠加结构在简单荷载作用下的弯矩图来获取结构在复杂荷载作用下弯矩图的方法称为叠加法。

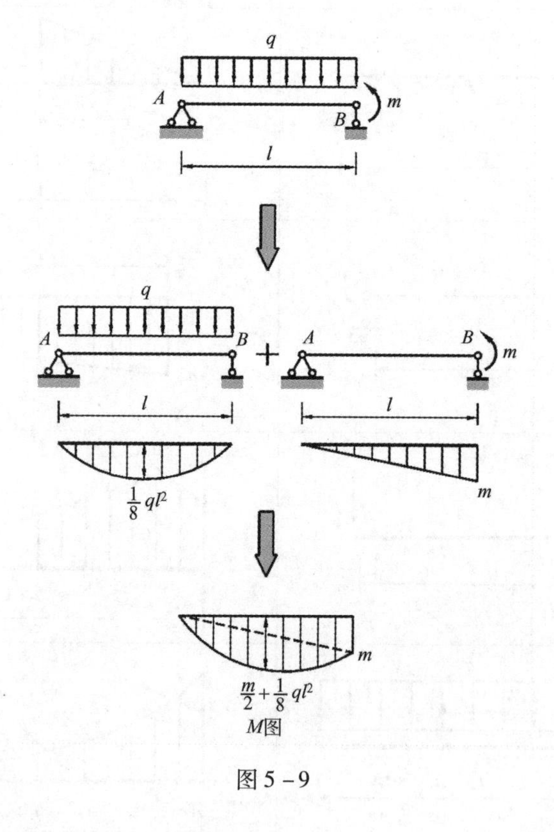

图5－9

5.5.2　分段叠加法

实际问题不仅荷载比较复杂，而且结构形式也很复杂，分析时一般将叠加法和控制截面的分析方法联合起来使用，形成所谓的分段叠加法。

考虑图5－10（a）所示的静定梁。从前面的讨论可以看出，约束和约束反力在静力学层面是可以相互替换的，也就是说，约束反力和约束从平衡的角度上讲是完全等价的，可以相互替换。现在将图5－10（a）所示的静定梁在 $D_{左}$、E、$B_{右}$ 处截开，分成四个部分。这四个部分之间的相互约束用相应的约束力来代替，

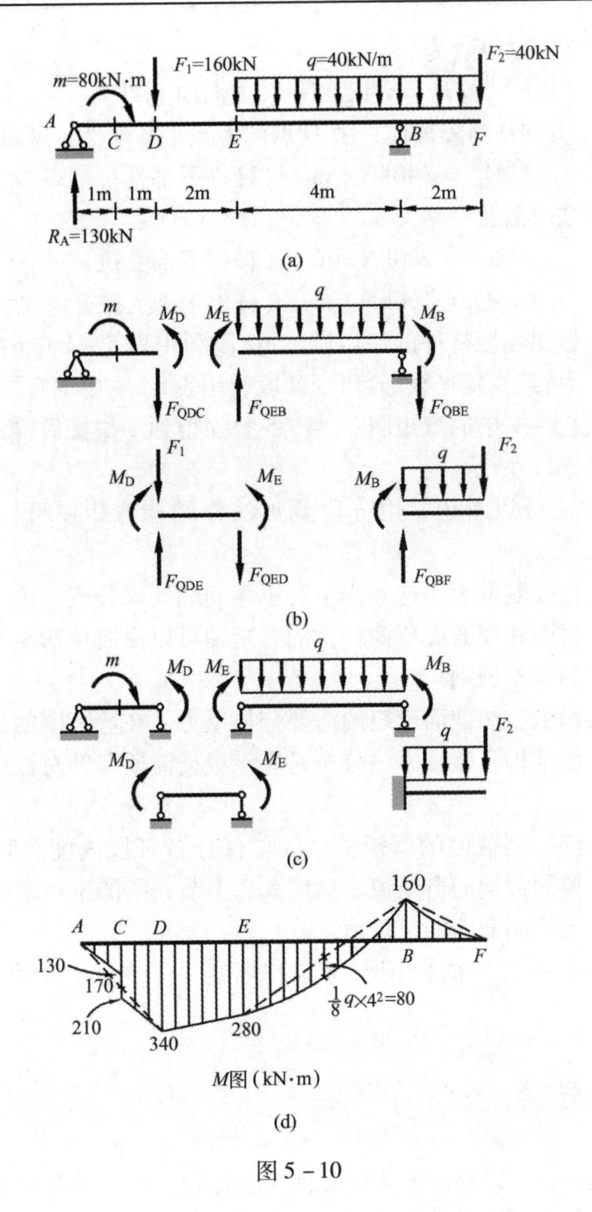

图 5－10

如图 5－10（b）所示。从上面的讨论可以看出，图 5－10（a）和图 5－10（b）所示体系是静力等价的。下面继续对图 5－10（b）所示的体系做进一步的静力学等代变换。将图 5－10（b）中的力 F_{QDC}、F_{QDE}、F_{QED}、F_{QEB}、F_{QBE}、F_{QBF} 用约束来代替，得到图 5－10（c）所示的体系。从图 5－10（a）所示的体系到图 5－10（c）所示的体系经历的是静力等代变换。这就意味着，将图 5－10（c）中各部分的弯矩图拼接起来就是图 5－10（a）所示结构的弯矩图。而图 5－10（c）4 个部分的弯矩图可以用叠加法从表 5－1 的简单弯矩图得到。至此，我们就将图 5－10（a）所示的复杂问题转化成了在 4 个区段内分别实施简单弯矩图叠加的问题。这就是分段叠加法的基本思路。

为了完成图 5－10（c）4 个部分的简单弯矩图叠加，需要知道该静定梁在 D、E、B 三个指定截面处的弯矩。以 AF 为隔离体，由 B 点的力矩平衡条件，可

解得支座A的竖向反力F_{VA}为

$$F_{VA} = 130\text{kN}\quad（方向向上）\tag{5-25}$$

为了求M_D，以AD为隔离体，由D点的力矩平衡条件，可得

$$M_D = 340\text{kN}\cdot\text{m}\quad（杆件下部受拉）\tag{5-26}$$

用类似的方法可解得

$$M_E = 280\text{kN}\cdot\text{m}\quad（杆件下部受拉）\tag{5-27}$$

$$M_B = 160\text{kN}\cdot\text{m}\quad（杆件上部受拉）\tag{5-28}$$

使用叠加法做出各段杆件的弯矩图。AD段利用表5－1中的弯矩图3、4叠加得到；DF段无荷载直接连线即可；EB段利用表5－1中的弯矩图2、4叠加得到；BF段利用表5－1中的弯矩图2、4、5叠加得到。拼接后得到原结构的弯矩图，如图5－10（d）所示。

从以上的讨论可以看出，用分段叠加法作结构弯矩图可以遵循以下几个步骤：

第一步，确定控制截面。这一步主要思考问题应该分成几段来处理。分段的原则是要保证任意两相邻截面所截杆件的弯矩图可以由简单弯矩图叠加得到。这是选取控制截面的基本原则。

第二步，根据求控制截面弯矩的需要分析反力。在弯矩图的分析过程中，并不需要知道所有的结构支座反力。分析时应该根据需要有针对性地求解，而不是胡子眉毛一把抓。

第三步，求解控制截面的弯矩值。为了保证各杆段内能顺利使用简单叠加法，必须知道各控制截面的弯矩值。运用5.2.1节介绍的梁指定截面内力值的分析方法，逐个求出控制截面的弯矩值。

第四步，在每一杆段内使用叠加法作弯矩图。拼接后就得到原结构的弯矩图。

5.6　多跨静定梁分析

相对单跨梁而言，多跨静定梁的几何组成比较复杂，其弯矩图的作法富有技巧性，下面通过几则例题展开讨论。

【例5－3】　试作图5－11（a）所示多跨静定梁的弯矩图，并求$A_{右}$和$B_{左}$截面的剪力$F_{QA右}$和$F_{QB左}$，以及AB跨使梁下部受拉的最大弯矩M_{max}。

【解】　第一步，作弯矩图。首先对问题进行整体定性分析，分析控制截面。遵循“要保证任意两相邻截面所截杆件的弯矩图可以由简单弯矩图叠加得到”的原则，可以将问题分成AB、BC、CD三段来考虑。由于梁上没有集中力偶作用，所以本问题的弯矩图是连续的，在各控制截面处不会出现跳跃。这样只要知道M_A、M_B、M_C和M_D就可以运用分段叠加法作出该多跨静定梁的弯矩图。对于本例，我们有

$$M_A = M_C = M_D = 0\tag{a}$$

知道了M_C和M_D，直接运用表5－1中的简单弯矩图1就可以得到CD段的

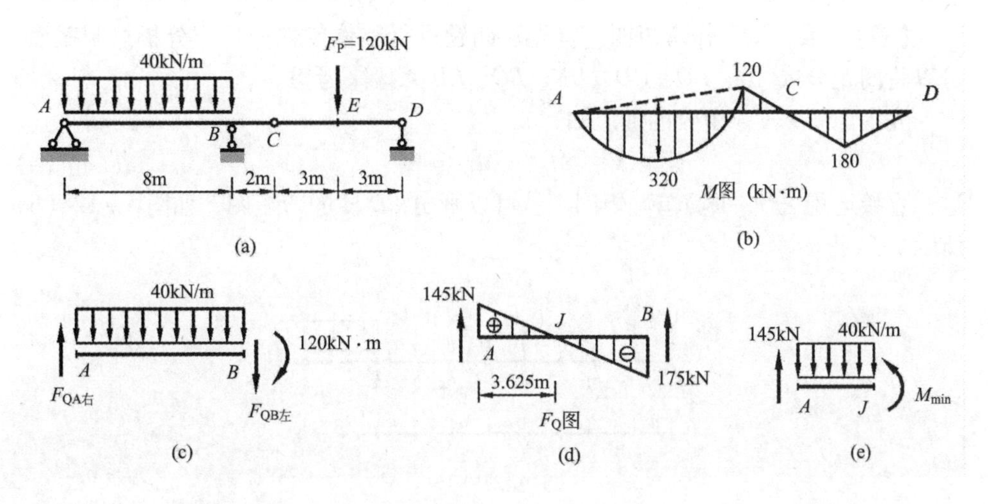

图 5－11

弯矩图，如图 5－11（b）所示。由于梁在 *BE* 段没有荷载，由荷载—内力微分关系可知该段的弯矩图为直线。这样根据几何关系就可以得到梁在 *B* 截面的弯矩值为

$$M_B = \frac{2}{3} \times 180 = 120\text{kN} \cdot \text{m} \tag{b}$$

在知道 M_B 的基础上，就可以由简单叠加法得到梁 *AB* 段的弯矩图，如图 5－11（b）所示。

第二步，求剪力 $F_{QA右}$ 和 $F_{QB左}$。以 *AB* 段杆件为隔离体，所示力图，如图 5－11（c）所示。由 *A*、*B* 两点的力矩平衡条件可得

$$F_{QA右} = 145\text{kN} \quad F_{QB左} = -175\text{kN} \tag{c}$$

负号表示和图中所设方向相反。

第三步，求 M_{max}。首先设法确定 M_{max} 出现的截面 *J* 的位置。从图 5－11（b）可以看出。M_{max} 应该出现在抛物线的最低点。该处应该有

$$\left.\frac{\mathrm{d}M}{\mathrm{d}x}\right|_J = 0 \tag{d}$$

结合荷载—内力微分关系可知，该截面有

$$F_{QJ} = 0 \tag{e}$$

这样，只要找到了剪力为零的位置，就找到了截面 *J* 的位置。因为 *AB* 段为均布荷载，所以，*AB* 段的剪力为直线。由第二步解得的剪力 $F_{QA右}$ 和 $F_{QB左}$ 可以作出 *AB* 段的剪力图，如图 5－11（d）所示。从图中可以看出剪力为零的位置发生在距 *A* 端 3.625m 处。取 *AJ* 为隔离体，作示力图，如图 5－11（e）所示。由 *J* 点的力矩平衡条件可得

$$M_{min} = 262.8\text{kN} \cdot \text{m} \tag{f}$$

其方向和图中原设定方向相同。

【例 5－4】 试作图 5－12（a）所示多跨静定梁的弯矩图，并求梁 *E* 支座左侧截面 $E_{左}$ 的剪力 F_{QEC}。

【解】 第一步，作弯矩图。首先对问题进行整体定性分析，分析控制截面。可以将问题分成 *AB*、*BC*、*CD*、*DE*、*EG*、*GH* 六段来考虑。

先考虑 *CD* 段。由铰的性质知

$$M_C = M_D = 0 \tag{a}$$

这样直接运用表5-1简单弯矩图1就可以画出 *CD* 段的弯矩图，如图5-12（b）所示。

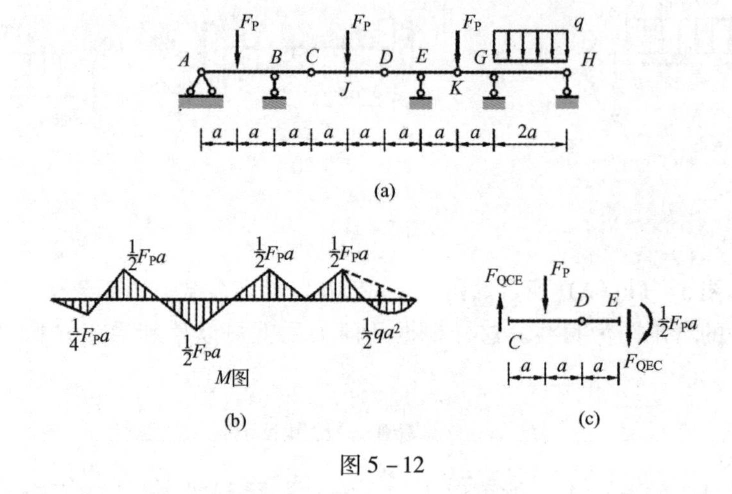

图5-12

因为 *BJ* 段上没有荷载，根据荷载微分关系可知该段的弯矩图为直线。现在 M_J 已知，则由几何关系可得

$$M_B = \frac{1}{2}F_Pa \quad （上部受拉） \tag{b}$$

这样运用简单弯矩图叠加可得 *AB* 段的弯矩图。

同样，由 *JE* 段的几何关系可求得 M_E 为

$$M_E = \frac{1}{2}F_Pa \quad （上部受拉） \tag{c}$$

现在考虑 M_G。在 *EG* 段运用简单叠加法，可得

$$M_K = \frac{1}{4}F_P \times 2a - \frac{1}{2}\left(\frac{1}{2}F_Pa + M_G\right) \tag{d}$$

而 *K* 处为一铰，所以已知

$$M_K = 0 \tag{e}$$

将（e）代入（d）可解得

$$M_G = \frac{1}{2}F_Pa \tag{f}$$

这样 *EG* 段和 *GH* 段的弯矩图都可以用简单叠加法得到。

最后可得结构的弯矩图，如图5-12（b）所示。

第二步，由弯矩图求剪力 F_{QEC}。以 *CE* 为隔离体，作示力图，如图5-12（c）所示。*C* 点的力矩平衡条件为，

$$\sum M_C = F_Pa + F_{QEC}3a + \frac{1}{2}F_Pa = 0 \tag{g}$$

所以，

$$F_{QEC}=-\frac{1}{2}F_P \tag{h}$$

负号表示和图中所设定的方向相反。

值得注意的是，以上两例都采用了先作弯矩图，然后由弯矩图求解剪力的方法。这条技术路线，对于简单静定问题也许并不显得方便多少，但对于今后遇到的复杂超静定问题却非常有用，应该熟练掌握。

5.7 静定平面刚架分析

前面讨论了静定梁的分析过程，现在来讨论工程中另一种常见的结构形式——刚架。刚架是杆件通过刚节点联系在一起的一种结构。图 5－13 给出了几种常见的刚架形式，其中，（a）、（b）、（d）为静定刚架；（c）为超静定刚架，将在以后讨论。

刚架的内力除了和梁一样有弯矩和剪力之外，一般还会有轴力。所以，刚架的内力图包括：弯矩图、剪力图和轴力图。刚架的分析和梁的分析没有本质差别，也是先作出弯矩图，然后由弯矩图推算出剪力图和轴力图，所以最关键的还是弯矩图。

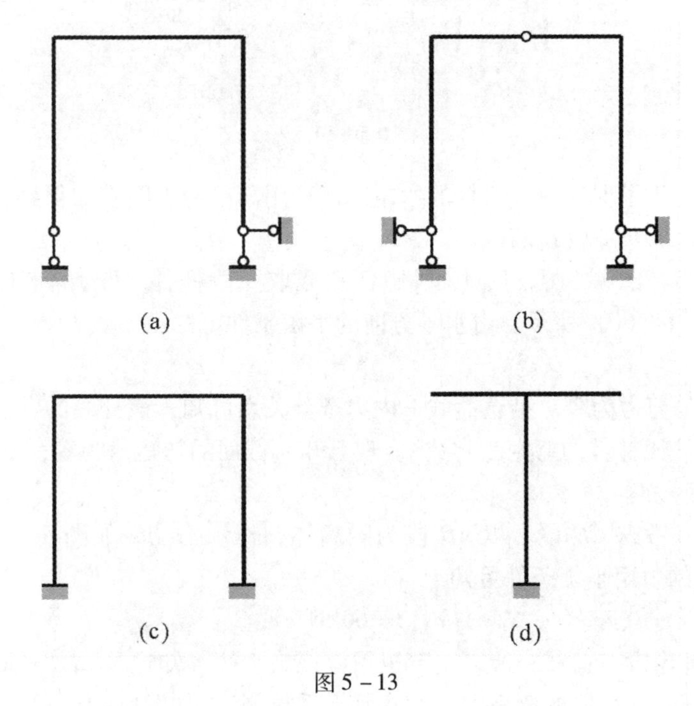

图 5－13

下面从一则实例入手展开讨论。

图 5－14（a）一静定门式刚架的横梁上作用有均布荷载 $q=20\text{kN/m}$，左边的柱子上作用有一 30kN 水平集中荷载，现在来分析它的弯矩图。该门式刚架可以看成一个将梁弯了两下得到的一个结构，其分析方法和梁没有实质性差别。

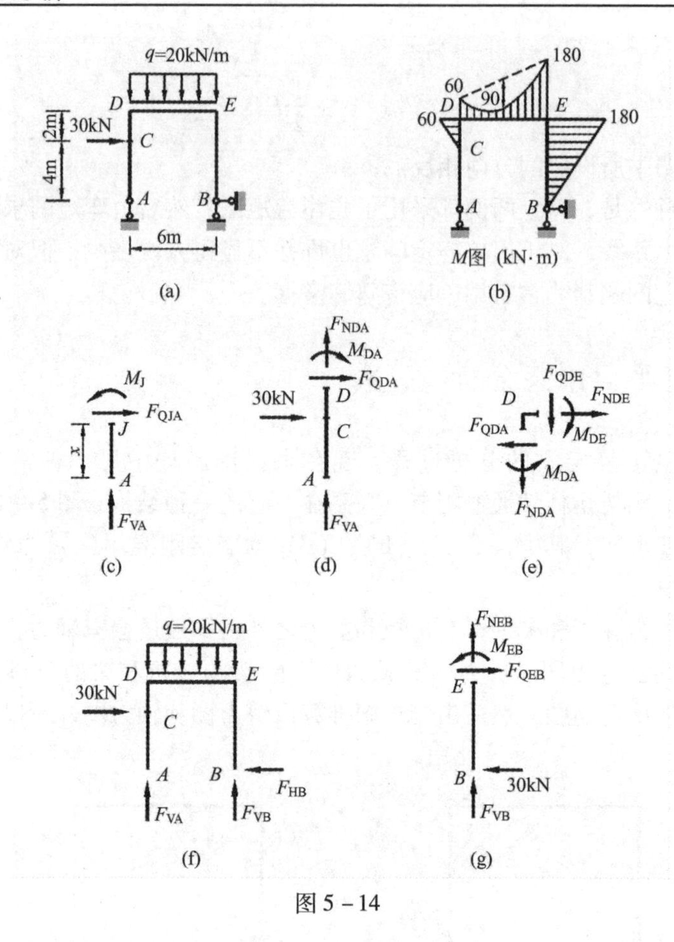

图5－14

第一步，为了保证每一段杆的弯矩图能利用简单弯矩图叠加得到，将该刚架分成*AC*、*CD*、*DE* 和 *EB* 四段。

第二步，考虑 *AC* 段。从 *AC* 段中任意截取一段杆件 *AJ* 为隔离体，作示力图，如图5－14（c）所示。由水平方向的平衡条件可知

$$F_{QJA}=0 \tag{5-29}$$

即，该杆段的剪力为零。结合荷载—内力微分关系可知，该杆段的弯矩图应平行于杆轴（即该段杆件的弯矩为常数）。现已知 *A* 截面的弯矩值为零，所以，*AC* 段的弯矩图应该为零。

第三步，考虑 *CD* 段。以 *AD* 段为隔离体，作示力图，如图5－14（d）所示。由 *D* 点的力矩平衡条件可知

$$M_{DA}=60\text{kN}\cdot\text{m} \tag{5-30}$$

因为 *CD* 段杆内没有荷载，所以，弯矩图应该为直线。知道了 $M_{DA}=60\text{kN}\cdot\text{m}$ 和 $M_C=0$ 连线即得 *CD* 段的弯矩图（注意画在受拉侧），如图5－14（b）所示。

第四步，考虑 *DE* 段。以结 *D* 点为隔离体，作示力图，如图5－14（e）所示。由力矩平衡条件可得

$$M_{DE}=M_{DA}=60\text{kN}\cdot\text{m} \tag{5-31}$$

为了能在 *DE* 段使用简单叠加法，还需要知道 *DE* 段杆件在 *E* 截面的弯矩

M_{ED}。以整个刚架 $ACDEB$ 为隔离体，作示力图，如图 5－14（f）所示。由水平方向的平衡条件可得 B 支座的水平反力为

$$F_{HB} = 30\text{kN} \tag{5-32}$$

再以 EB 为隔离体，如图 5－14（g），由 E 点的力矩平衡条件可得

$$M_{EB} = 30 \times 6 = 180\text{kN} \cdot \text{m} \tag{5-33}$$

由 E 点的节点平衡可得

$$M_{ED} = M_{EB} = 180\text{kN} \cdot \text{m} \tag{5-34}$$

M_{ED}使横梁上侧受拉。运用简单叠加法即得 DE 段的弯矩图。

第五步，考虑 DB 段。该段没有荷载，弯矩图为直线。已知 $M_{BE}=0$，$M_{EB}=180\text{kN} \cdot \text{m}$，连线就得到 DB 段的弯矩图。

该刚架的整个弯矩图如图 5－14（b）所示。

下面讨论几则例题。

【例 5－5】 试作图 5－15（a）所示刚架的弯矩图、剪力图和轴力图。

【解】 第一步，对问题进行整体分析。为保证在每一杆段内能使用简单叠加法作弯矩图，需将刚架分成 AB、BC、CD 和 DE 四段来考虑。

第二步，求结构的支座反力。为了计算 AB 杆 B 截面的弯矩 M_{BA}和 DE 杆 D 截面的弯矩 M_{DE}，需要知道支座反力。以刚架整体为隔离体，作受力分析，如图 5－15（b）所示。由 A 点和 E 点的力矩平衡条件$\sum M_A=0$ 和$\sum M_E=0$，可解得 A、E 支座的竖向反力分别为

$$F_{VA} = \frac{7}{8}ql \quad F_{VE} = \frac{5}{8}ql \tag{a}$$

正号表示和图中所设定的方向相同。以 CDE 刚片为隔离体，作示力图，如图 5－15（c）所示。由 C 点的力矩平衡条件$\sum M_C=0$，可解得 E 支座的水平反力为

$$F_{HE} = \frac{5}{16}ql \tag{b}$$

正号表示和图中所设定的方向相同。再由图 5－15（b）所示刚架整体的水平方向平衡条件，可解得 A 支座的水平反力为

$$F_{HA} = \frac{5}{16}al \tag{c}$$

第三步，分析刚架弯矩图。先分析 AB 段的弯矩图。以 AB 为隔离体，由 B 点的力矩平衡条件可得 AB 杆 B 截面的弯矩为

$$M_{BA} = \frac{5}{16}ql^2 \quad \text{（杆件左侧受拉）} \tag{d}$$

而 $M_{AB}=0$，且 AB 段无荷载，连线即可得 AB 段弯矩图。

分析 BC 段的弯矩图。以节点 B 的力矩平衡条件可知 BC 杆 B 截面的弯矩 M_{BC}等于 M_{BA}为

$$M_{BC} = \frac{5}{16}ql^2 \quad \text{（杆件上侧受拉）} \tag{e}$$

已知 $M_C=0$，连线叠加均布荷载的简单弯矩图，即可得 BC 段的弯矩图。

分析 DE 段的弯矩图。以 DE 为隔离体，由 D 点的力矩平衡条件可得 DE 杆 D

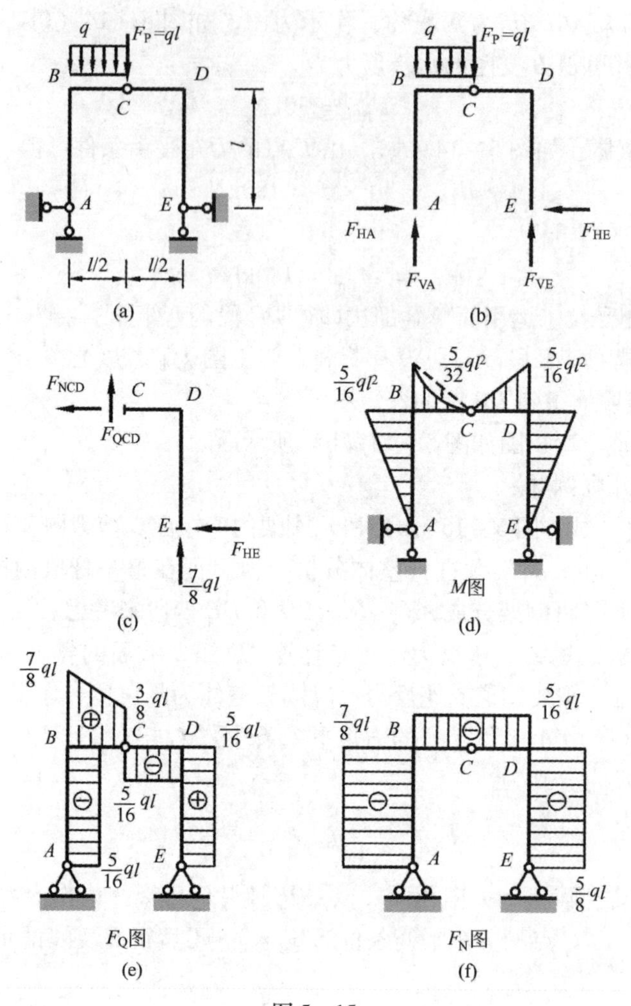

图5－15

截面的弯矩为

$$M_{DE}=\frac{5}{16}ql^2 \quad （杆件右侧受拉） \tag{f}$$

而 $M_{ED}=0$，且 DE 段无荷载，连线即可得 DE 段弯矩图。

分析 CD 段的弯矩图。以节点 D 的力矩平衡条件可知 DE 杆 D 截面的弯矩 M_{DC} 等于 M_{DE} 为

$$M_{DC}=\frac{5}{16}ql^2 \quad （杆件上侧受拉） \tag{g}$$

已知 $M_C=0$，且 CD 段无荷载，连线即可得 CD 段弯矩图。

整个刚架的弯矩图如图5－15（d）所示。

第四步，分析刚架剪力图。分析 AB 段剪力图。AB 段无荷载，由荷载—内力微分关系知，AB 段剪力为常数。以 A 点的水平方向平衡条件可得 AB 杆 A 截面剪力为

$$F_{QAB}=-\frac{5}{16}ql \tag{h}$$

负号表示在截面外法线逆时针转动90°后的方向上。在 $-5ql/16$ 处作平行于 AB 杆轴的直线，即得 AB 杆的剪力图。

类似可以分析出 DE 段的剪力图为 $5ql/16$ 处平行于 DE 杆轴的直线。

分析 BC 段的剪力。以 BC 段为隔离体，杆件两端的弯矩均为已知。由 B、C 点的力矩平衡条件可得

$$F_{QBC}=\frac{7}{8}ql \quad F_{QCB}=\frac{3}{8}ql \tag{i}$$

BC 段为均布荷载。由荷载—内力微分关系知，BC 段剪力为直线。连 F_{QBC} 和 F_{QCB} 即得 BC 杆的剪力图。

类似可以分析出 CD 段的剪力图为 $-5ql/8$ 处平行于 CD 杆轴的直线。

整个结构的剪力图如图5-15（e）。

第五步，分析刚架轴力图。分析 AB 段轴力图。AB 段无荷载，由荷载—内力微分关系知，AB 段轴力为常数。以 A 点的竖直方向平衡条件可得 AB 杆 A 截面轴力为

$$F_{NAB}=-\frac{7}{8}ql \tag{j}$$

负号表示使 AB 杆受压。在 $-7ql/8$ 处作平行于 AB 杆轴的直线，即得 AB 杆的轴力图。

类似可以分析出 DE 段的轴力图为 $-5ql/8$ 处平行于 DE 杆轴的直线。

BD 杆件无轴向荷载，所以，BD 杆的轴力为常数。为了求 BD 杆的 B 截面的轴力，取节点 B 为隔离体，F_{QBA} 为已经知，由水平方向平衡条件可得

$$F_{NBD}=-\frac{5}{16}ql \tag{k}$$

负号表示杆件受压。BD 段的轴力图为 $-5ql/16$ 处平行于 BD 杆轴的直线。

整个结构的轴力图如图5-15（f）所示。

【例5-6】 试作图5-16（a）所示刚架的弯矩图。

【解】 首先考虑 BC 段的弯矩图。在 BC 段任取一截面 I，以 ABI 刚片为隔离体，由竖直方向上的平衡条件可知，I 截面上的剪力为零。这样 BC 段的弯矩应该是常数，而已知 $M_{CB}=0$，所以，BC 段杆件的弯矩为零。

考虑 AB 段的弯矩图。以 B 节点为隔离体，因为，$M_{BC}=0$，由 B 节点的力矩平衡条件可知 $M_{BA}=0$，又已知 $M_{AB}=0$，所以，AB 段弯矩图可直接由简单弯矩图得到。

考虑 CD 段的弯矩图。以 CD 段杆件为隔离体，由 D 点的力矩平衡条件可得

$$M_{DC}=F_Pa \quad （杆件上侧受拉） \tag{a}$$

CD 段杆无荷载，$M_{CD}=0$，直接连线即得 CD 段的弯矩图。

考虑 GH 段的弯矩图。GH 段剪力为零，而 $M_{HG}=0$，所以，GH 段的弯矩为零。

考虑 DE 段的弯矩图。支座 A 的水平反力为

$$F_{HA}=\frac{1}{2}F_P \quad （向左） \tag{b}$$

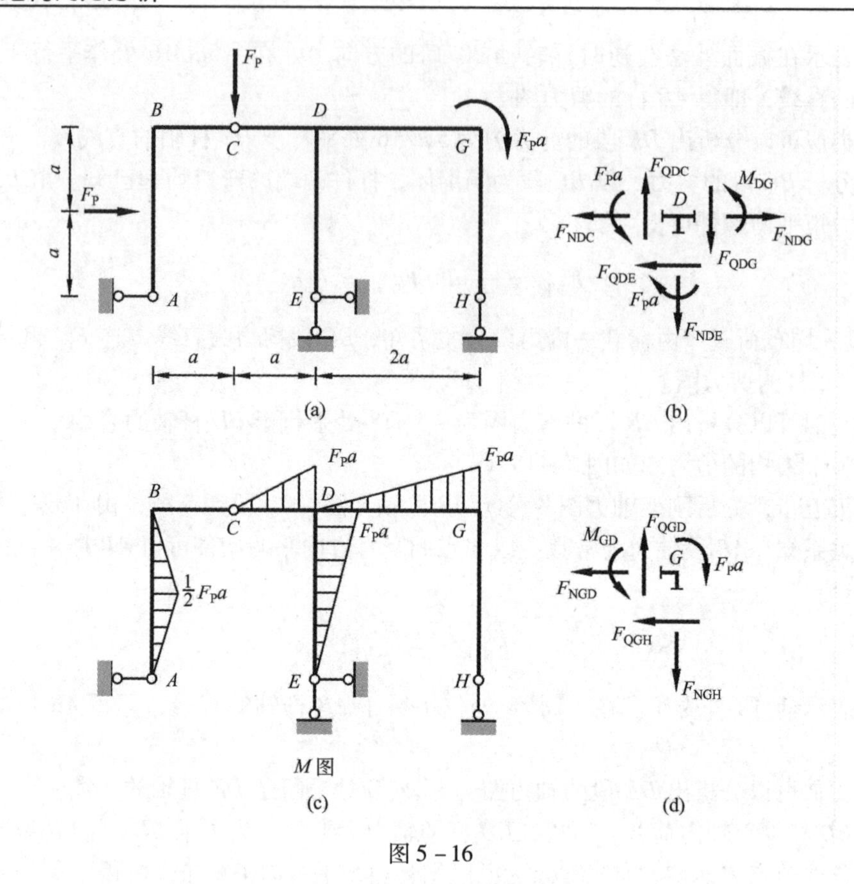

图 5 - 16

由整个结构的水平方向平衡条件可得支座 A 的水平反力为

$$F_{\mathrm{HE}} = \frac{1}{2}F_{\mathrm{P}} \qquad (\text{向左}) \tag{c}$$

以 DE 段杆件为隔离体，由 D 点的力矩平衡条件可得

$$M_{\mathrm{DE}} = F_{\mathrm{P}}a \qquad (\text{杆件右侧受拉}) \tag{d}$$

DE 段杆无荷载，$M_{\mathrm{ED}}=0$，直接连线即得 DE 段的弯矩图。

考虑 DG 段的弯矩图。为求 M_{DG}，以 D 节点为隔离体，作示力图，如图5 - 16（b）所示。由力矩平衡条件可得

$$M_{\mathrm{DG}} = 0 \tag{e}$$

为求 M_{GD}，以 G 节点为隔离体，作示力图，如图 5 - 16（d）所示。由力矩平衡条件可得

$$M_{\mathrm{GD}} = F_{\mathrm{P}}a \qquad (\text{杆件上侧受拉}) \tag{f}$$

DG 段杆无荷载，$M_{\mathrm{DG}}=0$，直接连线即得 DG 段的弯矩图。

整个刚架的弯矩图如图 5 - 16（c）所示。

从上面的例子可以看出，作刚架弯矩图是一项颇具技巧性的工作，需要综合运用荷载—内力微分关系、取隔离体作受力分析、分段叠加法等各种知识。这种灵活应用各种知识的能力，需要在实践中慢慢提高。

5.8 静定平面桁架分析

工业厂房和桥梁工程中广为应用的一种结构形式就是桁架。本节将就桁架的内力计算问题展开讨论。

5.8.1 桁架的一般概念

1）桁架的产生背景及特点

梁是工程中最常见的一种结构。但在建筑物的空间跨度较大时会产生许多问题。考虑图 5－17（a）所示一跨度为 l 的等截面简支梁。当跨度 l 很大时，梁的截面就需要做的很高很大。但实践和理论分析表明，等截面梁的材料并不是同等地分担外荷载的，大部分材料并未发挥潜力。而且那些受力不大的材料不仅没有提高整个梁的承载能力，反而增加了梁的自重，间接影响到梁所能承受的外荷载的数量。由此可见，对于大跨度建筑来说，等截面梁是很不经济的，不是一种明智的选择。

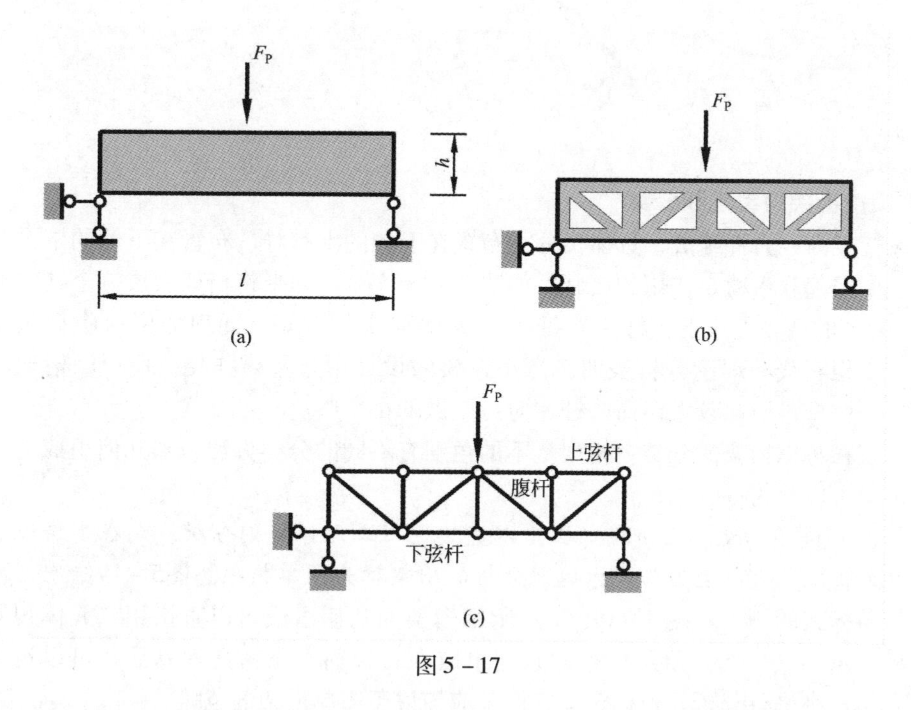

图 5－17

为了满足社会生产对大跨度建筑的需求，同时又克服等截面梁的缺陷，工程师采取了去掉梁中无用材料的办法得到图 5－17（b）所示的一种结构。实践和理论分析表明，结构（b）和结构（a）在承载能力上没有多少差别，但自重却大幅度下降。因此，对于大跨建筑采用结构（b）比较理想。但结构（b）有一个问题，就是一个节点往往连接许多根杆件。在这种情况下如果用刚节点来处理，会给节点带来较大负荷，计算也偏于不完全。因此，不管实际工程这种结构的节点是怎样制作的，设计时都简化为铰节点，这样就得到了图 5－17（c）所示的结构计算简图。从计算简图可以看出，该结构的所有节点都是铰节点。这种的所有杆件都通过铰节点联系在一起组成的结构称为桁架。

由于桁架讲究的是杆系的整体合作效果，所以，设计和工程实践中都将荷载处理到桁架的节点上，避免杆段直接受力。这样一来桁架单根杆件的内力就非常简单了。如图5－18，从桁架中任意取出一根杆件 *AB*。因为 *AB* 段内没有荷载，所以弯矩图为直线。而已知杆件两端都是铰，杆端弯矩均为零，所以杆件 *AB* 中没有弯矩。这样由 *A*、*B* 点的力矩平衡条件又可得知杆件 *AB* 中没有剪力。上面的分析具有普适性，也就是说，桁架的任意一根杆件只有轴力，没有弯矩和剪力。这种只有轴力的杆件称为二力杆。因此，桁架实际上是一种由二力杆组成的杆系结构。

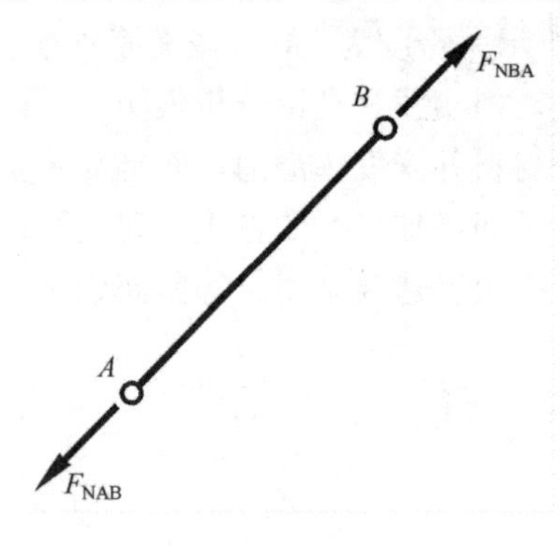

图5－18

2）桁架的组成和分类

桁架由二力杆组成，具体又分为布置在上侧的上弦杆、布置在下侧的下弦杆和在中间起联系稳定作用的腹杆，如图5－17（c）。如果将桁架看成一个镂空的“大梁”的话，上、下弦杆主要抵御“大梁”中的弯矩，而剪力则由腹杆来承担。工程实践和理论分析表明，弯矩在梁的设计中起主导作用，所以，桁架的上、下弦杆一般比较大，而腹杆相对可以做的小一些。

现在考虑桁架的分类。桁架从不的角度有不同的分类方法。从几何组成的角度桁架可以分为：

（1）简单桁架　几何稳定性可以直接运用二元体规则分析，或在去除地基简支的情况下可以运用二元体规则分析的桁架称为简单桁架。图5－19给出了两个简单桁架的例子。图5－19（a）所示桁架的几何组成可以直接用二元体规则分析。图5－19（b）所示桁架的几何组成在去掉简支不考虑地基后，可以运用二元体规则进行分析。根据定义它们都应该属于简单桁架的范畴。

（2）联合桁架　几何稳定性虽然不能单独用二元体规则分析，但可结合其他几何组成规则进行分析的桁架称为联合桁架。图5－20给出了两个联合桁架的例子。这两个桁架即使在去掉简支后也无法简单利用二元体规则进行分析，但很容易用两刚片规则分析，所以属于联合桁架的范畴。

（3）复杂桁架　几何稳定性不能用几何组成规则进行分析的桁架称为复杂桁架。存在一种几何不变体系，其几何稳定性无法用第四章介绍的几何组成规则进行分析。图5－21所示的桁架就是一个例子。

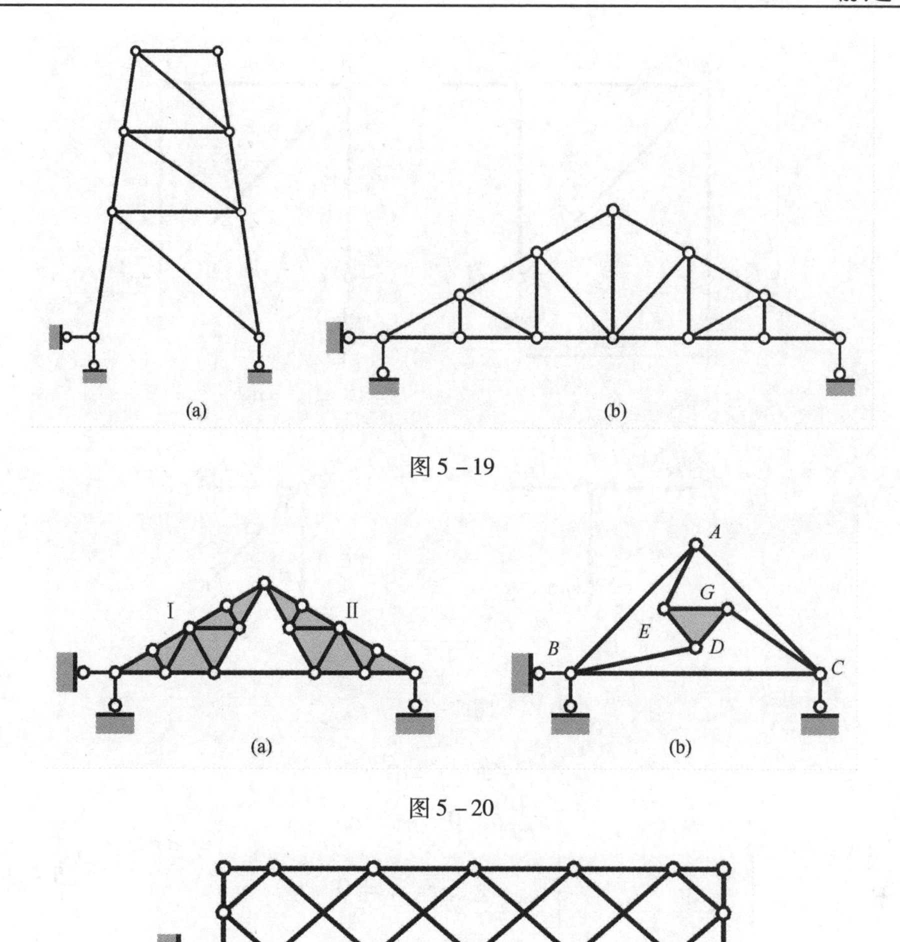

图 5－19

图 5－20

图 5－21

虽然从理论上说这种复杂桁架可以作为结构存在，但没有工程实际意义。结构是人为的产物，是工程师根据几何组成规则设计出来的。实际工作中没有谁会挖空心思构造出个不能用几何组成规则分析的东西来作为结构。复杂桁架是一种理论上思辨的产物，没有工程实际意义。

5.8.2 用节点法及截面法计算桁架内力

1）节点法

*所谓节点法就是以桁架节点为隔离体建立平衡方程求解桁架内力的方法。*下面以图 5－22（a）所示桁架为例介绍用节点法求桁架各杆内力的方法。

分别以节点 C、B 为隔离体作示力图，如图 5－22（c）、（d）所示（注意，桁架各杆均为二力杆）。对于桁架的任意一根杆件 ij 有

$$F_{\mathrm{N}ij} = F_{\mathrm{N}ji} \tag{5-35}$$

由节点 C 和 B 水平和竖直方向的平衡条件可得

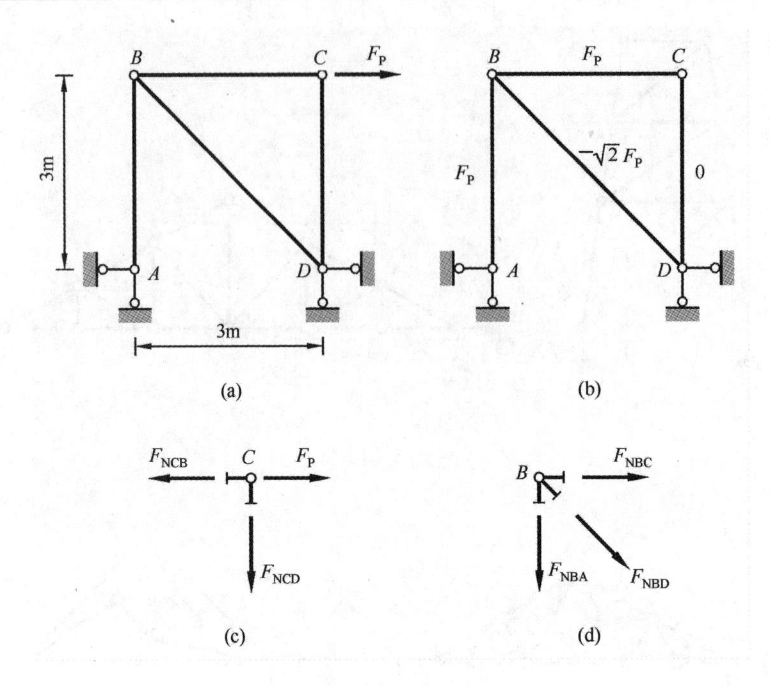

图5-22

$$
\begin{cases}
F_P - F_{NBC} = 0 \\
F_{NCD} = 0 \\
F_{NBC} + \dfrac{\sqrt{2}}{2} F_{NBD} = 0 \\
F_{NBA} + \dfrac{\sqrt{2}}{2} F_{NBD} = 0
\end{cases}
\tag{5-36}
$$

解方程组（5-36）可得桁架各杆的截面内力，见表5-2。

桁　架　内　力　表　　　　**表5-2**

杆件	AB	BC	CD	BD
内力	F_P	F_P	0	$-\sqrt{2}F_P$

工程中也常将桁架的内力计算结果直接标于图中，如图5-22（b）所示。负号表示该杆件受压。

节点法是求解桁架的基本方法。因为桁架中的杆件均为二力杆，所以，每个节点隔离体都是一个独立的平面汇交力系。因此每个节点只能提供两个独立的平衡方程。求解时应尽量先选取只有两个未知力的节点来解。从理论上说任何一个静定桁架都能用节点法完全求解，也就是说，收集桁架的每一个节点的平衡条件得到的方程组一定能求解该静定桁架。然而在很多情况下这样做显得过于烦琐。下面来讨论桁架分析中另一种常用技巧——截面法。

2）截面法

所谓截面法就是以桁架的一根或多根杆件组成的某一部分为隔离体来求解

桁架的技巧。下面以图 5 - 23 所示的桁架为例介绍用截面法求取 DG 杆内力的过程。

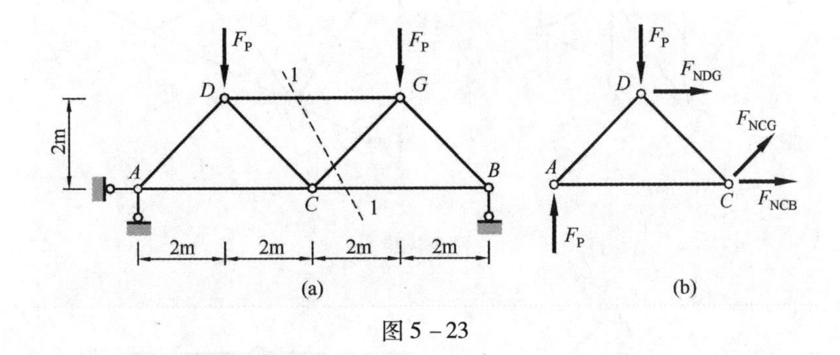

图 5 - 23

先求支座反力。以桁架整体 $ACBGD$ 为隔离体由 B 点的力矩平衡条件可解得 A 支座的竖向反力 F_{VA}

$$F_{VA} = F_P \tag{5-37}$$

用图 5 - 23（a）中想象的 1—1 截面将桁架的 ADC 部分桁架整体中切割出来，以 ADC 为隔离体作示力图，如图 5 - 23（b）所示。ADC 上的力构成了一个平面任意力系，它可以提供三个独立的平衡方程，用于求解三个独立的未知数。现在 ADC 正好是 F_{NDG}、F_{NCG}、F_{NCB} 三个未知力，可以求解。实际上本例中只要利用 C 点的力矩平衡条件就可以独立求出 DG 杆的内力。C 点的力矩平衡方程为

$$F_P \times 4 + F_{NDG} \times 2 - F_P \times 2 = 0 \tag{5-38}$$

所以

$$F_{NDG} = -F_P \tag{5-39}$$

使用截面法往往能比较快捷地求出指定杆件的内力，而不必像节点法那样逐个节点地求解。截面法求解的关键是选取合适的截面，以保证截取的隔离体上只有三个独立未知数，尽量避免多个隔离体耦合求解的麻烦。

3）零杆分析

桁架分析中另一个常用的技巧就是零杆分析。考虑图 5 - 24（a）所示的桁架。在具体求解之前，通过定性分析就可以看出该桁架的许多杆件的内力为零。先看 B 节点。由 B 节点隔离体的竖直方向平衡条件可以判断出 BC 杆的内力为零。既然 $F_{NBC}=0$，由 C 节点隔离体在垂直于 AD 方向上的平衡条件可推知 EC 杆的内力也为零。类似，由 D、G 可以看出 ED 和 GH 杆的内力也为零。经过这样一番分析图 5 - 24（a）所示的 14 杆桁架问题就演变成了图 5 - 24（b）所示的 8 杆桁架问题。由此可见通过定性的零杆判断可以将问题大幅度简化。在对桁架进行分析时首先要考虑的就是有没有零杆。

寻找零杆有时需要一定的眼力，一般可以遵循以下两点原则：

（1）两杆节点上无荷载时，两杆的内力为零。考虑图 5 - 25（a）所示的两根杆件，由节点的两个平衡条件可知这两根杆的内力应该为零；

（2）三杆节点上无荷载，且其中有两根杆件在一直线上，则另一根杆件的

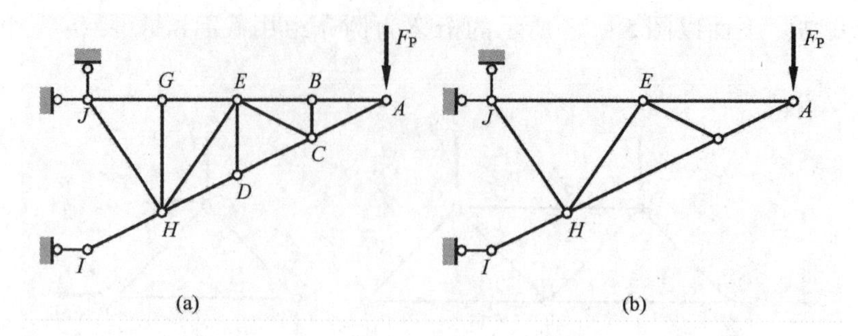

图5－24

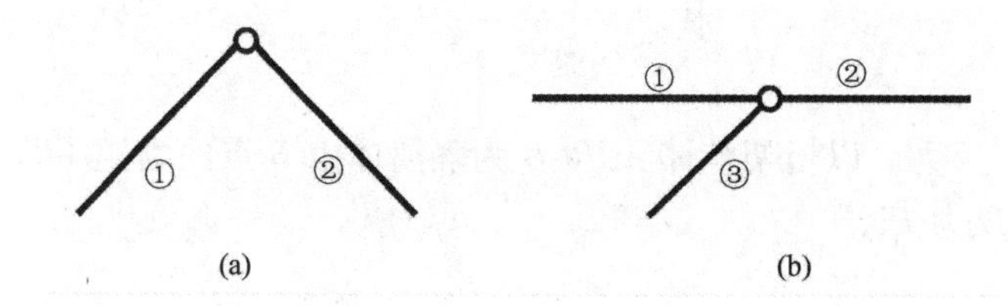

图5－25

内力必为零。考虑图5－25（b）所示的三杆节点，由垂直于①、②杆方向上的平衡条件可以看出③杆的内力为零。

下面考虑例题一则。

【例5－7】 求图5－26（a）所示桁架*CI*、*IN*、*LN*三杆的内力。

【解】 第一步，零杆分析。由节点*D*可知*DI*杆为零杆。同样，*GJ*杆也为零杆。由节点*L*可知*IL*杆为零杆。同样*JP*杆也为零杆。已知道*DI*、*IL*杆为零杆后由节点*I*知*IK*杆为零杆。同样*JQ*杆也为零杆。这样原结构就可简化为图5－26（b）所示的形式。现在有

$$F_{NCI} = F_{NIN} = F_{NCN} \tag{a}$$

$$F_{NLN} = F_{NKN} \tag{b}$$

第二步，求支座反力，得

$$F_{HA} = 0 \quad F_{VA} = 60\text{kN} \quad （向上） \tag{c}$$

第三步，求F_{NCN}和F_{NKN}。以*ACK*为隔离体作受力图，如图5－26（c）所示。由*C*点的力矩平衡条件$\sum M_C = 0$可得

$$60 \times 2.5 - \left(F_{NKN} \times \frac{2}{5.02}\right) \times 2.5 = 0 \tag{d}$$

解得

$$F_{NKN} = 60.24\text{kN} \tag{e}$$

由竖直方向上的平衡条件$\sum F_V = 0$可得

$$F_{NCN} \times \frac{3}{5.83} + F_{NKN} \times \frac{0.5}{5.03} - 60 = 0 \tag{f}$$

解得

$$F_{NCN} = 104.95\text{kN} \tag{g}$$

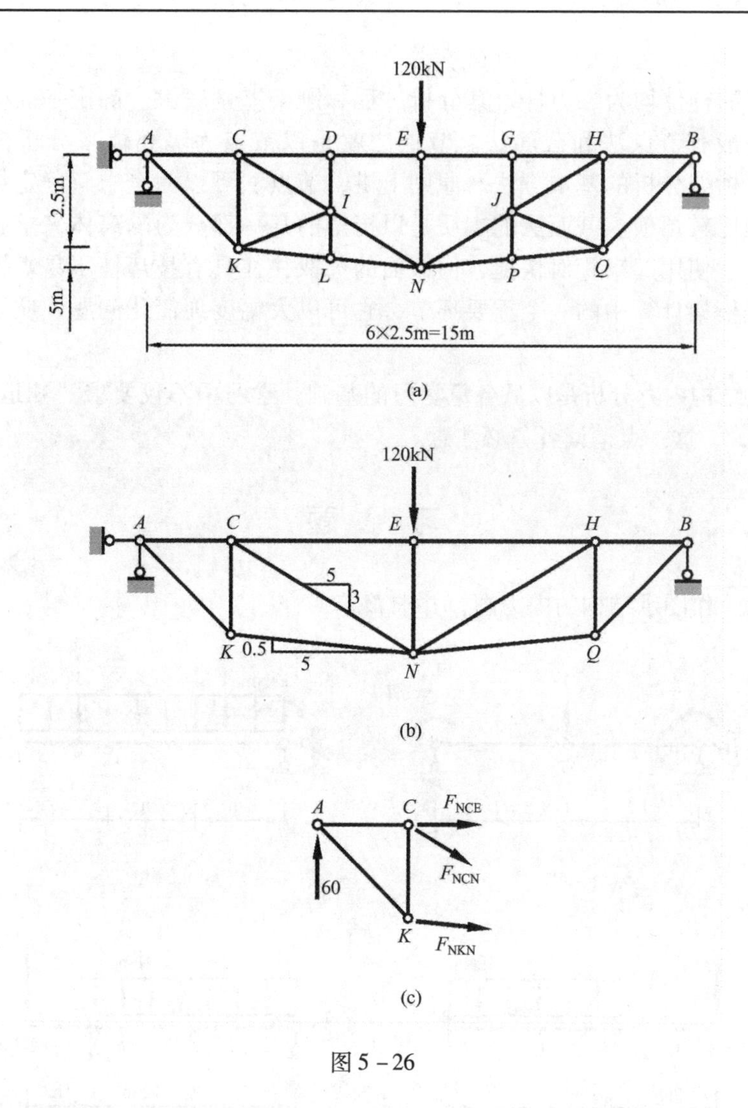

图 5－26

所以本例的解为

$$F_{NCI} = F_{NIN} = 104.95\text{kN} \quad F_{NLN} = 60.24\text{kN} \qquad \text{(h)}$$

5.9 本章小结

本章在介绍内力和内力图概念的基础上详细讨论了静定结构的内力分析方法。具体包括多跨静定梁、静定平面刚架和静定平面桁架的内力分析技巧。

静定梁和静定刚架的分析过程有点类似，其核心环节是分段叠加法作弯矩图。分段叠加法作弯矩图的基础是结构的控制截面分析和简单叠加法。为了保证简单叠加法的顺利实施，读者需要熟记单跨梁的简单弯矩图。此外，直杆的内力—荷载微分关系在弯矩图分析过程中发挥着重要作用，是一个需要熟练掌握的技术环节。从弯矩图出发可以推得剪力图和轴力图，这一流程在实际结构分析中广为应用。

桁架的杆件均为二力杆，其分析过程和刚架差别较大。静定平面桁架的分析方法一般有节点法和截面法。节点法就是以节点为隔离体来分析桁架的内力，它是桁架分析的基本方法。原则上讲，节点法可以完全求解静定结构，但计算过程比较烦琐。截面法的本质是以桁架的某一部分为隔离体来求解指定杆件的内力，使用起来相对快捷，但截面的选取往往具有技巧性不易掌握。零杆分析也是桁架计算中的一个重要环节，它可以大幅度地简化问题，应该予以充分重视。

静定结构内力分析是以后各章学习的基础，学习中不仅要求“知道”，更要求“熟练”，这一点请读者务必注意。

习　题

5－1　作图示结构的内力图，并求 M_C。

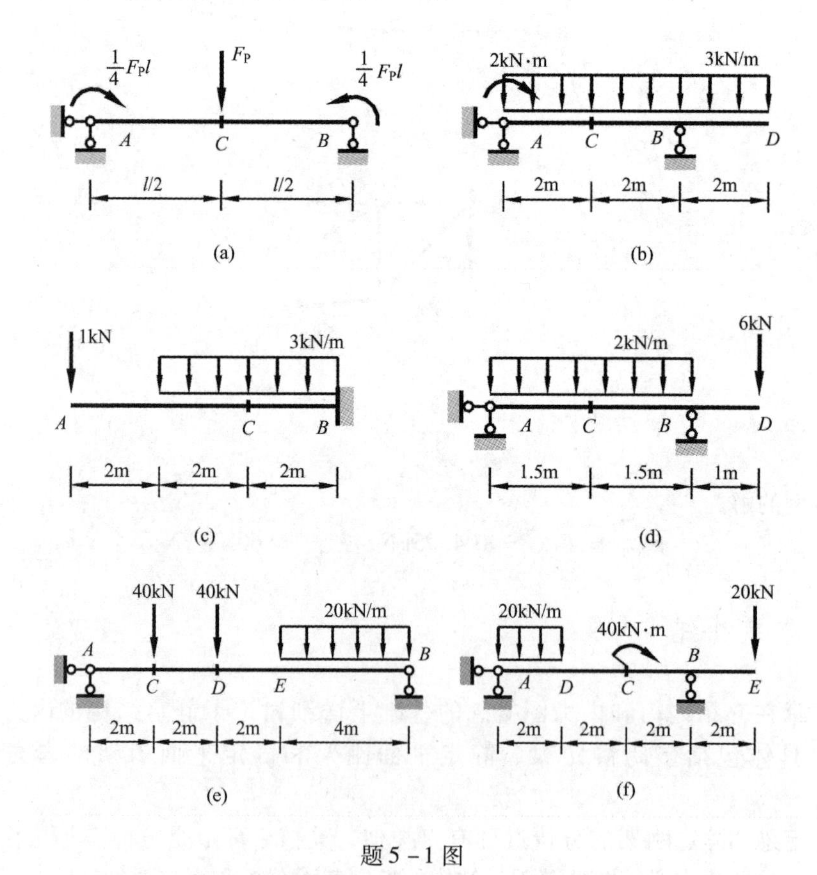

题5－1图

5－2　试绘制图示斜梁的内力图。

5－3　试绘制图示多跨静定梁的内力图。

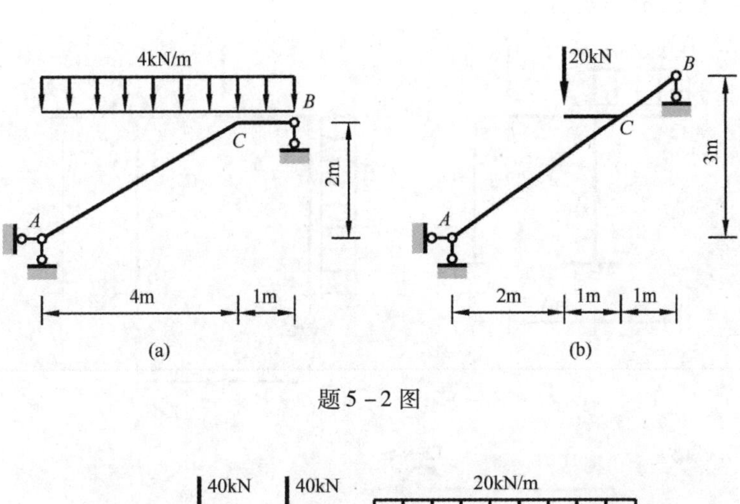
4kN/m
B
C
2m
A
4m
1m
(a)
20kN
B
C
3m
A
2m
1m
1m
(b)

题 5－2 图

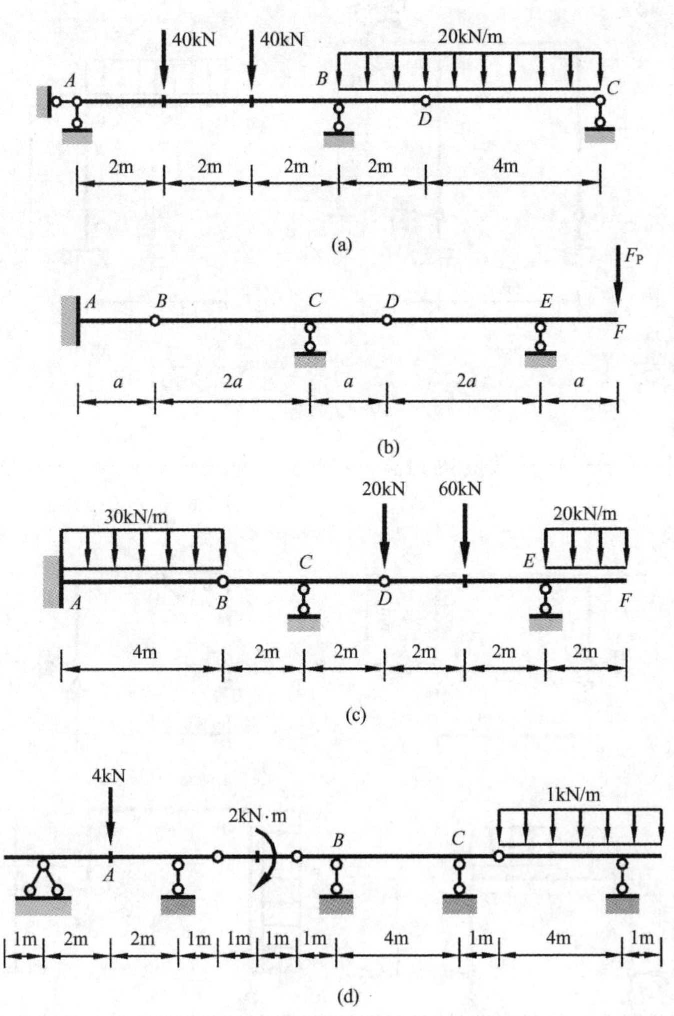
40kN
40kN
20kN/m
A
B
C
D
2m
2m
2m
2m
4m
(a)
F_P
A
B
C
D
E
F
a
2a
a
2a
a
(b)
20kN
60kN
30kN/m
20kN/m
C
E
A
B
D
F
4m
2m
2m
2m
2m
2m
(c)
4kN
1kN/m
2kN·m
B
C
A
1m
2m
2m
1m
1m
1m
1m
4m
1m
4m
1m
(d)

题 5－3 图

5－4　作图示刚架的内力图。

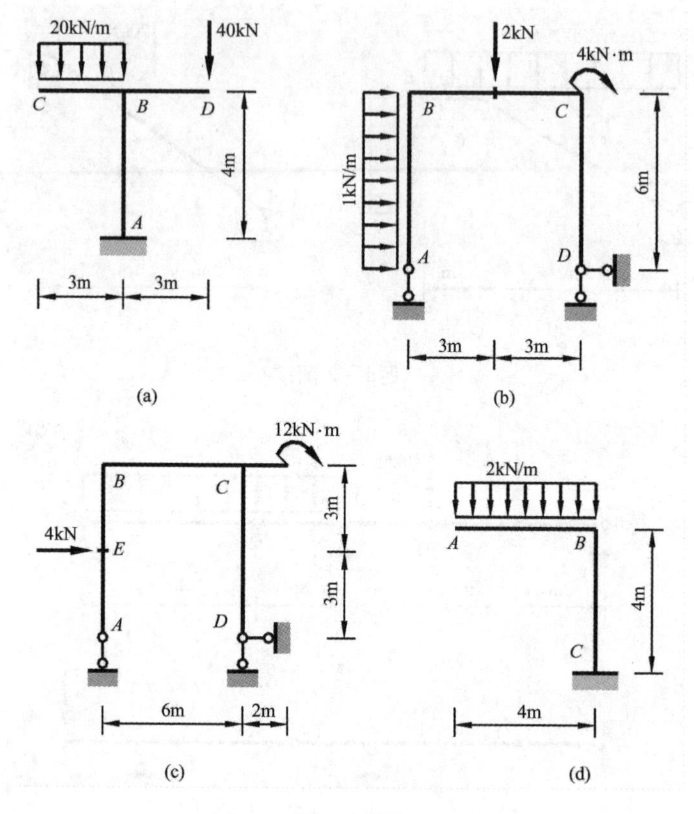

题5－4图

5－5　作图示三铰刚架的内力图。

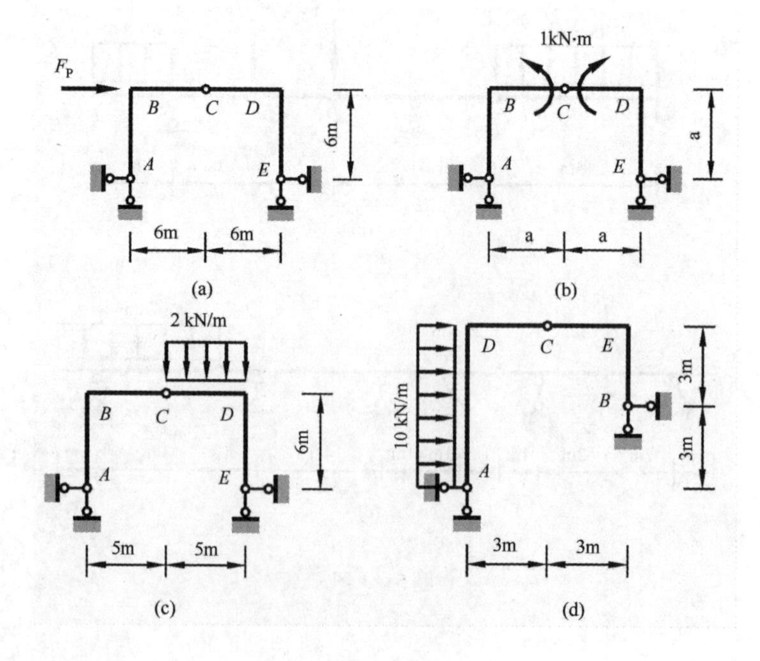

题5－5图

5－6　用节点法求图示桁架的各杆内力。

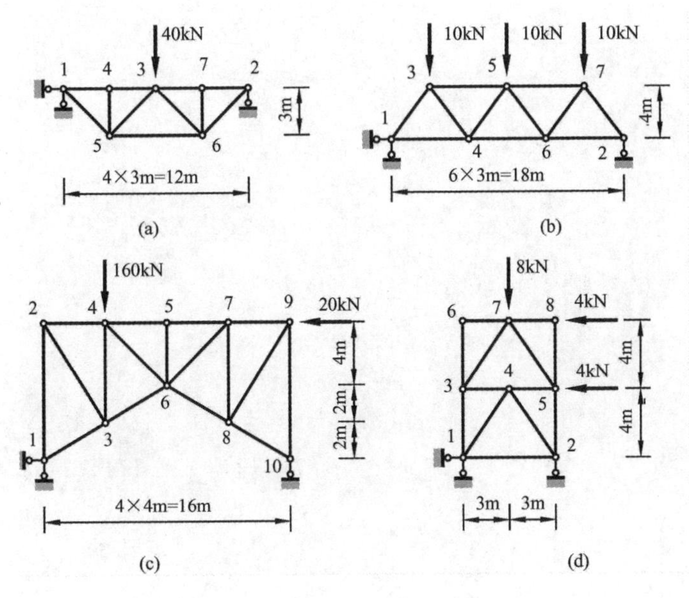

题 5－6 图

5－7　求下列桁架各指定杆的轴力。

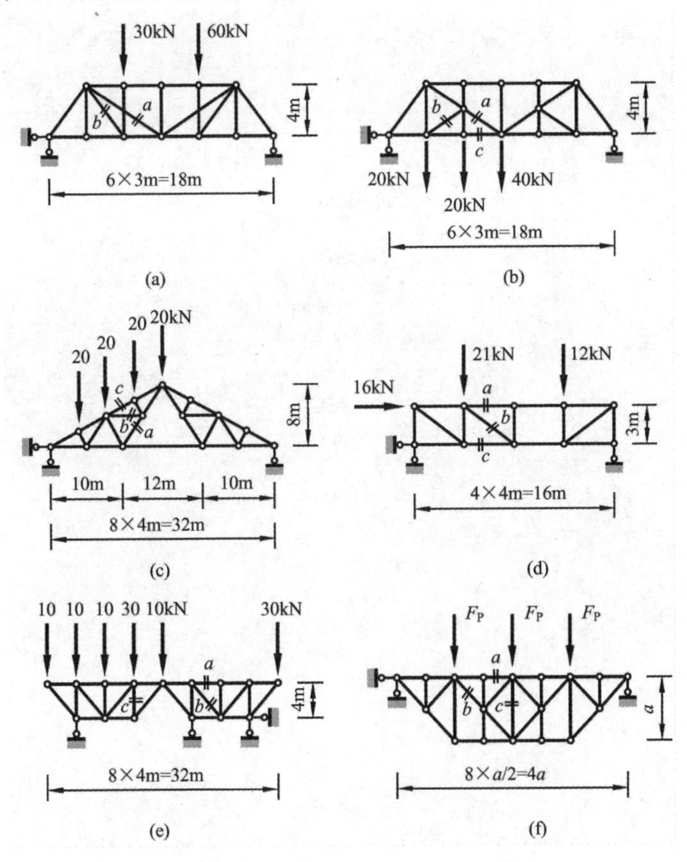

题 5－7 图

第6章
杆件应力、应变分析

Chapter 6
Stress and Strain of Bars

前面各章讨论的结构内力，实际上是杆件横截面上内力的合力。而杆件各部分之间是通过接触面联系在一起的，所以，真实杆件的内力应该以分布形式存在。同样的杆件内力，对截面积大的杆件，内力的分布集度就小，杆件比较安全；而对截面积小的杆件，内力分布集度就可能很大，杆件就会有危险。因此，杆件的强度验算应该基于杆件的内力集度，而不是横截面上的合内力。如何根据杆件横截面上内力的合力来获取杆件任意截面上任意点的内力分布集度，是现在亟待解决的问题，本章将对此展开讨论。

研究表明，要探讨杆件的内力分布情况，就必须考虑杆件的弹性。所以，在以后的讨论中，我们所说的杆件已经由“刚体”变成了“弹性体”。

6.1　应力分析

6.1.1　什么是应力

杆件的内力是杆件各部分之间的相互作用。*杆件某一截面上一点的内力集度称为该点在此截面上的应力*。为了研究杆件内 P 点在指定截 $m-m$ 面上的应力，须将杆件在 P 点沿 $m-m$ 截面切开，如图6－1（a）所示。在 P 点周围取一小面积 ΔA。设 ΔA 上分布内力的合力为 ΔF，于是，在面积 ΔA 上内力 ΔF 的平均集度 $\bar{p}$ 为

$$\bar{p}=\frac{\Delta F}{\Delta A} \tag{6-1}$$

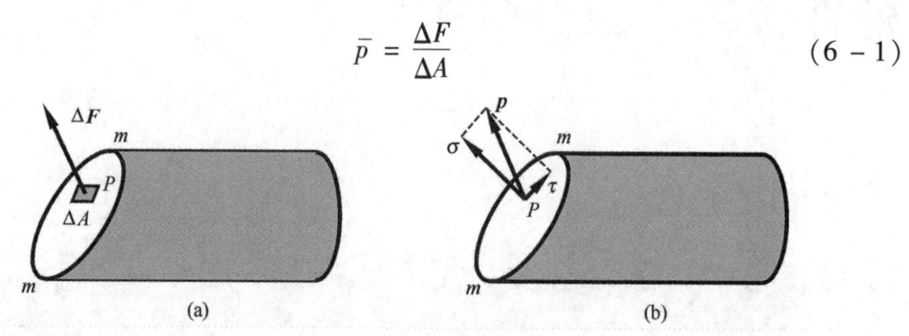

图6－1

一般来说，$m-m$ 截面上的内力分布并不是均匀的，平均应力 $\bar{p}$ 的大小和方向将随所取的微面积 ΔA 的大小变化而变化。为表明分布内力在 P 点处的集度，令微面积 ΔA 缩小趋于零，则其极限

$$p=\lim_{\Delta A\to 0}\frac{\Delta F}{\Delta A}=\frac{\mathrm{d}F}{\mathrm{d}A} \tag{6-2}$$

即为 P 点处的内力集度，称为截面 $m-m$ 上点 P 处的*总应力*。由于 ΔF 是矢量，因而总应力 p 也是个矢量，其方向一般既不与截面垂直，也不与截面相切。通常，将总应力 p 分解为与截面垂直的法向分量 σ 和与截面相切的切向分量 τ，如图6－1（b）所示。法向分量 σ 称为 P 点在 $m-m$ 截面上的正应力，切向分量 τ 称为 P 点在 $m-m$ 截面上的*剪应力*。

6.1.2 应力状态描述

从上述关于应力的定义可以看出，应力是个矢量，它是定义在物体内某一点处的某一截面上的。我们知道，过物体内一点可以作无穷多个截面，这样，物体内任意一点的应力就有无穷多个。那么，怎样来描述这无穷多个应力呢？也就是说，怎样来描述物体内一点的应力状态呢？研究表明，我们只要知道一点在六个特定截面上的应力情况，就可以完整地描述该点的应力状态。

1）空间应力状态的描述

如图6－2考虑物体内一点P，过P点作6个法线和坐标轴平行的截面。法线和x轴正向重合的面称为x^+面，法线和x轴负向重合的面称为x^-面。以此类推有y^+面、y^-面、z^+面、z^-面。每一个面上都有正应力和剪应力。正应力本身就和坐标轴平行，无须分解。剪应力可以进一步分解为平行于坐标轴的两个分量，这样每个面上就有三个应力分量（两个剪应力，一个正应力）。六个截面共有18个应力分量。

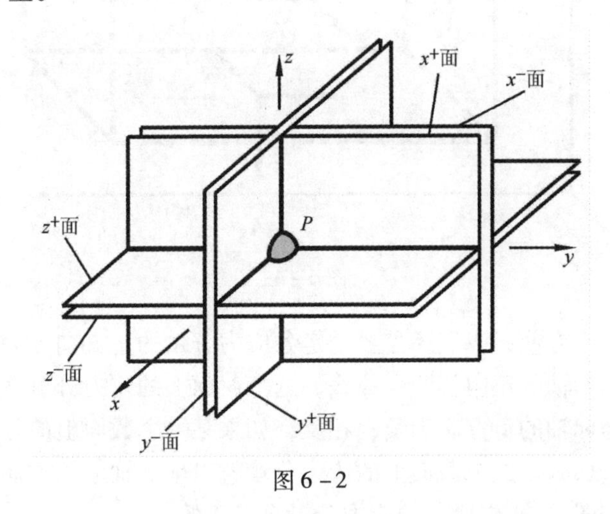

图6－2

必须指出的是，x^+面和x^-面正好是切开后的物体相互作用的两个面，如图6－3所示。由作用力和反作用力互等定律可知x^+面和x^-面上的应力大小相等方向相反。y^+面和y^-面、z^+面和z^-面上的应力也有类似情况。这样六个截面的18个独力应力分量就减少到了9个。

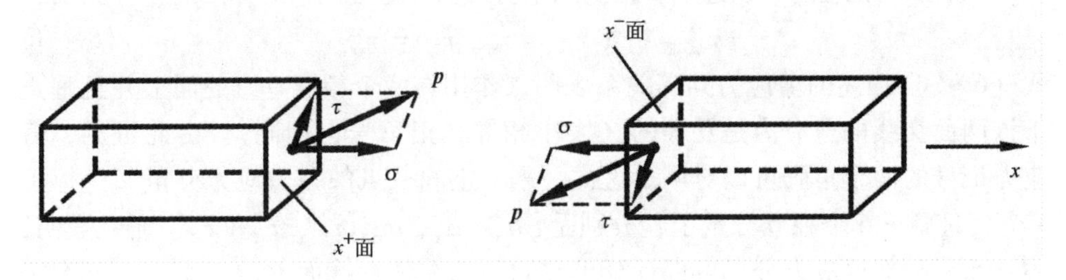

图6－3

用图6-2来标注这些应力分量很不方便，为此，将图中靠在一起的两个面分开，形成图6-4所示的六面体。每一个面上都有一个正应力 σ。为了标明这个正应力的作用面，加上一个对应的坐标角码。例如，σ_x 表示作用在 x^+ 面或 x^- 面上的正应力。和正应力不同，每个面上有个两个不同方向上的剪应力分量，在标注时需要并加上两个坐标角码，前一个角码表示作用面，后一个角码表示作用方向沿着哪一个坐标轴。例如，剪应力 τ_{xy} 是作用在 x^+ 面或 x^- 面上而沿着 y 轴方向作用的剪应力分量。

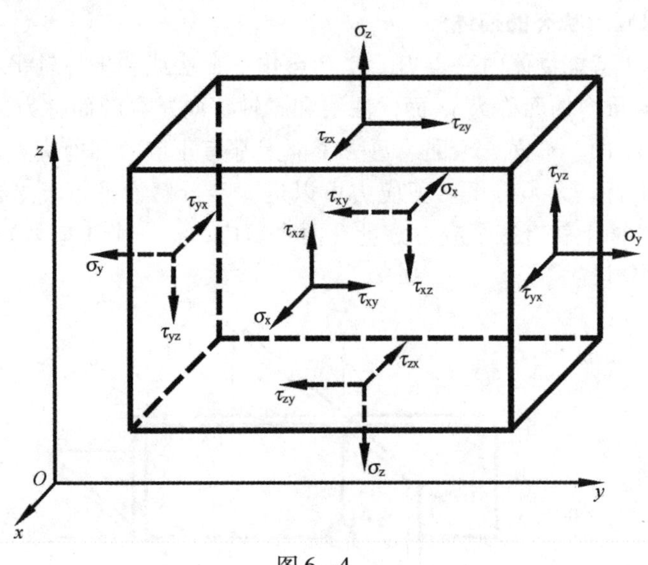

图6-4

为了今后讨论方便，我们还需要约定各应力分量的正方向。如果某一个截面上的外法线和坐标轴的正向相同，那么，这个截面上的应力分量就以坐标轴的正方向为正，以坐标轴的负方向为负；相反，如果某一个截面上的外法线是沿着坐标轴的负方向，那么，这个截面上的应力分量就以坐标轴的负方向为正，以坐标轴正方向为负。图6-4中所示的应力分量全是正的。

必须注意的是，上述正负号规定对于正应力说来，结果和第5章的轴力规定相同（拉为正、压为负）。但对于剪应力来说，结果却和第5章剪力的正向规定有所不同，务请注意。

以后从理论上还可以进一步证明六个剪应力分量之间具有如下的互等关系。

$$\tau_{yz} = \tau_{zy};\ \tau_{zx} = \tau_{xz};\ \tau_{xy} = \tau_{yx} \tag{6-3}$$

式（6-3）描述的剪应力互等关系表明，作用在两个相互垂直的面上并且垂直于该两面交线的剪应力是互等的（大小相等，正负号也相同）。由此可见，剪应力记号的两个角码可以对调。这样一来，空间一点的独力应力分量又少掉了3个，只剩下6个独立分量了，分别是：σ_x、σ_y、σ_z、τ_{xy}、τ_{yz} 和 τ_{zx}。研究表明，用这6个独立的应力分量可以计算出空间一点在任意截面上的应力。这就意味着它们完整地描述了空间一点的应力状态。以后就称这6个应力分量为空间一点的应力状态。

2）平面应力问题和平面应力状态的描述

现实生活中的任何物体都是以空间形式存在的，所受的外力也都是空间力系。因此，严格地说，任何一个实际问题都是空间问题。但一些特殊形状的弹性体，在特殊外力的作用下，会产生相对简单的内部应力。在这种情况下，通过应力状态分析，对问题进行简化处理，可以使计算的工作量大幅度减少，而所得的成果却仍然可以满足工程精确度的要求。下面就以工程中常见的平面应力问题展开讨论。

考虑图6-5所示的很薄的等厚度薄板。只在板边上受有平行于板面，并且不沿厚度变化的外力。设薄板的厚度为 t。以薄板的中面为 xy 面，以垂直于中面的任一直线为 z 轴。因为板面上（$z=\pm t/2$）不受力，所以有

$$(\sigma_z)_{z=\pm\frac{t}{2}}=0;\ (\tau_{zx})_{z=\pm\frac{t}{2}}=0;\ (\tau_{zy})_{z=\pm\frac{t}{2}}=0 \qquad (6-4)$$

由于板很薄，外力又不沿厚度变化，应力沿着板的厚度方向又是连续分布的，因此可以认为在整个薄板内的所有各点都有

$$\sigma_z=0;\ \tau_{zx}=0;\ \tau_{zy}=0 \qquad (6-5)$$

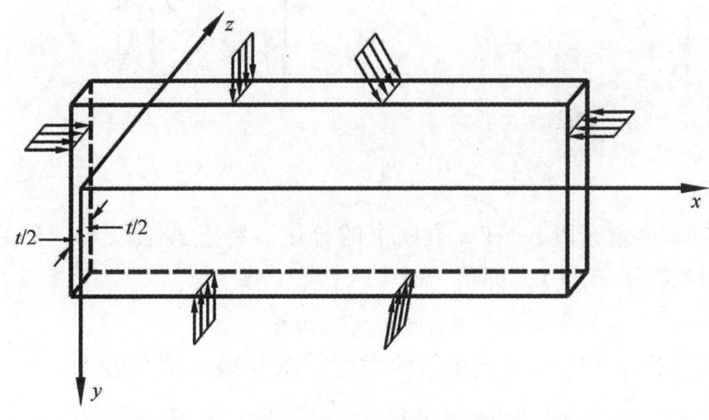

图6-5

式（6-5）表明，板平行于中面的纤维层之间没有相互作用力。考虑到剪应力的互等性式（6-3），又可得

$$\tau_{xz}=0\quad \tau_{yz}=0 \qquad (6-6)$$

这样，6个独立应力分量只剩下了三个，即 σ_x、σ_y 和 $\tau_{xy}=\tau_{yx}$。由于这三个应力分量在一个平面内，所以称之为*平面应力问题*。同时也因为板很薄，这三个应力分量，以及在分析问题时须要考虑位移分量，都可以认为是不沿厚度变化的，也就是说，它们只是 x 和 y 的函数，不随 z 而变化。

3）平面应力状态分析

以上的讨论表明，平面应力问题中物体内一点的应力状态完全由 σ_x、σ_y 和 τ_{xy}描述。这就是说，平面应力状态下，任意截面上的应力可由这三个应力推算得到。下面就来讨论这个问题。

假定 P 点处的应力状态 σ_x、σ_y 和 τ_{xy}为已知，现在求垂直于 xOy 平面、法线为 N 的斜面上的应力，如图6-6（a）。为此，在 P 点附近取一个平面 AB，它平

行于上述斜面，并与经过 P 点而垂直于 x 轴和 y 轴的两个平面构成一个微小的三角板或三棱柱 PAB，如图6-6（b）。当面积 AB 无限减小而趋于 P 点时，平面 AB 上的应力就成为上述斜面上的应力。令

$$\cos(N,x) = l \quad \cos(N,y) = m \tag{6-7}$$

l 和 m 就是平面 AB 外法线的方向余弦。用 X_N、Y_N 表示斜面 AB 上的应力 $\boldsymbol{p}$ 在 x 轴及 y 轴上的投影。设斜面 AB 的长度为 ds，则 PB 面及 PA 面的长度分别为 lds 及 mds，而 PAB 的面积为 $lds \cdot mds/2$。垂直于图平面的尺寸取为一个单位长度。于是由平衡条件 $\sum F_x = 0$，得

$$X_N ds - \sigma_x l ds - \tau_{xy} m ds + X\frac{lm(ds)^2}{2} = 0 \tag{6-8}$$

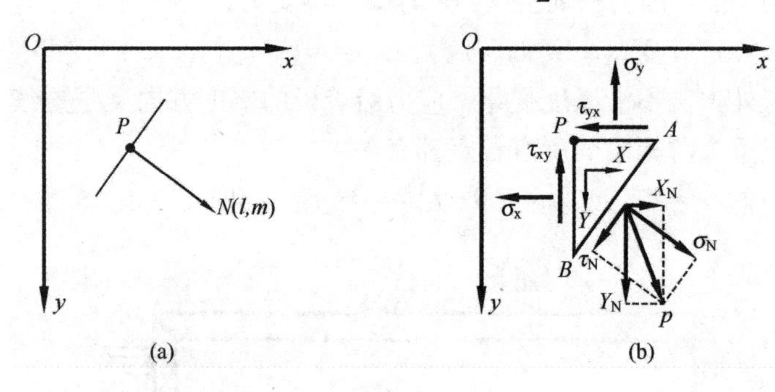

图6-6

其中的 X 为物体重量密度 ρg 在 x 方向上的分量。将上式除以 ds，然后命 ds 趋于零（命斜面 AB 趋于 P 点），即得

$$X_N = l\sigma_x + m\tau_{xy} \tag{6-9}$$

同样，可以由 $\sum F_y = 0$ 得出一个相似的方程，总共得出两个方程

$$X_N = l\sigma_x + m\tau_{xy} \quad Y_N = m\sigma_y + l\tau_{xy} \tag{6-10}$$

命斜面 AB 上的正应力为 σ_N，则由 X_N 及 Y_N 的投影可得

$$\sigma_N = lX_N + mY_N \tag{6-11}$$

将式（6-10）代入，即得

$$\sigma_N = l^2\sigma_x + m^2\sigma_y + 2lm\tau_{xy} \tag{6-12}$$

命斜面 AB 上的剪应力为 τ_N，则由投影可得

$$\tau_N = lY_N - mX_N \tag{6-13}$$

将式（6-10）代入，即得

$$\tau_N = lm(\sigma_y - \sigma_x) + (l^2 - m^2)\tau_{xy} \tag{6-14}$$

如前所述 X_N、Y_N 表示斜面 AB 上的应力 $\boldsymbol{p}$ 在 x 轴及 y 轴上的投影，用式(6-10)计算 X_N、Y_N 时，如果算出的是正值，则表示和坐标方向相同，反之则和坐标方向相反。σ_N 分别表示斜截面 N 上的正应力，用式（6-12）计算 σ_N 时，如果得到的是正值，则表示是拉应力，反之则为压应力。τ_N 表示斜截面 N 上的剪应力，其正向规定相对复杂一点，需要详细说明。图6-6中使用了一种 z^+-xy 坐标系。所谓 z^+-xy 坐标系是指 z 轴指向书本里面，和读者的视线方向相同；反之，如果 z 轴指读者，和读者的视线方向相反，就称为 z^--xy 坐标系。当我们在 z^+-

xy 坐标系中使用式（6－14）计算 τ_N 时，如果得到的是正值，则表示剪应力在截面外法线顺时针转动90°后的方向上；反之则在截面外法线逆时针转动90°后的方向上。可以看出，在 z^+-xy 坐标系中考虑问题时，τ_N 的正向规定和第五章剪应力的规定相同；如果在 z^--xy 坐标系中考虑问题，则 τ_N 的正向规定正好相反。

由式（6－12）、（6－14）可见，如果已知 P 点处的应力分量 σ_x、σ_y、τ_{xy}，就可以求得经过 P 点的任一斜截面上的正应力 σ_N 及剪应力 τ_N。这就是本节一开始提到的，"平面应力问题中物体内一点的应力状态完全由 σ_x、σ_y 和 τ_{xy} 描述"。

6.2 应变分析

6.2.1 应变的概念

弹性体在外力作用下，既要产生内力，也会产生变形。本节就来讨论物体变形的描述方法。

考虑图6－7（a）所示的一个长度为 l 的橡皮筋。在力 F 的作用下拉长了 Δl，端点 B 移动到了 B'，如图6－7（b）所示。Δl 是该橡皮筋的变形总量。同样的一个变形总量，对于原始长度不同的橡皮筋来说，意义显然是不一样的。所以，用 Δl 来度量橡皮筋的变形程度是不合适的。为此，可以考虑用伸长比率 $\Delta l/l$ 来度量橡皮筋的变形。但仔细分析一下仍然有问题。考虑橡皮筋 AB 上的任意四个点 P、Q、J、S，如图6－7（a）所示。变形后 P、Q、J、S 分别移动到了 P'、Q'、J'、S'。如果橡皮筋各部分的弹性相同，这时候，橡皮筋上均匀伸长的，各部分的变形程度相同，此时有

$$\frac{\overline{P'Q'}-\overline{PQ}}{\overline{PQ}}=\frac{\overline{J'S'}-\overline{JS}}{\overline{JS}}=\frac{\overline{AB'}-\overline{AB}}{\overline{AB}}=\frac{\Delta l}{l} \qquad (6-15)$$

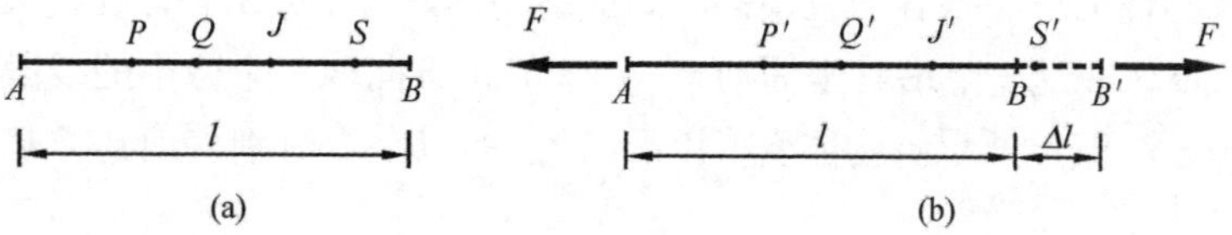

图6－7

式（6－15）表明 $\Delta l/l$ 能够很好地描述均匀拉伸橡皮筋各部分的变形程度。然而，如果橡皮筋是非均匀伸长的，此时

$$\frac{\overline{P'Q'}-\overline{PQ}}{\overline{PQ}}\neq\frac{\overline{J'S'}-\overline{JS}}{\overline{JS}}\neq\frac{\overline{AB'}-\overline{AB}}{\overline{AB}}=\frac{\Delta l}{l} \qquad (6-16)$$

这就意味着，$\Delta l/l$ 不能用于度量橡皮筋各部分的变形程度。为了描述非均匀伸长橡皮筋各部分的变形，就需要引进变形比率集度——应变的概念。令

$$\varepsilon=\lim_{Q\to P}\frac{\overline{P'Q'}-\overline{PQ}}{\overline{PQ}} \qquad (6-17)$$

式（6－17）表明，ε 是橡皮筋在 P 点的伸长比率集度，称之为橡皮筋在 P 点的线应变。应该强调的是，物体会有变形，物体中的点不会，但物体中的点有应变，它指的是物体变形在该点的集度。

6.2.2 应变状态

上一节通过对橡皮筋的思考提出了物体内一点变形比率集度（应变）的概念。对橡皮筋这样的一维物体用一个线应变就能很好地解决问题。但对于二、三维物体一个 ε 显然不够用。现在就来考虑二维和三维物体的变形度量问题。

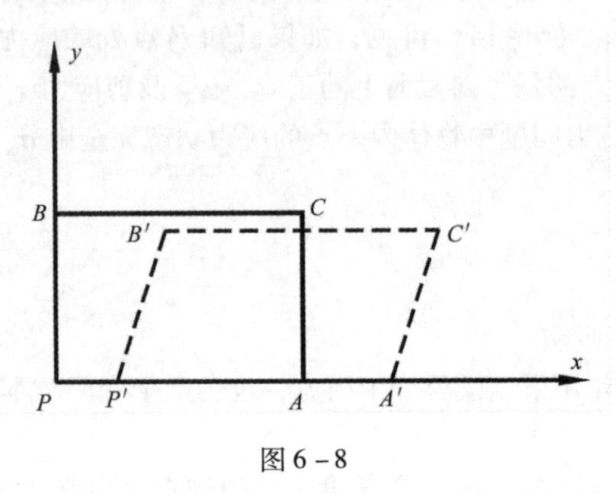

图6-8

考虑二维物体中的一点 P。以 P 为顶点取一微小的矩形 $PACB$，如图6-8所示。物体发生变形时 $PACB$ 的形状会改变，但只要 $PACB$ 足够小，变形以后得到的 $P'A'C'B'$ 仍然是个平行四边形。为了描述变形以后的平行四边形，我们需要，也只需要三个独立数据：$(\overline{P'A'}-\overline{PA})/\overline{PA}$、$(\overline{P'B'}-\overline{PB})/\overline{PB}$、$\dfrac{\pi}{2}-\angle B'P'A'$。

令

$$\varepsilon_x=\lim_{A\to P}\frac{\overline{P'A'}-\overline{PA}}{\overline{PA}};\varepsilon_y=\lim_{B\to P}\frac{\overline{P'B'}-\overline{PB}}{\overline{PB}};\gamma_{xy}=\lim_{\substack{A\to P\\B\to P}}\left(\frac{\pi}{2}-\angle B'P'A'\right) \tag{6-18}$$

对二维物体的思考很容易直接推广到三维物体。为了分析物体在其某一点 P 的变形比率集度，在这一点沿着坐标轴 x、y、z 的正方向取三个微小的线段 PA、PB、PC，如图6-9（a）所示。物体变形以后，P、A、B、C 分别移动到了 P'、A'、B'、C'。令

$$\begin{cases}\varepsilon_x=\lim\limits_{A\to P}\dfrac{\overline{P'A'}-\overline{PA}}{\overline{PA}}\\ \varepsilon_y=\lim\limits_{B\to A}\dfrac{\overline{P'B'}-\overline{PB}}{\overline{PB}}\\ \varepsilon_z=\lim\limits_{C\to P}\dfrac{\overline{P'C'}-\overline{PC}}{\overline{PC}}\\ \gamma_{xy}=\lim\limits_{\substack{A\to P\\B\to P}}\left(\dfrac{\pi}{2}-\angle B'P'A'\right)'\\ \gamma_{yz}=\lim\limits_{\substack{C\to P\\B\to P}}\left(\dfrac{\pi}{2}-\angle B'P'C'\right)\\ \gamma_{zx}=\lim\limits_{\substack{A\to P\\C\to P}}\left(\dfrac{\pi}{2}-\angle C'P'A'\right)\end{cases} \tag{6-19}$$

ε_x、ε_y、ε_z 分别称为物体在 P 点沿 x、y、z 轴方向上的线应变。γ_{xy}、γ_{yz}、γ_{zx}分别称为物体 P 点在 x 和 y 方向之间、y 和 z 方向之间以及 z 和 x 方向之间的剪应变。从式（6－19）可以看出，线应变以伸长为正，缩短时为负；剪应变以直角变小为正，变大时为负。从式（6－19）还可以看出，线应变是长度的比，是无量纲的；而计算剪应变时也用弧度来度量角度，所以剪应变也是无量纲的。

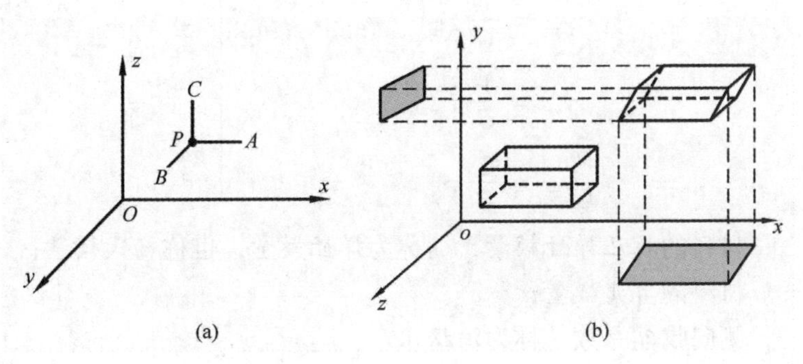

图6－9

物体内任意一点可以在无穷多个方向上取一个微线段，也可以用无穷多个方式取两个相交的微线段，所以，任意一点既有无穷多个线应变，也有无穷多个剪应变。但理论上可以证明，对于物体内任意一点，如果已知 ε_x、ε_y、ε_z、γ_{yz}、γ_{zx}、γ_{xy}这六个应变，就可以求得经过该点的任一线段的正应变，也可以求得经过该点的任意两个线段之间的角度的改变。这就是说，用这六个应变可以完整地描述该点的应变状态。所以，以后就称 ε_x、ε_y、ε_z、γ_{yz}、γ_{zx}、γ_{xy}为一点的应变状态。

6.3 应力、应变关系

以上的两节分别讨论了物体分布内力（应力）和变形程度（应变）的描述方法。现在是探讨应力和应变之间的物理学关系的时候了。

应该说明的是，本书限于讨论完全弹性的各向同性物体，也就是说我们对所研究的物体做了以下两点基本假定：

（1）假定物体是完全弹性的　所谓弹性，指的是物体在撤去引起形变的外力以后能恢复原形的性质。所谓完全弹性，指的是物体能完全恢复原形而没有任何剩余形变。

（2）假定物体是各向同性的　这也就是说，物体在各个方向上的弹性性质相同。

6.3.1 应力、应变关系——胡克定律

在完全弹性的各向同性体内，任意一点的应力和应变关系满足如下胡克定律。

$$\left.\begin{aligned}\varepsilon_x &= \frac{1}{E}[\sigma_x - \mu(\sigma_y + \sigma_z)]\\ \varepsilon_y &= \frac{1}{E}[\sigma_y - \mu(\sigma_z + \sigma_x)]\\ \varepsilon_z &= \frac{1}{E}[\sigma_z - \mu(\sigma_x + \sigma_y)]\\ \gamma_{yz} &= \frac{1}{G}\tau_{yz}\\ \gamma_{zx} &= \frac{1}{G}\tau_{zx}\\ \gamma_{xy} &= \frac{1}{G}\tau_{xy}\end{aligned}\right\} \tag{6-20}$$

式中 E——材料的拉压弹性模量，简称为弹性模量，也称杨氏模量；

G——材料的剪变模量；

μ——侧向收缩系数，称为泊松比。

这三个弹性常数之间有如下关系：

$$G = \frac{E}{2(1+\mu)} \tag{6-21}$$

对于完全弹性的各向同性物体，这些弹性常数不随应力或变形的大小和方向的改变而改变。必须指出的是，应力和应变之间的物理学关系只通过试验验证，但不能从理论上证明。弹性常数必须通过试验来测定，对于指定的材料，一经测定一般是不会变化的，实际上他们是对材料固有属性的一种描述。

6.3.2 平面应力问题中的胡克定律

以上讨论的是胡克定律的一般形式。对于平面应力问题，胡克定律可以写的更简单一点。式（6-5）表明，在平面应力问题中有 $\tau_{yz}=0$ 和 $\tau_{zx}=0$，代入式（6-20）得

$$\gamma_{yz} = 0 \quad \gamma_{zx} = 0 \tag{6-22}$$

由式（6-5）还可得 $\sigma_z=0$。将式（6-21）及 $\sigma_z=0$ 条件代入式（6-20），得

$$\left.\begin{aligned}\varepsilon_x &= \frac{1}{E}[\sigma_x - \mu\sigma_y]\\ \varepsilon_y &= \frac{1}{E}[\sigma_y - \mu\sigma_x]\\ \varepsilon_z &= -\frac{\mu}{E}(\sigma_x + \sigma_y)\\ \gamma_{xy} &= \frac{2(1+\mu)}{E}\tau_{xy}\end{aligned}\right\} \tag{6-23}$$

式（6-23）中第三式具有相对独立性（ε_z 不在其他三式中出现），所以，可以进一步写为：

$$\left.\begin{aligned}\varepsilon_x &= \frac{1}{E}[\sigma_x - \mu\sigma_y]\\ \varepsilon_y &= \frac{1}{E}[\sigma_y - \mu\sigma_x]\\ \gamma_{xy} &= \frac{2(1+\mu)}{E}\tau_{xy}\end{aligned}\right\} \tag{6-24}$$

$$\varepsilon_z = -\frac{\mu}{E}(\sigma_x + \sigma_y) \tag{6-25}$$

这就是平面应力问题中的物理方程。其中，式（6－25）对 xOy 平面内的应力、应变分析没有影响，只是用于求得薄板厚度的改变。

6.3.3 平面应力状态下的应力、应变特征

本书涉及的结构问题主要是平面应力问题，这里对平面应力状态的若干特征进行归纳整理，以便后续学习。

为便于叙述，我们讨论的是 xOy 平面内的平面应力问题。归纳起来，平面应力状态下物体主要有如下特征：

（1）物体平行于 xOy 平面的各纤维层之间没有任何作用力。通俗地说，将物体用任意一平行于 xOy 平面的截面切开，截面上没有任何相互作用，用数学语言表达就是，$\sigma_z=0$、$\tau_{zx}=0$ 和 $\tau_{zy}=0$。

（2）物体只在平行于 xOy 平面的各平面内发生角度畸变。举个例子，在物体内任一点取一微小的长方体，长方体的一个面平行于 xOy 平面，如图 6－9（b）所示。变形以后该长方体变成了一平行六面体。该六面体在 xOy 平面上的投影会变成一个含锐角的平行四边形，但其在 xOz 平面和 yOz 平面上的投影仍然是矩形。用数学语言表达就是，$\gamma_{yz}=0$；$\gamma_{zx}=0$。

（3）虽然物体只在平行于 xOy 的各平面内发生角度畸变，但平面应力状态下，物体在 z 方向上还是有伸缩变形的，具体伸缩量可由式（6－25）计算。

通过以上的讨论，希望读者能够对物体在平面应力状态下的性态有个比较形象的认识。

6.4 拉（压）杆的应力、应变分析

物体内部的应力和应变状态和物体的形状以及外荷载的特性有很大关系。本节对工程中最简单的一种情况，即，杆件在轴向力作用下的应力、应变情况进行分析。

6.4.1 拉（压）杆的应力状态及其横截面上的应变变化规律

考虑图 6－10（a）所示一等直杆。为了分析该拉杆的应力状态，首先来探讨它在轴向拉力 F_p 作用下变形的几何特征，为此，对杆件的变形进行实验观察。在杆件表面画出两横截面的周线 $abcd$ 和 $efgh$，如图 6－10（b）所示。杆件在 F_P 的作用下发生伸长变形。此时两横截面的周线分别移到了 $a'b'c'd'$ 和 $e'f'g'h'$，如

图6－10（b）所示。观察发现$a'b'c'd'$仍然在垂直于杆件轴线的平面内，并且没有发生角度畸变。根据这一现象，从变形的可能性出发，可以认为：直杆在轴向力作用下，横截面在杆件变形后仍为垂直于杆件轴线的平面，且横截面内没有角度畸变。这就是所谓的拉杆平截面假设。根据拉杆的平截面假设，可以得到如下两点结论：

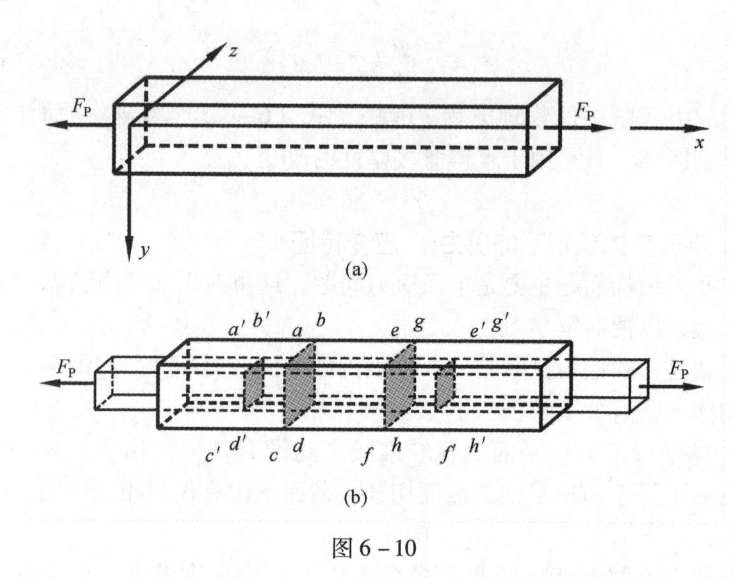

图6－10

（1）杆件内任意一点满足$\gamma_{xy}=\gamma_{yz}=\gamma_{zx}=0$。因为横截面变形前后都垂直与杆件的纵向纤维，所以杆件任意一点变形前在x、y轴或x、z轴方向上的两直交线段，变形后仍然是直交的。所以有$\gamma_{xy}=\gamma_{zx}=0$。而变形前后横截面内也没有角度畸变，所以$\gamma_{yz}=0$。

（2）杆件横截面上任意一点的纵向线应变相同，即$\varepsilon_x(x, y, z)=\varepsilon_x(x)$。过指定点$P$作一横截面$m-m$，同时距$m-m$一个微小距离作另一横截面$n-n$。杆变形后这两横截面沿杆件轴线作相对平移，所以，其间的所有纵向线段的伸长都相同，也就是说，P点所在横截面上任意一点的ε_x是相同的，和点在横截面上位置y、z坐标无关。

至此，我们只考虑了试验中观察到的拉杆的平截面现象，还没有考虑拉杆杆件自身几何特征和外力特征带来的个性。杆件的重要特征之一，就是其横向尺寸（y、z方向的尺寸）远小于纵向尺寸，而拉杆杆身的表面压力为零，因此，可以认为：杆件的各平行于x轴的纤维层之间没有挤压，即$\sigma_y=\sigma_z=0$，这就是所谓的拉杆纵向纤维无挤压假定。

将$\gamma_{xy}=\gamma_{yz}=\gamma_{zx}=0$代入胡克定律（6－20）可得$\tau_{xy}=\tau_{yz}=\tau_{zx}=0$。结合$\sigma_y=\sigma_z=0$。这样，拉杆的应力状态中只剩下正应力$\sigma_x$。所以，拉（压）杆提供了一种最简单的应力状态——单向应力状态。

6.4.2　拉（压）杆的胡克定律·横截面上的应力变化规律

因为单向应力状态非常简单，所以，拉（压）杆的胡克定律也有非常简单

的形式。对于单向应力状态，式（6－20）退化为

$$\sigma_x = E\varepsilon_x \quad \varepsilon_y = \varepsilon_z = -\frac{\mu}{E}\sigma_x \tag{6-26}$$

式（6－26）就是拉（压）杆的胡克定律，其中第二式可用于计算拉（压）杆的横向变形。

从式（6－26）可以看出，拉（压）杆横截面上各点的正应力是相同的。

6.4.3 拉（压）杆横截面上的应力计算

现在讨论由拉（压）杆轴力计算其横截面应力的问题。如果已知杆件某横截面上的轴力是 F_N，由轴力的定义、式（6－26）以及特性 $\varepsilon_x(x, y, z) = \varepsilon_x(x)$ 可得

$$F_N = \int_A \sigma_x \mathrm{d}A = \int_A E\varepsilon_x \mathrm{d}A = E\varepsilon_x \int_A \mathrm{d}A = \sigma_x A \tag{6-27}$$

所以

$$\sigma_x = \frac{F_N}{A} \text{或} \sigma = \frac{F_N}{A} \tag{6-28}$$

拉（压）杆横截面上没有剪应力。横截面上的正应力就是总应力。式（6－28）就是拉（压）杆横截面上的应力计算公式。

6.4.4 拉（压）杆任意斜截面上的应力分析

上面分析了拉（压）杆件横截面上的应力。横截面是一种特殊的截面，现在研究更为一般的任意方位截面上的应力。

考虑图6－11（a）所示的杆件。两端受拉力 F_P 作用。现在分析图中 k—k 截面上的应力分量。建立图6－11（b）所示的 $z^+ - xy$ 坐标系。拉杆中各点处于单向应力状态，属于平面应力状态范畴。由平面应力状态分析公式（6－12）、（6－14）可得

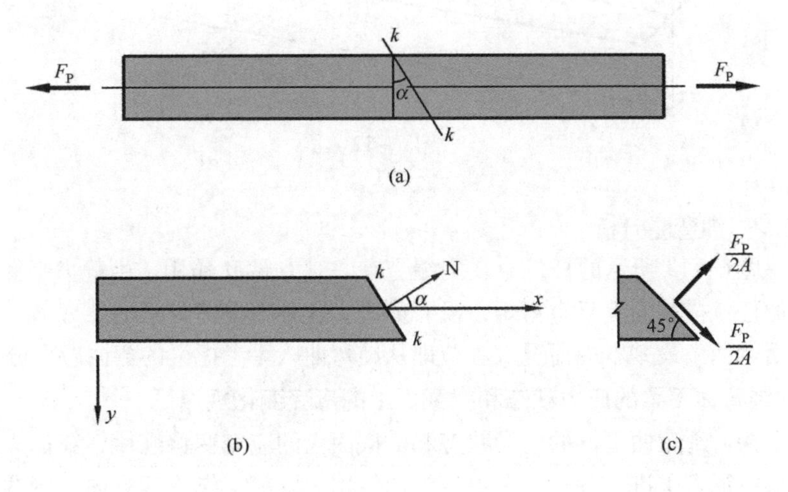

图6－11

$$\sigma_N = \sigma_x \cos^2\alpha = \frac{F_P}{A}\cos^2\alpha \tag{6-29}$$

$$\tau_N = -\sigma_x \cos\alpha\cos\left(\alpha + \frac{\pi}{2}\right) = \frac{\sigma_x}{2}\sin 2\alpha = \frac{F_P}{2A}\sin 2\alpha \tag{6-30}$$

特别，当 $\alpha = \pi/4$ 时，$\sigma_N = 0.5\sigma_x = 0.5F_P/A$，$\tau_N = 0.5\sigma_x = 0.5F_P/A$，如图 6－11（c）所示。

6.5 梁平面弯曲的应力、应变分析

6.5.1 平面弯曲的概念

直杆在力偶或垂直于杆轴的力作用下，杆件轴线会变形成为曲线，这种变形称为*弯曲*。生活中常见的梁就是一种以弯曲为主要变形的结构杆件。工程中常用的梁一般都有一个纵向对称面，如图 6－12 所示。纵向对称面通过梁横截面的对称轴和梁的轴线将梁一分为二。当梁上所有外力与纵向对称面对称时，梁变形后的轴线就成为纵向对称面内的一条平面曲线，这种弯曲通常称为*平面弯曲*。平面弯曲是工程中最常见的一种杆件弯曲形式。下面就来讨论梁在平面弯曲时的应力、应变情况。

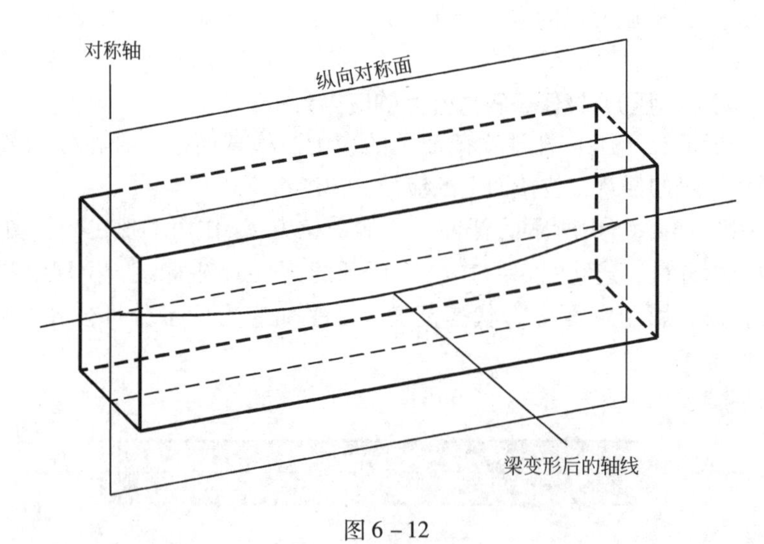

图 6－12

6.5.2 纯弯曲分析

考虑图 6－13 所示的杆件。在两端受有一对力偶 M 作用。由静力平衡条件可知，梁的任意横截面上只有弯矩，没有剪力。这种情况称为梁的*纯弯曲*。纯弯曲是梁平面弯曲中最基本的情况。本节即从纯弯曲入手考虑梁的弯曲应力分析。

1）纯弯曲下梁的应力状态和横截面上的应变变化规律

为了探讨纯弯曲下梁的应力状态和横截面上的应变变化规律，我们先从纯弯曲的变形特征入手进行分析。在给梁施加作用力以前，先在其侧面上画两条相邻的横线 kk 和 nn，并在两横向线间靠近顶边和底边处分别画两条纵线 aa 和 bb，如

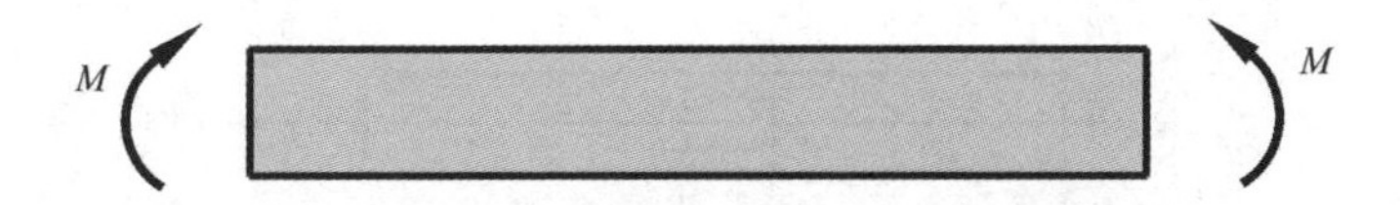

图 6－13

图 6－14（a）所示。然后在梁端施加一对弯矩为 M 的外力偶。观察表明，梁变形以后，侧面上的两纵线 aa 和 bb 弯曲成弧线，而两横向线 mm 和 nn 则仍为直线，并在相对旋转了一个角度后 aa 与 bb 和两弧线仍保持正交，如图 6－14（b）。这时，靠近底边的纵线 bb 伸长，而靠近顶边的纵线 aa 缩短。由上述变形的观察结果，可作出如下假设：梁弯曲后，原来的横截面仍为平面，它绕其上的某一轴旋转了一个角度后仍垂直于梁变形后的轴线。这也就是梁弯曲问题中的平截面假设。实验结果和深入的理论分析都已经证实，梁弯曲的平截面假设是正确的，因此，它也可以称为梁弯曲的平截面现象。

根据弯曲的平截面现象，可以得出以下几点结论：

（1）梁内任意一点有，$\gamma_{xy}=\gamma_{zx}=0$。因为横截面变形前后都垂直与杆件的纵向纤维，所以杆件任意一点变形前在 x、y 轴或 x、z 轴方向上的两直交线段，变形后仍然是直交的。所以有 $\gamma_{xy}=\gamma_{zx}=0$。

（2）梁纵向线应变沿横截面高度是线性分布的。为了分析横截面上各点处纵向线应变的变化规律，用两个横截面从梁中截取一段长为 $\mathrm{d}x$ 的杆段，如图 6－14（c）。由平面现象可知，在梁弯曲时，这两个横截面将相对地旋转一个角度 $\mathrm{d}\theta$。横截面的转动将使梁凹边的纵向线段缩短，凸边的纵向线段伸长。根据变形的连续性，梁中间必有一层纵向纤维无长度改变，此层即称为梁弯曲时的中性层。中性层与横截面的交线称为中性轴，如图 6－14（e）所示。由于外力对称于梁的纵向对称面，故梁在变形后的形状也必对称于纵向对称面，因此，中性轴应垂直于横截面的对称轴。若将梁的轴线取为 x 轴，横截面的对称轴取为 y 轴，则中性轴可取为 z 轴。至于中性轴在横截面上的具体位置，目前还不能确定。现在来研究在横截面上距中性轴为 y 处的纵向线应变。图 6－14（c）中 O_1O_2 为中性层。若作 O_2B' 与 O_1A 平行，则 AB' 即为变形前 AB 的长度，而 $B'B$ 为 AB' 的伸长量 $\Delta AB'$。从而可得该点处的纵向线应变为

$$\varepsilon_x=\frac{\Delta AB'}{AB'}=\frac{B'B}{O_1O_2}=\frac{y\mathrm{d}\theta}{O_1O_2} \tag{6-31}$$

式中，O_1O_2 是在中性层上纵向线段的长度，在变形前、后保持不变，故 $O_1O_2=\mathrm{d}x$，而中性层的曲率半径 ρ 为

$$\rho=\frac{\mathrm{d}x}{\mathrm{d}\theta} \tag{6-32}$$

于是

$$\varepsilon_x=\frac{\Delta AB'}{AB'}=\frac{B'B}{O_1O_2}=\frac{y\mathrm{d}\theta}{\mathrm{d}x}=\frac{y}{\rho} \tag{6-33}$$

式（6－33）描述了梁纵向线应变沿横截面高度变化的线性分布规律。由于对同一横截面 ρ 是常数，故式（6－33）说明：ε 和 y 成正比，而与 z 无关。

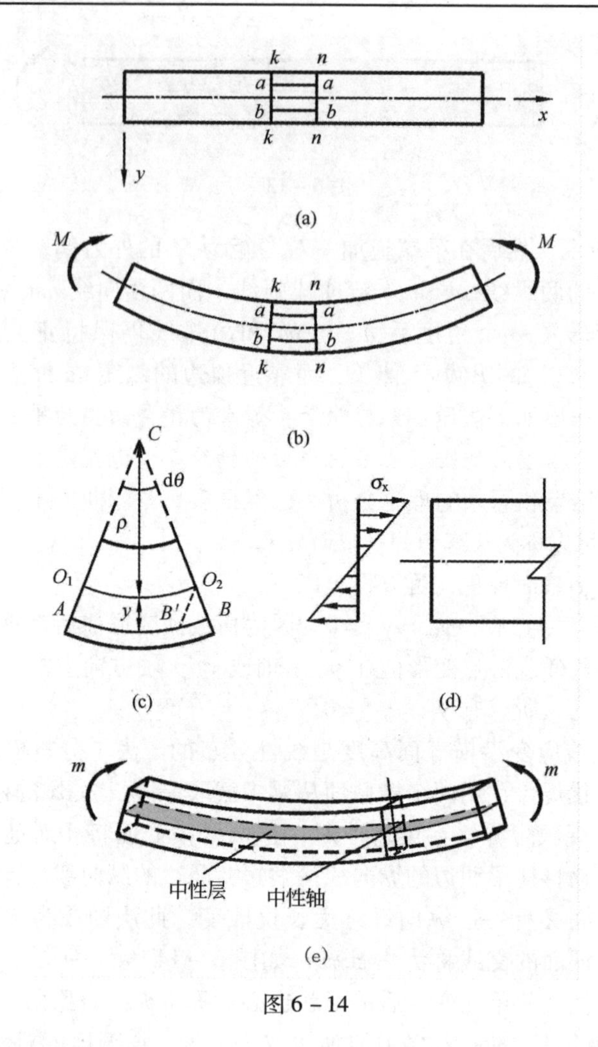

图6－14

和拉杆一样，梁的横向尺寸远小于纵向尺寸，而且梁纯弯曲时的表面压力为零，因此，可以认为，梁的各平行于x轴的纤维层之间没有挤压，即，$\sigma_y=\sigma_z=0$。

此外，梁前后表面也没有外力作用，所以$\tau_{yz}|_{z=\pm\frac{t}{2}}=0$。由对称性又有$\tau_{yz}|_{z=0}=0$，考虑到梁本身就很薄（$t$很小），所以，$\tau_{yz}=0$。

将$\gamma_{xy}=\gamma_{zx}=0$代入胡克定律（6－20）可得$\tau_{xy}=\tau_{zx}=0$。结合$\sigma_y=\sigma_z=0$，$\tau_{yz}=0$。这样，梁纯弯曲时的应力状态中也只剩下正应力$\sigma_x$。所以，和拉（压）杆一样，纯弯曲时，梁也处于单向应力状态。所不同的是，拉杆横截面上的纵向线应变是常量，而纯弯曲时，梁横截面上的纵向线应变按式（6－33）描述的线性规律变化。

2）纯弯曲下的胡克定律和应力变化规律

既然纯弯曲时，梁也处于单向应力状态，所以，单向应力状态下的胡克定律（6－26）式对纯弯曲也是有效的。这样由式（6－26）和式（6－33）可得到

$$\sigma_x=E\varepsilon_x=E\frac{y}{\rho}\tag{6-34}$$

这就是横截面上正应力变化规律的表达式。由此可知，横截面上任一点处的正应

力与该点到中性轴的距离成正比，如图 6－14（d），而在距中性轴为 y 的同一横线上各点处的正应力均相等。

3）纯弯曲下的梁横截面上的应力计算

考虑图 6－15（a）所示纯弯曲梁的一个横截面 kk 上一点的应力 σ_x，如图 6－15（b）所示。由 Ak 隔离体的平衡条件可知在横截面上有：$F_N=0$、$F_Q=0$、$M_z=m$、$M_y=0$，其中，M_z、M_y 分别为横截面上绕 z 轴和 y 轴的力矩。在这四个条件中，$F_Q=0$ 和 $M_y=0$ 是自然满足的，我们只能利用 $F_N=0$ 和 $M_z=M$ 条件来建立横截面上应力和内力之间的关系。

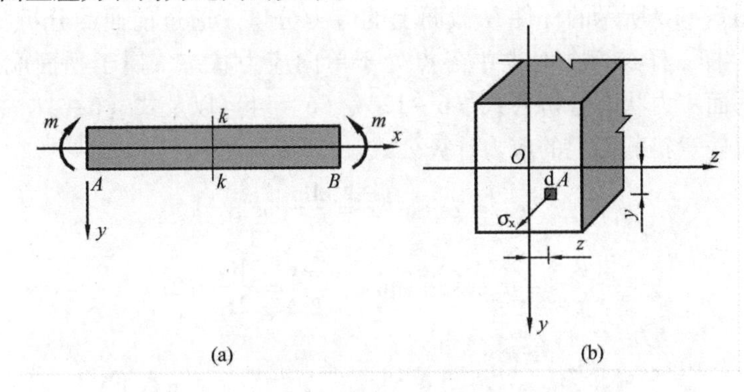

图 6－15

在横截面上取一微元体 dA，如图 6－15（b）所示。dA 上只有正应力 σ_x。由 $F_N=0$ 和 $M_z=M$ 可得

$$F_N = \int_A \sigma_x dA = 0 \tag{6-35}$$

$$M_z = \int_A y\sigma_x dA = M \tag{6-36}$$

将正应力 σ_x 在横截面上的变化规律式（6－34）代入式（6－35），可得

$$\frac{E}{\rho}\int_A y dA = 0 \tag{6-37}$$

由于 E/ρ 不可能等于零，要满足式（6－37），则 z 轴必须通过横截面的形心，这样中性轴的位置就确定了：中性轴是横截面上通过形心、且垂直于对称轴的直线。

将式（6－34）代入以式（6－36）可得

$$\frac{E}{\rho}\int_A y^2 dA = M \tag{6-38}$$

令

$$I_z = \int_A y^2 dA \tag{6-39}$$

I_z 称为截面对 z 轴的惯性矩，是一个由截面几何形状规定的量。附录 2 给出了几种常见截面的惯性矩计算公式。将式（6－39）代入式（6－38）可得

$$\frac{1}{\rho} = \frac{M}{EI_z} \tag{6-40}$$

将式（6-34）代入式（6-40）即得等直梁在纯弯曲时横截面上任一点处正应力的计算公式为

$$\sigma_x = \frac{My}{I_z} \tag{6-41}$$

式中　M——横截面上的弯矩；

I_z——横截面对中性轴 z 的惯性矩；

y——所求应力的点到中性轴 z 的距离。

4）纯弯曲时任意斜截面上的应力分析

考虑图6-16所示的杆件 N 截面上的应力分量。通过前面的分析我们已知，和拉（压）杆一样纯弯曲时梁中各点处于单向应力状态，属于平面应力状态的范畴。由平面应力状态分析公式（6-12）、（6-14）以及式（6-41）即可得如下纯弯曲时任意斜截面上的应力计算公式。

$$\sigma_N = \sigma_x\cos^2\alpha = \frac{My}{I_z}\cos^2\alpha \tag{6-42}$$

$$\tau_N = -\sigma_x\cos\alpha\cos\left(\alpha + \frac{\pi}{2}\right) = \frac{My}{2I_z}\sin2\alpha \tag{6-43}$$

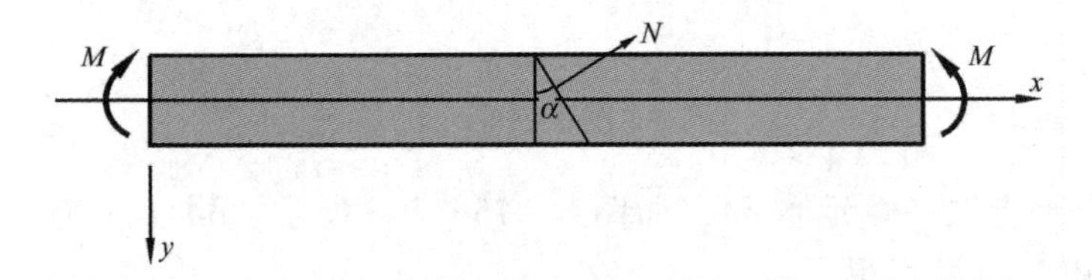

图6-16

6.5.3　横力弯曲分析

1）横力弯曲时梁中各点的应力状态

梁的纯弯曲分析运用了两条基本假定：①梁变形时的平截面假定；②除梁端外，梁的表面没有力作用。从这两条假定出发，可以推知，梁中各点处于单向应力状态。当梁受横向外力作用时，横截面上一般既有弯矩又有剪力。横截面上存在剪力时的弯曲称为剪切弯曲或横力弯曲。由于剪力的存在，梁的截面会产生翘曲，这时横截面假定不再成立。同时，横力弯曲时梁的上下表面一般有作用力存在，这些作用力还会引起梁水平纵向纤维之间的挤压。所以，梁在横力弯曲时已不处于单向应力状态，这一点是必须牢记的。

虽然梁在横力弯曲时发生了许多变化，但还是有一些特点保留了下来。梁的厚度很小（z 向尺寸）这是不变的事实。而且，梁在横力弯曲时，前后面（z^+ 和 z^- 面上）仍然没有外力作用。所以 $\sigma_z=0$、$\tau_{zy}=0$、$\tau_{zx}=0$ 在梁的横向弯曲中仍然成立。由此可以看出，横力弯曲时，梁中各点处于平面应力状态。

2）梁横力弯曲时横截面上的正应力计算

横力弯曲时，梁的平截面假设和纵向纤维之间互不挤压的假设都已经不成立了，那么，以此为基础导出的横截面上的正应力公式是否还适用呢？幸运的是，实验和精确弹性理论分析证实：对于跨长与横截面高度之比大于5的梁，由纯弯曲正应力公式（6－41）计算出的梁横力弯曲横截面上的正应力，仍可满足工程精度要求（误差不超过1%）；但必须指出的是，在横力弯曲情况下，梁各横截面的弯矩是截面位置的函数。因此，式(6－41)应改写为：

$$\sigma_x = \frac{y}{I_z}M(x) \tag{6-44}$$

其中，$M(x)$ 是 x 处横截面上的弯矩。

3）矩形截面梁横截面上的剪应力分析

横力弯曲时，梁的横截面上除正应力外还存在剪应力，由于梁的剪应力与截面形状有关，故需要结合截面类型分别研究。本书仅讨论矩形截面梁的剪应力分析，以展示剪应力的分析思路。其他类型截面的分析，请读者自行参考材料力学的有关书籍。

考虑图6－17所示的梁，梁受任意横向荷载作用。以 mm 和 nn 两相距 dx 的横截面从图6－17所示梁中截取长为 dx 的一小段，如图6－18（a）所示。再用 y 处平行于中性层的纵截面 $AA'BB'$ 从该梁段截取一体积元 mB'。因为两横截面上的弯矩一般是不相等的，所以，两横截面上同一 y 坐标处的正应力也不相等，即 $\sigma_x(x) \neq \sigma_x(x+dx)$。这样面积 $AA'mm'$ 上的合力和面积 $BB'nn'$ 上的合力不相等，由体积元 mB' 在 x 轴方向上的平衡条件可知，

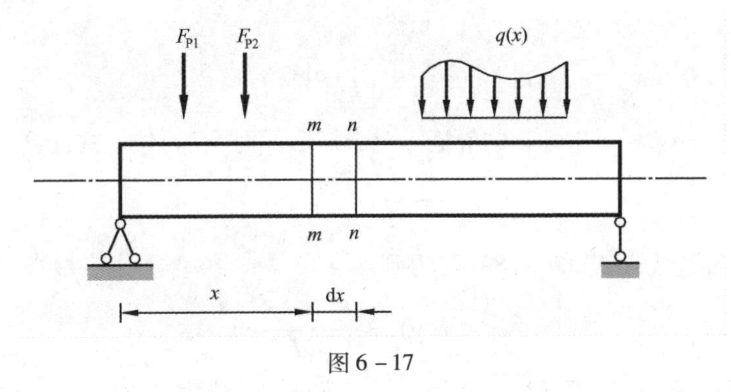

图6－17

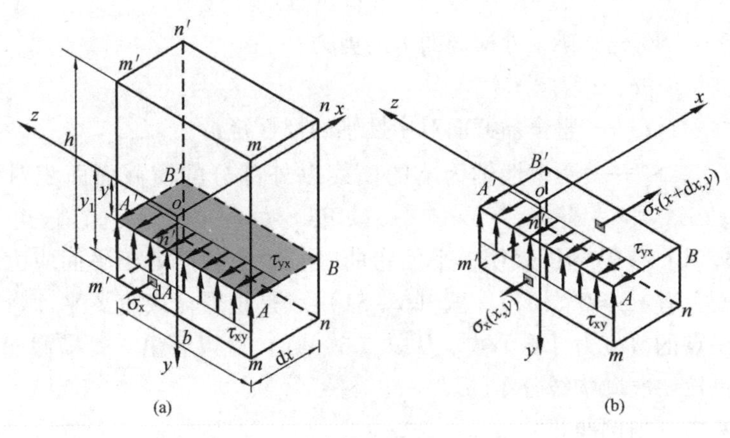

图6－18

$$\int_{AA'BB'} \tau_{yx}(x,y,z)\mathrm{d}A = \int_{nn'BB'} \sigma_x(x+\mathrm{d}x,y)\mathrm{d}A - \int_{mm'AA'} \sigma_x(x,y)\mathrm{d}A \quad (6-45)$$

将式（6-44）代入式（6-45），并考虑剪力互等关系可得

$$\int_{AA'BB'} \tau_{xy}(x,y,z)\mathrm{d}A = \int_{nn'BB'} \frac{M(x)+\mathrm{d}M(x)}{I_z} y\mathrm{d}A - \int_{mm'AA'} \frac{M(x)}{I_z} y\mathrm{d}A$$

$$= \frac{\mathrm{d}M(x)}{I_z}\int_{nn'BB'} y\mathrm{d}A \quad (6-46)$$

其中，τ_{xy}为横截面上y处的剪应力。

为了由式（6-46）解出剪应力，还需要知道τ_{xy}在z方向上的分布规律。由于梁很薄，剪力沿截面宽度方向的变化不可能很大。因此，可以假定：横截面上同一高度上的剪力τ_{xy}相同，即$\tau_{xy}(x, y, z) = \tau_{xy}(x, y)$。代入式（6-46）可得

$$\tau_{xy} = \frac{\mathrm{d}M(x)}{\mathrm{d}x} \frac{\int_{nn'BB'} y\mathrm{d}A}{bI_z} \quad (6-47)$$

将荷载微分关系式（5-19）代入式（6-47）可得

$$\tau_{xy} = \frac{F_Q}{bI_z}\int_{nn'BB'} y\mathrm{d}A \quad (6-48)$$

令

$$S_z^* = \int_{nn'BB'} y\mathrm{d}A \quad (6-49)$$

S_Z^* 称为面积$nn'BB'$对中性轴的静矩。对于矩形截面S_z^*可按下式计算

$$S_z^* = \frac{b}{2}\left(\frac{h^2}{4} - y^2\right) \quad (6-50)$$

将式（6-49）代入式（6-48）可得到

$$\tau_{xy}(x,y) = \frac{F_Q(x)S_z^*}{bI_z} \quad (6-51)$$

式中 $\tau_{xy}(x, y)$——梁x处横截面上y高度处的剪应力；

F_Q——梁x处横截面上的剪力；

b——梁宽；

I_z——整个横截面对中性轴的惯性矩；

S_z^*——距中性轴为y的横线以外部分的横截面面积对中性轴的静矩。

6.5.3（1）节的分析表明，平面弯曲时，梁中各点处于平面应力状态，因此，横截面上有$\tau_{xz}=0$。所以，式（6-51）就是矩形截面直梁平面弯曲时横截面上任意一点的剪应力计算公式。从式（6-51）可以看出，梁横截面上的剪应力沿高度是按二次抛物线分布的。

下面考虑一则例题。

【例6-1】 图6-19（a）所示简支梁跨中受一30kN的集中荷载作用。

①试分析梁 P 点的应力状态；②求 P 点在 nn 截面上的应力分量。

【解】 第一步，对 P 点的应力状态进行定性分析。如图建立 z^+-xy 坐标系。本问题属于梁的横力弯曲范畴，所以，P 点处于平面应力状态，有：

$$\sigma_z|_P=\tau_{yz}|_P=\tau_{xz}|_P=0 \tag{a}$$

P 离 F_p 的作用点较远，且 P 点附近梁的上、下表面没有压力作用，由应力的连续性，可以假设，P 点处水平纵向纤维面之间也没有相互作用，即

$$\sigma_y|_P=0 \tag{b}$$

因为，该梁发生的是横力弯曲，所以 $\sigma_x|_P\neq0$ 和 $\tau_{xy}|_P\neq0$。

第二步，计算 P 点的 σ_x 和 τ_{xy}。该梁的弯矩图如图 6－19（b）所示。从图中可以看出

$$M|_{m-m}=30\text{kN}\cdot\text{m} \tag{c}$$

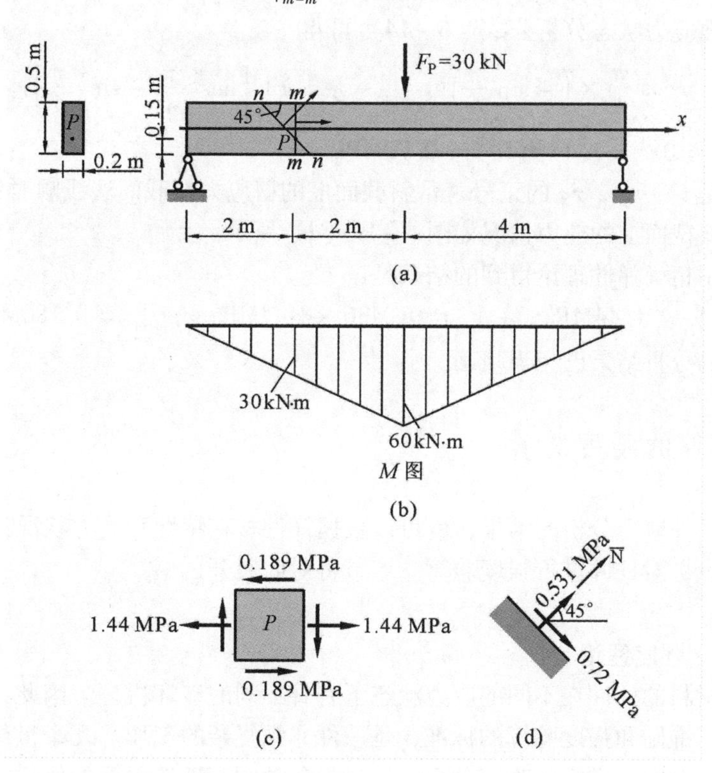

图 6－19

由横力弯曲横截面正应力计算公式（6－44）可得

$$\sigma_x|_P=\frac{0.1}{\frac{1}{12}\times0.2\times0.5^3}\times30\times10^3=1.44\times10^6\text{Pa}=1.44\text{MPa} \tag{d}$$

正号表示拉应力。

梁在 mm 截面上的剪力为 15kN。由横力弯曲横截面剪应力计算公式（6－51）可得

$$\tau_{xy}|_P = \frac{15\times10^3\times\frac{0.2}{2}\left(\frac{0.5^2}{4}-0.1^2\right)}{0.2\times\frac{1}{12}\times0.2\times0.5^3} = 189\times10^3\text{Pa} = 0.189\text{MPa} \tag{e}$$

τ_{xy}作用在 x^+ 面上，正号表示 τ_{xy}和 y 轴方向相同。P 点的应力状态如图 6－19（c）所示。

第三步，计算 nn 截面上的应力分量。由平面应力状态分析公式（6－12）可得

$$\begin{aligned}\sigma_N &= \left(\cos\frac{\pi}{4}\right)^2\sigma_x|_P + \left(-\sin\frac{\pi}{4}\right)^2\sigma_y|_P - 2\cos\frac{\pi}{4}\sin\frac{\pi}{4}\tau_{xy}|_P \\ &= 0.5\times1.44\times10^6 - 0.189\times10^6 = 0.531\text{MPa}\end{aligned} \tag{f}$$

正号表示斜截面上正应力是拉应力。

由平面应力状态分析公式（6－14）可得

$$\begin{aligned}\tau_N &= \cos\frac{\pi}{4}\times\left(-\sin\frac{\pi}{4}\right)(\sigma_y|_P - \sigma_x|_P) + \left[\cos^2\frac{\pi}{4} - \sin^2\frac{\pi}{4}\right]\tau_{xy}|_P \\ &= 0.5\times1.44\times10^6 = 0.72\text{MPa}\end{aligned} \tag{g}$$

本例取的是 z^+-xy，τ_N 的正号表示斜截面上的剪应力在截面法线顺时针转 90°的方向上。斜截面上的应力情况如图6－19（d）所示。

本例用精确弹性理论得到的结果是：

$$\sigma_x|_P = 1.44\text{MPa} \quad \sigma_x|_P = 0.0436\times10^{-6}\text{MPa} \quad \tau_{xy}|_P = 0.186\text{MPa} \tag{h}$$

可见本例的分析结果已相当精确。

6.6 杆件的强度验算

有了杆件应力分析的结果，就可以根据杆件材料特性和受力状况，选择合适的强度理论，对杆件进行强度验算。本节将对此展开讨论。

6.6.1 强度理论

不同材料的杆件在不同的应力状态下有着不同的破坏机理。因此，如何制定杆件的破坏准则和强度验算的标准，是一件非常复杂的工作。几个世纪以来，人们对大量试验结果进行了观察分析，提出了各种关于破坏因素的假说，并由此建立了不同的破坏条件。这些假说通常就称为*强度理论*。

每种强度理论都以一定的试验现象为基础，具有其特定的适用范围。由于杆件的破坏机理很复杂，目前还没有统一、万能的强度理论。实际工作中必须根据问题的特性，选择合适的强度理论对杆件进行强度验算。

现有的强度理论虽然很多，但大体可分为两类：一类是关于脆性断裂的强度理论；另一类是关于屈服破坏的强度理论。下面各取一种应用比较广泛的代表性理论予以介绍。

1）最大拉应力理论（俗称第一强度理论）

这一理论认为，最大拉应力是引起材料断裂破坏的原因。当构件内危险点处

的最大拉应力达到某一极限值时，材料便发生脆性断裂破坏。因此，该理论的破坏条件可以写为

$$\sigma_{tmax} = \sigma_b \tag{6-52}$$

式中 σ_{tmax}——杆件在危险点处的最大拉应力；

σ_b——材料的强度极限（其物理意义将在下一节讨论）。

最大拉应力理论是英国学者兰金（W. J. Rankine）于1859年提出的，是最早提出的强度理论。实验表明，对于铸铁、砖、岩石、混凝土和陶瓷等脆性材料，在二向或三向受拉断裂时，此强度理论较为合适。而且因为计算简单，所以应用较广。但该理论的局限性也是非常明显的。由于只考虑最大拉应力引起的破坏，而没有考虑到受压产生破坏的可能性，当材料处于没有拉应力的应力状态时，该理论无法应用。

2）最大剪应力理论（俗称第三强度理论）

这一理论认为，最大剪应力是引起材料屈服破坏的因素。当构件内危险点处的最大剪应力达到某一极限值时，材料便发生屈服破坏。因此，该理论的破坏条件可以写为

$$\tau_{max} = \tau_u \tag{6-53}$$

式中 τ_{max}——杆件在危险点处的最大剪应力；

τ_u——材料的屈服时的剪应力。

这一理论首先由库仑（C. A. Coulomb）于1873年针对剪断的情况提出，后来H. Tresca将它引用到材料屈服的情况。故这一理论的破坏条件又称为Tresca屈服条件。实验证明：这一强度理论可以解释塑性材料的屈服现象，例如低碳钢拉伸屈服时沿着与轴线成45°方向出现滑移线的现象。同时这一强度理论计算简单，计算结果偏于安全，所以工程应用也十分广泛。

6.6.2 材料的力学性能

在本章的学习中，我们已经多次涉及材料的性能参数，如弹性模量E，材料强度极限σ_u等。这些材料性能参数都是通过试验的方法得到的。如何通过简单试验来测取材料的力学性能参数，是一项富有技巧性的工作。

1）材料的单向拉伸试验

胡克定律的伟大之处在于，它仅用两个独立的试验参数（弹性模量E和泊松比μ）就将6个应力分量和6个应变分量联系在了一起。剩下的问题就是如何通过试验来测量这两个试验参数。为了获取这两个独立参数，只需要通过实验建立两个独立方程就可以了。这使我们想到了杆件的单向拉伸状态。以前的分析表明：杆件的单向拉伸时，杆件内各点处于单向应力状态，此时胡克定律退化为

$$\sigma_x = E\varepsilon_x ; \ \varepsilon_y = \varepsilon_z = -\frac{\mu}{E}\sigma_x \tag{6-54}$$

式中 σ_x——通过仪器人为施加的应力，是已知的；

ε_x、ε_y和ε_z——可观测的物理量。这样通过对杆件单向拉伸试验的观测，就可以由式（6-54）的第一式获取弹性模量E，然后由式（6-54）

的第二式获取泊松比μ。

从上面的讨论可以看出，单向拉伸试验在材料性能的测试中发挥着非常重要的作用。下面就不同材料的拉伸试验结果作一些介绍。

2）低碳钢的拉伸试验

低碳钢是工程中应用最广泛的材料之一。通过对低碳钢拉伸试验的观察，读者可以对低碳钢的材料力学性能有个比较感性的认识。

图6－20所示为低碳钢试样的拉伸应力—应变图（$\sigma-\varepsilon$图）。从图中可以看出，低碳钢在整个拉伸试验过程中，其应力—应变关系大致可分为四个阶段：

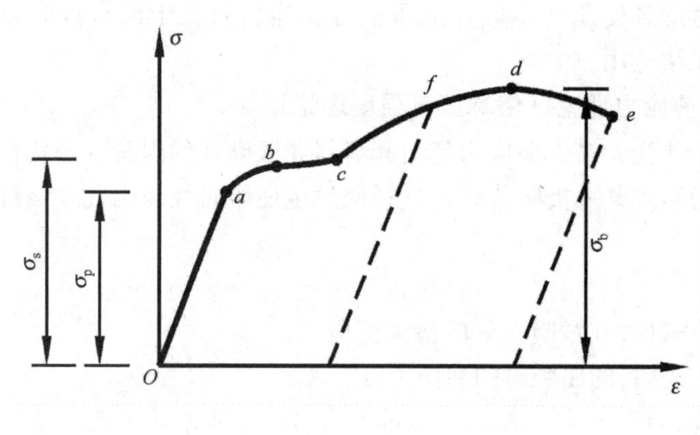

图6－20

第Ⅰ阶段（比例阶段）图形上的Oa段是一条直线，应力、应变关系满足单向应力状态的胡克定律式（6－54）。这一阶段称为*比例阶段*。超过点a，比例关系就不再存在。所以，与点a相对应的应力称为比例极限，用σ_P表示。Q235钢的比例极限约为200MPa。在比例阶段内，低碳钢试件的变形是完全弹性的，卸载后试样将恢复其原始状态。实验表明，材料的弹性范围比比例阶段要大一点，即，当应力稍微越过比例极限时，虽然应力、应变不再保持正比关系，但卸载后试样仍然能恢复其原始状态。由于弹性范围很难测准，同时又与比例阶段非常接近，工程中常将比例阶段作为弹性范围，并将比例极限作为弹性极限来处理。

设直线Oa和x轴的夹角为α。则由式（6－54）的第一式可得

$$E=\frac{\sigma}{\varepsilon}=\tan\alpha \tag{6-55}$$

第Ⅱ阶段（屈服阶段）应力超过点b以后一直到达点c，图形几乎是水平的，它表明应力并未增加而变形却显著增加。这表明材料丧失了抵抗变形的能力，这种现象叫做*屈服或流动*，这个阶段称为*屈服阶段*。对应于点b的应力，称为*屈服极限或流动极限*，用σ_s表示。对于Q235钢，$\sigma_s=240$MPa。

第Ⅲ阶段（强化阶段）过点c以后，曲线继续上升。这说明材料又恢复了抵抗变形的能力。这时只有增加荷载才会继续变形，表示材料强化了。到达点d点时应力最大，cd段称为*强化阶段*。对应于d点的应力是材料抵抗变形的最大应力，称为*强度极限*，用σ_b表示。对于Q235钢，$\sigma_b=400$MPa。

第Ⅳ阶段（颈缩阶段）应力过了强度极限以后，试件的变形开始集中在某一局部区域，该区域横截面将迅速减小，形成“颈缩”，这时曲线下降，到了 e 点，试件断裂。

通过上面的实验观察可以看出：当应力到屈服极限 σ_s 时，材料虽未断裂，但产生了较大的变形，已不能保证构件的正常工作。当应力达到强度极限 σ_b 时，材料将发生破坏。因此，屈服极限 σ_s 和强度极限 σ_b 反映了材料抵抗破坏的能力，是衡量材料强度的两个重要指标。在对杆件进行强度验算时常常以这两个指标为基础。

此外，试样进入 bd 段以后，材料就会有塑性变形，此时减少外荷载，试样将按图中的虚线卸载，不会再恢复原形。令

$$\delta = \frac{l_1 - l}{l} \tag{6-56}$$

其中，l_1 为试样拉断后的长度；l 为试样原长。δ 的大小表示材料在拉断前能发生的最大的塑性变形程度，通常用百分数来表示，称为延伸率。延伸率是衡量材料塑件的一个重要指标。

3）铸铁的拉伸试验

铸铁的拉伸和压缩试验方法和低碳钢的拉伸试验相同。图 6-21 为灰口铸铁拉伸试验的应力—应变曲线。从试件的破坏情况看，铸铁拉伸时没有“颈缩”现象。断裂是突然发生的，延伸率几乎等于零。延伸率 $\delta < 2\% \sim 5\%$ 的材料称为脆性材料。从图中还可以看出，从很低的应力开始铸铁的应力—应变曲线就不是直线了。但由于直到拉断，铸铁试样的变形都非常小，而且没有屈服阶段、强化阶段和局部变形阶段，因此，在工程计算中，通常用规定某一总应变时 $\sigma - \varepsilon$ 曲线的割线（图中的虚线）代替此曲线在开始部分的直线，从而确定其弹性模量，并称为割线弹性模量。

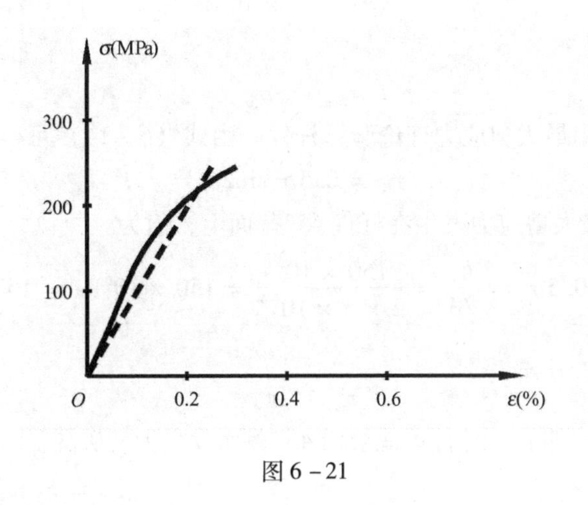

图 6-21

衡量脆性材料强度的唯一指标是材料的极限强度 σ_b，它是脆性材料杆件验算的基础。

6.6.3 杆件强度验算

以强度理论、材料强度性能以及杆件的应力分析为基础，可以对工程杆件进行强度验算。不同的时期，各行业会从强度理论出发，结合特定的可靠度理论，提出特定的杆件强度验算准则。不同的国家，不同的行业标准，这些强度验算准则各不相同。有关内容请读者参阅有关规范。本书仅从强度理论的角度讨论杆件的验算的思想。

下面考虑一则例题。

【例6-2】 已知图6-22所示杆件的截面积为$5\times10^{-4}\text{m}^2$，两端受有$F_P=$ 150kN的拉力。杆件材料的屈服剪应力$\tau_u=120\text{MPa}$，材料的强度极限为$\sigma_b=$ 420MPa。试分别运用最大拉应力理论和最大剪应力理论对该拉杆进行强度验算。

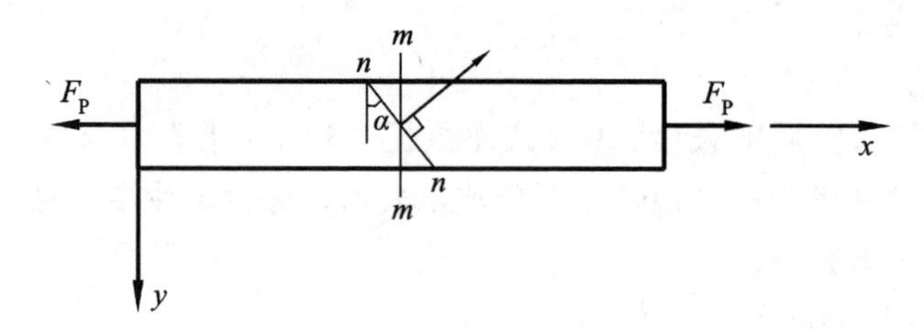

图6-22

【解】 第一步，运用最大拉应力理论验算杆件。如图建立z^+-xy坐标系。本例为单向拉伸应力状态。由式（6-12）可得

$$\sigma_N=\sigma_x\cos^2\alpha \tag{a}$$

因为$\cos^2\alpha\leqslant1$，所以式（a）表明，$\alpha=0$是正应力最大，也就是说，最大拉应力发生在杆件横截面上，即

$$\sigma_{tmax}=\sigma_x=\frac{F_P}{A}=\frac{150\times10^3}{5\times10^{-4}}=300\text{MPa} \tag{b}$$

所以

$$\sigma_{tmax}<\sigma_b \tag{c}$$

第二步，运用最大剪应力理论验算杆件。由式（6-14）可得

$$\tau_N=0.5\sigma_x\sin2\alpha \tag{d}$$

式（d）表明，最大剪应力发生在杆件45°截面上，值为

$$\tau_{max}=0.5\sigma_x=\frac{F_P}{2A}=\frac{150\times10^3}{2\times5\times10^{-4}}=150\times10^6\text{Pa}=150\text{MPa} \tag{e}$$

所以，

$$\tau_{max}>\tau_u \tag{f}$$

式（c）和（f）表明，该杆件可能会沿45°截面发生剪切破坏。

6.7 本章小节

本章讨论了杆件内任意一点的应力状态分析方法，介绍了拉（压）杆和杆

件弯曲时的截面内力计算原理。分析杆件横截面上的应力状态一般要考虑杆件的变形特征、外力特征、物理性质以及静力学等方面的因素。通过对杆件变形特征和外力特征的分析，可以引入一些合理的满足工程精度的假定来简化杆件内部的应力状态。例如，直杆在简单拉（压）及纯弯曲状态下内部各点处于单向应力状态，而横力弯曲时，杆件内各点处于平面应力状态。杆件变形特征和特定应力状态的胡克定律相结合，就可以得到杆件横截面上的应力分布规律，然后运用静力学分析，就可以根据杆件内力计算其横截面上各点的应力。运用应力状态分析的有关公式，可以根据杆件横截面上的应力来计算任意截面上的应力分量。这为杆件的强度验算奠定了基础。

杆件的破坏和杆件材料及其内部各点应力状态有密切关系。不同材料的杆件在不同的应力状态下有着不同的破坏机理。本章讨论了基于脆性断裂机理的最大拉应力理论和基于屈服破坏机理的最大剪应力理论。

杆件的应力分析和强度理论是杆件强度验算的基础，这关系到建筑结构的基本安全问题，读者需要仔细体会有关内容。

习　题

6－1　图示拉杆承受轴向拉力 $F_P = 10kN$，杆的横截面面积 $A = 100mm^2$。如以 α 表示斜截面与横截面的夹角，试求当 $\alpha = 0°$、30°、45°、60°、90°时各横截面上的正应力和剪应力，并给出图示。

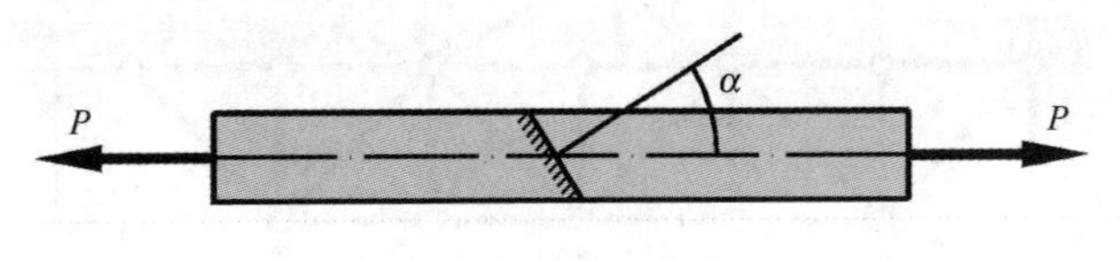

题6－1图

6－2　一木柱受力如图所示。柱的横截面为边长 200mm 的正方形，假定材料满足胡克定律，其弹性模量 $E = 10 \times 10^3 MPa$。如不计柱的自重，试求下列各项：

（1）作轴力图；

（2）各段柱横截面上的应力；

（3）各段柱的纵向线应变；

（4）柱的总变形。

6－3　一根直径 $d = 16mm$，长 $L = 3m$ 的圆截面杆，承受轴向拉力 $F_P = 30kN$，其伸长 $\Delta L = 2.2mm$。试求此杆横截面上的应力与此材料的弹性模量 E。

6－4　图示为一悬吊结构的计算简图。拉杆 AB 由钢材制成，已知 $\sigma_s = 170MPa$，求此拉杆所需的横截面面积。

6－5　长度为 250mm，截面尺寸为 $b \times h = 0.8mm \times 0.25mm$ 的薄钢尺，由于两端外力偶的作用而弯成中心角为 60°的圆弧。已知弹性模量 $2.1 \times 10^5 MPa$。试求钢尺横截面上的最大正应力。

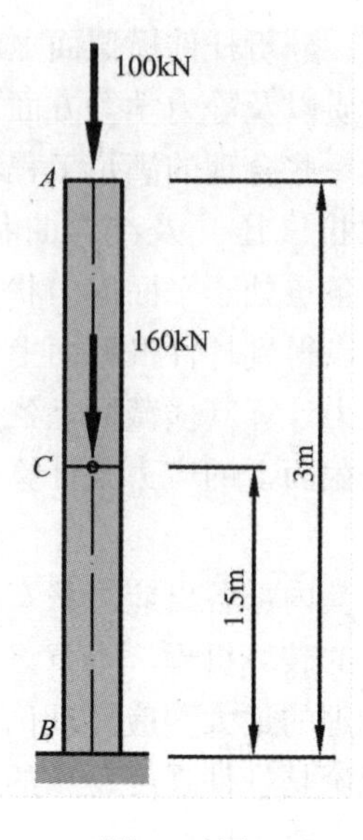

题6－2图

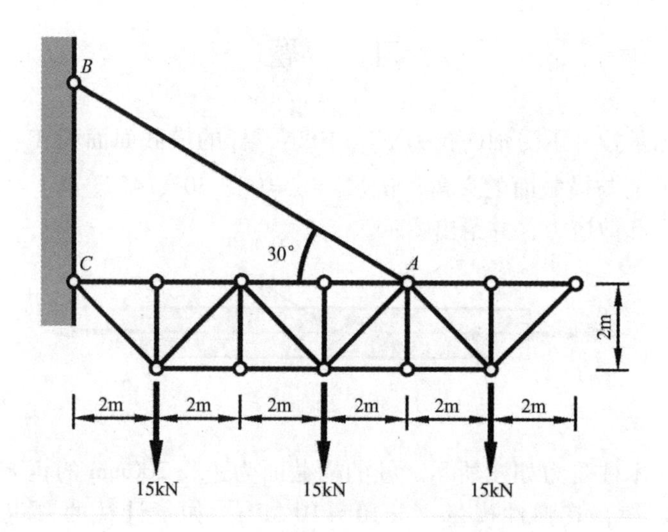

题6－4图

6－6　一外径为250mm，壁厚为10mm，长 $L=12\text{m}$ 的铸铁水管，两端搁在支座上，管中充满水，如图所示。铸铁的容重 $\gamma=76\text{kN/m}^3$，水的容重 $\gamma=10\text{kN/m}^3$。试求管内最大拉、压正应力的数值。

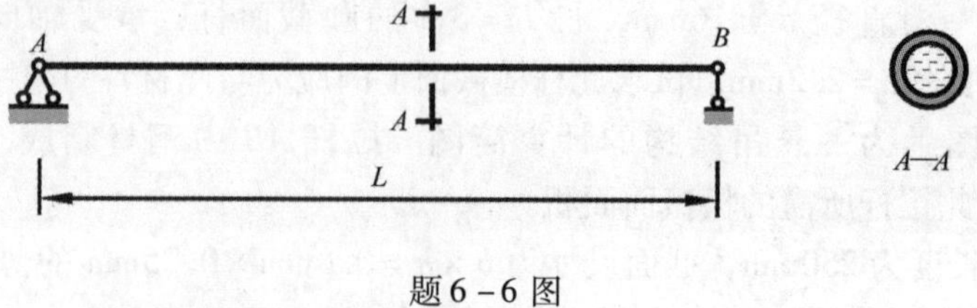

题6－6图

6－7　简支梁的荷载情况及尺寸如图所示，试求梁的下边缘的总伸长。

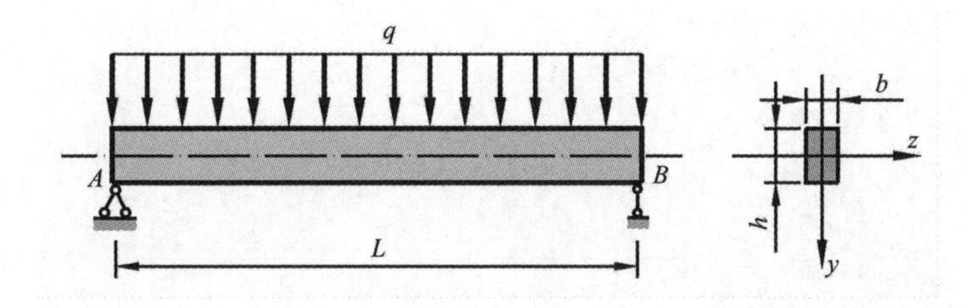

题6－7图

6－8　矩形截面梁受荷载如图所示。试绘出图中所标明的1、2、3、4、5诸单元体上的应力，并写出各应力的计算式。

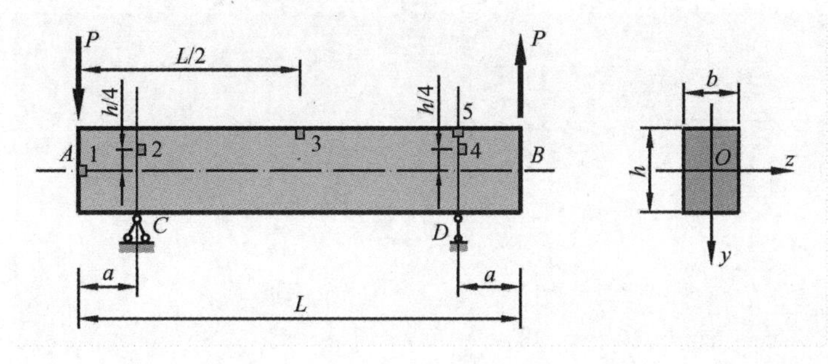

题6－8图

6－9　一简支木梁的受力如图所示，荷载 $F_P=5\text{kN}$，距离 $a=0.7\text{m}$。已知 $\sigma_s=10\text{MPa}$，横截面 $\dfrac{h}{b}=3$ 的矩形。试按正应力强度条件确定此梁横截面尺寸。

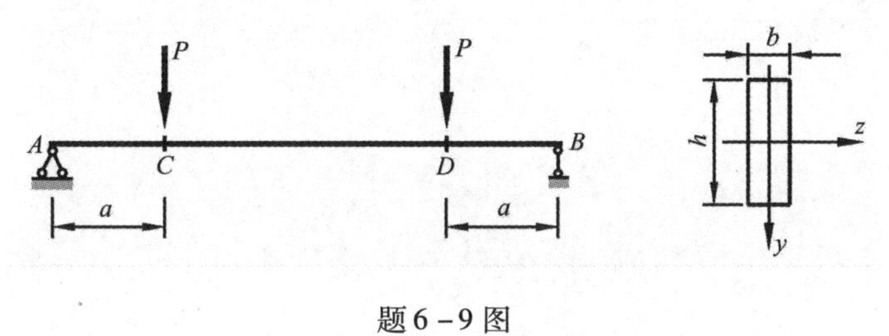

题6－9图

第 7 章
静定结构的位移计算

Chapter 7
Displacement Analysis of Determinate Structures

从第6章开始，本书的研究对象已经由刚体模型演变成了弹性体模型。弹性结构在外荷载作用下除了产生内力响应之外，还会产生变形和位移。结构位移计算不仅是超静定结构分析的基础，而且也将直接用于建筑结构的刚度验算，所以，它是结构分析理论中一个非常重要的环节，本章将对此展开详细讨论。

7.1　结构位移计算的一般概念

7.1.1　结构的位移

建筑结构在荷载作用、温度变化、支座移动和制造误差等因素的影响下，结构上各截面会发生移动和转动，这些移动和转动就称为结构的位移。由此可见，结构的位移分为线位移与角位移两种。因为杆系结构的计算简图是以杆轴线代替原来的杆件，所以这里所说的线位移是指杆轴线上某些点的位移，角位移一般是指某点垂直于杆件轴线的线素的转角，也等于变形后杆件轴线和该点杆件原来轴线之间的夹角。

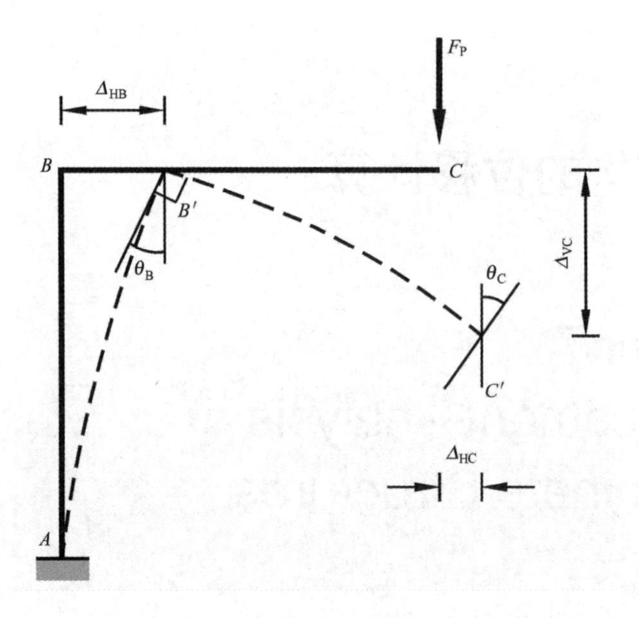

图7－1

考虑图7－1所示的刚架。在荷载F_P的作用下，刚架各杆件产生变形，导致刚架各点产生位移，B点产生水平线位移Δ_{HB}和转角θ_B；C点产生水平线位移Δ_{HC}、竖向线位移Δ_{VC}和转角θ_C。这些位移都是绝对位移。此外，在计算中还将涉及另一种所谓的相对位移。例如，图7－1中的刚架变形后B点产生转角θ_B，C点产生转角θ_C。由于横梁本身发生弯曲，所以，θ_B和θ_C是不相等的，这样B点截面和C点截面之间就有个相对转角θ_{BC}。显然，对于本例$\theta_{BC}=\theta_C-\theta_B$。类似，结构各部分之间也有相对线位移。

从以上的讨论可以看出，使结构产生位移的外因有：荷载、温度变化、支座移动和制造误差等，以后就将这些外因统称为广义荷载。结构在广义荷载作用下的位移响应有线位移、角位移、相对线位移等多种形式，以后就将这些位移统称为广义位移。

7.1.2　位移计算的目的

对结构进行位移计算一般有三个目的：①对结构进行刚度演算；②为超静定结构计算做准备；③分析大跨结构施工中的初始形态。

1）对结构的进行刚度演算

建筑结构在使用过程中除了要满足强度要求外，还必须满足刚度要求。如果结构的刚度过小，位移和变形就会很大，这样即使不发生破坏，也会影响建筑物的正常使用。例如，高层建筑在风力的作用下如果摆动幅度过大，就会影响居住的舒适性；桥梁在使用过程中如果出现过大的挠度，将对行车安全产生影响；大跨结构如果变形过大，就有可能破坏其内部装修及各种设备。所以，保证建筑物在使用过程中不发生过大变形也是结构设计的重要准则之一，这就是所谓的结构刚度验算。至于刚度验算的有关细则，不同的建筑有不同的要求，具体请读者参考建筑设计的相关规范，在此不作赘述。

2）为分析超静定结构打下基础

超静定结构分析时不仅要考虑平衡条件，还要考虑结构的变形特征和物理性质。在学习超静定结构计算方法之前，必须先解决静定结构的位移计算问题。

3）分析大跨结构施工中的初始形态

大跨结构在自重作用下会产生较大变形。为了保证安装好的结构在自重作用下能满足建筑设计的空间要求，结构设计时需要进行预起拱分析。结构预起拱分析的核心就是结构的位移计算。

从以上介绍可以看出，结构位移计算不仅直接关系到工程实际应用，而且和进一步理论学习密切相关，学习时必须予以充分重视。

7.1.3　位移分析的有关假定

本书进行的结构位移分析主要基于如下假定：

1）小位移小变形假定

小位移小变形假定认为，结构在广义荷载作用下只发生小变形和小位移。小位移和小变形假定往往可以简化问题的分析过程。考虑图7－1中的刚架，根据小变形假定，柱子AB变形到AB'后B点的竖向线位移是个高阶无穷小量，可以忽略。所以，变形后B'点仍在BC轴线上。同样的道理可以推知$\Delta_{HB}=\Delta_{HC}$。

2）线弹性假定

线弹性假定认为，结构在广义荷载作用下材料处于比例阶段，满足胡克定律。

3）刚节点假定

刚节点假定认为，结构变形后刚节点两侧的截面相对转角为零。根据刚节点假定，图7－1所示刚架变形后AB'和$B'C$在B'点的交角仍为90°。这样B点左侧

截面的转角（AB 杆上）θ_{B-BA}、B 右侧截面的转角（BC 杆上）θ_{B-BC}、AB 杆轴线在 B 端的转角 $\theta_{AB}|_B$，以及 BC 杆轴线在 B 端的转角 $\theta_{BC}|_B$ 是相等的，即，

$$\theta_{B-BA}=\theta_{B-BC}=\theta_{AB}|_B=\theta_{BC}|_B \tag{7-1}$$

满足小位移小变形假定和线弹性假定的结构分析问题的数学方程是线性的，因此称为线性结构问题。由线性方程解的叠加性推知，线性结构问题的响应具有可叠加性，即，结构在多个荷载作用下的联合响应，等于结构在各单个荷载作用下的响应的和。这样结构在多个广义荷载下的位移响应，等于结构在各单个广义荷载作用下的位移响应的和。

7.2　变形体的虚功原理

虽然结构位移计算从本质上说是一个几何问题，但其最方便的解法并不是几何法，而是基于虚功原理的单位力法。这里先来讨论变形体的虚功原理。

7.2.1　功和虚功

1）功

如图7-2所示的物体移动了 $\boldsymbol{d}$，在移动过程中物体上有作用力 $\boldsymbol{F}$。则在物体移动过程中，物体上的力所做的功是力和力的作用点在力的方向上移动距离的乘积，即，

$$W=\boldsymbol{F}\cdot\boldsymbol{d}=Fd\cos(\boldsymbol{F},\boldsymbol{d}) \tag{7-2}$$

其中，$\boldsymbol{d}$ 是力的作用点的位移矢量；$(\boldsymbol{F},\boldsymbol{d})$ 是 $\boldsymbol{F}$ 和 $\boldsymbol{d}$ 之间的夹角；W 就是力 $\boldsymbol{F}$ 所做的功，如图7-2（a）所示。从功的定义可以看出，功有以下基本特点：

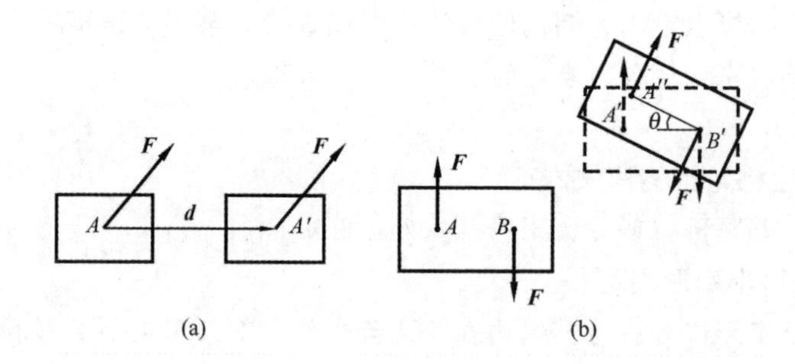

图7-2

（1）功是标量　从式（7-2）可以看出，功是力矢量和位移矢量的乘积，是一个标量。

（2）功所对应的力和位移之间可以没有因果关系　功可以是正值，也可以是负值，视力与位移的夹角而定。当功是正值时，功所对应的力对物体的移动有推动作用；当功是负值时，功所对应的力对物体的移动有阻碍作用。功所对应的力和位移之间没有必然的因果关系。

（3）功所对应的力和位移具有时间匹配性　虽然功所对应的力和位移之间

可以没有因果关系，该位移并不一定是该力引起的，但功所对应的力和位移必须同时发生在同一物体上。

（4）功所对应的力和位移具有空间匹配性　第一，功所对应的位移必须在力的方向上；第二，功所对应的位移必须是力的作用点的位移。

只有在满足了以上几个基本条件后，力和位移的乘积才能成为功。下面讨论几种功的具体表达式。

如果力的作用点沿曲线 S 运动，则功可表示为

$$W = \int_S \boldsymbol{F} \cdot \mathrm{d}\boldsymbol{s} = \int_S F\cos(\boldsymbol{F}, \mathrm{d}\boldsymbol{s})\,\mathrm{d}s \tag{7-3}$$

如果作用在物体上的是力偶，则力偶所做的功等于该力偶的力偶矩和物体转动的角度的乘积。考虑图 7－2（b）所示物体由 AB 位置移动到 $B'A''$位置时其上力偶所做的功。物体由 AB 位置移动到 $B'A''$位置可以分成两步走。第一步，物体由 AB 位置平移到 $A'B'$位置，因为力偶中的两个力大小相等方向相反，所以，这一过程中力偶所做功为零。第二步，物体由 AB 位置转动 θ 角后到 $A''B'$位置，这一过程中力偶所做功为

$$W = \int_S \boldsymbol{F} \cdot \mathrm{d}\boldsymbol{s} = \int_0^{\theta} F\,\overline{AB}\mathrm{d}\theta = \int_0^{\alpha} M\mathrm{d}\alpha = M\theta \tag{7-4}$$

其中，M 为力偶的力偶矩。

2）虚功

功所对应的力和位移不仅要有“空间匹配性”，而且还要有“时间匹配性”。如果我们放弃功的时间匹配性，就会得到一个似功非功的标量，称为虚功。考虑图 7－3 所示的几种情况。在图 7－3（a）所示的情况中，简支梁 AB 上有作用力 F_{I} 和 F_{II}，梁 1 和 2 处的位移分别为 Δ_1 和 Δ_2。根据功的定义，$F_{\mathrm{I}}\Delta_1$ 就是力 F_{I} 所做的功。在图 7－3（b）、（c）所示的两个情况中，简支梁 AB 上“分别”作用有力 F_{I} 和 F_{II}。梁在状态（b）下 2 处的位移是 $\Delta_{2\mathrm{I}}$；梁在状态（c）下 1 处的位移是 $\Delta_{1\mathrm{II}}$。$\Delta_{2\mathrm{I}}$ 和 F_{II} 之间不满足时间匹配性；同样，$\Delta_{1\mathrm{II}}$ 和 F_{I} 之间也不满足时间匹配性。所以，$\Delta_{2\mathrm{I}}F_{\mathrm{I}}$ 和 $\Delta_{1\mathrm{II}}F_{\mathrm{I}}$ 都不是功。但 $\Delta_{2\mathrm{I}}F_{\mathrm{I}}$ 和 $\Delta_{1\mathrm{II}}F_{\mathrm{I}}$ 很“像”功。除了时间匹配性，它们满足功的所有其他特征。这种满足除了时间匹配性以外的功的所有其他基本特征的标量称为虚功。以前介绍的功也可称为实功。显然实功是虚功的一种特殊情况。

从上面的讨论可以看出，粗略地说，实功中的力和位移关系要比虚功中的关系更“密切”。实功中的力对位移要么是推动作用，要么是阻碍作用，二者必居其一，而虚功中的力和位移可能一点关系没有。考虑下面一则实例。

图 7－4（a）、（b）所示刚架有两个彼此独立的状态：状态 I 中刚架上作用有一组外荷载 F_1、F_2、M；状态 II 中刚架支座 D 发生沉降 Δ_{VD}，其变形和位移情况大致如图 7－4（b）所示。则状态 I 中的外力对状态 II 中的位移所做的虚功为

$$W = M\theta_{\mathrm{B}} + F_1\Delta_{\mathrm{VC}} + F_2\Delta_{\mathrm{HE}} \tag{7-5}$$

将式（7－5）推广到一般情况可写为

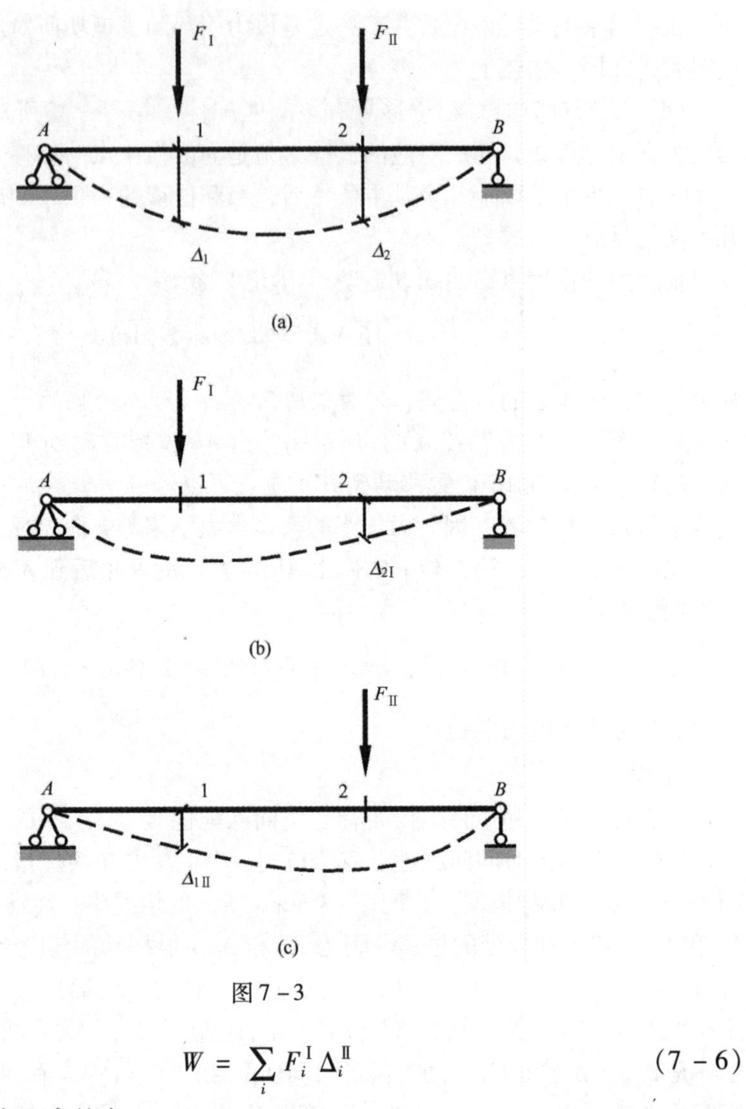

(a)

(b)

(c)

图 7－3

$$W = \sum_i F_i^{\mathrm{I}} \Delta_i^{\mathrm{II}} \tag{7-6}$$

其中　F_i^{I}——状态Ⅰ中的力；

Δ_i^{II}——与 F_i^{I} 对应的、结构在状态Ⅱ中的位移。

3）力状态和位移状态·虚力和虚位移

从上面的讨论可以看出，在构造虚功的时候，我们需要同一结构彼此独立的两个状态。用一个状态的力去乘另一状态的对应位移就构成了虚功。前一个状态称为力状态，后一个状态称为位移状态。必须指出的是，功是虚的，但状态其实都是结构真实存在的状态。如果我们关心的是结构的“力”，站在力状态的立场上考虑问题，为了构造虚功而虚设了位移状态，那么此时位移状态就是虚的，对于力状态来讲，位移状态的位移就是虚位移。因为，位移状态本身也是结构真实存在的一个状态。所以，虚位移应该是结构微小的满足约束条件的位移。由此可以看出虚位移的“虚”是相对而言的虚，其实，它也是结构在某一真实状态下的位移。

相反，如果我们关心的是结构的“位移”，站在位移状态的立场上考虑问题，为了构造虚功而虚设了力状态，那么此时力状态就是虚的，对于位移态来讲，力状态的力就是虚力。

从上面的讨论可以看出，虚位移也好，虚力也好，都是一个相对性的概念，关键看你站在哪个立场上考虑问题。以图 7-4（a）、（b）所示的问题为例。如果问题本身关心的是状态Ⅰ中的内外力情况，那么状态Ⅱ就是虚构的，其位移在问题的研究中就称为虚位移；反过来，如果问题本身关心的是结构在状态Ⅱ中支座沉降下的位移情况，那么状态Ⅰ就是虚构的，其中的力在问题的研究中就称为虚力。

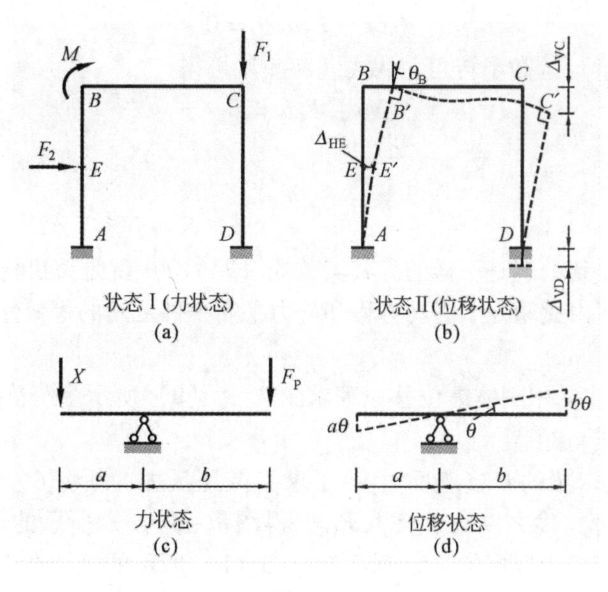

图 7-4

7.2.2 刚体的虚功原理

某种程度上说，虚功是绝对的，但虚力和虚位移是相对的，它们取决于考虑问题的立场。因此，对于不同的立场，虚功原理也有虚位移原理和虚力原理两种不同的具体形式。下面先就刚体体系分别予以讨论。

1）刚体的虚位移原理

设刚体体系 S 上作用有某任意力系 $\boldsymbol{F}_i$；又设体系发生虚位移 $\boldsymbol{u}_i$。则体系 S 在该力系作用下保持平衡的充分必要条件是：该力系在此虚位移上所做的虚功总和为零，即，

$$\sum_i \boldsymbol{F}_i \cdot \boldsymbol{u}_i = 0 \tag{7-7}$$

式（7-7）称为刚体系的虚位移方程，也可以泛称为虚功方程。

所谓体系 S 在某外力系作用下保持平衡，是指"在该外力系作用下体系 S 的运动状态保持不变"。因此，刚体的虚位移原理传递出这样一个信息：虚位移方程（7-7）应该等效于特定的平衡条件。这就是说，虚功方程可以用于求解力的平衡问题。下面通过一则实例来加深理解。

图7-4（c）所示刚体机构上作用有两个力 X 和 F_P。问：当 X 多大时能和 F_P 保持平衡？这是非常简单的静力平衡问题。现在尝试用虚位移方程予以求解。

为了和图7-4（c）所示的力状态对偶形成虚功方程，构造一图7-4（d）所示的位移状态。在图7-4（d）所示的状态中，机构受到微小扰动转过一个小角度 θ。对于该问题，虚位移方程（7-7）可具体地写为

$$Xa\theta + (-F_P b\theta) = 0 \tag{7-8}$$

刚体的虚位移原理表明：如果方程（7-8）得到满足，则 X 和 F_P 平衡。由式(7-8)可得

$$(Xa - F_P b)\theta = 0 \tag{7-9}$$

因为 θ 是“任意”的微小转角，从式（7-9）可得

$$Xa - F_P b = 0 \tag{7-10}$$

所以

$$X = \frac{b}{a}F_P \tag{7-11}$$

这和静力平衡得到的解是一样的。其实，式（7-10）就是该机构对铰支座处的力矩平衡方程。由此验证了虚功方程和静力平衡条件之间的等效性。下面再来考虑一则例题。

【例7-1】 试用刚体虚位移原理求图7-5（a）所示多跨静定梁 C 支座的反力和截面 B 的弯矩。

【解】 先求梁的 C 支座反力。为了求 C 支座反力，须将 C 支座反力对应的约束 C 支座去掉，代之以约束反力 F_{VC}，得图7-5（b）所示的单自由度机构。这样问题就演变成为用虚位移原理求图7-5（b）所示的机构在一平面平行力系作用下的平衡问题。其分析思路和求解图7-4（c）所示的问题类似。

为了和图7-5（b）所示的力状态对偶形成虚功方程，构造图7-5（c）所示的位移状态。在图7-5（c）所示的状态中，机构受到微小扰动 AD 杆转过一个小角度 θ，这时整个机构产生的位移情况如图7-5（c）所示。对于该问题，虚位移方程（7-7）可具体地写为

$$-a\theta F_P + 2a\theta F_{VC} - 3a\theta F_P + 1.5a\theta F_P = 0 \tag{a}$$

整理后得

$$(2F_{VC} - 2.5F_P)\theta = 0 \tag{b}$$

根据 θ 的任意性，由式（b）得

$$2F_{VC} - 2.5F_P = 0 \tag{c}$$

所以

$$F_{VC} = 1.25F_P \tag{d}$$

正号表示和图中所设定的方向相同。

下面考虑截面 B 的弯矩。为了求 B 截面的弯矩，须将 B 截面的弯矩所对应的约束去掉，将 B 处变成一个铰和约束反力 M_B，得图7-5（d）所示的单自由度机构。这样问题就演变成为用虚位移原理求图7-5（d）所示的机构在一平面任意力系作用下的平衡问题。其分析过程和求 C 支座反力类似。

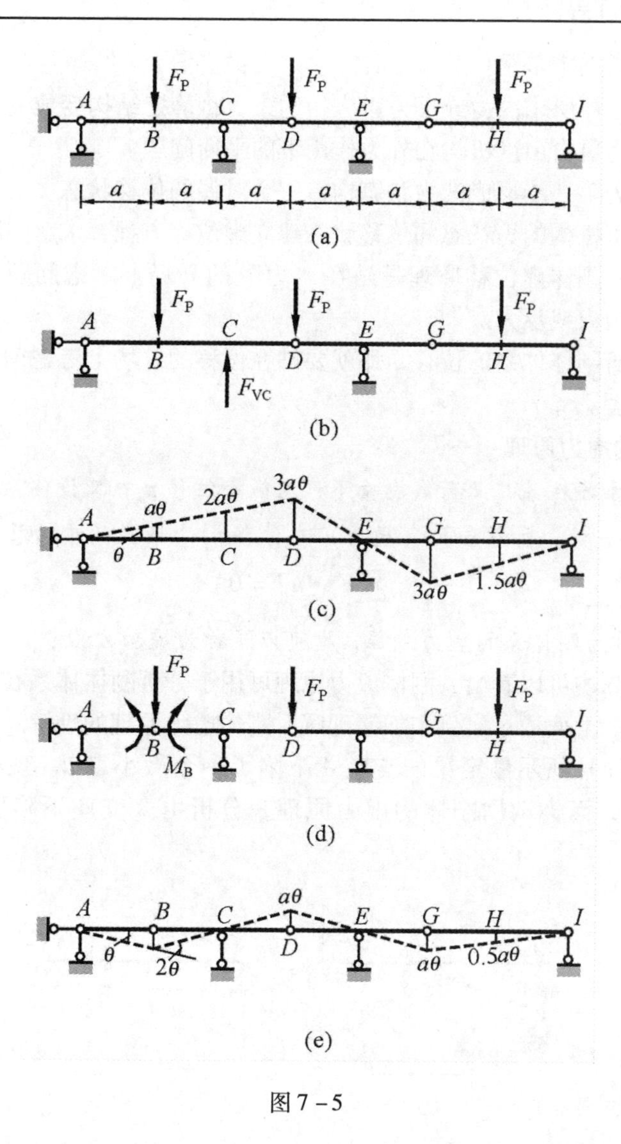

图 7-5

为了和图 7-5（d）所示的力状态对偶形成虚功方程，构造图 7-5（e）所示的位移状态。在图 7-5（e）所示的状态中，机构受到微小扰动，*AB* 杆转过一个小角度 θ，这时整个机构产生的位移情况如图 7-5（e）所示。对于该问题，虚位移方程（7-7）可具体地写为

$$a\theta F_P - 2\theta M_B - a\theta F_P + 0.5a\theta F_P = 0 \tag{e}$$

整理后得

$$(-2M_B + 0.5aF_P)\theta = 0 \tag{f}$$

根据 θ 的任意性，由式（f）得

$$-2M_B + 0.5aF_P = 0 \tag{g}$$

所以

$$M_B = 0.25aF_P \tag{h}$$

正号表示和图中所设定的方向相同，即原结构在 *B* 点是下部受拉。

从例题 7-1 的求解过程可以看出，用刚体虚位移原理求解静定结构问题的

全过程主要分为三个步骤：

第一步，去掉所求内力或反力对应的约束，将静定结构变成一个单自由度机构。问题演化为单自由度机构在外力作用下的平衡问题。

第二步，为第一步形成的力状态构造一个对偶的位移状态。

第三步，由机构的力状态和位移状态建立虚位移方程，求解问题。

通俗地讲，刚体虚位移原理是站在“力”的立场上考虑问题，主要用于求解静定结构的内力或反力。

如果要分析刚体体系的位移，那就要站在位移的立场上考虑问题，需要用到刚体的虚力原理。

2）刚体的虚力原理

设刚体体系 S 在某广义荷载影响下产生微小位移 $\boldsymbol{u}_i$；又设体系 S 在某外力系 $\boldsymbol{F}_i$ 作用下保持平衡。则力系 $\boldsymbol{F}_i$（虚力）在位移 $\boldsymbol{u}_i$ 上所做的虚功总和为零，即，

$$\sum_i \boldsymbol{F}_i \cdot \boldsymbol{u}_i = 0 \tag{7-12}$$

式（7－12）称为刚体系的虚力方程，也可以泛称为虚功方程。

从上面的陈述可以看出，刚体虚力原理可用于分析刚体体系在广义荷载作用下的位移问题。下面通过实例来加深理解对刚体虚力原理的理解。

图7－6（a）所示静定梁的支座 A 下陷了一个微小量 d。现在我们回避朴素的几何方法，而尝试用刚体的虚力原理来分析由 A 支座下陷引起的梁 C 端位移。

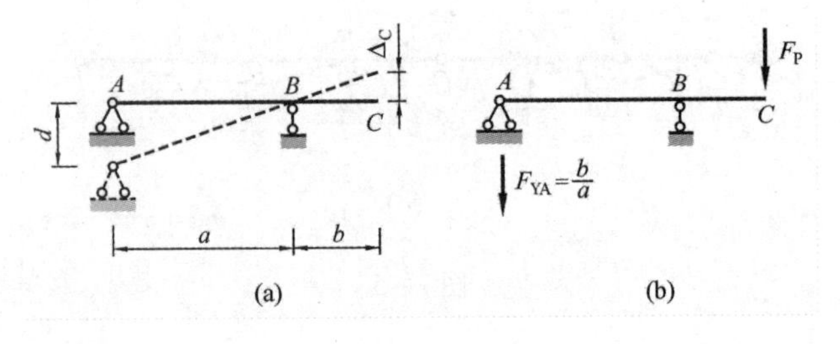

图7－6

为了和图7－6（a）所示的位移状态对偶形成虚功方程，构造图7－6（b）所示的力状态。在图7－5（b）所示的状态中，梁的 C 施加了一单位力 $F_P=1$。在 $F_P=1$ 的作用下梁的 A 支座产生反力 F_{VA}，由静力平衡方程可解得 $F_{VA}=b/a$。F_{VA}和 F_P 构成一 AC 上的平衡力系。对于该问题，虚力方程（7－12）可具体地写为

$$F_{VA}d - F_P\Delta_C = 0 \tag{7-13}$$

所以

$$\Delta_C = \frac{b}{a}d \tag{7-14}$$

从上面的讨论可以看出，刚体虚力原理可以用于求解体系的位移问题。当然

对于简单问题，可能还是朴素的几何分析来的简单，但对于复杂问题，虚力原理就会体现出较大的优越性。

【例7-2】 图7-7（a）所示刚架的B支座竖直向上发生微小位移d。试用刚体虚力原理求该刚架C铰两侧截面的相对转角θ_C以及D点的水平位移Δ_{HD}。

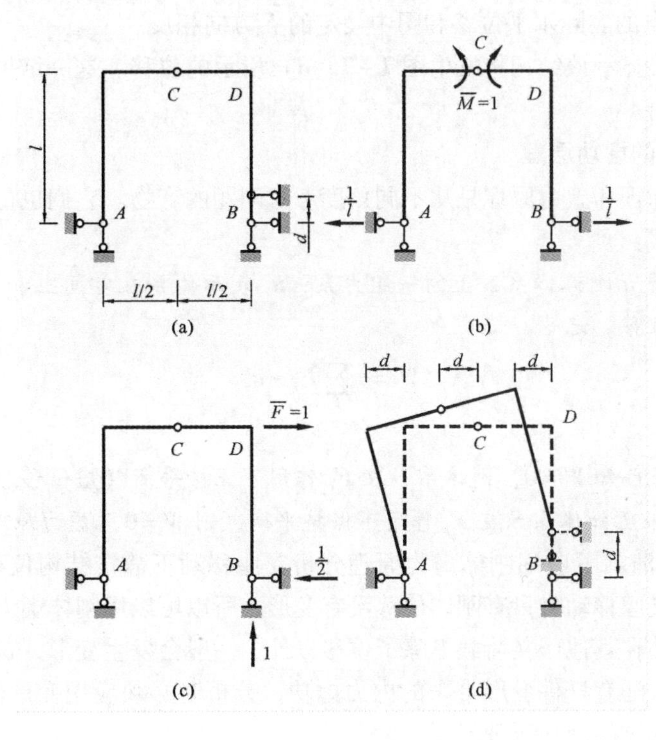

图7-7

【解】 先求C角两侧截面的相对转角。虽然计算前还不知道图7-7（a）所示结构的位移情况，但该位移状态是真实存在的。为了和图7-7（a）所示的位移状态对偶形成虚功方程，构造图7-7（b）所示的力状态。在图7-7（b）所示的状态中，我们在刚架的C铰处施加了一力偶矩为1的单位力偶$\overline{M}=1$（以保证和C铰两侧截面的相对转角θ_C形成对偶）。在$\overline{M}$的作用下刚架的支座反力如图7-7（b）所示（支座的竖向反力均为零），它们和$\overline{M}$构成一平衡力系。此时，虚力方程(7-12)可具体地写为

$$1\times\theta_C+0\times d+\frac{1}{l}\times 0+\frac{1}{l}\times 0=0 \tag{a}$$

所以

$$\theta_C=0 \tag{b}$$

式（b）表明，B支座的移动并不会在C铰处引起转动。

现在求D点的水平位移Δ_{HD}。构造图7-7（c）所示的力状态。在图7-7（c）所示的状态中，我们在刚架的D点施加一水平单位力$\overline{F}=1$（以保证和D点的水平位移Δ_{HD}形成对偶）。在$\overline{F}$的作用下刚架的支座反力如图7-7（c）所示。此时，虚力方程（7-12）可具体地写为

$$1 \times \Delta_{\mathrm{HD}} + 1 \times d + \frac{1}{2} \times 0 = 0 \tag{c}$$

所以

$$\Delta_{\mathrm{HD}} = -d \tag{d}$$

负号表示D点的实际水平位移和图中设定的$\overline{F}$方向相反。

计算结果显示该结构将发生图7-7（d）所示的位移。这一结果多少有点出乎直觉的预料。

3）刚体的虚功原理

虚位移原理和虚力原理是从不同角度考虑问题的产物。它们也可以统一地表达为如下形式：

设，$\boldsymbol{F}_i$表示刚体体系S上的一组力系；$\boldsymbol{u}_i$表示体系在空间上和$\boldsymbol{F}_i$匹配的一组微小现实位移。记

$$W = \sum_i \boldsymbol{F}_i \cdot \boldsymbol{u}_i \tag{7-15}$$

W为虚功。

（i）如果已知$W=0$，则体系S在$\boldsymbol{F}_i$作用下保持平衡（虚位移原理）；

（ii）如果已知体系S在$\boldsymbol{F}_i$作用下保持平衡，则$W=0$（虚力原理）。

例7-2演示了应用刚体虚力原理分析支座移动下静定结构位移的全过程。静定结构在支座移动时只有刚体位移没有变形，所以可以用刚体虚力原理来进行分析。而结构在其他广义荷载下除了位移以外，一般会发生变形，这时结构不仅有外力虚功，还有杆件变形带来的内力虚功，分析时必须应用变形体虚功原理。下面就对变形体的虚功原理展开讨论。

7.2.3　弹性体虚功原理

刚体和变形体都可以看成是由无穷多个质点组成的质点系。刚体内部各质点之间没有相对位移，这就意味着刚体不会有内力虚功。变形体内部各质点之间存在因变形引起的相对位移，所以变形体不仅存在外力虚功，还有内力虚功。

1）变形体的虚功原理

设，$\boldsymbol{F}_i$表示弹性体系S上的一组外力系；$\boldsymbol{u}_i$表示体系在空间上和$\boldsymbol{F}_i$匹配的一组微小现实位移。记

$$W_{\mathrm{E}} = \sum_i \boldsymbol{F}_i \cdot \boldsymbol{u}_i \tag{7-16}$$

W_{E}称为体系S上的外力虚功。令

$$W = W_{\mathrm{E}} + W_{\mathrm{I}}, \tag{7-17}$$

式中　W_{I}——体系S的内力虚功；

W——体系的内、外力虚功之和，称为总功。

（1）如果已知$W=0$，则体系S在$\boldsymbol{F}_i$作用下保持平衡（弹性体虚位移原理）；

(2) 如果已知体系 S 在 $\boldsymbol{F}_i$ 作用下保持平衡，则 $W=0$（弹性体虚力原理）。

式（7－16）给出了外力虚功的表达式，但我们还没有得到内力虚功 W_{I} 的表达式。下面就来讨论杆件内力虚功的计算方法。

2）弹性杆件的内力虚功表达式

杆件的内力虚功等于杆件各微段内力虚功的总和。所以，先考虑图 7－8（a）所示杆件微段中的内力虚功。图 7－8（a）中标出了微段上所有的外力。应该指出的是，$M(x)$、$F_{\mathrm{Q}}(x)$、$F_{\mathrm{N}}(x)$ 对于杆件来说是内力，但对于微段 dx 来说是外力。由此可见微段上的外力可以分为杆件的外力和杆件的内力两部分，前者统一用集合符号 $\boldsymbol{q}$ 表示，后者用 $\boldsymbol{M}$。微段上各点的位移也可分解为两部分：一部分是微段的刚体移动和转动引起的位移，这是结构其他部分变形造成的微段 dx 上各点的位移，用 $\boldsymbol{d}_{\mathrm{R}}$ 表示；另一部分是微段自身变形引起的位移 $\boldsymbol{d}_{\mathrm{D}}$。微段自身变形产生的位移又可分解为三部分，即，剪切变形、弯曲变形和拉伸变形，如图 7－8（b）、（c）、（d）所示。由前述弹性体的虚功原理可知，该弹性微段的虚位移方程为

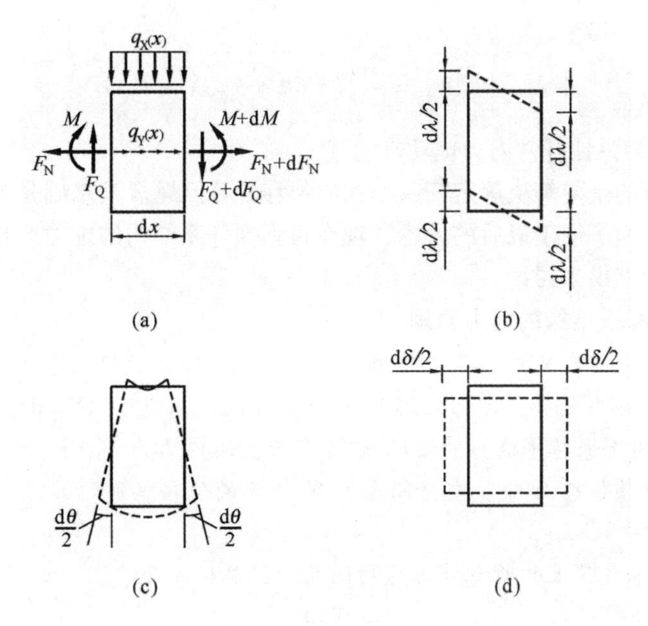

图 7－8

$$\mathrm{d}W_{\mathrm{E1}}(\boldsymbol{q},\boldsymbol{d}_{\mathrm{R}})+\mathrm{d}W_{\mathrm{E2}}(\boldsymbol{q},\boldsymbol{d}_{\mathrm{D}})+\mathrm{d}W_{\mathrm{E3}}(\boldsymbol{M},\boldsymbol{d}_{\mathrm{R}})+\mathrm{d}W_{\mathrm{E4}}(\boldsymbol{M},\boldsymbol{d}_{\mathrm{D}})+\mathrm{d}W_{\mathrm{I}}(\boldsymbol{d}_{\mathrm{D}})=0 \tag{7-18}$$

式中　$\mathrm{d}W_{\mathrm{E1}}(\boldsymbol{q},\boldsymbol{d}_{\mathrm{R}})$——微段上外力 $\boldsymbol{q}$ 对微段刚体位移 $\boldsymbol{d}_{\mathrm{R}}$ 所做的虚功，$\mathrm{d}W_{E1}(\boldsymbol{q},\boldsymbol{0})=0$；

$\mathrm{d}W_{\mathrm{E2}}(\boldsymbol{q},\boldsymbol{d}_{\mathrm{D}})$——微段上外力 $\boldsymbol{q}$ 对微段自身变形引起的位移 $\boldsymbol{d}_{\mathrm{D}}$ 所做的虚功，因为微段自身变形引起的位移是成对出现，如图7－8（b）、（c）、（d）所示，所以，$\mathrm{d}W_{\mathrm{E2}}(\boldsymbol{q},\boldsymbol{d}_{\mathrm{D}})=0$；

$\mathrm{d}W_{\mathrm{E3}}(\boldsymbol{M},\boldsymbol{d}_{\mathrm{R}})$——微段上的外力 $\boldsymbol{M}$ 对微段刚体位移 $\boldsymbol{d}_{\mathrm{R}}$ 所做的虚功，因

为$\boldsymbol{M}$中的各组力是成对出现的，忽略高阶小量后有$\mathrm{d}W_{E3}(\boldsymbol{M},\ \boldsymbol{d}_R)=0$；

$\mathrm{d}W_{E4}(\boldsymbol{M},\boldsymbol{d}_D)$——微段上外力$\boldsymbol{M}$对微段自身变形引起的位移$\boldsymbol{d}_D$所做的虚功；

$\mathrm{d}W_I(\boldsymbol{d}_D)$——微段的内力虚功，和微段的刚体位移无关。

由此可见式（7－18）可简化为

$$\mathrm{d}W_{E1}(\boldsymbol{q},\boldsymbol{d}_R)+\mathrm{d}W_{E4}(\boldsymbol{M},\boldsymbol{d}_D)+\mathrm{d}W_I(\boldsymbol{d}_D)=0 \tag{7-19}$$

式（7－19）中的参数集$\boldsymbol{d}_R$、$\boldsymbol{d}_D$是彼此独立的，且式（7－19）对任意参数都成立。考虑到$\mathrm{d}W_{E1}(\boldsymbol{q},\boldsymbol{0})=0$，而$\mathrm{d}W_{E4}(\boldsymbol{M},\boldsymbol{d}_D)$、$\mathrm{d}W_I(\boldsymbol{d}_D)$均和$\boldsymbol{d}_R$无关，所以，由式（7－19）可得

$$\mathrm{d}W_{E4}(\boldsymbol{M},\boldsymbol{d}_D)+\mathrm{d}W_I(\boldsymbol{d}_D)=0 \tag{7-20}$$

参考图7－8，由式（7－19）出发，略去高阶无穷小量后可得

$$\mathrm{d}W_I=-\mathrm{d}W_{E4}=-M\mathrm{d}\theta-F_Q\mathrm{d}\lambda-F_N\mathrm{d}\delta \tag{7-21}$$

式（7－20）就是微段$\mathrm{d}x$中的内力虚功表达式。这样杆件AB的内力虚功可写为

$$W_{AB}=\int_{AB}\mathrm{d}W_I=-\int_{AB}(M\mathrm{d}\theta+F_Q\mathrm{d}\lambda+F_N\mathrm{d}\delta) \tag{7-22}$$

式（7－22）为弹性杆件内力虚功表达式。

本章的目的是要解决静定杆系结构的位移计算问题。其基础是弹性杆系结构的虚力原理，为了便于以后的讨论，现在将弹性杆系结构的虚力原理从变形体的虚功原理中分立出来讨论。

3）弹性杆系结构的虚力原理

设弹性杆系S在某广义荷载作用下进入一微小现实位移状态$\mathscr{D}$。位移状态$\mathscr{D}$中杆件微段的弯曲变形、剪切变形和轴向变形依次为$\mathrm{d}\theta$、$\mathrm{d}\lambda$、$\mathrm{d}\delta$。体系S在某外力系$\boldsymbol{F}_i$作用下保持平衡。S在$\boldsymbol{F}_i$作用下产生的内力为M、F_Q和F_N。令$\boldsymbol{u}_i$表示体系S在位移状态$\mathscr{D}$中、在空间上和$\boldsymbol{F}_i$匹配的位移。则

$$W_E+W_I=0, \tag{7-23}$$

其中，W_E为体系S上的所有外力虚功的总和，具体写为

$$W_E=\sum_i\boldsymbol{F}_i\cdot\boldsymbol{u}_i; \tag{7-24}$$

W_I为体系S的内力虚功总和，具体写为

$$W_I=-\sum_i\int_{l_i}(M\mathrm{d}\theta+F_Q\mathrm{d}\lambda+F_N\mathrm{d}\delta), \tag{7-25}$$

式中$\sum$表示对体系中所有杆件求和。

将式（7－25）、（7－24）代入式（7－23）可得

$$\sum_i\boldsymbol{F}_i\cdot\boldsymbol{u}_i-\sum_j\int_{l_i}(M\mathrm{d}\theta+F_Q\mathrm{d}\lambda+F_N\mathrm{d}\delta)=0, \tag{7-26}$$

式（7－26）就是弹性杆系结构的虚力方程，也泛称为弹性杆系结构的虚功方程。

7.3 结构位移计算的一般公式·单位力法

本节开始运用弹性杆系结构的虚力原理来解决静定结构的位移计算问题。

7.3.1 位移计算的一般公式

某刚架在广义荷载作用下进入一微小位移状态，如图7-9（a）所示。为了利用虚力方程求解刚架 B 点的转角 θ_B，在刚架上施加一和 θ_B 对偶的单位力 $M_B=1$，如图7-9（b）所示。刚架在 $M_B=1$ 作用下产生反力和内力 $\overline{M}$、$\overline{F}_Q$ 和 $\overline{F}_N$，刚架达到平衡。

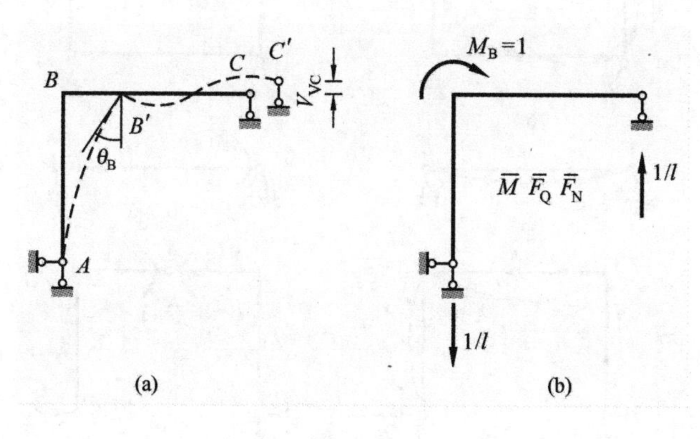

图7-9

对本问题，虚力方程（7-26）可以具体地写为

$$1\times\theta_B=\sum_{i=1}^{2}\int_{l_i}(\overline{M}d\theta+\overline{F}_Q d\lambda+\overline{F}_N d\delta)-\frac{1}{l}\times\Delta_{VC},\qquad(7-27)$$

式（7-27）中，θ_B 是待求的位移未知量；Δ_{VC} 为已知的支座位移。将式（7-27）推广到一般情况可写为

$$\Delta=\sum_i\int_{l_i}(\overline{M}d\theta+\overline{F}_Q d\lambda+\overline{F}_N d\delta)-\sum_j\overline{F}_{Rj}\Delta_{Cj}\qquad(7-28)$$

式中　Δ——待求的位移未知量；

Δ_{Cj}——已知的支座位移，均为广义位移；

$\overline{M}$、$\overline{F}_Q$ 和 $\overline{F}_N$——结构在与广义位移 Δ 对偶的单位力作用下的内力；

$\overline{F}_{Rj}$——结构在单位力作用下与 Δ_{Cj} 对偶的支座反力；

$d\theta$、$d\lambda$ 和 $d\delta$——是和 Δ 同一状态下结构的变形。

式（7-28）就是结构位移计算的一般公式。运用式（7-28）求解结构位移的方法称为单位力法。由此可见，单位力法的本质是变形体的虚力原理。

7.3.2 广义位移与广义单位力示例

在使用单位力法求结构位移时，必须在结构上施加一个和所求广义位移对偶的单位力，形成一个虚力状态。这样就可以保证所求的位移和虚构的单位力相乘后，以外力虚功的形式出现在虚力方程中。因此，施加的单位力应随所求位移的不同而不同。图7-10给出了不同位移形式所对应的单位力。

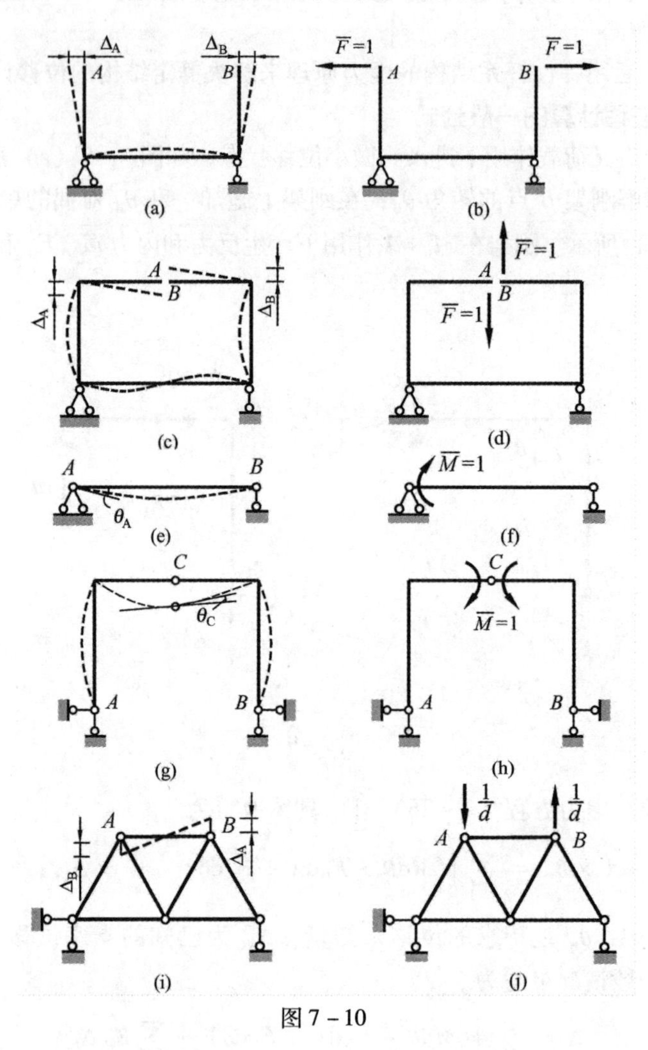

图7-10

图7-10（a）中要求的是结构 A、B 两点的相对位移 Δ_{AB}，为此，施加图7-10（b）所示的一对相反方向的单位力。两者相乘后得到的虚功正好是 $\Delta_{AB}=\Delta_A+\Delta_B$。图7-10（c）和（d）也是类似情况。图7-10（e）中要求的是结构 A 截面的转角 θ_A，为此，施加图7-10（f）所示的力偶矩为一的单位力偶，两者相乘后得到的虚功正好是 θ_A。图7-10（g）中要求的是结构 C 两侧截面的相对转角 θ_C，为此，施加图7-10（h）所示的力偶矩为一对单位力偶。两者相乘后得到的虚功正好是 θ_C。图7-10（i）中要求的是杆件 AB 在结构变形后转过的角度 θ_{AB}，为此，施加图7-10（j）所示的力偶，两者相乘后的结果是

$$\frac{\Delta_A+\Delta_B}{d}=\theta_{AB} \qquad (7-29)$$

也正好是要求的杆件偏转角，其中 d 表示 AB 杆的长度。

7.4 结构在荷载作用下的位移计算

结构位移计算的一般公式（7－28）原则上可以用于求解结构在各类广义荷载作用下的指定位移。但在计算实际问题时，还需要得到它在特定问题下的具体表达式。下面先来讨论式（7－28）在荷载作用下结构位移计算的具体形式。

7.4.1 结构在荷载作用下位移计算的一般公式

由于只考虑荷载作用，没有支座位移，即，$\Delta_{Cj}=0$。式（7－28）可简化为

$$\Delta = \sum_i \int_{l_i} (\overline{M}\mathrm{d}\theta + \overline{F}_Q \mathrm{d}\lambda + \overline{F}_N \mathrm{d}\delta) \tag{7-30}$$

此时微段的变形 $\mathrm{d}\theta$、$\mathrm{d}\lambda$ 和 $\mathrm{d}\delta$ 由荷载引起。下面分析它们的具体表达式。先考虑 $\mathrm{d}\delta$。由式（6－26）和（6－28）可得

$$\varepsilon_X = \frac{F_N}{EA} \tag{7-31}$$

$\mathrm{d}\delta$ 是微段 $\mathrm{d}x$ 在轴力作用下的伸长（缩短）量，由式（7－31）可得

$$\mathrm{d}\delta = \frac{F_N}{EA}\mathrm{d}x \tag{7-32}$$

再考虑 $\mathrm{d}\theta$。由式（6－40）可得

$$\frac{1}{\rho} = \frac{M}{EI_z} \tag{7-33}$$

其中，ρ 为变形后微段的曲率半径，$\rho=\mathrm{d}x/\mathrm{d}\theta$。代入（7－33）可得

$$\mathrm{d}\theta = \frac{M}{EI_z}\mathrm{d}x \tag{7-34}$$

最后考虑 $\mathrm{d}\lambda$。$\mathrm{d}\lambda$ 是微段剪切变形产生的位移。考虑到剪应力在杆件横截面上是非均匀分布的，$\mathrm{d}\lambda$ 可写为

$$\mathrm{d}\lambda = \bar{\gamma}_{xy}\mathrm{d}x = k^* \frac{F_Q}{GA}\mathrm{d}x \tag{7-35}$$

式中 G——剪变模量；

$\bar{\gamma}_{xy}$——平均剪应变；

k^*——计算平均剪应变时，由于考虑到剪应力在截面上分布不均匀而增加的修正系数，称为剪应力分布不均匀系数。

将式（7－32）、（7－34）、（7－35）代入式（7－30），得

$$\Delta = \sum_i \int_{l_i} \frac{\overline{M}M}{EI_z}\mathrm{d}x + \sum_i \int_{l_i} \frac{\overline{F}_N F_N}{EA}\mathrm{d}x + \sum_i \int_{l_i} k^* \frac{\overline{F}_Q F_Q}{GA}\mathrm{d}x \tag{7-36}$$

式中 M、F_Q 和 F_N——结构在荷载作用下产生的内力；

$\overline{M}$、$\overline{F}_Q$ 和 $\overline{F}_N$——结构在单位力作用下产生的内力；

A 和 I_z——分别是杆件横截面积和惯性矩。

式中积分对杆长进行，求和对结构内所有杆件进行。

大量的实践证明剪切变形的影响是高阶无穷小量，即式（7－36）的最后一项可以忽略，得

$$\Delta = \sum_i \int_{l_i} \frac{\overline{M}M}{EI_z}dx + \sum_i \int_{l_i} \frac{\overline{F}_N F_N}{EA}dx \tag{7-37}$$

式（7－37）就是各类结构在荷载作用下位移计算的一般公式。至此可以看出，虚力原理将结构位移计算这样一个几何问题转化成了结构的内力计算问题。这正是虚力原理的魅力所在。

7.4.2　不同类型的结构位移计算公式

式（7－37）可以计算各种结构在荷载作用下产生的位移。对于特定的结构，式（7－37）又可以得到进一步的简化。

1）梁和刚架

在一般情况下，梁和刚架以弯曲变形为主，其轴向变形的影响也很小，可以忽略不计。此时式（7－37）可简化为

$$\Delta = \sum_i \int_{l_i} \frac{\overline{M}M}{EI_z}dx \tag{7-38}$$

2）桁架

桁架中各杆件均为二力杆，只有轴向变形，且每一杆件的轴力和截面面积沿杆长不变，此时式（7－37）可简化为

$$\Delta = \sum_i \frac{\overline{F}_N F_N}{EA}L_i \tag{7-39}$$

其中，L_i 为第 i 根杆件的长度。

3）桁梁组合结构

在这种结构中，梁式杆件主要承受弯矩，其变形主要是弯曲变形，在梁式杆中可只考虑弯曲变形对位移的影响。而结构中的二力杆只承受轴力，只有轴向变形。所以其位移计算公式简化为

$$\Delta = \sum_i \int_{l_i} \frac{\overline{M}M}{EI_z}dx + \sum_j \frac{\overline{F}_N F_N}{EA}L_j \tag{7-40}$$

式中的第一个求和对梁式杆进行，第二个求和对二力杆进行。

下面考虑两则例题。

【例7－3】 图7－11（a）所示刚架节点 B 作用一顺时针方向的力偶 m。试求刚架在该力偶作用下 C 点的竖向位移 Δ_{VC}。刚架中各杆的 EI 相同，几何尺寸如图7－11（a）所示。

【解】 为了运用单位力法求图7－11（a）所示位移状态中的位移 Δ_{VC}，构造和该位移状态对偶的单位力状态，如图7－11（b）所示。由式（7－38）得

$$\Delta_{VC} = \int_A^B \frac{\overline{M}M}{EI}dx + \int_B^C \frac{\overline{M}M}{EI}dx \tag{a}$$

式中　M——刚架在力偶 m 作用下产生的弯矩；

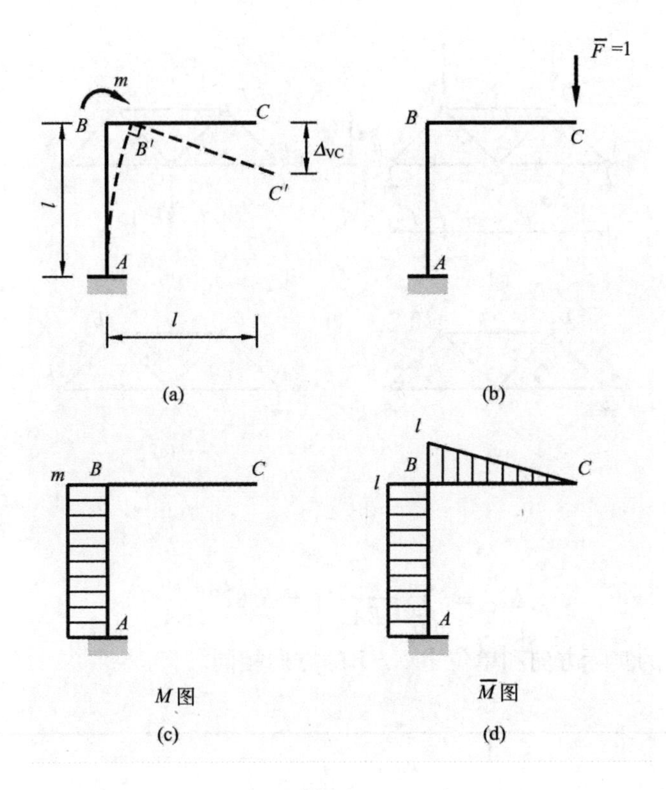

图7-11

$\overline{M}$——刚架在单位力 $\overline{F}=1$ 作用下产生的弯矩。作出刚架的 M 图和 $\overline{M}$ 图，如图7-11（c）、（d）所示。

由刚架的 M、$\overline{M}$ 图和式（a）可得

$$\Delta_{VC}=\int_A^B\frac{ml}{EI}dx=\frac{ml^2}{EI} \tag{b}$$

正号表示 Δ_{VC} 的实际方向和单位力 $\overline{F}=1$ 的方向相同。

【例7-4】 图7-12（a）所示桁架上弦节点作用有节点力 F_P。试求桁架在 F_P 作用下 C 点的竖向位移 Δ_{VC}。桁架中各杆的 EA 相同，几何尺寸如图7-12（a）所示。

【解】 为了运用单位力法求图7-12（a）所示位移状态中的位移 Δ_{VC}，构造和该位移状态对偶的单位力状态，如图7-12（b）所示。由式（7-39）得

$$\Delta_{VC}=\sum_{i=1}^{7}\frac{\overline{F}_N F_N}{EA}L_i \tag{a}$$

式中 F_N——桁架在 F_P 作用下产生的内力；

$\overline{F}_N$——桁架在单位力 $\overline{F}=1$ 作用下产生的内力。

计算出桁架的内力 F_N 和 $\overline{F}_N$，如图7-12（c）、（d）所示。

为使计算条理化和避免出错，对于杆件较多的桁架，计算工作宜列表进行，如表7-1所示。表中最后一行即为计算结果，即

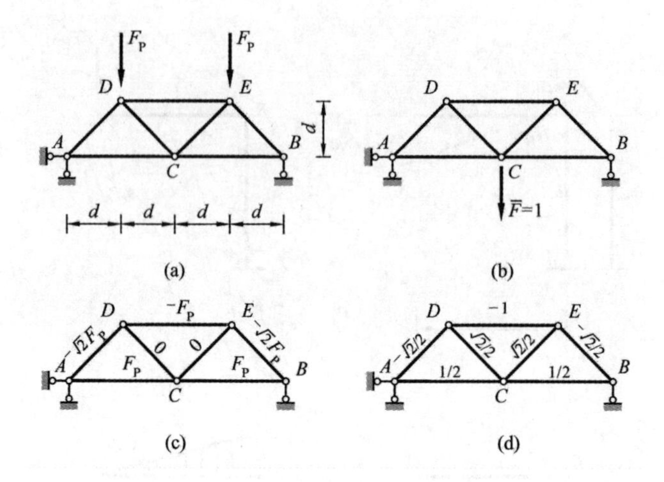

图 7-12

$$\Delta_{VC} = \sum_{i=1}^{7} \frac{F_N \overline{F}_N}{EA} L_i = 6.828 \frac{F_P d}{EA} \tag{b}$$

正号表示 Δ_{VC}的实际方向和单位力 $\overline{F}=1$ 的方向相同。

表 7-1

杆　件	EA	F_N	$\overline{F}_N$	L_i	$\frac{F_N \overline{F}_N}{EA} L_i$
AC	EA	F_P	$\frac{1}{2}$	$2d$	$\frac{F_P d}{EA}$
CB	EA	F_P	$\frac{1}{2}$	$2d$	$\frac{F_P d}{EA}$
DC	EA	0	$\frac{\sqrt{2}}{2}$	$\sqrt{2}\,d$	0
CE	EA	0	$\frac{\sqrt{2}}{2}$	$\sqrt{2}\,d$	0
DE	EA	$-F_P$	-1	$2d$	$2\frac{F_P d}{EA}$
AD	EA	$-\sqrt{2}F_P$	$-\frac{\sqrt{2}}{2}$	$\sqrt{2}d$	$\sqrt{2}\frac{F_P d}{EA}$
EB	EA	$-\sqrt{2}F_P$	$-\frac{\sqrt{2}}{2}$	$\sqrt{2}d$	$\sqrt{2}\frac{F_P d}{EA}$
				$\sum_{i=1}^{7} \frac{F_N \overline{F}_N}{EA} L_i =$	$6.828 \frac{F_P d}{EA}$

7.5 图 乘 法

从上面的讨论可以看出，在计算弯曲变形引起的位移时，需要计算积分

$$I = \int_A^B \frac{\overline{M}(x) M(x)}{EI} dx \tag{7-41}$$

例7－3选择了具有非常简单的M、$\overline{M}$图的情况来讨论，是刻意安排的。实际工程问题没那么巧，在计算弯曲变形引起的位移时，要遇到很多复杂类型，如式(7－41)的积分运算。如何针对杆系结构的基本特征，提出一种计算式（7－41）形式积分的简便算法，无疑是件非常有意义的工作。本节介绍一种工程中常用的式（7－41）形式积分的简便算法，即图乘法。

7.5.1 图乘公式

设$f(x)$为［A，B］区间上的任意函数，$l(x)$为［A，B］区间上的线性函数，如图7－13所示。现在探讨积分

$$I = \int_A^B f(x) l(x) \mathrm{d}x \tag{7-42}$$

的简便计算方法。

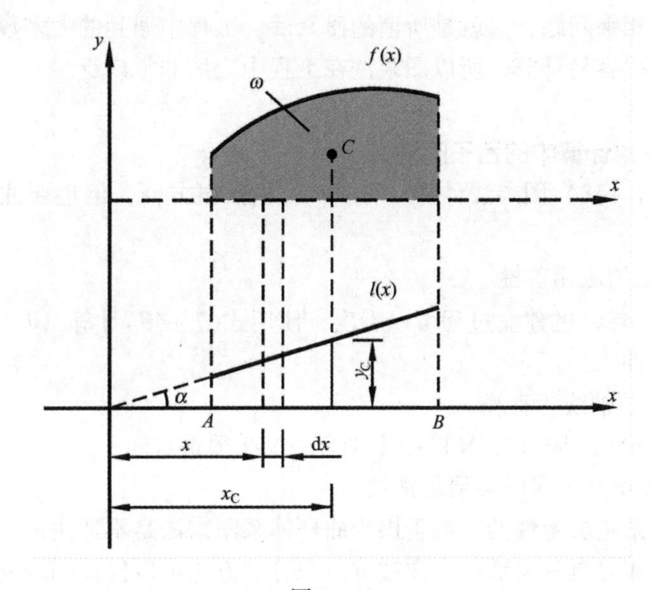

图7－13

因为$l(x)$为［A，B］区间上的一线性函数，从图7－13中可以看出

$$l(x) = x\tan\alpha \tag{7-43}$$

将式（7－43）代入式（7－42）可得

$$\begin{aligned} I &= \int_A^B f(x) x\tan\alpha \mathrm{d}x \\ &= \tan\alpha \int_A^B x f(x) \mathrm{d}x \end{aligned} \tag{7-44}$$

设，$f(x)$和x轴在AB段围成的面积是ω；该面积的形心是C。根据形心的定义，有

$$\int_A^B (x - x_C) f(x) \mathrm{d}x = 0 \tag{7-45}$$

其中，x_C为面积ω形心的x坐标。由式（7－45）可得

$$\tan\alpha\int_A^B xf(x)\mathrm{d}x = x_C\tan\alpha\int_A^B f(x)\mathrm{d}x = y_C\int_A^B f(x)\mathrm{d}x = y_C\omega \tag{7-46}$$

其中，y_C 是面积 ω 形心的 X 坐标 x_C 所对应的 l 的函数值，即

$$y_C = l(x_C) \tag{7-47}$$

将式（7-46）、(7-47）代入式（7-42）可得

$$I = \int_A^B f(x)l(x)\mathrm{d}x = y_C\omega = l(x_C)\omega \tag{7-48}$$

式中　ω——$f(x)$ 和 X 轴在 AB 段围成面积的大小；

y_C——面积 ω 形心的 x_C 坐标所对应的 l 的函数值。

式（7-48）成功地将一个复杂的函数积分问题，转化成了函数图形的面积和形心坐标的相乘问题，这就是所谓的图乘法。工程中遇到的大多数 M、$\overline{M}$ 图的面积和形心都很容易计算，所以图乘法在工程中应用非常广泛。

7.5.2　图乘计算中的若干问题

利用式（7-48）图乘法计算（7-41）积分很方便，但也要注意一些技术上的问题。

1）图乘法的应用前提

从式（7-48）的建立过程可以看出，使用式(7-48)计算（7-41）积分时有三个前提条件：

(1）杆件的轴线为直线；

(2）在积分区间内 M、$\overline{M}$ 图中至少有一个必须是直线；

(3）EI 在积分区间内必须是常数。

其中第一条是决定性的。对于拱等曲杆体系图乘法是不适用的。第二条和第三条在具体操作时具有灵活性。通过分段积分的方法可以保证问题满足这两个条件。所以，图乘法在直杆杆系结构分析中非常有用。

2）正负号规则

使用式（7-48）时规定：面积 ω 与 y_C 在杆件的同一侧时，乘积 $y_C\omega$ 取正号；面积 ω 与 y_C 分居杆件的两侧时，乘积 $y_C\omega$ 取负号。

3）常见图形面积及形心位置

应用图乘法计算积分问题时，需要用到被积函数的图形面积 ω 及其形心位置 x_C，为了使用方便，现将几种常见图形的面积及其形心位置示于图7-14。图7-14中，所谓的“顶点”是指抛物线的极值点。顶点处的切线与基线平行。图中四个抛物线的顶点均位于区间的端点或中点，这样的抛物线与基线围成的图形称为标准抛物线图形。用图乘法计算积分时，要注意图形是否“标准”。

4）分段使用图乘法

考虑图7-15（a）所示的 M 和 $\overline{M}$ 图，现要求计算

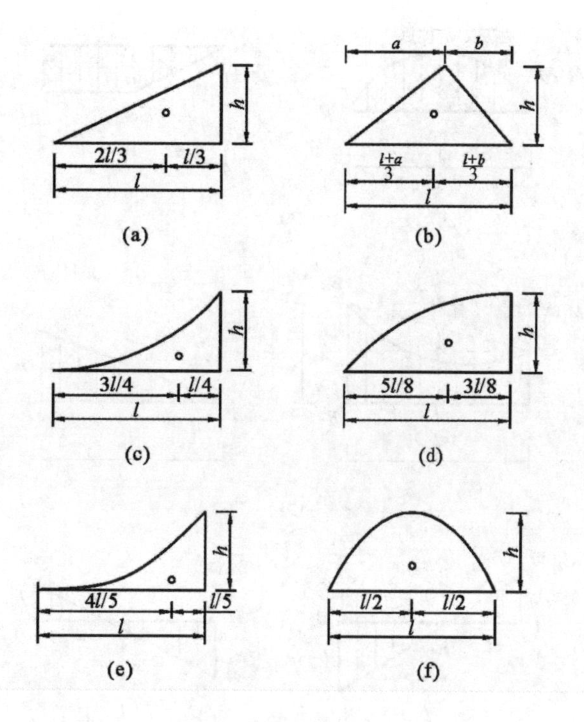

图 7－14

（a）直角三角形，$\omega=lh/2$；（b）三角形，$\omega=lh/2$；

（c）标准二次抛物线，$\omega=lh/3$；（d）标准二次抛物线，$\omega=2lh/3$；

（e）标准三次抛物线，$\omega=lh/4$；（f）标准二次抛物线，$\omega=2lh/3$

$$I_{AB}=\int_A^B\frac{\overline{M}(x)M(x)}{EI}\mathrm{d}x \tag{7－49}$$

已知 EI 在 AB 段为常数。

因为 M 和 $\overline{M}$ 图在积分区段内都不是直线，所以，不能直接使用式（7－48）来计算积分 I_{AB}。但根据积分的性质，式（7－49）可改写为

$$I_{AB}=\int_A^C\frac{\overline{M}(x)M(x)}{EI}\mathrm{d}x+\int_C^B\frac{\overline{M}(x)M(x)}{EI}\mathrm{d}x \tag{7－50}$$

在 AB、CB 段内 $\overline{M}$（x）均为直线，可以使用图乘法。所以

$$\begin{aligned}I_{AB}&=\int_A^C\frac{\overline{M}(x)M(x)}{EI}\mathrm{d}x+\int_C^B\frac{\overline{M}(x)M(x)}{EI}\mathrm{d}x\\&=-\left(\frac{2}{3}ah\right)\times\left(\frac{5}{8}\frac{1}{2}F_{P}a\right)-\left(\frac{2}{3}ah\right)\times\left(\frac{1}{2}F_{P}a\right)=-\frac{13}{24}F_{P}a^2h\end{aligned} \tag{7－51}$$

5）使用叠加法

如果

$$f(x)=f_1(x)+f_2(x) \tag{7－52}$$

那么根据积分的性质，有

$$\int_A^B f(x)l(x)\mathrm{d}x=\int_A^B f_1(x)l(x)\mathrm{d}x+\int_A^B f_2(x)l(x)\mathrm{d}x \tag{7－53}$$

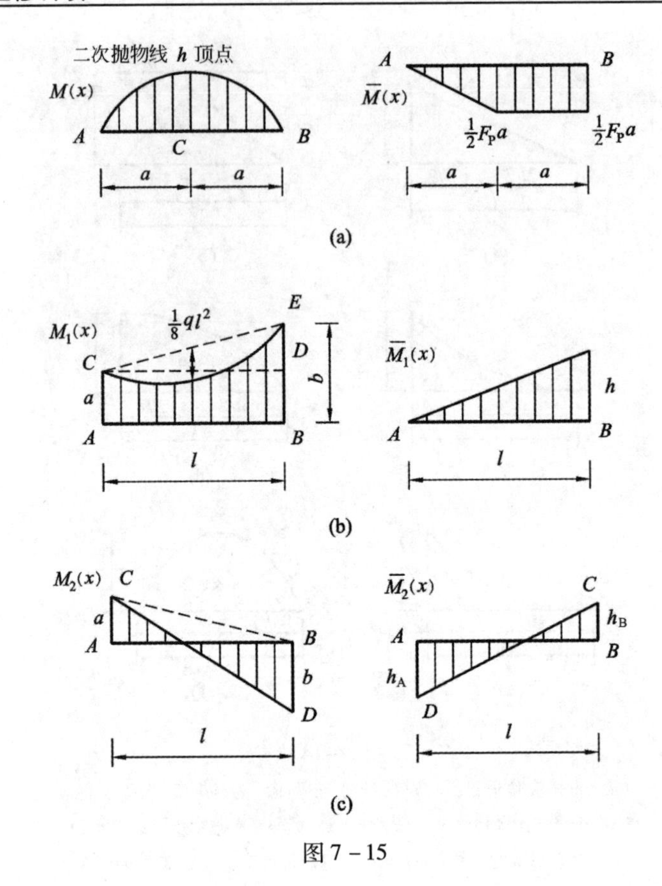

图 7－15

式（7－53）表明，如果 $f(x)$ 的图形可以拆成两个子图形叠加，那么，$f(x)$ 和 $l(x)$ 图乘的结果等于它的两个子图形分别和 $l(x)$ 图乘后的代数和。这一性质在实际计算时非常有用。

考虑图 7－15（b）的 M_1 和 $\overline{M}_1$ 的图乘。M_1 的图形比较复杂，其面积和形心一时难以得到。但 M_1 的图形可以看成是以 AB 为基线的矩形 $ABCD$ 叠加上以 CD 为基线的三角形 CDE，最后再叠加上以 CE 为基线的一个标准二次抛物线。这样 M_1 和 $\overline{M}_1$ 图乘就等于矩形 $ABCD$、三角形 CDE、抛物线 CE 分别和 $\overline{M}_1$ 图乘的和，即

$$\int_A^B \frac{\overline{M}_1(x)M_1(x)}{EI}\mathrm{d}x = \frac{1}{EI}\left[al\cdot\frac{1}{2}h+\frac{1}{2}(b-a)l\cdot\frac{2}{3}h-\frac{2}{3}\frac{1}{8}ql^2l\cdot\frac{1}{2}h\right]$$
$$=\frac{1}{EI}\left[\frac{1}{6}alh+\frac{1}{3}blh-\frac{1}{24}ql^3h\right] \tag{7－54}$$

再考虑图 7－15（c）的 M_2 和 $\overline{M}_2$ 的图乘。M_2 的图形可以看成是以 AB 为基线的三角形 ABC 叠加上以 CB 为基线的三角形 CBD，所以，

$$\int_A^B \frac{\overline{M}_2(x)M_2(x)}{EI}\mathrm{d}x = \frac{1}{EI}\left[-\frac{1}{2}al\left(\frac{2}{3}h_A-\frac{1}{3}h_B\right)-\frac{1}{2}bl\left(\frac{2}{3}h_B-\frac{1}{3}h_A\right)\right]$$
$$=\frac{l}{6EI}\left[(b-2a)h_A+(a-2b)h_B\right] \tag{7－55}$$

7.6 刚架和组合结构在荷载作用下位移计算举例

刚架结构的位移主要由杆件的弯曲变形引起。因此，刚架的位移计算将大量采用图乘法。组合结构中除了受弯杆件外，还有二力杆，其位移计算兼有刚架和桁架的特点。本节通过几则例题来完整地讨论刚架和组合结构在荷载作用下位移计算的全过程。

【例 7-5】 试求图 7-16（a）所示刚架在 F_P 和 q 共同作用下 AB 两点的相对位移 Δ_{AB}。刚架中各杆的 EI 相同，刚架的几何尺寸如图 7-16（a）所示。

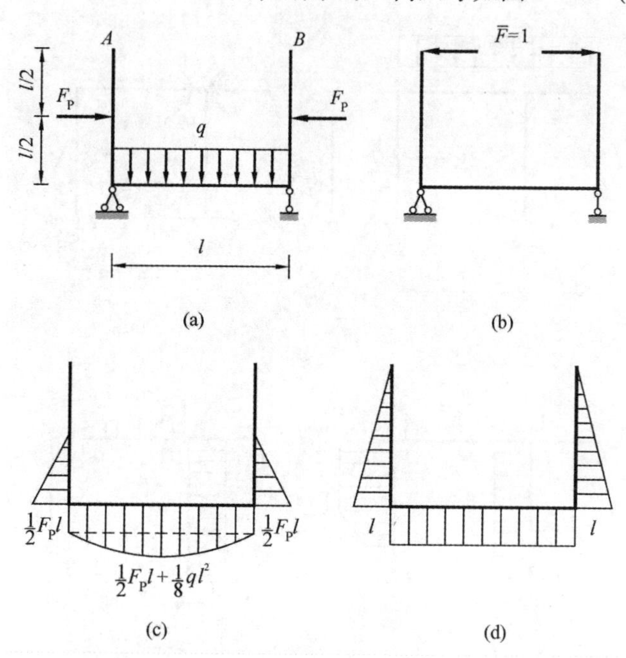

图 7-16

（a）刚架；（b）单位力状态；（c）M 图；（d）$\overline{M}$ 图

【解】 首先构造一个和图 7-16（a）位移状态对偶的单位力状态，如图 7-16（b）所示。结构在荷载作用下的弯矩图和在单位力 $\overline{F}=1$ 作用下的弯矩图分别示于图 7-16（c）、（d）。则刚架 AB 两点的相对位移 Δ_{AB} 为

$$\begin{aligned}\Delta_{AB} &= \sum_{i=1}^{3}\int_{l_i}\frac{\overline{M}(x)M(x)}{EI}\mathrm{d}x \\ &= \frac{1}{EI}\left[\left(\frac{1}{2}\frac{1}{2}F_Pl\frac{1}{2}l\right)\cdot\frac{5}{6}l+\left(\frac{1}{2}\frac{1}{2}F_Pl\frac{1}{2}l\right)\cdot\frac{5}{6}l+\frac{1}{2}F_Pl^2\cdot l+\frac{2}{3}\frac{1}{8}ql^2l\cdot l\right] \\ &= \frac{l^3}{24EI}(17F_P+2ql)\end{aligned}$$

【例 7-6】 试求图 7-17（a）所示刚架在 F_P 和 q 共同作用下 D 铰两侧截面的相对转角 θ_D。刚架中各杆的 EI 相同，刚架的几何尺寸如图 7-17（a）所示。

【解】 首先构造一个和图7－17（a）位移状态对偶的单位力状态，如图7－17（b）所示。结构在荷载作用下的弯矩图和在单位力 $\overline{m}=1$ 作用下的弯矩图分别示于图7－17（c）、（d）。则刚架 D 铰两侧截面的相对转角 θ_D 为

$$\theta_D = \sum_{i=1}^{3}\int_{l_i}\frac{\overline{M}(x)M(x)}{EI}dx$$

$$= \frac{1}{EI}\left(-\frac{1}{8}ql^2 l\cdot 1+\frac{1}{2}\frac{F_P l}{2}l\cdot\frac{1}{3}-\frac{2}{3}\frac{1}{8}ql^2 l\cdot\frac{1}{2}\right)$$

$$= \frac{l^2}{12EI}(F_P-2ql)$$

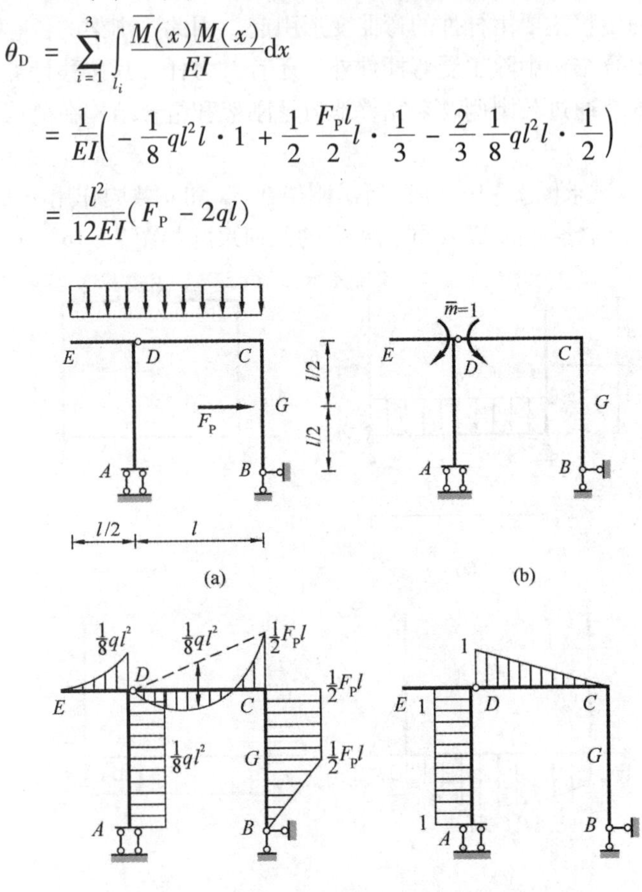

图7－17

（a）刚架；（b）单位力状态；（c）M 图；（d）$\overline{M}$ 图

【例7－7】 试求图7－18（a）所示组合结构在 q 作用下 C 铰两侧截面的相对转角 θ_C。组合结构中各杆的弹性模量 E 相同，杆件的截面惯性矩和截面积，以及结构的几何尺寸如图7－18（a）所示。

【解】 首先构造一个和图7－18（a）位移状态对偶的单位力状态，如图7－18（b）所示。结构在荷载作用下的弯矩图和在单位力 $\overline{m}=1$ 作用下的弯矩图分别示于图7－18（c）、（d）。则刚架 C 铰两侧截面的相对转角 θ_C 为

$$\theta_C = \int_A^B\frac{\overline{M}M}{E4I}dx+\int_C^E\frac{\overline{M}M}{EI}dx+\frac{\overline{F}_N F_N}{EA}L_{BD}$$

$$= \frac{1}{4EI}\left(\frac{1}{2}\times 90\times 3\right)\times\frac{2}{3}+\frac{1}{EI}$$

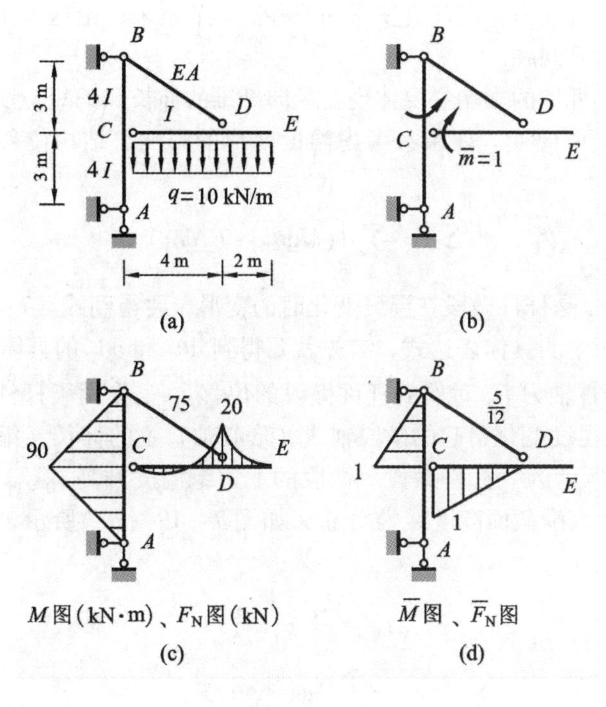

图 7-18

$$\left[-\left(\frac{1}{2}\times 20\times 4\right)\times\frac{1}{3}+\left(\frac{2}{3}\times\frac{1}{8}\times 10\times 4^2\times 4\right)\times\frac{1}{2}\right]+\frac{75\times\frac{5}{12}}{EA}\times 5$$

$$=\frac{35.83}{EI}+\frac{156.25}{EA}$$

7.7 结构由于温度变化、支座移动所引起的位移计算

工程中常见的广义荷载包括：荷载、温度变化和支座移动等等。以虚力原理为本质的结构位移计算一般公式（7-28），对这些广义荷载作用下的位移计算是普适的。但对各个不同的广义荷载，其具体计算表达式有所不同。前面两节讨论了结构在荷载作用下的计算流程，本节开始讨论结构在温度变化和支座移动影响下的位移计算问题。

7.7.1 温度改变引起的位移计算

任何建筑物都是在某一温度范围下建造起来的。在其使用过程中，建筑物的温度会随四季和环境温度的变化而变化。因此，温度变化是建筑结构最常见的一种广义荷载。

由静定结构的定义可知，静定结构的内力和反力由静力平衡条件唯一确定。温度变化对静力平衡方程是没有影响的，所以，静定结构在温度变化影响下并不会产生内力。然而结构构件在温度变化时会发生变形，因此，静定结构在温度变化作用下虽然没有内力，但却有变形和位移。本节就来讨论这种由温度变化引发的结构位移的计算问题。

温度改变对杆件的影响主要体现在纵向纤维的伸长和缩短，所以，温度变化不会使杆件产生剪应变。如果只考虑温度变化的影响，结构位移计算一般公式（7－28）可写为

$$\Delta_{\mathrm{T}} = \sum_{i} \int_{l_i} (\overline{M} \mathrm{d}\theta_{\mathrm{T}} + \overline{F}_{\mathrm{N}} \mathrm{d}\delta_{\mathrm{T}}) \tag{7-56}$$

其中，$\mathrm{d}\theta_{\mathrm{T}}$ 和 $\mathrm{d}\delta_{\mathrm{T}}$ 是杆件微段在温度变化时的变形。要得到式（7－56）在结构温度变化位移分析中的具体表达式，首先就要得到 $\mathrm{d}\theta_{\mathrm{T}}$ 和 $\mathrm{d}\delta_{\mathrm{T}}$ 的具体表达式。

$\mathrm{d}\delta_{\mathrm{T}}$ 是和杆件轴力 $\overline{F}_{\mathrm{N}}$ 对偶的杆件微段的位移。$\overline{F}_{\mathrm{N}}$ 作用于杆件的形心上，所以，$\mathrm{d}\delta_{\mathrm{T}}$ 应该是温度变化引起的微段轴线（形心轴）上的伸长（缩短）量。考虑图7－19（a）所示的一杆件微段。微段的上边缘温度升高 t_1℃，下边缘温度升高 t_2℃。假定温度沿截面高度线性分布，如图7－19（b）所示，则杆件轴线处的温度为 t_0。

$$t_0 = \frac{h_1 t_2 + h_2 t_1}{h} \tag{7-57}$$

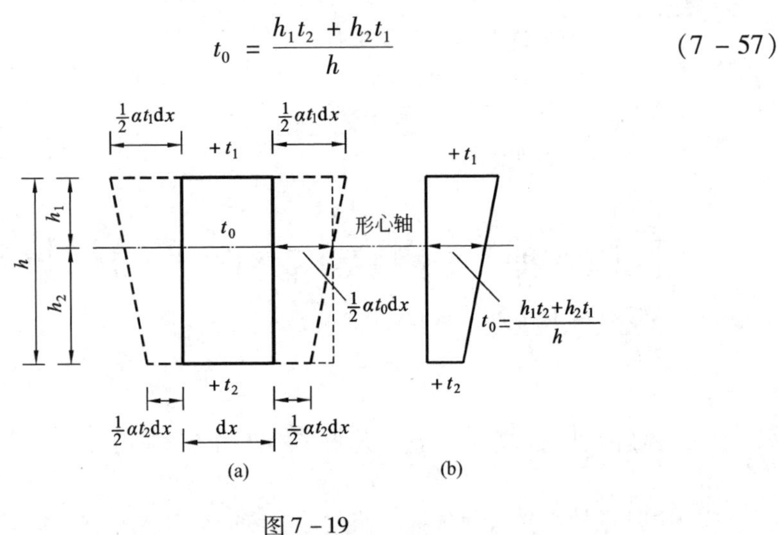

图7－19

则微段在轴线处的伸长量 $\mathrm{d}\delta_{\mathrm{T}}$ 为

$$\mathrm{d}\delta = \alpha t_0 \mathrm{d}x \tag{7-58}$$

其中，α 为材料的线膨胀系数。

$\mathrm{d}\theta_{\mathrm{T}}$ 是和杆件弯矩 $\overline{M}$ 对偶的杆件微段的位移，是温度引起的微段两侧截面的相对转角。参考图7－19（a），$\mathrm{d}\theta_{\mathrm{T}}$ 可写为

$$\begin{aligned} \mathrm{d}\theta &= \frac{\alpha t_1 \mathrm{d}x - \alpha t_2 \mathrm{d}x}{h} \\ &= \frac{\alpha \Delta t \mathrm{d}x}{h} \end{aligned} \tag{7-59}$$

其中，$\Delta t = t_1 - t_2$ 为上、下边缘的温度变化之差。

将式（7－58）、（7－59）代入式（7－56）得

$$\Delta_T = \sum_i \int_{l_i} \overline{M} \frac{\alpha \Delta t}{h} dx + \sum_i \int_{l_i} \overline{F}_N \alpha t_0 dx \tag{7-60}$$

使用式（7－60）计算时位移时可采用如下正、负号规定：

（1）$\overline{F}_N$ 以拉为正，压为负；

（2）t_0 以温度升高为正，降低为负；

（3）$\overline{M}$ 恒为正，Δt 以 $\overline{M}$ 为标准，如果 Δt 和 $\overline{M}$ 引起的杆件弯曲方向相同（即 Δt 和 $\overline{M}$ 使杆件的同一侧产生拉伸变形），Δt 取正，反之取负。

若 α、Δt、t_0 和 h 沿杆长不变，同时考虑到在单根杆件范围内，式（7－60）被积函数的正负号也沿杆长不变（如果变化可采用分段的办法处理），则式（7－60）可写为

$$\Delta_T = \sum_i \frac{\alpha \Delta t}{h} + \int_{l_i} \overline{M} dx + \sum_i \alpha t_0 \int_{l_i} \overline{F}_N dx \tag{7-61}$$

令 $\omega_{\overline{M}}$、$\omega_{\overline{F_N}}$分别表示 $\overline{M}$ 和$\overline{F}_N$的面积，则上式可进一步写为

$$\Delta_T = \sum \left(\pm \frac{\alpha |\Delta t|}{h} \omega_{\overline{M}} \right) + \sum (\pm \alpha |t_0| \omega_{\overline{F_N}}) \tag{7-62}$$

式（7－62）中所有量均为正值，乘积的 ± 的取舍须按以下法则进行。

（1）Δt 和 $\overline{M}$ 引起的杆件弯曲方向相同时，取正，反之取负；

（2）t_0 和$\overline{F}_N$引起的杆件伸缩方向相同时，取正，反之取负。

下面考虑一则例题。

【例 7－8】 图 7－20（a）所示刚架内部温度升高 10℃，外部温度不变。刚架梁和柱的截面均为矩形，高为 h，材料线膨胀系数为 α，刚架的整体几何尺寸如图7－20（a）所示。试求刚架 C 点的水平位移 Δ_{HC}。

【解】 刚架梁和柱的截面均为矩形，其形心轴为对称轴，则又式（7－57）

$$t_0 = \frac{\frac{h}{2} \times 10 + \frac{h}{2} \times 0}{h} = 5℃ \tag{a}$$

刚架外侧温度没有变化，所以，内外温度变化之差 $\Delta t = 10℃$。

构造一个和图 7－20（a）位移状态对偶的单位力状态，如图 7－20（b）所示。结构在单位力 $\overline{F} = 1$ 作用下的弯矩图示于图 7－20（c）、（d）。则刚架 C 点的水平位移 Δ_{HC} 为

$$\begin{aligned} \Delta_{HC} &= \sum \left(\pm \frac{\alpha |\Delta t|}{h} \omega_{\overline{M}} \right) + \sum (\pm \alpha |t_0| \omega_{\overline{F_N}}) \\ &= 2\left(\frac{10\alpha}{h} \frac{1}{2} l^2 + 5\alpha l \right) \\ &= 10\alpha l \left(1 + \frac{l}{h} \right) \end{aligned} \tag{b}$$

正号表示和所设定的 $\overline{F} = 1$ 方向相同。

7.7.2 支座移动引起的位移计算

建筑物在使用过程中有时候地基会出现沉降，这也是建筑结构常见的一种广

义荷载。地基沉降反映到结构计算简图上就是支座移动。支座移动对静力平衡方程没有影响的，所以，静定结构在支座移动影响下既不会变形，也不会产生内力。由此可见，支座移动引起的静定结构位移问题属于刚体体系的位移计算问题，可以采用7.2.2节介绍的刚体的虚力原理的进行求解。例题7－2已经演示了用刚体虚力原理分析静定结构在支座移动影响下的位移计算流程。

另一方面，我们也可以用结构位移计算一般公式（7－28）来计算支座移动引起的静定结构位移。此时由于结构各杆件没有变形，所以内力虚功为零，式(7－28)退化为

$$\Delta = \sum_{j} \overline{F_{Rj}} \Delta_{Cj} = -\sum_{j} (\pm |\overline{F_{Rj}} \Delta_{Cj}|) \tag{7-63}$$

式中　Δ_{Cj}——已知的支座位移；

$\overline{F_{Rj}}$——单位力引起的在空间上和Δ_{Cj}匹配的支座反力。

使用式（7－63）须注意，求和符号前的负号是公式推导时产生的，固定不变，而$|\overline{F_{Rj}} \Delta_{Cj}|$前的“±”号按虚功的符号原则取舍，即，$\Delta_{Cj}$和$\overline{F_{Rj}}$同向时取正，反向时取负。

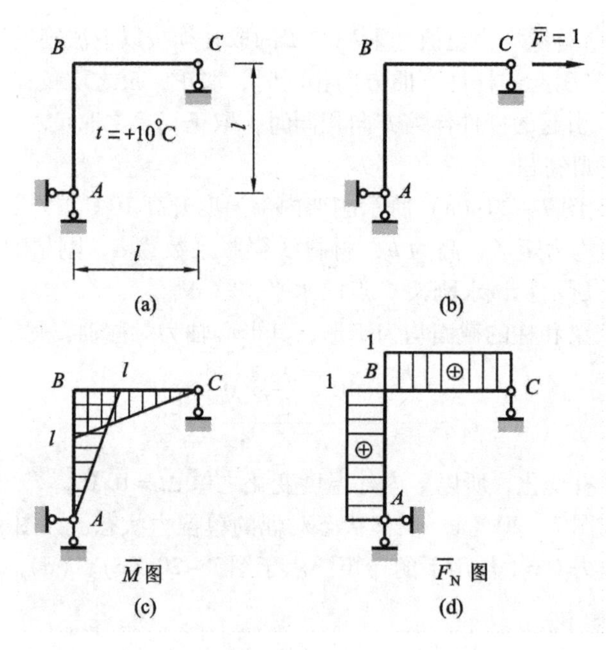

图7－20

实际上，式（7－63）本身就是刚体虚力原理的单位力形式，只不过应用起来更直接一点。有兴趣的读者可以尝试用式（7－63）来求解例7－2。本章在此就不赘述了。

7.8　互等定理

从虚功原理出发可以得到三个非常有趣的定理，即，功的互等定理、位移互

等定理和反力互等定理，其中最基本的是功的互等定理。位移互等定理、反力互等定理是功的互等定理的特例，将直接应用于后两章的学习中。

7.8.1 功的互等定理

图7－21给出了同一体系的两种状态。第一状态中体系上作用有一组力 $F_i^{(1)}$，$i=1, 2, \cdots$；第二状态中体系上作用有一组力 $F_j^{(2)}$，$j=1, 2, \cdots$。$\Delta_j^{(1)}$ 表示体系在第一状态中发生的和 $F_j^{(2)}$ 在空间上匹配的位移；$\Delta_i^{(2)}$ 表示体系在第二状态中发生的和 $F_i^{(1)}$ 在空间上匹配的位移。由弹性体的虚位移方程（7－26）可得

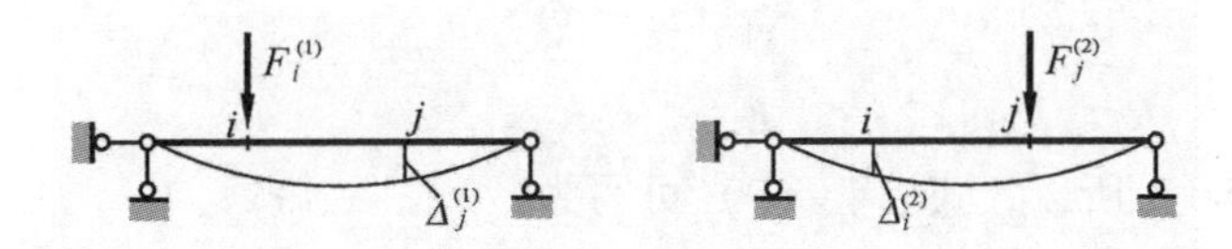

图7－21

$$\sum_i F_i^{(1)}\Delta_i^{(2)} = \int (M^{(1)}\mathrm{d}\theta^{(2)} + F_Q^{(1)}\mathrm{d}\lambda^{(2)} + F_N^{(1)}\mathrm{d}\delta^{(2)}) \qquad (7-64)$$

$$\sum_i F_i^{(2)}\Delta_i^{(1)} = \int (M^{(2)}\mathrm{d}\theta^{(1)} + F_Q^{(2)}\mathrm{d}\lambda^{(1)} + F_N^{(2)}\mathrm{d}\delta^{(1)}) \qquad (7-65)$$

式中 $M^{(1)}$、$F_Q^{(1)}$、$F_N^{(1)}$ 和 $M^{(2)}$、$F_Q^{(2)}$、$F_N^{(2)}$——分别表示体系在第一和第二状态中产生的内力；

$\mathrm{d}\theta^{(1)}$、$\mathrm{d}\lambda^{(1)}$、$\mathrm{d}\delta^{(1)}$ 和 $\mathrm{d}\theta^{(2)}$、$\mathrm{d}\lambda^{(2)}$、$\mathrm{d}\delta^{(2)}$——分别表示体系在第一和第二状态中杆件微段发生的变形。

将式（7－32）、（7－34）、（7－35）代入式（7－64）、（7－65）得

$$\sum_i F_i^{(1)}\Delta_i^{(2)} = \int \left(\frac{M^{(1)}M^{(2)}}{EI}\mathrm{d}x + k^* \frac{F_Q^{(1)}F_Q^{(2)}}{GA}\mathrm{d}x + \frac{F_N^{(1)}F_N^{(2)}}{EA}\mathrm{d}x \right) \qquad (7-66)$$

$$\sum_i F_i^{(2)}\Delta_i^{(1)} = \int \left(\frac{M^{(2)}M^{(1)}}{EI}\mathrm{d}x + k^* \frac{F_Q^{(2)}F_Q^{(1)}}{GA}\mathrm{d}x + \frac{F_N^{(2)}F_N^{(1)}}{EA}\mathrm{d}x \right) \qquad (7-67)$$

比较式（7－66）、（7－67）得

$$\sum_i F_i^{(1)}u_i^{(2)} = \sum_i F_i^{(2)}u_i^{(1)} \qquad (7-68)$$

式（7－68）表明：第一状态的外力在第二状态的位移上所做的虚功，等于第二状态的外力在第一状态的位移上所做的虚功，这就是功的互等定理。

7.8.2 位移互等定理

位移互等定理是功互等定理的一个特殊情况，研究的是同一结构在两个作用点分别作用单位力时，单位力的作用点沿单位力方向的位移之间的关系。

图7－22所示结构上有1、2两点。在1处作用单位力 $F_1=1$ 时，在2处产生的位移为 δ_{21}，如图7－22（a）所示；在2处作用单位力 $F_2=1$ 时，在1处产生的位移为 δ_{12}，如图7－22（b）所示。由功的互等定理可得

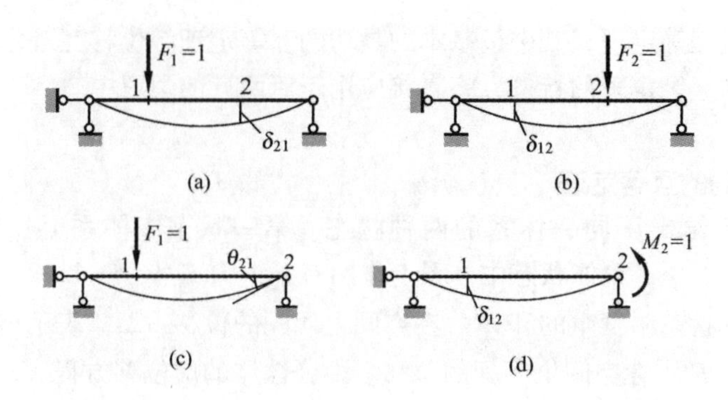

图7－22

$$F_1\delta_{12} = F_2\delta_{21} \tag{7-69}$$

因为 $F_1=F_2=1$，所以，式（7－69）可写为

$$\delta_{12} = \delta_{21} \tag{7-70}$$

粗略地说，式（7－70）表明：结构在2处作用单位力时在1处产生的位移，等于结构在1处作用单位力时在2处产生的位移，这就是所谓的位移互等定理。当然，这里的力和位移都是在功的意义上对偶的。

应该指出的是，这里单位力可以是广义力，而位移也可以是相应的广义位移。图7－22（c）、（d）线位移 δ_{12} 和角位移 θ_{21} 在数值上是相等的。

7.8.3　反力互等定理

反力互等定理是功互等定理的另一个特殊情形，它反映了超静定结构在两个支座分别产生单位位移时，反力之间的互等关系。

图7－23所示超静定结构的两个支座分别发生单位位移。图7－23（a）表示支座1发生单位位移 $\Delta_1=1$ 时，在支座2处引起的反力为 r_{21}；图7－23（b）表示支座2发生单位位移 $\Delta_2=1$ 时，在支座1处引起的反力为 r_{12}。根据功的互等定理有

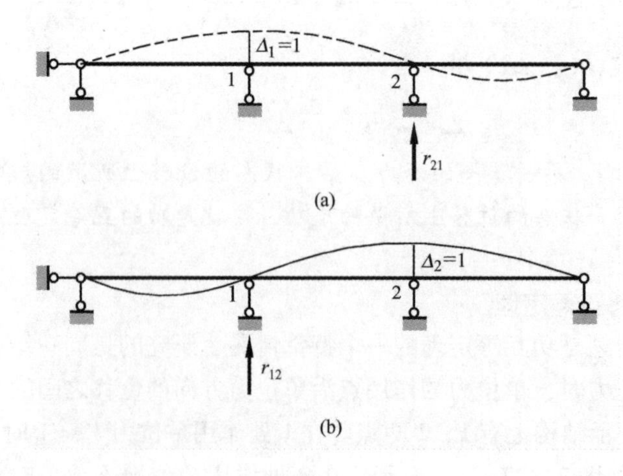

图7－23

$$r_{12}=r_{21} \tag{7-71}$$

式（7-71）表明：结构由支座1的单位位移引起的支座2的反力，在数值上等于支座2的单位位移引起的支座1的反力，这就是反力互等定理。

同样，这里的辊轴支座可以换成别的约束，支座位移也可以是约束相应的广义位移，支座反力可以换成该约束相应的广义力。图7-24中的支座反力 r_{21} 是力矩，r_{12} 是力，但它们数值相等。

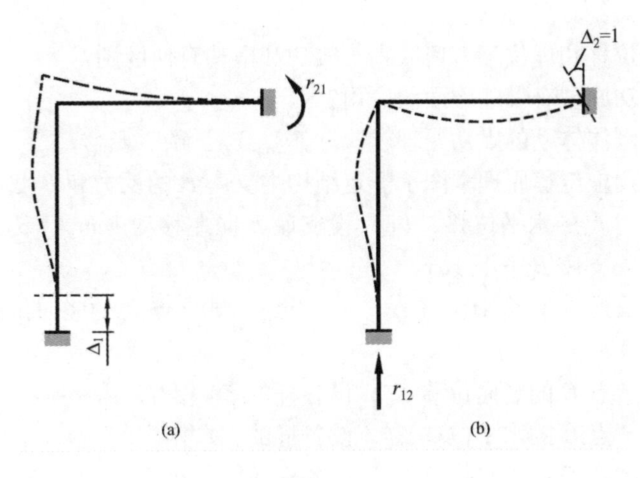

图7-24

7.9 本章小结

本章讨论了静定结构位移计算问题。虽然结构位移计算原本是一个基于杆件弹性变形或支座移动的几何问题，但虚力原理戏剧性地将它演变成了一个结构的内力计算问题。因此，深入理解虚功原理的本质是本章学习的一个重点。

从不同的立场看，虚功原理分为虚位移原理和虚力原理。其实，无论是虚位移还是虚力，都是现实的，“虚”只是虚在立场上。虚位移原理是站在力状态的立场上考虑问题，研究的是结构的平衡问题，从这个角度看，位移状态就是虚的。而虚力原理正好相反，是站在位移状态的立场上考虑问题，分析的是结构在各种广义荷载作用下的位移响应，此时，力状态就变成虚构的了。

使结构产生位移的外因多种多样，一般有荷载、温度变化和支座移动。静定结构在荷载作用下会产生内力和变形，在温度变化作用下虽然会产生变形，但却没有内力；而支座移动既不引起静定结构的内力，也不会造成静定结构的变形。所以，荷载或温度变化影响下的静定结构位移分析是弹性体的位移计算问题，需要运用弹性体的虚力原理；而支座移动引起的静定结构位移分析则是刚体体系的位移计算问题，应用刚体体系的虚力原理就可以得到完满的解答。

运用虚力原理解决静定结构位移计算问题时一般采用的是单位力法。对于不同的广义荷载（荷载、温度变化、支座移动），单位力法有不同的具体表达式。运用这些表达式解决具体问题时，还有许多技巧和技术性细节，其中最突出的就是图乘法。图乘法将复杂的积分计算，转化成了几何图形的面积和形心的代数运算问题，非常巧妙，应用十分广泛。

总之，本章涉及了一些非常有趣的概念和颇具灵活性的技巧，希望读者能在学习过程中细细品味。

习 题

7-1 实位移和虚位移有何区别？实功和虚功有何区别？

7-2 虚功原理有哪些方面的应用？

7-3 用刚体体系的虚功原理求 X_A，Y_A，Y_B，M_E，F_{QE}。

7-4 试用虚位移原理求图示静定结构中支座 B 的反力和 B 截面弯矩。

7-5 求 D 点的水平位移，(a) 设支座 A 向左移动 1cm，(b) 设支座 A 下沉 1cm，(c) 设支座 B 下沉 1cm。

7-6 设支座 A 有给定位移 Δ_X、Δ_Y、Δ_φ，试求点 K 的竖向位移 Δ_{VK}、水平位移 Δ_{HK} 和转角 θ_K。

7-7 求节点 C 的竖向位移 Δ_C，设各杆的 EA 相等。

7-8 求节点 C 的水平位移 Δ_C，设各杆的 EA 相等。

7-9 求节点 C 的水平位移 Δ_C，设各杆的 EA 相等。

7-10 求图示结构中节点 B 的水平位移。

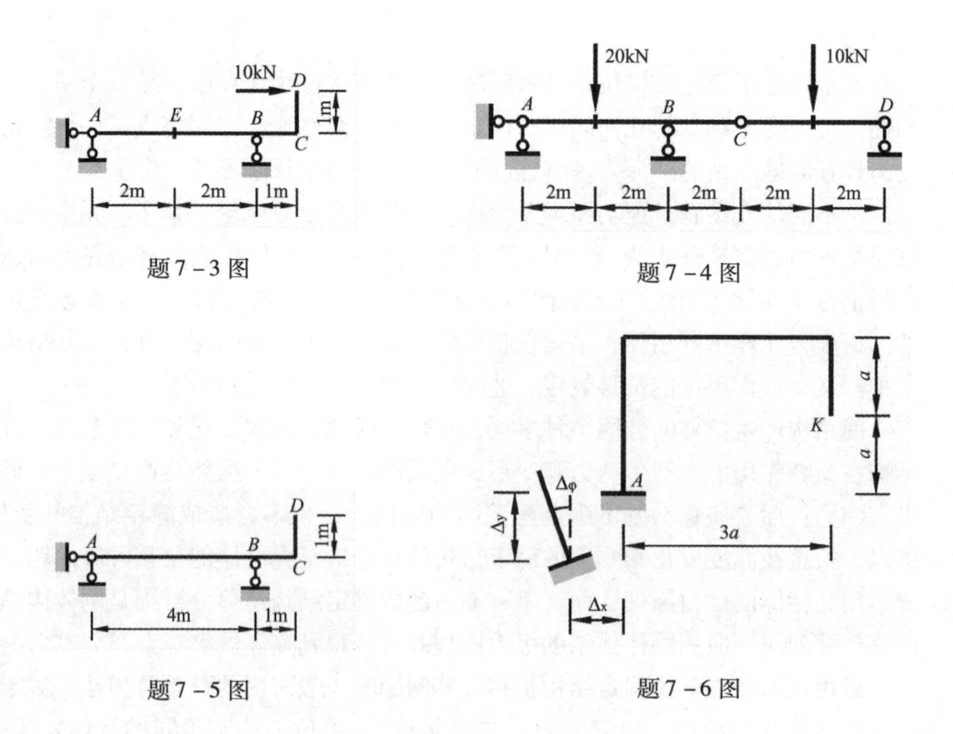

题7-3图　题7-4图

题7-5图　题7-6图

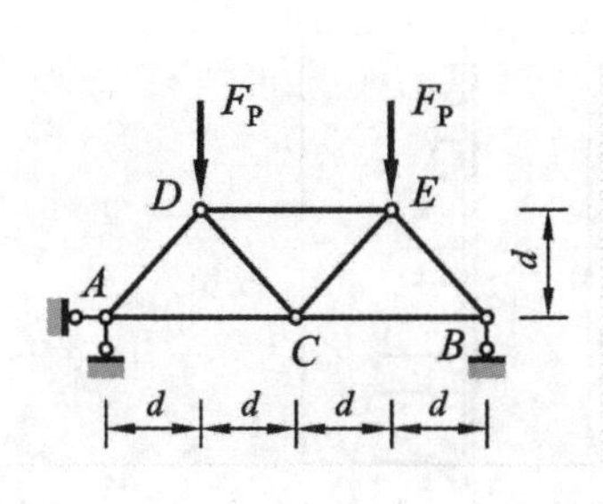

题7－7图

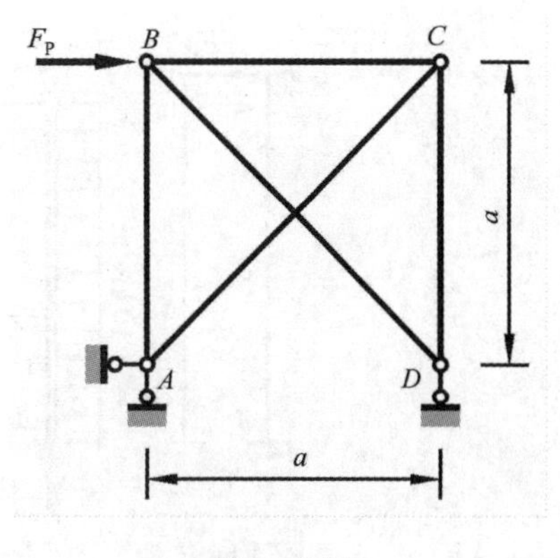

题7－8图

7－11　用图乘法求图示结构指定的位移。

(1) 图 (a) 中的 Δ_{VA} ($EI=2\times10^4\text{kN}\cdot\text{m}^2$)。

(2) 图 (b) 中的 C 点两侧截面的相对转角 θ_C ($EI=2.1\times10^4\text{kN}\cdot\text{m}^2$)。

(3) 图 (c) 中的 Δ_{HE} 和 θ_B。

(4) 图 (d) 中的 Δ_{VC} ($EI=2.1\times10^4\text{kN}\cdot\text{m}^2$)。

7－12　图示三铰刚架，若其内部温度升高30℃，求点 C 的竖向位移。各杆均为矩形截面，截面高度为 h，线膨胀系数为 α_l。

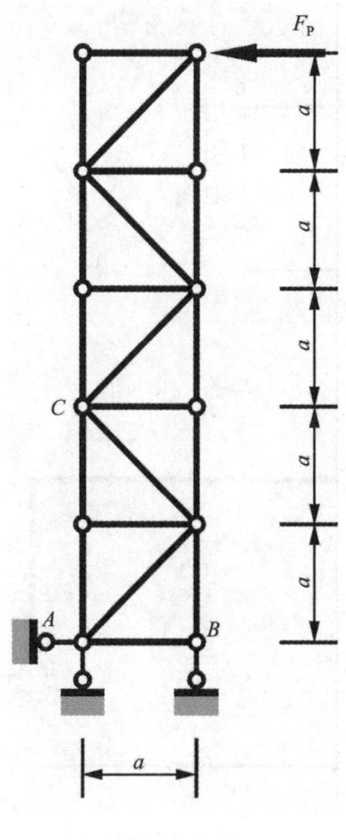

题7－9图

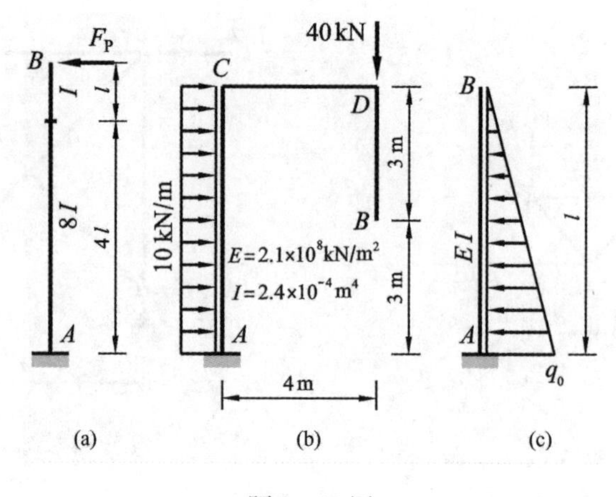

题 7－10 图

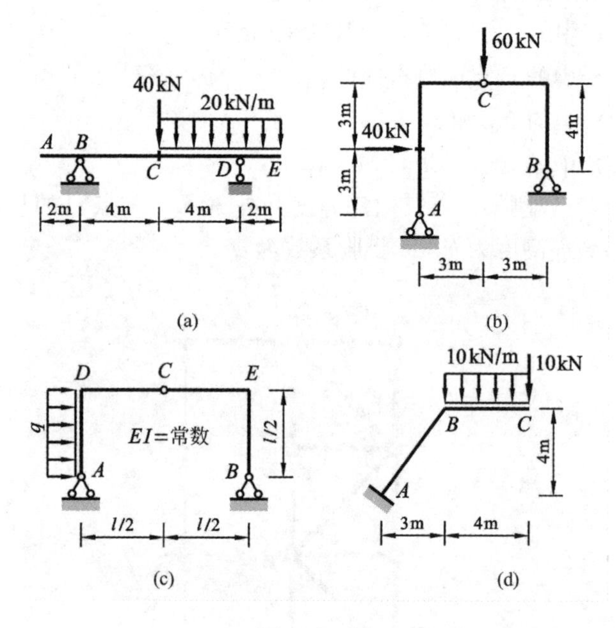

题 7－11 图

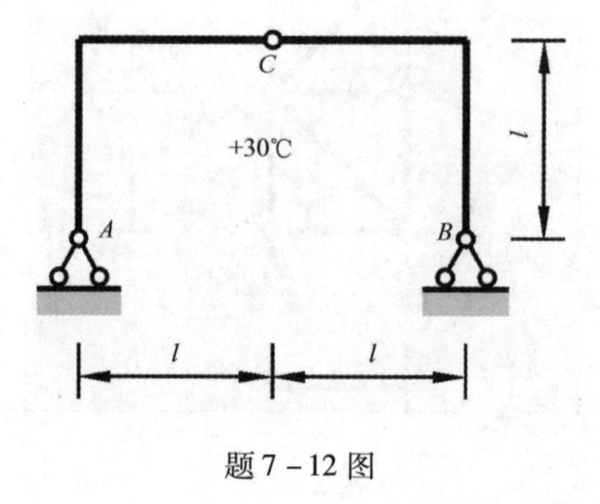

题 7－12 图

第 8 章
力　法

Chapter 8
Force Method

前面各章的讨论表明，静定结构的内力和反力可由静力平衡条件完全确定。从几何构造的角度看，静定结构是一种没有多余约束的几何不变体系，其自由度正好为零。静定结构的这一特点带来一个问题，结构中一旦有某根杆件破坏，整个体系就会变成可以运动的机构。我们知道自由度大于零的机构是不能抵御外荷载的，所以，静定结构虽然从理论上说可以作为结构，但其实际使用中的可靠性是令人担忧的。鉴于此，实际工程中一般采用超静定结构。超静定结构在力学性能和分析方法方面，都和静定结构存在很大差异。本章将讨论超静定结构的经典分析方法——力法。

8.1　超静定结构的一般概念

8.1.1　超静定结构及其分析方法

1）超静定问题

所谓“静定”，顾名思义，就是“静力平衡条件可以完全确定”。那么“超静定”是否意味着“仅用静力平衡条件不能完全确定”呢？事情确实如此，*超静定问题就是仅用静力平衡条件不能完全定解的问题*。其实在前面各章的学习中已经遇到了超静定问题。第6章的研究表明，仅用静力平衡条件是不可能得到杆件内各点的应力状态的。杆件的应力、应变分析除了要考虑静力学方面外，还要综合考虑杆件的几何变形、物理性质（胡克定律）等多方面的因素。因此，超静定问题分析远比静定问题复杂得多。

2）超静定结构

杆系结构分析一般包括两大步骤：第一步，内力分析，目的在于计算结构在荷载作用下各杆件横截面上的内力（弯力矩、剪力和轴力）；第二步，应力分析，由杆件横截面上的内力获取杆件内任意一点的应力状态。其中，第二步属于超静定问题的范畴，但第一步则不一定。第5章讨论的结构内力分析问题就属于静定问题范畴，而本章开始讨论的结构内力分析问题则属于超静定问题的范畴。从这一角度上讲，*超静定结构就是其内力不能由静力平衡条件完全确定的结构*。超静定结构的内力分析属于超静定问题的范畴，但只是其中的一部分。

3）超静定结构的内力分析方法

超静定结构内力分析的基本方法有力法和位移法。力法以力为未知量来求解问题，是最古老、也是最基本的一种超静定结构分析方法。力法概念比较直观、通俗。相对于力法，位移法的出现要迟得多，有关概念也晦涩一点。但位移法在近代应用较广，用于手算的力矩分配法和适合电算的矩阵位移法，都是以位移法为基本力学模型演变过来的。本章和下一章将分别对这两种方法展开讨论。

8.1.2　结构超静定次数的确定

从几何组成方面来说，结构的超静定次数就是多余约束的个数。从静力分析上看，超静定次数就是根据平衡方程计算未知力时所缺少的方程个数，即多余未知力的数目。考虑图8-1（a）所示的结构。将所有约束去掉代之以反力，得图8-1（b）所示的示力图。这一问题的未知力有F_{VC}、F_{HA}、F_{VA}和M_A，共4个未知数。由静力学可知，隔离体ABC所能提供的独立平衡条件只有三个。由此可见，未知力的数目比平衡方程数多一个，所以，该结构是一次超静定结构。

由于多余约束和多余未知力是一一对应的，所以比较快捷的确定超静定次数的方法，就是把原结构中的多余约束去掉，使之变成静定结构，撤除的约束的个数即为超静定次数。下面考虑几则实例。

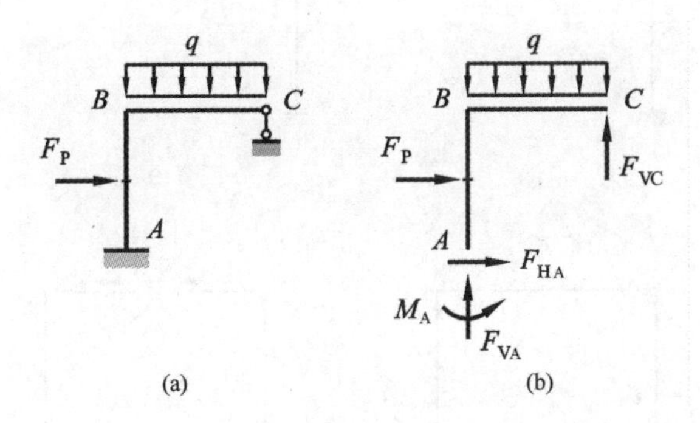

图8-1

图8-2（a）为一三跨连续梁。将中间的两辊轴支座（链杆）去掉得图8-2（b）所示的静定简单支梁。两链杆相当于2个约束，所以原连续梁是2次超静定结构。将图8-2（c）所示桁架中一杆件截断，得图8-2（d）所示的静定桁架。一根连杆相当于一个约束，所以原桁架是1次超静定结构。将图8-2（e）所示刚架的铰支座去掉，得图8-2（f）所示的静定刚架。一个铰相当2个约束，所以原刚架是2次超静定结构。图8-2（g）为一门式刚架，将横梁截断得图8-2（h）所示静定刚架。横梁的刚性连接相当于3个约束，所以，原刚架是3次超静定结构。将图8-2（i）刚架的铰节点撤除，得图8-2（j）所示的静定刚架。一个铰相当于2个约束，所以，原刚架是2次超静定结构。图8-2（k）为一组合结构，将横梁和链杆截断，得图8-2（l）所示的静定结构。一个链杆相当于1个约束，一个非二力杆的刚性连接相当于三个约束，所以原结构是7次超静定结构。将图8-2（m）所示桁架的三个上弦杆截断，得图8-2（n）所示的静定桁架。三链杆相当于3个约束，所以，原桁架是3次超静定的。

以上的实例分析表明，从结构中撤除约束的方法一般有以下几种方式：

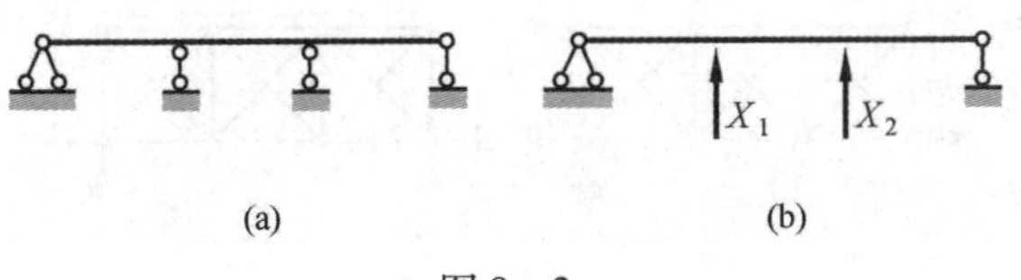

图8-2

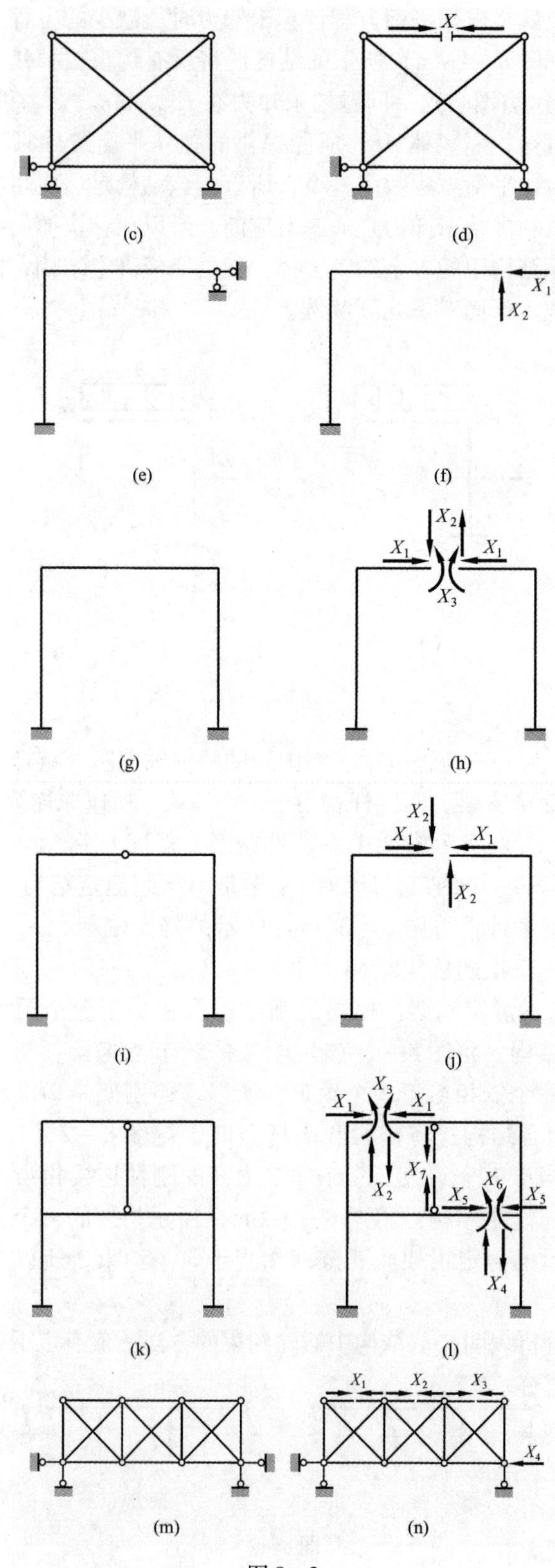
X
(c)
(d)
X_1
X_2
(e)
(f)
X_2
X_1
X_1
X_3
(g)
(h)
X_2
X_1
X_1
X_2
(i)
(j)
X_3
X_1
X_1
X_7
X_2
X_6
X_5
X_5
X_4
(k)
(l)
X_1
X_2
X_3
X_4
(m)
(n)

图 8－2

1）撤除（或截断）一根链杆（二力杆）

由第4章的知识可知，一根链杆相当于一个多余约束，所以撤除（或截断）一根链杆就等于从结构中撤除了一个约束；

2）撤除一个铰

一个铰相当于两个约束，所以撤除一个单铰等于从结构中撤除了两个约束（这里讲的单铰是指仅连接两根杆件的铰）；

3）截断杆件的刚性连接

非二力杆中一般都有弯矩、剪力和轴力，所以截断一根非二力杆等于从结构中撤除了三个约束；

4）将杆件的刚性连接换成铰连接

杆件的刚性连接可以提供三个约束，而铰连接只能提供两个约束，所以将杆件的刚性连接换成铰连接等于从结构中撤除了一个约束。

应该指出的是，同一个超静定结构撤除约束后得到的静定结构可以是不同的，但超静定次数是一个确定的值。图8－3（a）所示的刚架可以撤解成（b）、（c）、（d）三种不同的静定结构。但无论哪一种都是通过解除三个约束后得到的，所以，原刚架是3次超静定结构这一点是不变的。

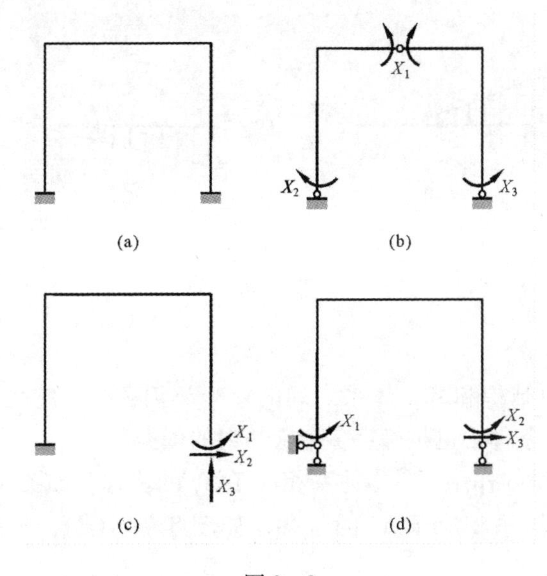

图8－3

8.2 力法的基本原理

8.2.1 力法的基本思想

为了说明力法的基本思想，考虑图8－4（a）所示的超静定梁。由于一个链杆支座相当于1个约束，所以，该超静定梁为1次超静定结构。撤除链杆支座得图8－4（b）所示的静定刚架。这种去掉多余约束后得到的静定结构称为该问题的力法基本体系。基本体系上作用有荷载 q 和链杆支座的反力 X_1。只要能求出

X_1，则原结构的计算问题就可由静定的基本体系来解决。因此，本问题力法的基本未知量就是多余未知力 X_1，力法的名称也是由此而来。

得到基本体系后的关键问题是求出基本未知量 X_1。显然图 8－4（b）所示的基本体系在 q 和 X_1 共同作用下的变形和原结构应该是一致的。原结构与 X_1 相应的位移（即原结构在支座 B 处的竖向位移）等于零，所以，基本体系在所有外力作用下相应于 X_1 的位移 Δ_1（即基本体系在 B 处的竖向位移）也应该等于零，即

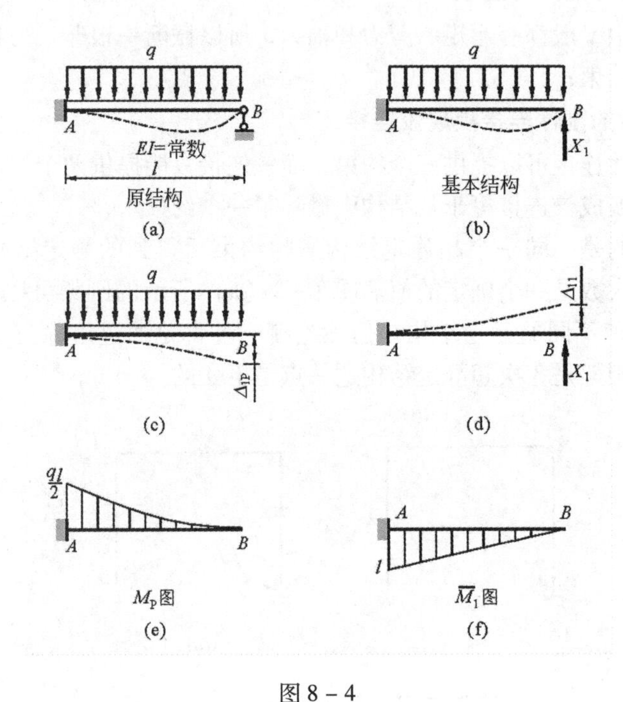

图 8－4

$$\Delta_1 = 0 \tag{8-1}$$

式（8－1）称为原结构和基本体系之间的变形协调条件，它是力法基本体系与原结构相等的基本条件，也是确定多余未知力的依据。

设 Δ_{1P} 表示荷载 q 作用下基本体系相应于 X_1 的位移，如图 8－4（c）；Δ_{11} 表示 X_1 作用下基本体系相应于 X_1 的位移，如图 8－4（d）。根据叠加原理，式（8－1）可写为

$$\Delta_1 = \Delta_{11} + \Delta_{1P} = 0 \tag{8-2}$$

又令 δ_{11} 表示 $X_1 = 1$ 作用下基本体系相应于 X_1 的位移，则式（8－2）可进一步写为

$$\delta_{11} X_1 + \Delta_{1P} = 0 \tag{8-3}$$

这就是本问题的力法基本方程。δ_{11} 和 Δ_{1P} 分别称为力法基本方程的系数和自由项，是静定结构在外力作用下的位移，可以用第 7 章介绍的方法计算得到。

为了具体计算 δ_{11} 和 Δ_{1P}，绘出基本体系在荷载单独作用下的弯矩图（M_P 图），以及基本体系在 $X_1 = 1$ 单独作用下的弯矩图（$\overline{M}_1$ 图），如图 8－4（e）、 (f)。应用图乘法，可得

$$\delta_{11}=\int_A^B \frac{\overline{M_1}\ \overline{M_1}}{EI}\mathrm{d}x=\frac{1}{EI}\left[\left(\frac{1}{2}\times l\times l\right)\times\frac{2}{3}\times l\right]=\frac{l^3}{3EI} \tag{8-4}$$

$$\Delta_{1P}=\int_A^B \frac{M_P\overline{M_1}}{EI}\mathrm{d}x=-\frac{1}{EI}\left[\left(\frac{1}{3}\times l\times \frac{ql^2}{2}\right)\times\frac{3}{4}\times l\right]=-\frac{ql^4}{8EI} \tag{8-5}$$

代入力法方程（8-3），得

$$\frac{l^3}{3EI}X_1-\frac{ql^3}{8EI}=0 \tag{8-6}$$

所以，

$$X_1=\frac{3}{8}ql \tag{8-7}$$

正号表示实际的 X_1 方向与所设的方向相同。

基本体系在 $X_1=1$ 作用下的弯矩图为$\overline{M_1}$，所以，基本体系在 X_1 作用下的弯矩图为 $X_1\ \overline{M_1}$。基本体系在 q 作用下的弯矩为 M_P。因此，根据叠加原理基本体系在 X_1 和 q 共同作用下任一截面上的弯矩表示为

$$M=M_P+X_1\ \overline{M_1} \tag{8-8}$$

因为原结构的内力等于基本体系在 X_1 和 q 共同作用下的内力，所以，由式（8-8）得到的就是原结构任一截面上的弯矩。

从上面的分析过程可以看出，用力法分析超静定结构时，以多余未知力作为基本未知量，撤除多余约束得基本体系。根据基本体系和原结构之间的变形协调条件建立力法的基本方程，从而可以求解出多余未知力。这样，原来的超静定结构问题就转化成了静定结构的内力分析问题。

8.2.2　力法典型方程

为了将上一小节的力法基本思想进一步推广，考虑图 8-5（a）所示的超静定刚架。由于一个滑移支座相当于两个约束，所以该刚架为 2 次超静定结构。撤除滑移支座得图 8-5（b）所示的基本体系。基本体系上作用有荷载 q 和滑移支座的反力 X_1、X_2。只要能求出 X_1 和 X_2，则原结构的计算问题就可由静定的基本体系来解决。

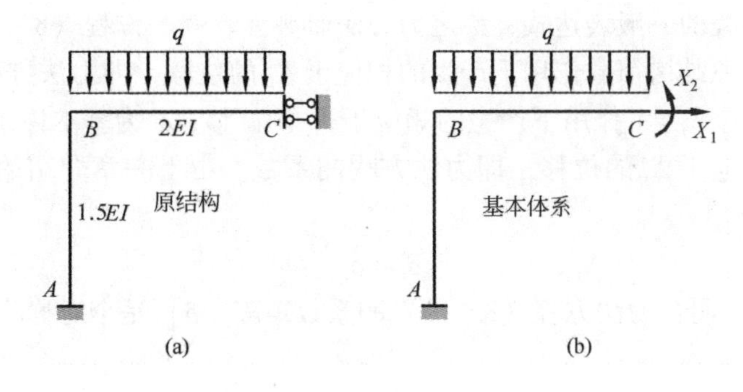

图 8-5

考虑到图8－5（b）所示的基本体系在q、X_1、X_2共同作用下的受力、变形和原结构应该是一致的。原结构与X_1和X_2相应的位移（即原结构在支座C处的水平位移和转角）等于零，所以，基本体系在q、X_1、X_2共同作用下相应于X_1和X_2的位移Δ_1和Δ_2（即基本体系在C处的水平位移和转角）也应该等于零，即

$$\begin{cases}\Delta_1=0\\ \Delta_2=0\end{cases} \tag{8-9}$$

式（8－9）就是本问题的变形协调条件，是确定多余未知力X_1、X_2的依据。

令，Δ_{1P}和Δ_{2P}表示荷载q作用下基本体系相应于X_1和X_2的位移；Δ_{11}和Δ_{12}分别表示X_1和X_2作用下基本体系相应于X_1的位移；Δ_{21}和Δ_{22}分别表示X_1和X_2作用下基本体系相应于X_2的位移。根据叠加原理，式（8－9）可写为

$$\begin{cases}\Delta_1=\Delta_{11}+\Delta_{12}+\Delta_{1P}=0\\ \Delta_2=\Delta_{21}+\Delta_{22}+\Delta_{2P}=0\end{cases} \tag{8-10}$$

又令δ_{11}和δ_{12}分别表示$X_1=1$和$X_2=1$作用下基本体系相应于X_1的位移；δ_{21}和δ_{22}分别表示$X_1=1$和$X_2=1$作用下基本体系相应于X_2的位移。则式（8－10）可进一步写为

$$\begin{cases}\delta_{11}X_1+\delta_{12}X_2+\Delta_{1P}=0\\ \delta_{21}X_1+\delta_{22}X_2+\Delta_{2P}=0\end{cases} \tag{8-11}$$

这就是本问题的力法基本方程，由此可以求出多余未知力X_1和X_2。

方程（8－11）很容易推广到n次超静定结构的情况。对于n次超静定结构，撤除原结构的n个多余约束，代之以n个多未知力X_1、X_2、X_3、…、X_n得到的力法基本方程为

$$\begin{cases}\delta_{11}X_1+\delta_{12}X_2+\cdots+\delta_{1n}X_n+\Delta_{1P}=0\\ \delta_{21}X_1+\delta_{22}X_2+\cdots+\delta_{2n}X_n+\Delta_{2P}=0\\ \cdots\cdots\cdots\cdots\cdots\cdots\cdots\cdots\cdots\cdots\\ \delta_{n1}X_1+\delta_{n2}X_2+\cdots+\delta_{nn}X_n+\Delta_{nP}=0\end{cases} \tag{8-12}$$

或缩写为

$$[\delta]\{X\}+\{\Delta\}=0 \tag{8-13}$$

这就是力法方程的一般表达式，称之为*力法的典型方程*。方程（8－12）中，Δ_{iP}为基本体系在原结构荷载作用下产生的相应于X_i的位移，即力法方程的自由项；δ_{ij}为基本体系在$X_j=1$作用下产生的相应于X_i的位移；δ_{ji}为基本体系在$X_i=1$作用下产生的相应于X_j的位移，即力法方程的系数。由上一章介绍的位移互等定理可知

$$\delta_{ij}=\delta_{ji} \tag{8-14}$$

式（8－14）表明，力法方程（8－13）的系数矩阵［δ］是个对称阵。

8.2.3 力法方程系数和自由项的计算

在求解力法基本方程之前首先需要计算出力法方程的系数和自由项。由于基

本体系是静定的。所以力法方程的系数就是静定结构在单位力作用下的位移，而自由项则是静定结构在原结构荷载作用下的位移。令：$\overline{M_1}$、$\overline{M_2}$、…、$\overline{M_i}$、…、$\overline{M_n}$分别表示基本体系在 $X_1=1$、$X_2=1$、…、$X_i=1$、…、$X_n=1$ 单独作用下的弯矩图；$\overline{F_{N1}}$、$\overline{F_{N2}}$、…、$\overline{F_{Ni}}$、…、$\overline{F_{Nn}}$分别表示基本体系在 $X_1=1$、$X_2=1$、…、$X_i=1$、…、$X_n=1$ 单独作用下的轴力图；M_P 和 F_{NP}分别表示基本体系在原结构荷载作用下的弯矩图和轴力图。对于梁和刚架一般不考虑剪力和轴力的影响，其力法方程的系数和自由项可按下式计算：

$$\left.\begin{aligned}\delta_{ii}&=\sum_k\int_{l_k}\frac{\overline{M_i}^2}{EI}\mathrm{d}x\\ \delta_{ij}&=\sum_k\int_{l_k}\frac{\overline{M_i}\,\overline{M_j}}{EI}\mathrm{d}x\\ \Delta_{iP}&=\sum_k\int_{l_k}\frac{\overline{M_i}\,M_P}{EI}\mathrm{d}x\end{aligned}\right\}\tag{8-15}$$

对于桁架，系数和自由项的计算公式为：

$$\left.\begin{aligned}\delta_{ii}&=\sum_k\frac{\overline{F_{Ni}}^2}{EA}l_k\\ \delta_{ij}&=\sum_k\frac{\overline{F_{Ni}}\,\overline{F_{Nj}}}{EA}l_k\\ \Delta_{iP}&=\sum_k\frac{\overline{F_{Ni}}F_{NP}}{EA}l_k\end{aligned}\right\}\tag{8-16}$$

由于力法方程的系数矩阵［δ］是对称阵，所以，实际求解时只需要计算 $n(n-1)/2+n$个系数即可，其中 n 是结构的超静定次数。从式（8－15）和（8－16）还可以看出系数矩阵［δ］的主对角元素一定大于零，即 $\delta_{ii}>0$。这一点也可以从物理意义上看出，因为，δ_{ii}为基本体系在 $X_i=1$ 作用下产生的响应于 X_i 的位移，当然一定是和 X_i 是同向的了。其他系数 δ_{ij}，$i\neq j$，可正可负。如果 $\delta_{ij}<0$，那么，基本体系在 $X_j=1$ 作用下产生的响应于 X_i 的位移和 X_i 的方向相反。

8.3 力法的一般分析步骤和示例

8.3.1 力法分析超静定结构的一般流程

根据以上的讨论，用力法计算 n 次超静定结构的步骤可归纳如下：

（1）建立问题的力法基本体系。撤除原结构的 n 个多余约束，代之以 n 个多余未知力 X_1、X_2、X_3、…、X_n，得到一个静定结构，即，该问题的力法基本体系。应该指出的是，同一问题撤除多余约束的方式不同，得到的基本体系也不同。实际求解时应尽量建立比较容易分析的基本体系。

（2）利用原结构和基本体系之间的变形协调条件写出力法基本方程（8－12）。

(3) 计算力法基本方程的系数和自由项。对于n次超静定结构，力法方程中共有$n(n-1)/2+n$个独立系数和n个自由项需要计算。根据不同的结构可分别用式（8－15）或（8－16）结合图乘法进行计算。

(4) 将系数和自由项的计算结果代入基本方程，解出基本未知量X_1、X_2、X_3、…、X_n。

(5) 用叠加原理计算结构的内力。

在力法分析中，原结构的内力等于基本体系在多余未知力X_1、X_2、X_3、…、X_n和原荷载共同作用下的内力。根据叠加原理，基本体系在X_1、X_2、X_3、…、X_n和原荷载共同作用下的内力可表示为：

$$\left.\begin{aligned} M &= M_P + X_1\overline{M_1} + X_2\overline{M_2} + \cdots + X_n\overline{M_n} = M_P + \sum_i X_i\overline{M_i} \\ F_N &= F_{NP} + X_1\overline{F_{N1}} + X_2\overline{F_{N2}} + \cdots + X_n\overline{F_{Nn}} = F_{NP} + \sum_i X_i\overline{F_{Ni}} \end{aligned}\right\} \quad (8-17)$$

所以，由式（8－17）计算得到的就是原结构的内力。

8.3.2 实例分析

现在来考虑几则例题。

【例8－1】 试计算图8－6（a）所示的超静定刚架，并绘制弯矩图。

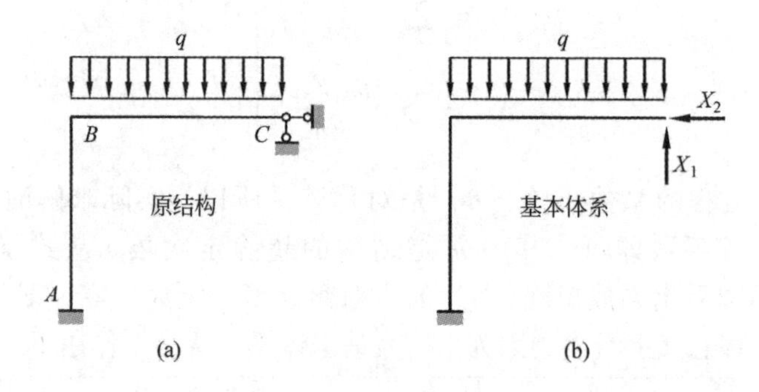

图8－6

【解】 第一步，选取基本体系和基本未知量。图8－6（a）所示为一二次超静定刚架，去掉C处的铰支座，代之以未知力X_1和X_2，得图8－6（b）所示的基本体系。

第二步，建立力法方程。基本体系在荷载q和多余未知力X_1、X_2共同作用下，应满足C点的水平和竖向位移为零的变形协调条件，由此得如下力法方程。

$$\begin{cases} \delta_{11}X_1+\delta_{12}X_2+\Delta_{1P}=0 \\ \delta_{21}X_1+\delta_{22}X_2+\Delta_{2P}=0 \end{cases} \quad (a)$$

第三步，求系数和自由项。为了求力法方程中的系数和自由项，先分别绘制基本体系在荷载作用下的弯矩图M_P及其在单位力$X_1=1$和$X_2=1$作用下的弯力矩图，如图8－7（a）、（b）、（c）所示。利用图乘法计算力法方程的系数和自由项如下：

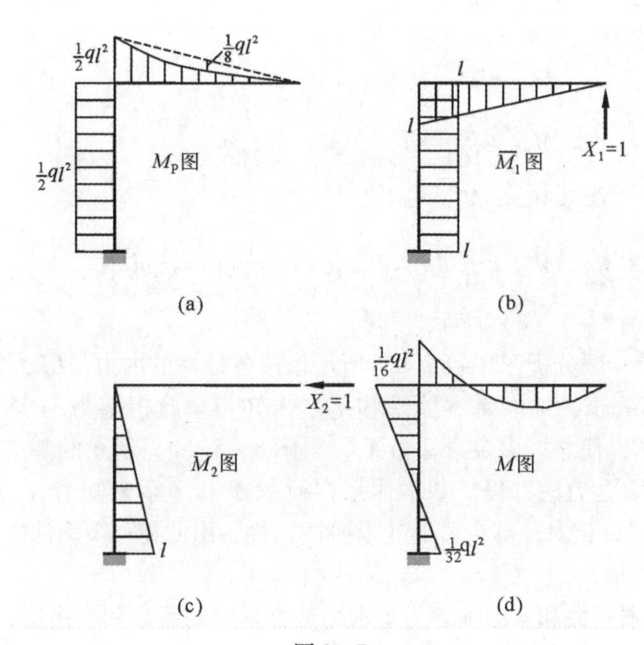

图 8－7

$$
\left.
\begin{aligned}
&\delta_{11}=\frac{1}{1.5EI}\ (l\times l\times l)+\frac{1}{2EI}\left(\frac{1}{2}l\times l\times\frac{2l}{3}\right)=\frac{5l^3}{6EI}\\
&\delta_{12}=\frac{1}{1.5EI}\left(\frac{1}{2}l\times l\times l\right)=\frac{l^3}{3EI}\\
&\delta_{12}=\delta_{21}\\
&\delta_{22}=\frac{1}{1.5EI}\left(\frac{1}{2}l\times l\times\frac{2l}{3}\right)=\frac{2l^3}{9EI}\\
&\Delta_{1P}=-\frac{1}{1.5EI}\left(\frac{1}{2}ql^2\times l\times l\right)-\frac{1}{2EI}\left(\frac{1}{3}\times\frac{1}{2}ql^2\times l\times\frac{3l}{4}\right)=-\frac{19ql^4}{48EI}\\
&\Delta_{2P}=-\frac{1}{1.5EI}\left(\frac{1}{2}ql^2\times l\times\frac{l}{2}\right)=-\frac{ql^4}{6EI}
\end{aligned}
\right\}
\tag{b}
$$

第四步，求多余未知力。将式（b）代入力法方程（a），整理后得

$$
\begin{cases}
\dfrac{5}{6}X_1+\dfrac{1}{3}X_2=\dfrac{19}{48}ql\\
\dfrac{1}{3}X_1+\dfrac{2}{9}X_2=\dfrac{1}{6}ql
\end{cases}
\tag{c}
$$

解之可得

$$
\begin{cases}
X_1=\dfrac{7}{16}ql\\
\mathrm{X}_2=\dfrac{3}{32}ql
\end{cases}
\tag{d}
$$

第五步，绘制内力图。利用叠加公式

$$M=M_P+X_1\overline{M_1}+X_2\overline{M_2}\tag{e}$$

可得杆端的弯矩为

$$\left.\begin{aligned}&M_{\mathrm{CB}}=0\\&M_{\mathrm{BC}}=\frac{7}{16}ql\times l-\frac{1}{2}ql^2=-\frac{1}{16}ql^2\\&M_{\mathrm{BA}}=M_{\mathrm{BC}}\\&M_{\mathrm{AB}}=\frac{7}{16}ql\times l+\frac{3}{32}ql\times l-\frac{1}{2}ql^2=\frac{1}{32}ql^2\end{aligned}\right\}\tag{f}$$

绘制弯矩图如图 8－7（d）所示。

【例 8－2】 试分析图 8－8（a）所示桁架各杆件的内力，EI 为常数。

【解】 第一步，选取基本体系和基本未知量。此桁架为一次超静定结构。现切断链杆 BC，代之以多余未知力 X_1，得图 8－8（b）所示的基本体系。

第二步，建立力法方程。基本体系在荷载 F 和多余未知力 X_1 共同作用下，应满足 BC 杆切口相对位移为零的变形协调条件，由此得如下力法方程。

$$\delta_{11}X_1+\Delta_{1\mathrm{P}}=0 \tag{a}$$

第三步，求系数和自由项。为了求力法方程中的系数和自由项，先分别计算基本体系在荷载 F 作用下的内力和在单位力 $X_1=1$ 作用下的内力。图 8－9（a）标出了单位力作用下基本体系各杆件的内力；图 8－9（b）标出了荷载作用下基本体系各杆件的内力。由式（8－16）计算力法方程的系数和自由项如下：

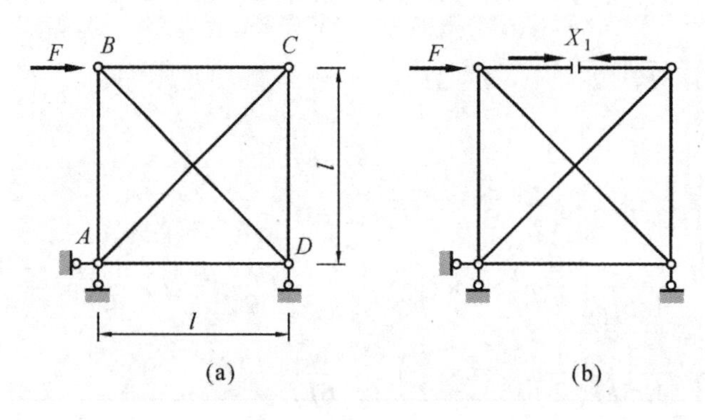

图 8－8
（a）原结构；（b）基本体系

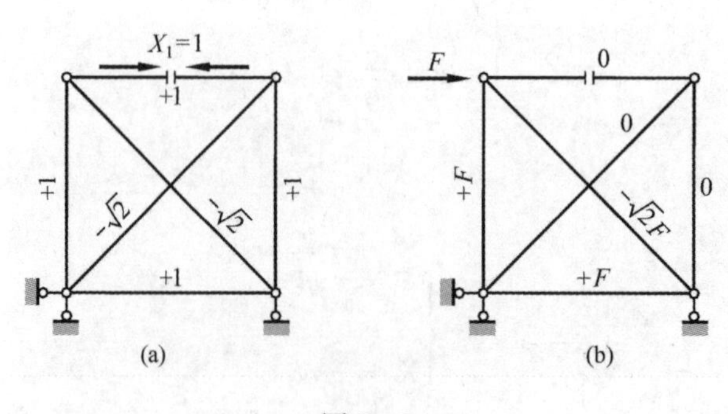

图 8－9
（a）$\overline{F_{\mathrm{N1}}}$；（b）$F_{\mathrm{NP}}$

$$\delta_{11}=\sum_{k=1}^{6}\frac{\overline{F_{N1}}^2}{EA}l_k=\frac{2}{EA}[1^2\times l+1^2\times l+(-\sqrt{2})^2\times\sqrt{2}\,l]=\frac{4(1+\sqrt{2})\,l}{EA}\qquad(b)$$

$$\Delta_{1P}=\sum_{k=1}^{6}\frac{\overline{F_{N1}}\,\overline{F_{NP}}}{EA}l_k=\frac{1}{EA}[1\times F\times 1+1\times F\times l+(-\sqrt{2})\times(-\sqrt{2}F)\times\sqrt{2}l]$$

$$=\frac{2(1+\sqrt{2})Fl}{EA}\qquad(c)$$

第四步，求多余未知力。将式（b）和（c）代入力法方程（a），整理后得

$$2X_1+F=0\qquad(d)$$

所以

$$X_1=-\frac{F}{2}\qquad(e)$$

负号表示压力。

第五步，计算杆件内力。利用叠加公式

$$F_N=F_{NP}+X_1\overline{F_{N1}}=F_{NP}-\frac{F}{2}\times\overline{F_{N1}}\qquad(f)$$

可得桁架各杆件的内力，如图 8－10 所示。

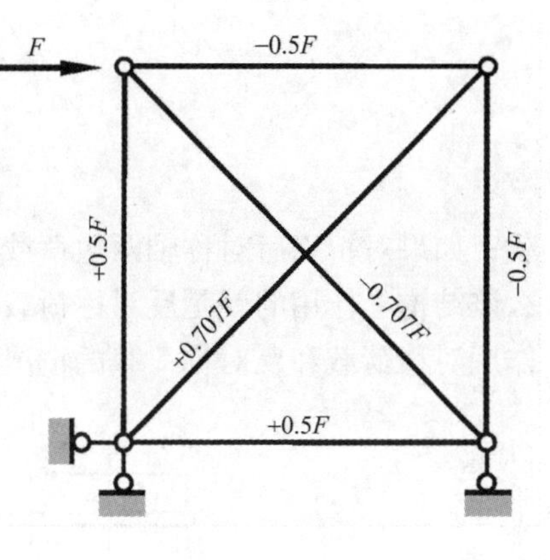

图 8－10

8.4 对称性的利用·半结构

许多实际工程结构具有对称性，利用对称结构的一些特点可以大幅度地简化结构分析的工作量。本节就来讨论利用对称性来简化结构分析流程的技巧。

8.4.1 对称性分析的基本概念

1）对称结构

从力法的分析过程可以看出，超静定结构分析不仅要考虑静力平衡条件，还要考虑变形协调条件。其中变形协调条件和结构的物理特性密切相关。因此，在考虑超静定结构的对称性时，不仅要考虑它的几何特征，还要考虑其物理特征。在以后的讨论中，所谓对称结构必须满足以下两点：

（1）结构的几何形状和支承条件关于某一轴线对称；

（2）杆件的弹性性质（EA、EI）也关于该轴对称。

判断结构是否对称的一个简单办法，就是将结构沿对称轴“对折”，对称结构对折后，对称轴两边的结构图形应该是完全重合的。

图 8－11 给出了两个对称结构的实例。可以看出，沿对称轴对折后两边的图形在几何和物理上都是完全重合的。

2）对称荷载、反对称荷载以及一般荷载的分解

从对称性上讲荷载有对称荷载和反对称荷载。用对折的方法也很容易判断荷载是对称的还是反对称的。将结构和荷载沿对称轴对折，如果对折以后对称轴两边荷载的作用线、作用点以及方向都完全重合，那么该结构上作用的就是对称荷

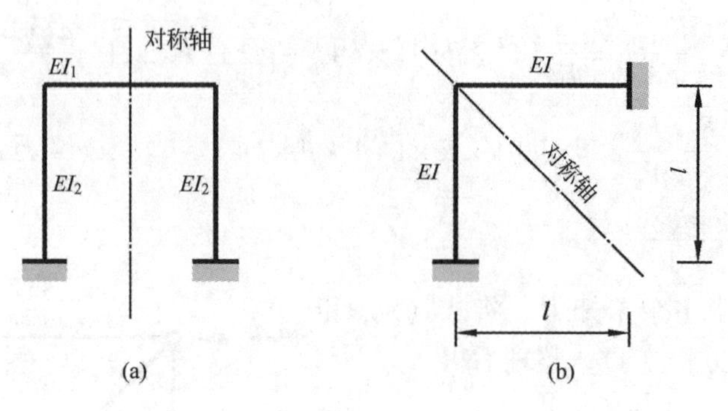

图 8－11

载；如果对折以后对称轴两边荷载的作用线、作用点重合，但方向正好相反，那么该结构上作用的就是反对称荷载。图 8－12（a）、（b）分别给出了对称结构上作用对称荷载和反对称荷载的情况。

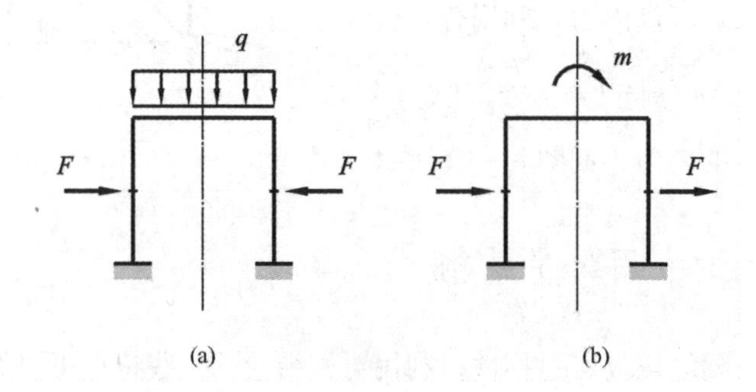

图 8－12

应该指出的是，无论对称荷载还是反对称荷载，都是荷载中的特殊情况，建筑物上的荷载一般既不是对称的，也不是反对称的。然而，任何一组荷载都可以看成是一组对称荷载和一组反对称荷载的叠加。

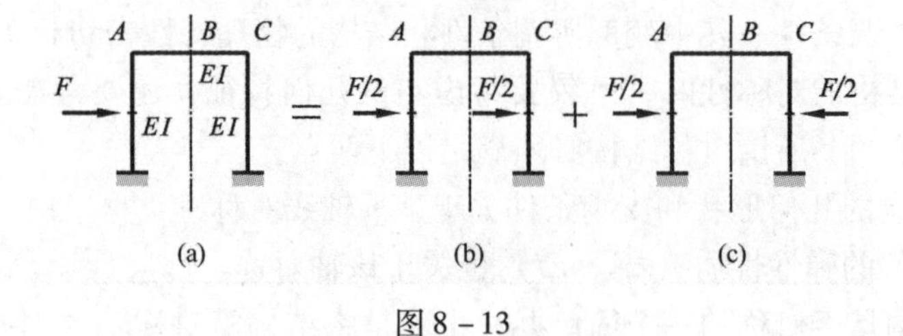

图 8－13

图 8－13（a）所示的对称结构上作用有荷载 F。对于该结构来说荷载 F 既不是对称的，也不是反对称的。但荷载 F 可以看成是图 8－13（b）、（c）所示反对称和对称两种情况的叠加。这种将一般荷载分解为对称和反对称的做法是具有普适性的，这一点可在数学上得到严格证明，在此就不赘述了。

3）对称结构在对称性荷载作用下的响应特征

从数学上可以严格证明，对称结构在对称荷载作用下只产生对称的响应，反对称响应为零；类似，对称结构在反对称荷载作用下只产生反对称的响应，对称响应为零。这里所说的响应包括：结构在荷载作用下产生的内力、位移和变形。本命题中的荷载也可以推广到广义荷载。

根据对称结构的这一特性可以看出，对于图 8－13（b）所示的问题，A、C 截面上的内力应该满足：$M_A=-M_C$（负号表示 A、C 处的内、外侧受拉情况相反。）；$F_{NA}=-F_{NC}$；$F_{QA}=-F_{QC}$。而 B 截面上的弯矩和轴力为结构对称响应，应该为零，即 $M_B=0$；$F_{NB}=0$。类似，对于图 8－13（c）所示的问题，A、C 截面上的内力应该满足：$M_A=M_C$；$F_{NA}=F_{NC}$；$F_{QA}=F_{QC}$。而 B 截面上的剪力为结构的反对称响应，应该为零，即 $F_{QB}=0$。

8.4.2　半结构

从上面的讨论可以看出，在分析对称结构在对称或反对称荷载作用下的响应时，只要取一半进行分析就可以了。得到了结构其中一半的响应，其另一半的响应直接由对称性或反对称性就可以得到。这种取对称结构的一半来进行分析的技巧称为半结构法。下面就来介绍不同情况下半结构的取法。

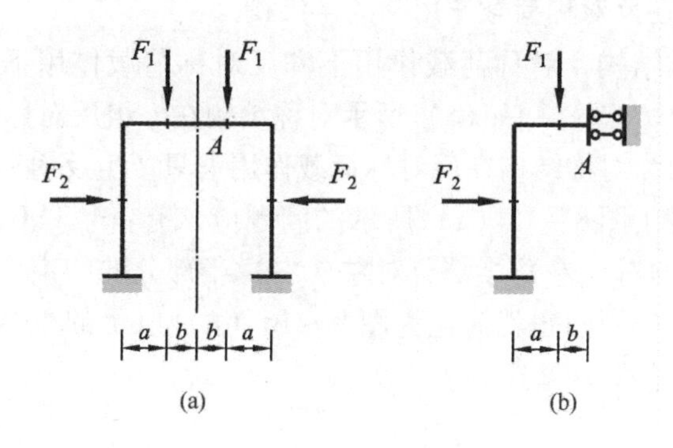

图 8－14
（a）原结构；（b）半结构

1）对称结构在对称荷载作用下的半结构

首先考虑对称轴上没有杆件的情况。图 8－14（a）所示的对称刚架上作用有一组对称荷载 F_1、F_2。现在来分析结构在 A 点的响应情况。结构在 A 点的响应有 M_A、F_{NA}、F_{QA}、θ_A、Δ_{HA}、Δ_{VA}。由于 A 点位于对称轴上，所以，M_A、F_{NA}、Δ_{VA} 为结构的对称响应，而 F_{QA}、θ_A 和 Δ_{HA} 为结构的反对称响应。因为对称结构在对称荷载作用下只产生对称的响应，反对称响应为零，所以，对于图 8－14（a）所示的问题应该有：$F_{QA}=0$、$\theta_A=0$ 和 $\Delta_{HA}=0$。这就表明结构的右（左）半部分对左（右）半部分的约束作用可以用一个滑动支座来代替，这样原问题就简化为图 8－14（b）所示的一个"半结构"问题。求解图 8－14（b）所示的半结构后，由对称性就可以得到图 8－14（a）所示问题的完全解。从超静定次数上讲，图 8－14（a）所示的原结构是 3 次超静定的，而图8－14（b)所示的半结构只是 2 次超静定的。

现在再来讨论对称轴上有杆件的情况。考虑图 8－15（a）所示的对称结构。

根据对称结构在对称荷载作用下的响应特征，可以看出：$\theta_A=0$，$\Delta_{HA}=0$。由于刚架分析中是忽略轴向变形的，所以，$\Delta_{VA}=0$。由此可以看出 A 点被完全固定住了。所以，图 8－15（a）所示原问题可以简化为图 8－15（b）所示的半结构问题。问题的超静定次数由原来的 6 次减少到了 3 次。

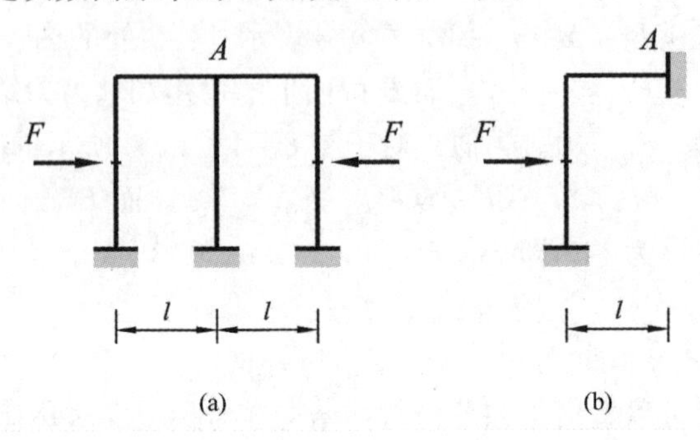

图 8－15

（a）原结构；（b）半结构

2）对称结构在反对称荷载作用下的半结构

同样一个对称结构，对称荷载作用下和反对称荷载作用下的半结构是不同的。图 8－16（a）为图 8－14（a）所示对称结构在一组反对称荷载 F_1、F_2 和 m 作用下的情况。因为对称结构在反对称荷载作用下只产生反对称的响应，对称响应为零。所以，对于图 8－15（a）所示的问题应该有：$M_A=0$、$F_{NA}=0$、$\Delta_{NA}=0$。这就表明结构的右（左）半部分对左（右）半部分的约束作用可以用一个辊轴支座来代替，这样原问题就简化为图 8－16（b）所示的半结构问题。问题的超静定次数由原来的 3 次减少到了 1 次。

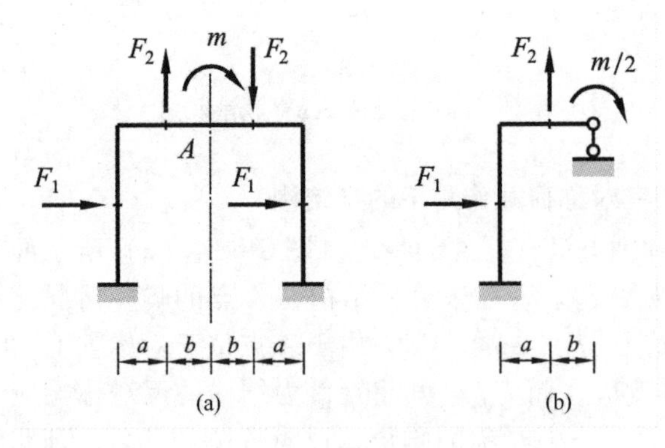

图 8－16

（a）原结构；（b）半结构

再考虑对称轴上有杆件的情况。图 8－17（a）所示的偶数跨刚架上作用有一组反对称荷载。为了利用前面奇数跨刚架的分析成果，将中柱拆解成抗弯能力各为原来一半的两根柱子。这样问题就转化为图 8－17（b）所示的形式（图中两根中柱的间距 Δ 是个无穷小量）。由图 8－16 奇数跨刚架的分析经验可知图

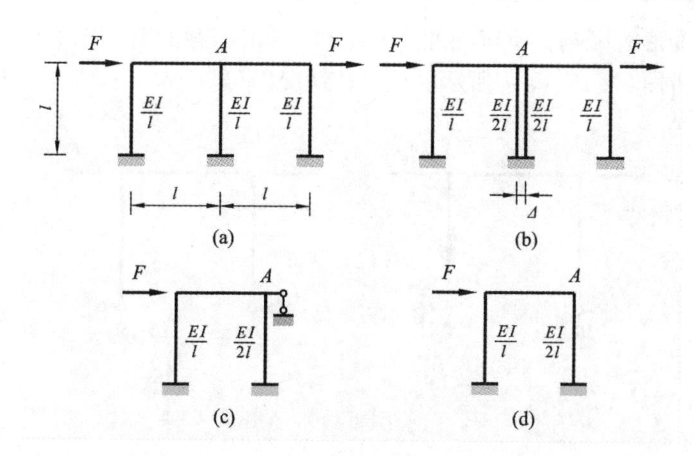

图 8－17

8－17（b）所示的问题取半结构后变为图 8－17（c）所示的问题。因为分析刚架时一般是忽略轴向变形的，所以，结构在 A 点没有竖向位移。这就表明图 8－17（c）中的辊轴支座只是个摆设，可以去掉。图 8－17（c）所示的结构也就演变成了图 8－17（d）的形式。图 8－17（d）就是图 8－17（a）所示问题的半结构。此时结构的超静定次数由原来的 6 次减少到了 3 次。

通过取半结构不仅使分析对象的杆件数减少到原来的一半，更重要的是超静定次数降低了许多，问题的求解工作量也就随之大幅度下降。所以，半结构法是实际工程结构分析中常用的一种分析技巧，下面通过几则实例来加深理解。

8.4.3 实例分析

【例 8－3】 试分析图 8－18 所示刚架，作出其弯矩图。EI 为常数。

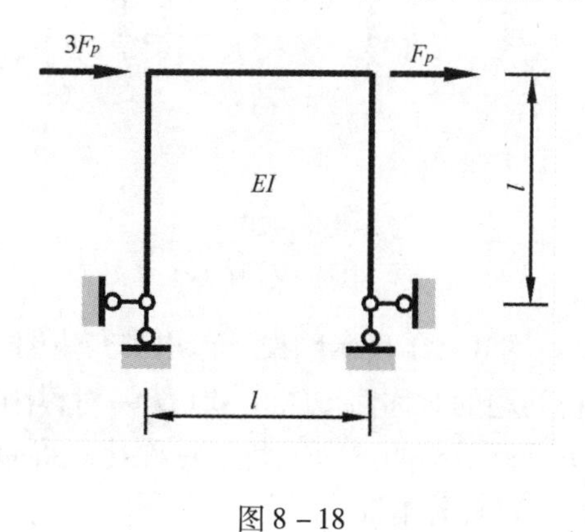

图 8－18

【解】 第一步，分析问题的对称性　图 8－18 为 1 次超静定的对称刚架，但其上作用的荷载既不是对称的，也不是反对称的。为了利用对称性，将原问题分解为图 8－19（a）、（b）所示的对称和反对称情况。因此，图 8－18 所示问题的弯矩图应该等于图 8－19（a）、（b）所示问题弯矩的叠加。由于刚架分析时一般不考虑轴向变形的影响，所以图 8－19（b）所示问题的弯矩图为零。这样本问题只需要分析图 8－19（a）所示的反对称情况即可。

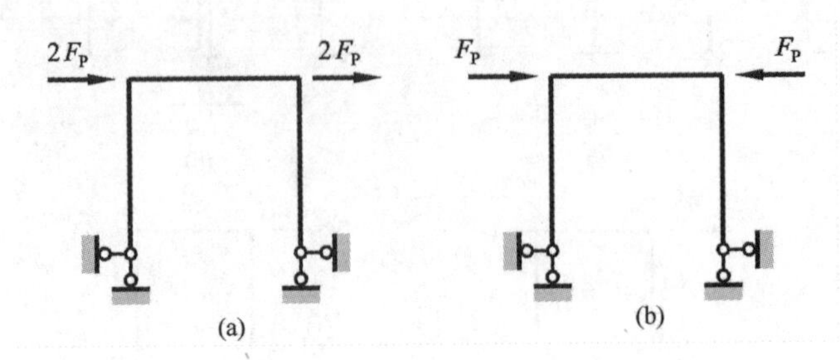

图 8－19

第二步，取半结构 图 8－19（a）为一奇数跨对称结构在反对称荷载作用下的内力分析问题。根据 8.4.2 节介绍的半结构法，可取图 8－20（a）所示的半结构进行分析。显然图 8－20（a）为一静定刚架的内力分析问题。由此可见，本问题通过利用对称性，已经由原来的 1 次超静定问题转化成了静定问题。

第三步，作图 8－20（a）所示问题的弯矩图，如图 8－20（b）所示。

第四步，作原问题的弯矩图 对称结构在反对称荷载作用下只产生反对称的内力。以图 8－20（b）所示的弯矩为基础，利用反对称性可得图 8－19（a）所示问题的弯矩图。根据第一步的分析可知，该弯矩图就是图 8－18 所示原问题的弯矩图，如图 8－20（c）所示。

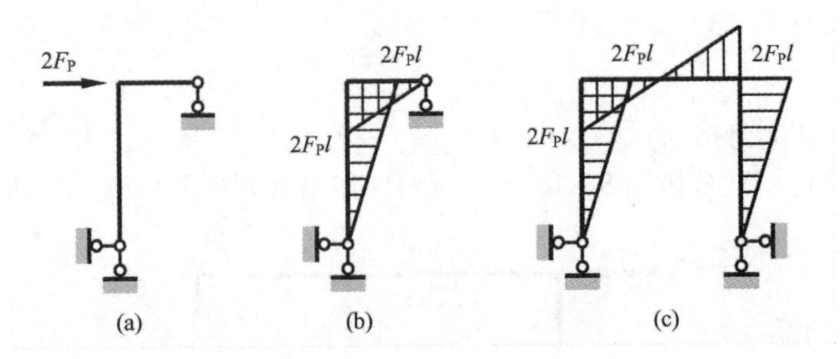

图 8－20

（a）分析；（b）M 图；（c）M 图

【例 8－4】 试分析图 8－21 所示刚架，作出其弯矩图。EI 为常数。

【解】第一步，分析问题的对称性，图 8－21 为一对称刚架，但其上作用的荷载既不是对称的，也不是反对称的。为了利用对称性，将原问题分解为图 8－22（a）、（b）所示的对称和反对称情况。

第二步，分析图 8－22（b）所示问题由于本问题中所有杆件均不考虑轴向变形，所以，图 8－22（b）所示问题的外框架不会发生弯曲变形，其中的弯矩为零。而 AB 杆的弯矩如图 8－22（b）所示。因为外框架中没有弯矩，所以其各截面的剪力也为零。由此可知 AB 杆的轴力为 13.5kN。

第三步，分析图 8－22（a）所示问题根据对称结构在反对称荷载作用下的

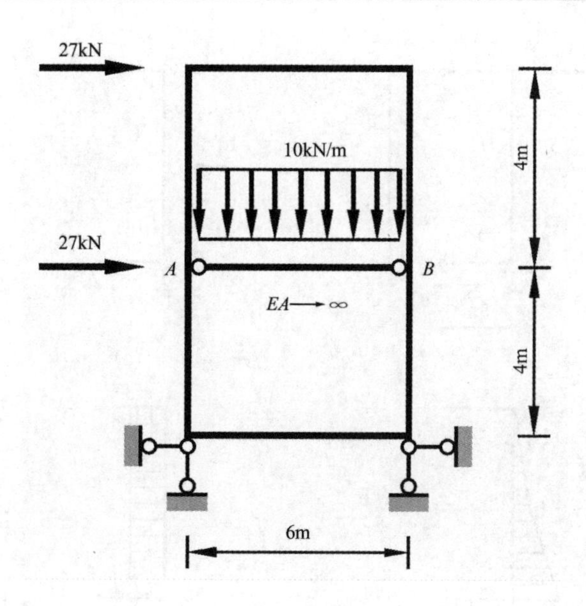

图 8 - 21

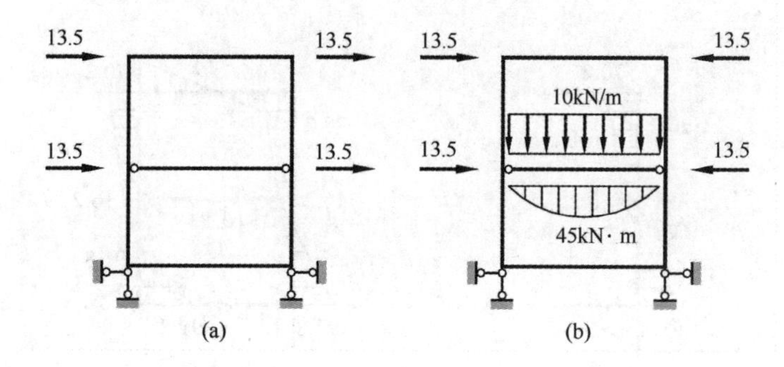

图 8 - 22

响应特征，图 8 - 22（a）所示问题的半结构如图 8 - 23（a）所示。

第四步，求解图 8 - 23（a）所示的 1 次超静定刚架取力法基本体系，如图 8 - 23（b）所示。其力法方程为

$$\delta_{11}X_1+\Delta_{1P}=0 \tag{a}$$

为求系数和自由项，作基本体系的 M_P 和 $\overline{M}_1$ 如图 8 - 23（c）、（d）所示。利用图乘法计算系数和自由项如下

$$\delta_{11}=\frac{1}{EI}\left[\left(\frac{1}{2}\times3\times3\times\frac{2}{3}\times3\right)\times2+3\times3\times8\right]=\frac{90}{EI} \tag{b}$$

$$\Delta_{1P}=\frac{1}{EI}\left[0-\frac{1}{2}\times162\times3\times\frac{2}{3}\times3-\left(\frac{1}{2}\times54\times4+\frac{1}{2}\times216\times4\right)\times3\right]=-\frac{2106}{EI} \tag{c}$$

将式（b）、（c）代入式（a）解之可得

$$X_1=23.5\text{kN} \tag{d}$$

由叠加法

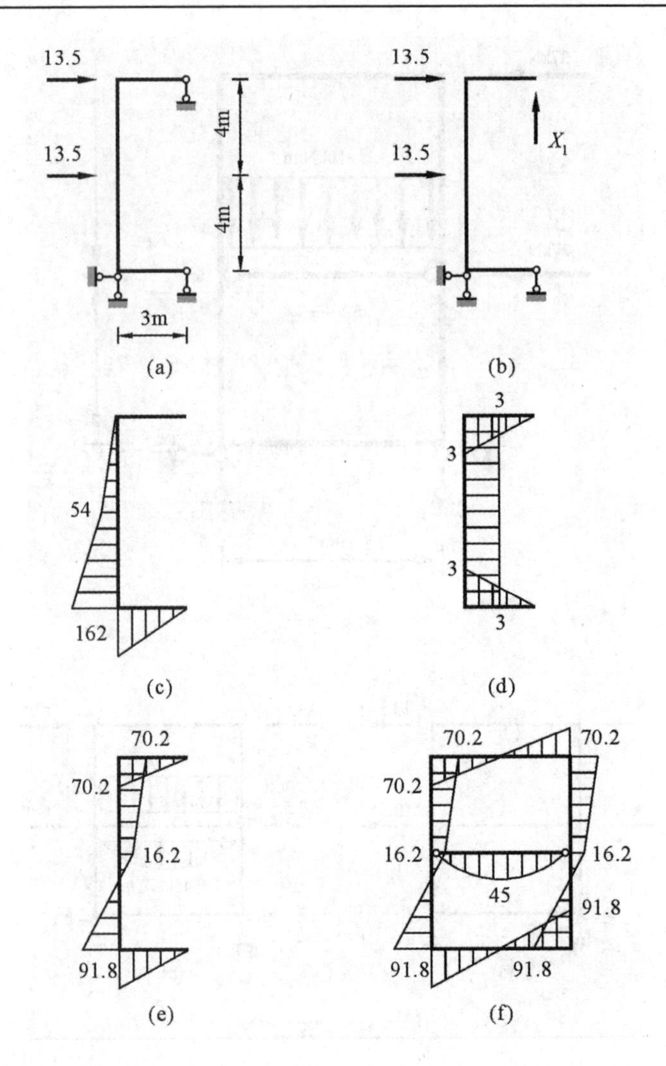

图 8－23

$$M = M_P + X_1 \overline{M_1} \tag{e}$$

得图 8－23（a）所示问题的弯矩图，如图 8－23（e）所示。

第五步，绘制原问题的弯矩图由反对称性可由弯矩图 8－23（e）得到图 8－22（a）所示问题的弯矩图，再叠加上图 8－22（b）所示问题的弯矩，即得图8－21所示问题的弯矩图，如图 8－23（f）所示。

8.5 温度变化和支座移动影响下的超静定结构分析

静定结构的内力由静力平衡条件完全确定，所以，只有在荷载作用下静定结构中才会产生内力。温度变化和支座移动等广义荷载作用下，静定结构不会产生内力。而超静定结构则不然，其内力由静力平衡条件和变形协调条件联合确定。这样，温度改变、支座移动等对变形协调条件产生影响的因素都会使超静定结构产生内力。这是超静定结构不同于静定结构的重要特征之一。用力法分析超静定结构在非荷载因素作用下的内力时，其原理和步骤与荷载作用时的情况基本相同。本节将分别讨论温度改变和支座移动影响下的力法分析流程。

8.5.1 温度变化影响下的超静定结构内力分析

考虑图8－24（a）所示的3次超静定刚架。刚架外侧温度升高 t_1℃，内侧温度升高 t_2℃，现用力法计算其因温度改变而产生的内力。

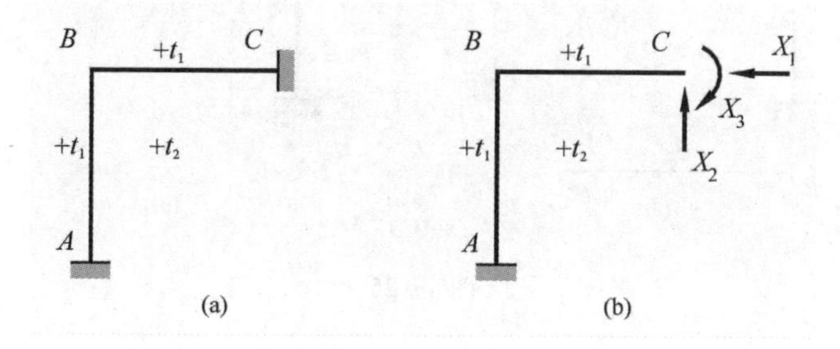

图8－24

第一步，选取力法基本结构 与荷载作用下的内力分析相同，去掉支座 C 处3个多余约束，代之以多余力 X_1、X_2 和 X_3，得8.24（b）所示的力法基本体系。

第二步，建立力法方程。基本体系和原结构之间的变形协调条件要求：基本体系在温度和多余力 X_1、X_2 和 X_3 共同影响下的 C 的水平位移、竖向位移和转角均应该等于零，即

$$\begin{cases}\delta_{11}X_1+\delta_{12}X_2+\delta_{13}X_3+\Delta_{1T}=0\\\delta_{21}X_1+\delta_{22}X_2+\delta_{23}X_3+\Delta_{2T}=0\\\delta_{31}X_1+\delta_{32}X_2+\delta_{33}X_3+\Delta_{3T}=0\end{cases}\qquad(8-18)$$

式中 δ_{ij}——和荷载分析中一样，是基本体系在 $X_j=1$ 作用下产生的相应于 X_i 的位移；

Δ_{iT}——基本体系在温度改变影响下产生的相应于 X_i 的位移，这一项是荷载分析中没有的。

第三步，计算系数和自由项。因为 Δ_{iT} 为基本体系在温度改变影响下产生的相应于 X_i 的位移，根据静定结构在温度改变影响下的位移计算公式（7－62）可得自由项 Δ_{iT} 的计算公式如下：

$$\Delta_{iT}=\sum\left(\pm\frac{\alpha\mid\Delta t\mid}{h}\omega_{\overline{M}}\right)+\sum(\pm\alpha\mid t_0\mid\omega_{\overline{F_N}})\qquad(8-19)$$

而系数项 δ_{ij} 的计算与荷载分析相同，在此就不赘述了。

第四步，解力法方程获取多余未知力 X_1、X_2 和 X_3。

第五步，绘制原问题的弯矩图。由于基本体系是静定的，温度改变并不使其产生内力，所以，原问题的弯矩为：

$$M=\overline{M_1}X_1+\overline{M_2}X_2+\overline{M_3}X_3\qquad(8-20)$$

下面考虑一则例题。

【例8-5】 图8-25（a）所示刚架内侧温度升高10℃，外侧温度不变。各杆线膨胀系数为α。杆件横截面为矩形，EI和截面高度h均为常数。试作出该刚架在温度改变影响下的弯矩图。

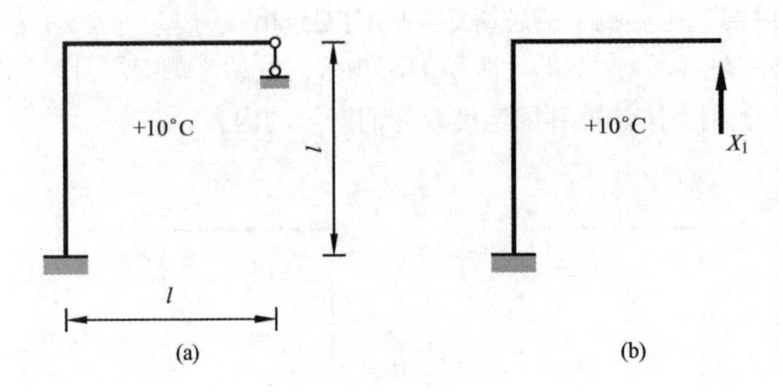

图8-25

【解】 选取图8-25（b）所示的基本体系，建立如下力法基本方程：

$$\delta_{11}X_1+\Delta_{1T}=0 \tag{a}$$

计算系数和自由项δ_{11}和Δ_{1T}，作出$\overline{F_{N1}}$和$\overline{M_1}$，如图8-26所示。

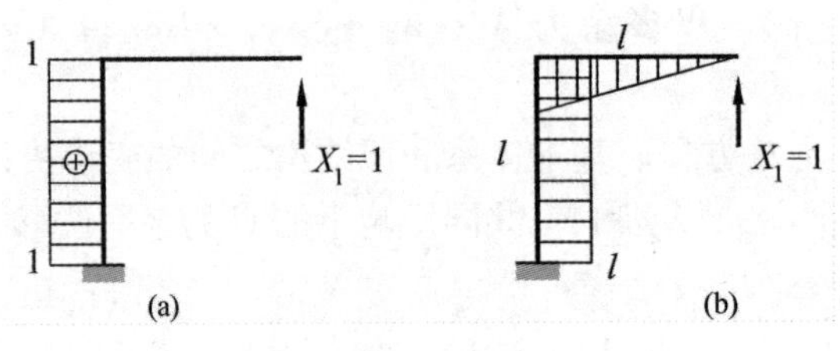

图8-26

（a）$\overline{F_{N1}}$图；（b）$\overline{M_1}$图

系数和自由项δ_{11}和Δ_{1T}的计算结果如下：

$$\delta_{11}=\frac{1}{EI}\left[\frac{1}{2}\times l\times l\times\frac{2}{3}\times l+l\times l\times l\right]=\frac{4l^3}{3EI} \tag{b}$$

$$\begin{aligned}\Delta_{1T}&=\sum\left(\pm\frac{\alpha\mid\Delta t\mid}{h}\omega_{\overline{M_1}}\right)+\sum\left(\pm\alpha\mid t_0\mid\omega_{\overline{F_{N1}}}\right)\\&=\frac{\alpha(10-0)}{h}\times\frac{1}{2}\times l\times l+\frac{\alpha(10-0)}{h}\times l\times l+\alpha\frac{10}{2}\times1\times l\\&=5\alpha l\left(1+3\frac{h}{l}\right)\end{aligned} \tag{c}$$

将式（c）、（b）代入式（a）可得

$$X_1=-\frac{15\alpha EI\left(1+3\dfrac{h}{l}\right)}{4l^2} \tag{d}$$

由式（8-20）可得到

$$M=\overline{M_1}X_1 \tag{e}$$

原问题的弯矩图示于图 8－27 所示。

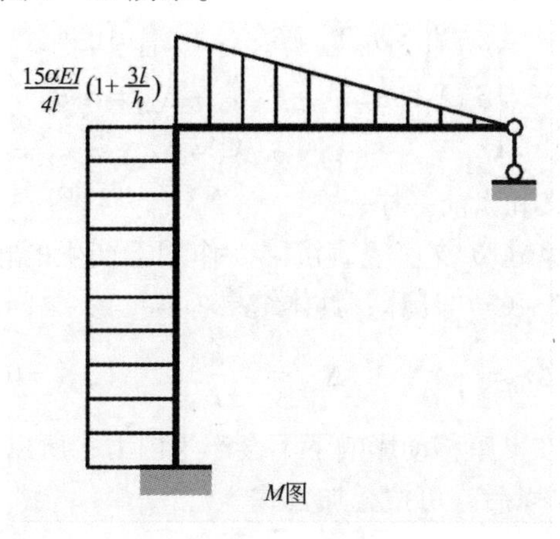

图 8－27

8.5.2　支座移动影响下的超静定结构的内力分析

图 8－28（a）所示的刚架支座 B 由于某种原因产生了水平位移 a、竖向位移 b 及转角 θ。为用力法计算该刚架的内力，选取图 8－28（b）所示的基本体系。

原结构在支座 A 处没有任何位移，所以，基本体系在 X_1、X_2、X_3 和 B 支座竖直沉降 b 共同作用下产生的 A 点沿 X_1 方向上的位移 Δ_1（即 A 的顺时针转角）应等于零，即

$$\Delta_1 = 0 \tag{8-21}$$

类似，基本体系在 X_1、X_2、X_3 和 B 支座竖直沉降 b 共同作用下产生的 B 点沿 X_2 方向上的位移 Δ_2（即 B 的逆时针转角）应等于原结构支座 B 的转角。因为原结构支座 B 发生的是顺时针转角 θ，所以，该变形协调条件应写为：

$$\Delta_2 = -\theta \tag{8-22}$$

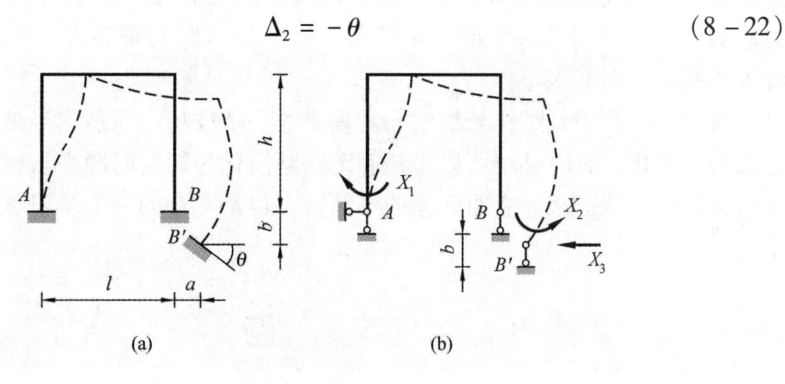

图 8－28

（a）原结构；（b）基本体系

此外，基本体系在 X_1、X_2、X_3 和 B 支座竖直沉降 b 共同作用下产生的 A 点沿 X_3 方向上的位移 Δ_3 应等于原结构支座 B 的水平位移，即

$$\Delta_3 = -a \tag{8-23}$$

由变形协调条件即可得本问题的力法方程：

$$\begin{cases}\delta_{11}X_1+\delta_{12}X_2+\delta_{13}X_3+\Delta_{1\Delta}=0\\\delta_{21}X_1+\delta_{22}X_2+\delta_{23}X_3+\Delta_{2\Delta}=-\theta\\\delta_{31}X_1+\delta_{32}X_2+\delta_{33}X_3+\Delta_{3\Delta}=a\end{cases}\tag{8-24}$$

式中 δ_{ij}——物理意义和以前一样；

$\Delta_{i\Delta}$——基本体系在 B 支座竖直沉降 b 作用下产生的相应于 X_i 的位移，可用式（7-63）计算，具体结果为：

$$\Delta_{1\Delta}=\frac{b}{l}\qquad\Delta_{2\Delta}=-\frac{b}{l}\qquad\Delta_{3\Delta}=0\tag{8-25}$$

因为，静定结构在支座移动影响下不会产生内力，所以，用力法方程解出多余未知力 X_1、X_2、X_3 以后，可按叠加公式

$$M=\overline{M}_1X_1+\overline{M}_2X_2+\overline{M}_3X_3\tag{8-26}$$

计算原结构的最终弯矩。

8.6 本章小结

本章介绍了超静定结构分析的经典方法——力法。力法的本质是以多余力为基本未知量，以原结构和基本体系间的变形协调条件来建立方程求解未知量。力法求解问题的基本步骤包括：选取基本体系、建立力法典型方程、计算力法典型方程中的系数和自由项、求解力法方程、用相应的叠加公式计算原结构的最终弯矩。其中选取基本体系是力法求解超静定问题的决定性环节。同一个超静定结构往往会对应很多静定的基本体系，选取不同的基本体系求解，繁简程度各不相同。因此，选取计算流程比较简单的基本体系来求解问题，是用力法求解超静定结构时首先要考虑的问题。力法方程中系数和自由项的计算是力法分析中工作量比较大的一个环节。这一步本质上是多次计算基本体系在各种外因影响下的位移。

对称性的利用是结构分析中非常重要的一个技巧。通过取半结构，可以将问题大幅度简化，有时甚至可以将超静定问题简化为静定问题来求解。如何利用对称结构的响应特征来建立原问题的半结构，也是本章的一个学习重点，需要熟练掌握。

习 题

8-1 力法方程的物理意义是什么？其系数和自由项的物理意义是什么？

8-2 没有荷载就没有内力，这一结论在什么情况下适用？在什么情况下不适用？

8-3 试确定图示结构的超静定次数。

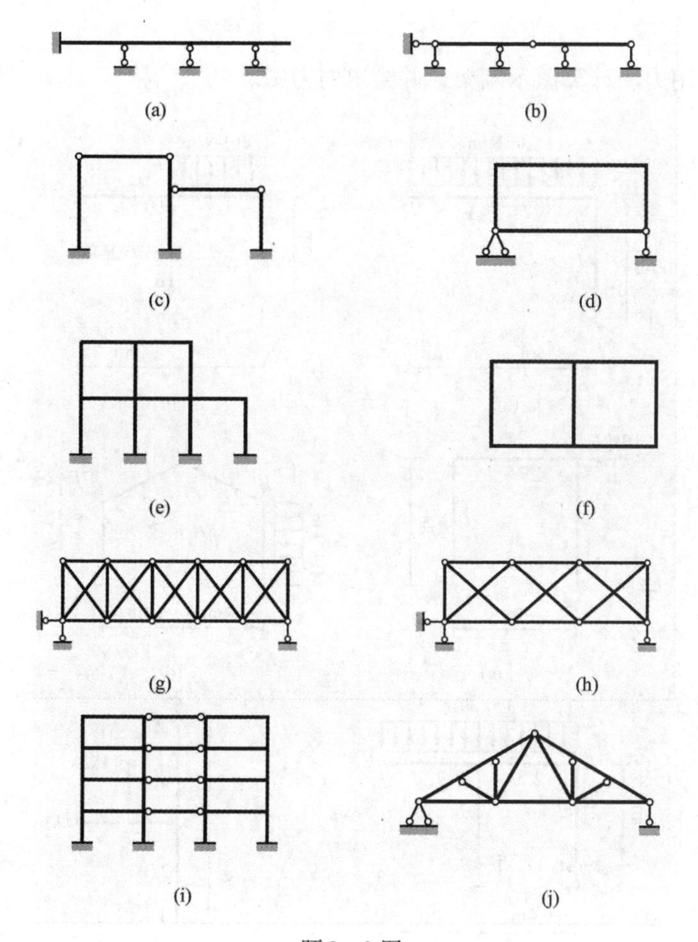

题 8－3 图

8－4　用力法计算图示超静定梁，并绘出内力图。

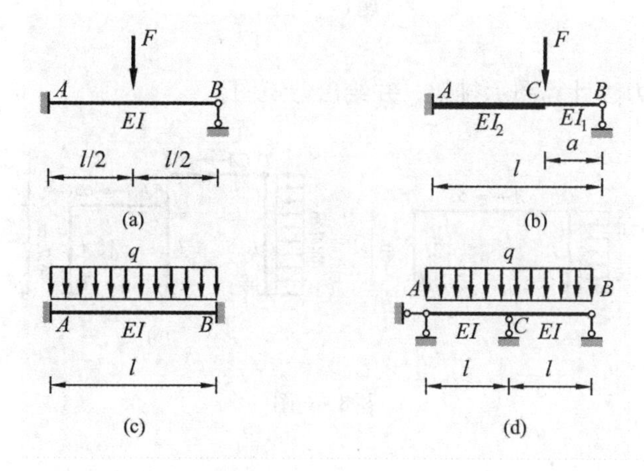

题 8－4 图

8－5 用力法计算图示刚架，并绘出内力图。

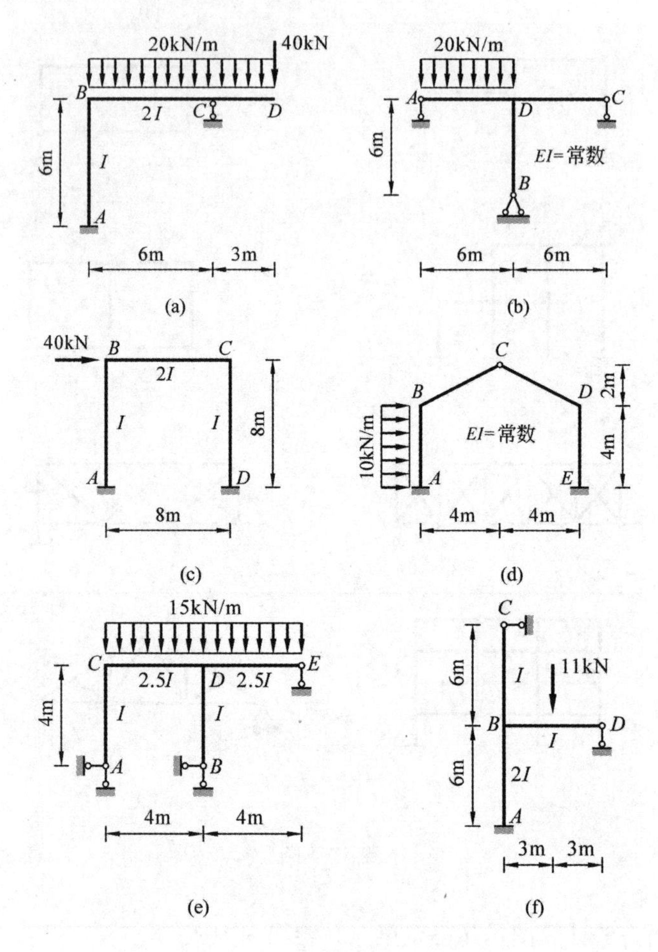

题8－5图

8－6 用力法计算图示排架，并绘出弯矩图。

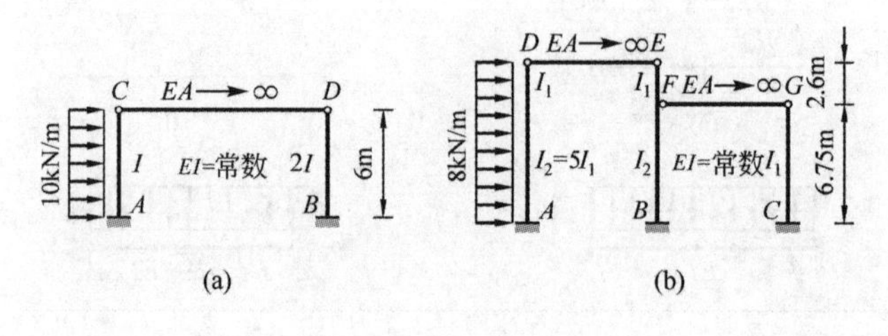

题8－6图

8－7 求图示桁架中各杆的轴力，已知各杆 EA 为常数。

8－8 利用对称性计算图示结构，并绘出 M 图。

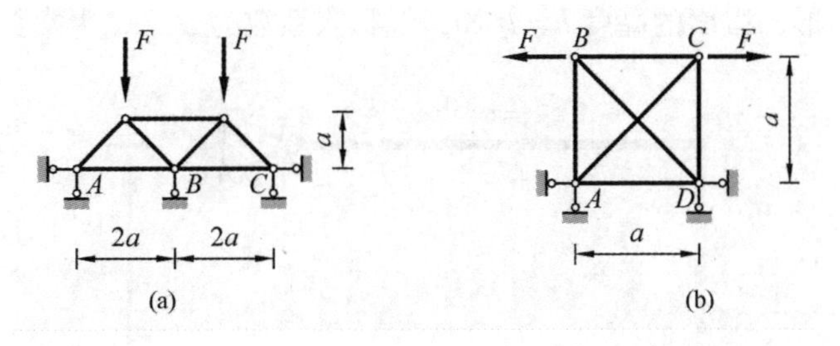
F
F
a
A
B
C
2a
2a
(a)
B
C
a
A
D
a
(b)

题 8－7 图

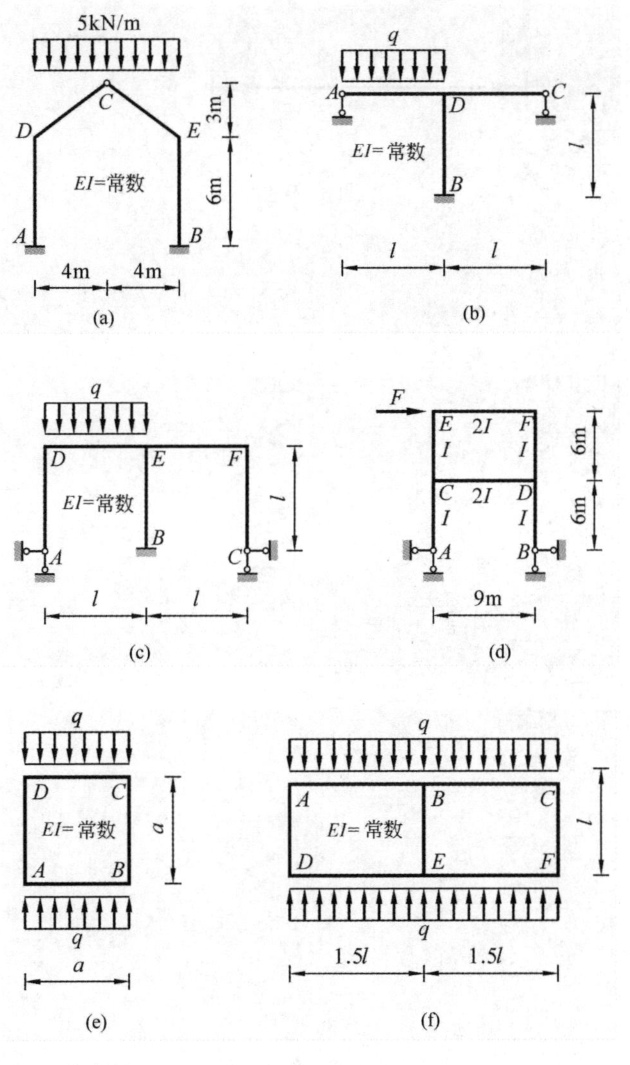
5kN/m
C
3m
D
E
EI=常数
6m
A
B
4m
4m
(a)
q
A
D
C
EI=常数
l
B
l
l
(b)
q
D
E
F
EI=常数
l
A
B
C
l
l
(c)
F
E
2I
F
I
I
6m
C
2I
D
I
I
6m
A
B
9m
(d)
q
D
C
EI=常数
a
A
B
q
a
(e)
q
A
B
C
EI=常数
l
D
E
F
q
1.5l
1.5l
(f)

题 8－8 图

8-9 设结构的温度改变如图所示，试绘制其弯矩图，并求 B 端的转角。设各杆截面为矩形，截面的高度 $h=l/10$，线膨胀系数为 α，EI 为常数。

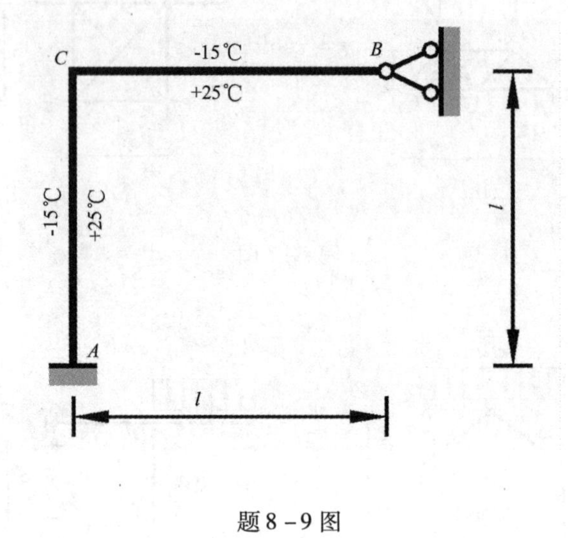

题8-9图

第 9 章
位移法

Chapter 9
Displacement Method

位移法是20世纪20年代，在“刚架分析研究热”中逐步发展起来的杆系结构分析方法。位移法不仅和力法一样可用于超静定结构的求解，而且也可用于静定结构分析，因此它是一种适应面更宽的结构分析方法。虽然位移法本身是以力法为基础的，但由于处理问题的着眼点和手法不同，位移法模型更适合于现代大型通用结构分析程序的编制。所以，较之力法，位移法对近代结构分析的影响更大、更深远。

9.1　位移法的基本原理

9.1.1　实例分析

为了说明位移法的基本思想，考虑图9－1（a）所示的3次超静定刚架。该刚架可以看成是由柱单元AB和梁单元BC两个杆单元组成的集合体。如果忽略轴向变形，则刚架在荷载F_P作用下，节点B只有转角Z_1，如图9－1（b）所示。Z_1就是求解该刚架的位移法基本未知量。

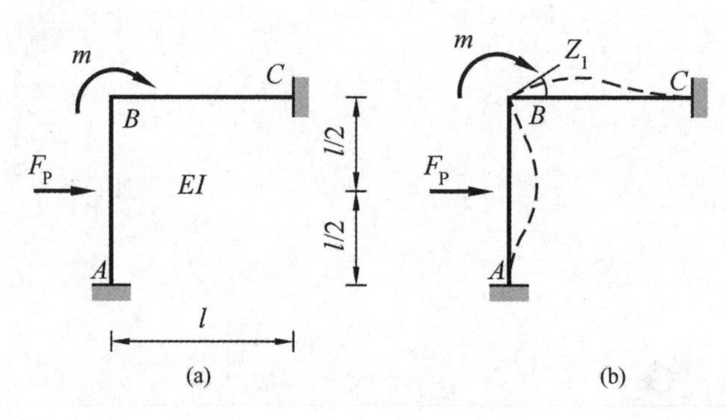

图9－1

在建立关于基本未知量Z_1的求解方程之前，先对刚架各组成杆件进行单元分析。如图9－2（a）将刚架的柱单元AB取出。虽然现在单元的杆端力和B端转角Z_1都还是未知数，但这并不妨碍我们将杆端弯矩M_{AB}、M_{BA}表示成B端转角Z_1和荷载F_P的函数。将M_{AB}、M_{BA}表示成Z_1和F_P的函数的过程，实际上就是求图9－2（b）所示两端固定梁在支座B发生转动Z_1，以及荷载F_P共同作用下杆件内力的过程。根据叠加原理，图9－2（b）所示梁在支座转动和荷载共同作用下的杆端弯矩，应等于该梁在支座转动和荷载分别作用下杆端弯矩之和，即

$$\left.\begin{aligned} M_{AB} &= M_{AB}^{\Delta} + M_{AB}^{F} \\ M_{BA} &= M_{BA}^{\Delta} + M_{BA}^{F} \end{aligned}\right\} \qquad (9-1)$$

其中，M^{Δ}为梁在支座转动影响下的杆端弯矩；M^{F}为梁在荷载作用下的杆端弯矩，亦称为固端弯矩。

根据M^{Δ}的定义，它应该是图9－2（c）所示问题的解。运用力法解之可得

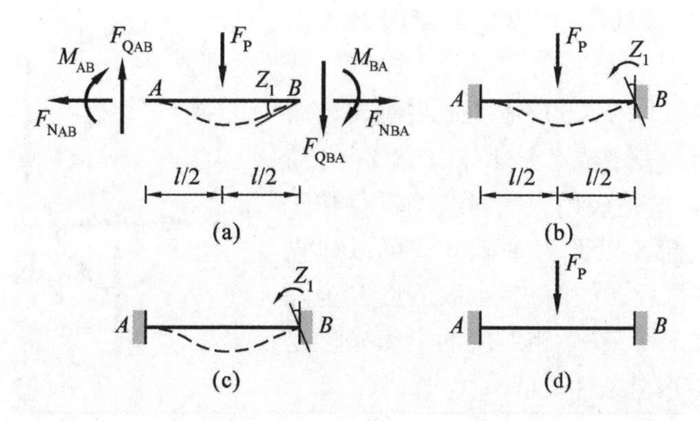

图9-2

$$\left.\begin{aligned} M_{AB}^{\Delta} &= -2\frac{EI}{l}Z_1 \\ M_{BA}^{\Delta} &= -4\frac{EI}{l}Z_1 \end{aligned}\right\} \qquad (9-2)$$

负号表示和图9-2（a）设定的顺时针方向相反。

类似，根据 M^F 的定义，它应该是图9-2（d）所示问题的解。运用力法解之可得

$$\left.\begin{aligned} M_{AB}^{F} &= -\frac{1}{8}F_P l \\ M_{BA}^{F} &= \frac{1}{8}F_P l \end{aligned}\right\} \qquad (9-3)$$

负号表示 F_P 作用下杆件 AB 的 A 截面发生逆时针的弯矩。

将式（9-2）、（9-3）代入式（9-1）即得单元 AB 的杆端弯矩表达式

$$\left.\begin{aligned} M_{AB} &= -2\frac{EI}{l}Z_1 - \frac{1}{8}F_P l \\ M_{BA} &= -4\frac{EI}{l}Z_1 + \frac{1}{8}F_P l \end{aligned}\right\} \qquad (9-4)$$

同样，将梁单元 BC 取出分析，如图9-3所示。将图9-3（a）中 M_{BC}、M_{CB}表示成 Z_1 的函数的过程，实际上就是求图9-3（b）所示两端固定梁在支座 B 转动 Z_1 产生的杆端弯矩的过程。用力法可解得

$$\left.\begin{aligned} M_{BC} &= -4\frac{EI}{l}Z_1 \\ M_{CB} &= -2\frac{EI}{l}Z_1 \end{aligned}\right\} \qquad (9-5)$$

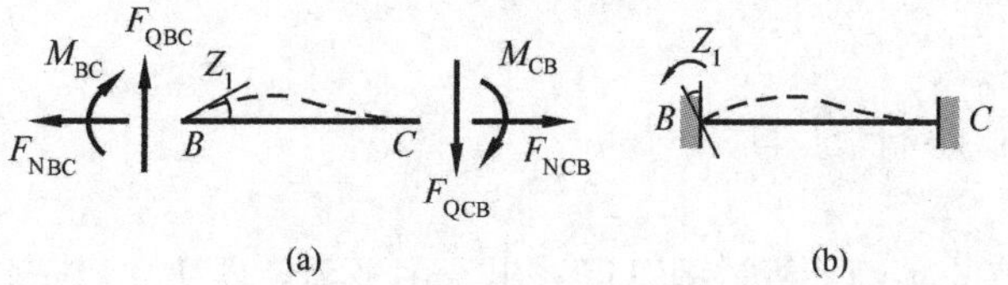

M_{BC} F_{QBC} Z_1 M_{CB} F_{NBC} B C F_{NCB} F_{QCB} (a) Z_1 B C (b)

图9-3

负号表示和图9-3（a）设定的顺时针方向相反。

式（9-4）、（9-5）成功地将刚架各单元的杆端弯矩，表示成了基本未知量 Z_1 和荷载 F_P 的函数。这是应用力法对结构进行单元分析的重要成果，以此为基础，就可以建立本问题的求解方程。如图9-4取节点 B 为隔离体。和基本未知量 Z_1 相对应的平衡条件是节点 B 的力矩平衡条件，即

$$M_{BA}+M_{BC}=m \tag{9-6}$$

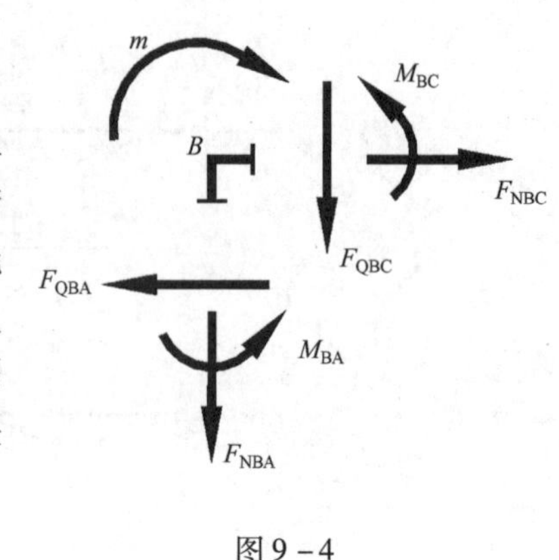

图9-4

将式（9-4）、（9-5）代入式（9-6），整理后可得

$$8\frac{EI}{l}Z_1=\frac{1}{8}F_Pl-m \tag{9-7}$$

解之得

$$Z_1=\frac{F_Pl^2}{64EI}-\frac{ml}{8EI} \tag{9-8}$$

将式（9-8）回代入式（9-4）、（9-5）可得刚架各杆件的最终杆端弯矩如下：

$$\left.\begin{aligned}
M_{AB}&=-2\frac{EI}{l}Z_1-\frac{1}{8}F_Pl=-2\frac{EI}{l}\left(\frac{F_Pl^2}{64EI}-\frac{ml}{8EI}\right)-\frac{1}{8}F_Pl=\frac{m}{4}-\frac{5}{32}F_Pl\\
M_{BA}&=-4\frac{EI}{l}Z_1+\frac{1}{8}F_Pl=-4\frac{EI}{l}\left(\frac{F_Pl^2}{64EI}-\frac{ml}{8EI}\right)+\frac{1}{8}F_Pl=\frac{m}{2}+\frac{1}{16}F_Pl\\
M_{BC}&=-4\frac{EI}{l}Z_1=-4\frac{EI}{l}\left(\frac{F_Pl^2}{64EI}-\frac{ml}{8EI}\right)=\frac{m}{2}-\frac{1}{16}F_Pl\\
M_{CB}&=-2\frac{EI}{l}Z_1=\frac{m}{4}-\frac{1}{32}F_Pl
\end{aligned}\right\} \tag{9-9}$$

9.1.2 位移法思想要点

回顾上面求解刚架的全过程可以看出，位移法思想有三点本质特征：①位移法将结构看成是有限个“杆单元”组成的集合体；②杆单元之间的连接处称为节点。位移法以节点处的位移为基本未知量；③位移法以相应于节点基本未知量的平衡条件来建立方程。这一思路和力法是完全不同的。如果说力法是以力为未知量，以变形协调条件建立方程的话，那么，位移法就是以位移为未知量，以平衡条件建立方程。

9.2 等截面直杆的单元分析

从9.1.1节的实例分析过程可以看出，用平衡条件建立以位移为未知量的方程之前，首先要用基本未知量来表示结构的“杆端力”。这一环节的工作基于力

法对杆单元的分析，它是位移法计算的前提和基础，本节将对单元分析这一环节展开全面讨论。

9.2.1 等直杆的位移转角方程

1）一般情况

考虑图9-5（a）所示的杆单元的最一般情况。用杆端位移表示杆端力的过程，实际上就是求解图9-5（b）所示两端固定梁在支座位移影响下内力的过程。令 $i=EI/l$。i 称为杆件的线刚度。

运用力法求解图9-5（b）所示问题可得

$$\left.\begin{aligned} M_{AB}^{\Delta} &= 4i\theta_A + 2i\theta_B - 6i\frac{\Delta}{l} \\ M_{BA}^{\Delta} &= 2i\theta_A + 4i\theta_B - 6i\frac{\Delta}{l} \end{aligned}\right\} \tag{9-10}$$

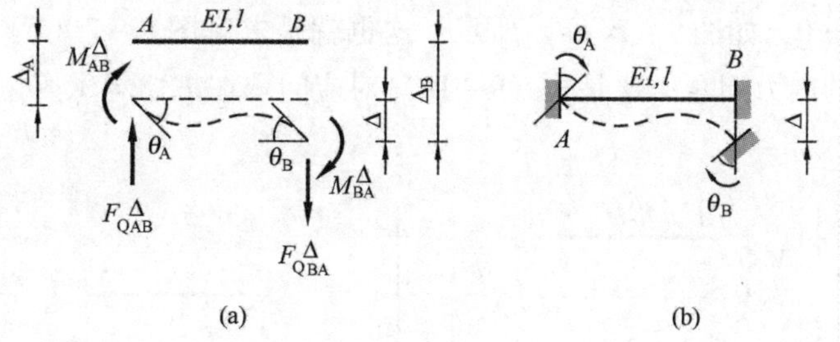

(a) (b)

图9-5

式（9-10）就是由杆端位移 θ_A、θ_B、Δ 求杆端弯矩的公式，习惯上称为转角位移方程。从转角位移方程出发，运用杆件的平衡条件，还可以求出杆端剪力为：

$$F_{QAB}^{\Delta} = F_{QBA}^{\Delta} = -\frac{M_{AB}^{\Delta} + M_{BA}^{\Delta}}{l} \tag{9-11}$$

将式（9-10）代入式（9-11），整理后可得

$$F_{QAB}^{\Delta} = F_{QBA}^{\Delta} = -\frac{6i}{l}\theta_A - \frac{6i}{l}\theta_B + \frac{12i}{l^2}\Delta \tag{9-12}$$

2）一端铰支情况

另一种常见的杆单元情况是，已经知 B 端的杆端弯矩为零，如图9-6（a）所示。这实际上是求解图9-6（b）所示一端铰支梁的内力问题。这是式（9-10）对应问题在 $M_{BA}^{\Delta}=0$ 前提下的特殊情况。将 $M_{BA}^{\Delta}=0$ 代入式（9-10）的第二式可解得

$$2i\theta_B = 3i\frac{\Delta}{l} - i\theta_A \tag{9-13}$$

将式（9-13）代入式（9-10）第一式可得

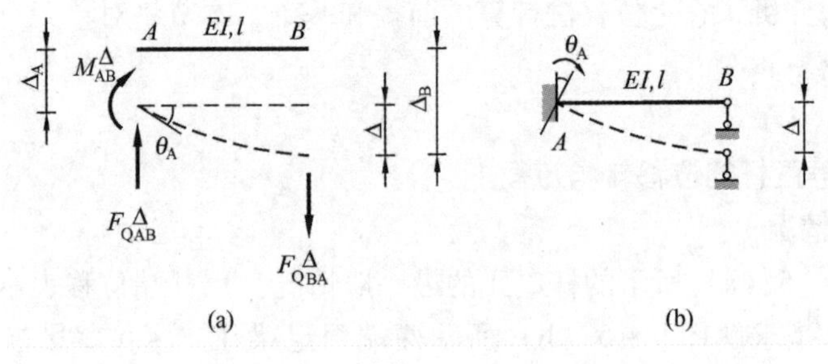

图9－6

$$M_{AB}^{\Delta}=3i\theta_A-3i\frac{\Delta}{l} \tag{9-14}$$

式（9－14）就是杆件一端为铰支时的转角位移方程。

3）一端为滑移支座情况

还有一种常见的杆单元情况是，已经知 B 端的杆端剪力和转角均为零，即 $F_{QBA}^{\Delta}=0$，$\theta_B=0$，如图9－7（a）所示。这也就是求解图9－7（b）所示一端为滑移支座梁的内力问题。这是式（9－10）对应问题在 $F_{QBA}^{\Delta}=0$，$\theta_B=0$ 前提下的特殊情况。

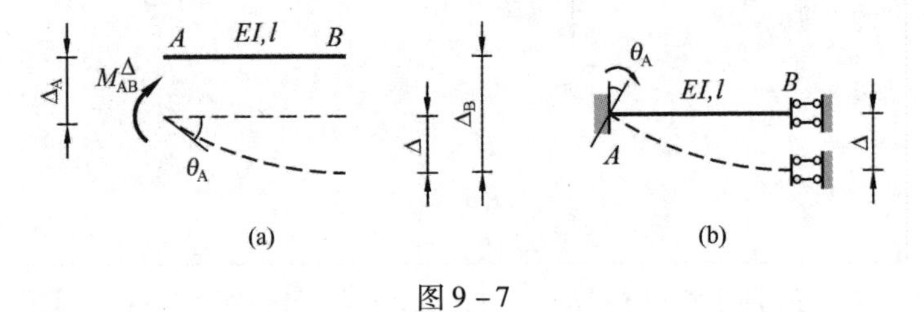

图9－7

将 $F_{QBA}^{\Delta}=0$，$\theta_B=0$ 代入式（9－12）得

$$-\frac{6i}{l}\theta_A+\frac{12i}{l^2}\Delta=0 \tag{9-15}$$

解之得

$$\Delta=\frac{1}{2}\theta_A l \tag{9-16}$$

将 $\theta_B=0$ 和式（9－16）代入式（9－10）可得

$$\left.\begin{aligned}M_{AB}^{\Delta}&=i\theta_A\\M_{BA}^{\Delta}&=-i\theta_A\end{aligned}\right\} \tag{9-17}$$

式（9－17）就是杆件一端为滑移支座时的转角位移方程。

9.2.2　等直杆的固定弯矩

杆件的转角位移方程（9－10）、（9－14）、（9－17），解决了各种情况下式（9－1）中的 M^{Δ} 的求解问题，但并不能解决固端弯矩 M^{F} 的计算问题。表9－1给出了杆件在常见荷载作用下的固端弯矩和剪力。

9.3　位移法的一般分析步骤

从9.1节的讨论可以看出，结构的位移法分析可以分为5个步骤：确定结构位移法分析的基本未知量、获取杆端力的位移表达式、建立位移法基本方程、解方程并计算各杆的杆端弯矩、绘制结构弯矩图。本节将对这5个环节逐个展开深入讨论。

9.3.1　确定位移法基本未知量

位移法和力法的最大差别之一，就是它将结构看成有限个单元组成，并以单元间节点的位移为基本未知量。因为杆端弯矩的位移表达是建立位移法方程的基础，所以，确定位移法基本未知量的准则是要保证每一杆单元的杆端弯矩可以用基本未知量来表示。下面以图9－8（a）所示结构为例予以说明。图9－8（a）所示结构可以看成由*AB*、*BC*、*CD*三个杆单元组成。结构在荷载作用下节点*B*有侧移也有转动，目前都是未知数。如果仅以节点*B*的水平位移Z_1为基本未知量（如图9－8b所示），我们无法利用转角位移方程（9－10）、（9－14）或（9－17）获得单元*AB*和*BC*的杆端弯矩表达式，所以，本问题仅以Z_1为未知量不足以求解。如果以节点*B*的水平位移Z_1和转角Z_2为基本未知量（如图9－8c所示），单元*AB*的杆端弯矩表达式可以用式（9－10）获得。由于忽略了轴向变形，*BC*单元没有相对侧移，其杆端弯矩表达式可由式（9－14）导得。同样因为忽略了轴向变形，*CD*单元的相对侧移就是Z_1，而*D*点没有转动，所以，*CD*单元的杆端弯矩表达式同样也可以由式（9－14）推知。由此可见，虽然*C*铰两侧截面的转角目前都还是未知数，但结构中各单元的杆端弯矩都可以表示成节点*B*水平位移Z_1和转角Z_2的函数。所以，本问题以Z_1和Z_2为未知量可以完全求解，Z_1和Z_2就是本问题的位移法基本未知量。

等直杆的固端弯矩和剪力　　**表9－1**

序号	简　图	固端弯矩（以顺时针为正）	固端剪力
1	l	$M^F_{AB}=-\frac{ql^2}{12}$ $M^F_{BA}=+\frac{ql^2}{12}$	$F^F_{QAB}=+\frac{ql}{2}$ $F^F_{QBA}=-\frac{ql}{2}$
2	F_P $l/2$　$l/2$	$M^F_{AB}=-\frac{F_Pl}{8}$ $M^F_{BA}=+\frac{F_Pl}{8}$	$F^F_{QAB}=+\frac{F_P}{2}$ $F^F_{QBA}=-\frac{F_P}{2}$
3	l	$M^F_{AB}=-\frac{ql^2}{8}$	$F^F_{QAB}=+\frac{5}{8}ql$ $F^F_{QBA}=-\frac{3}{8}ql$
4	F_P $l/2$　$l/2$	$M^F_{AB}=-\frac{3}{16}F_Pl$	$F^F_{QAB}=+\frac{11}{16}F_P$ $F^F_{QBA}=-\frac{5}{16}F_P$

续表

序号	简 图	固端弯矩（以顺时针为正）	固端剪力
5	l	$M_{AB}^{F}=-\frac{ql^2}{3}$ $M_{BA}^{F}=+\frac{ql^2}{6}$	$F_{QAB}^{F}=+ql$ $F_{QBA}^{F}=0$
6	F_P $l/2$ $l/2$	$M_{AB}^{F}=-\frac{3}{8}F_P l$ $M_{BA}^{F}=-\frac{F_P l}{8}$	$F_{QAB}^{F}=+F_P$ $F_{QBA}^{F}=0$

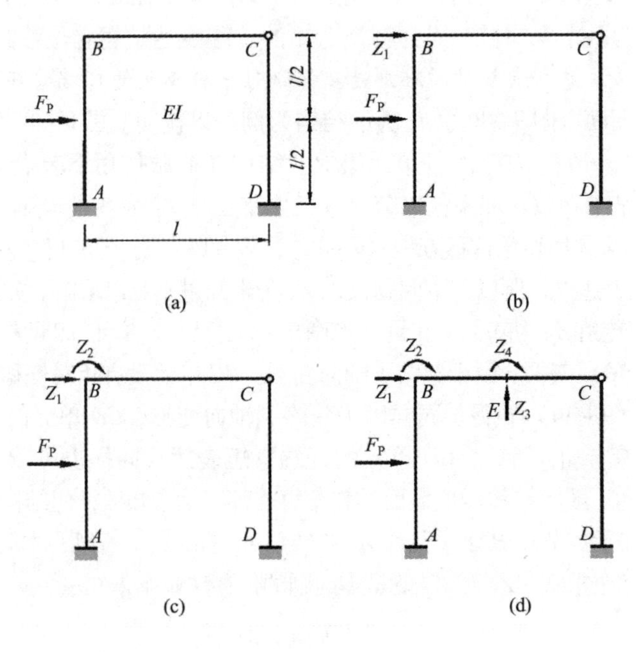

图9－8

应该指出的是，位移法基本未知量的数目有下限，但几乎没有上限。同样是图9－8（a）所示结构，可以在BC杆中增加一个节点E（如图9－8d所示），也就是说将结构看成是由AB、BE、EC、CD四个杆单元组成。这时，只要以节点B的水平位移Z_1、转角Z_2、节点E的竖直位移Z_3、转角Z_4为基本未知量，就可以得到AB、BE、EC、CD四个杆单元的杆端弯矩表达式。因此，将结构看成是由AB、BE、EC、CD四个杆单元组成，以Z_1、Z_2、Z_3、Z_4为基本未知量，也同样可以求解本问题。

现在再来考虑图9－9（a）所示结构的位移法基本未知数。眼快的读者可能已经意识到，这是一个静定结构。实际上位移法对静定结构和超静定结构是普适的。正因为如此，较之力法，基于位移法开发的结构分析程序具有更强的通用性。对于图9－9（a）所示的静定结构，如果以B点的水平位移Z_1和转角Z_2为基本未知量（如图9－9b所示），利用式（9－14）就可以得到杆单元AB、BC的杆端弯矩表达式。所以，该静定结构的位移法基本未知量就是Z_1和Z_2。

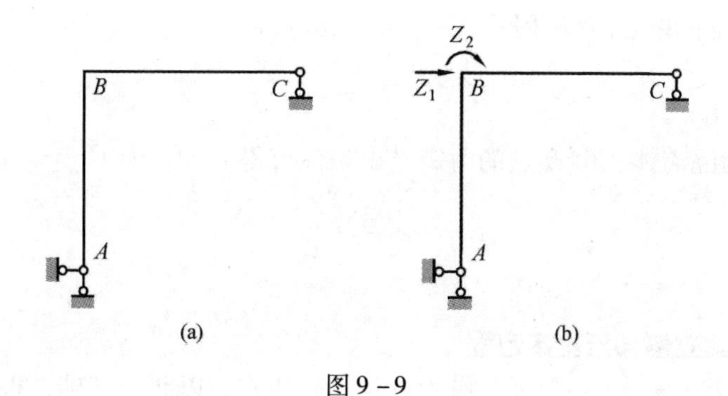

图 9－9

9.3.2　获取各杆端力的位移表达式

确定了问题的位移法基本未知量以后，要考虑的就是将结构各单元的杆端力用基本未知量来表示。由于单元的杆端剪力可以根据平衡条件由杆端弯矩获得，所以，关键问题是将各单元的杆端弯矩用基本未知量来表示。本节继续以图 9－8（a）所示结构为例，对此展开讨论。

以 Z_1 和 Z_2 为基本未知量，对于单元 AB 运用式（9－10）可得

$$\left.\begin{aligned} M_{AB}^{\Delta} &= 2iZ_2 - 6i\frac{Z_1}{l} \\ M_{BA}^{\Delta} &= 4iZ_2 - 6i\frac{Z_1}{l} \end{aligned}\right\} \tag{9-18}$$

由式（9－12）可得

$$F_{QAB}^{\Delta} = F_{QBA}^{\Delta} = -\frac{6i}{l}Z_2 + \frac{12i}{l^2}Z_1 \tag{9-19}$$

查表 9－1 可得固端力如下

$$M_{AB}^{F} = -\frac{F_P l}{8} \qquad M_{BA}^{F} = +\frac{F_P l}{8} \tag{9-20}$$

$$F_{QAB}^{F} = +\frac{F_P}{2} \qquad F_{QBA}^{F} = -\frac{F_P}{2} \tag{9-21}$$

由式（9－18）、（9－19）、（9－20）、（9－21），根据叠加原理可得单元 AB 的杆端力如下

$$M_{AB} = M_{AB}^{\Delta} + M_{AB}^{F} = 2iZ_2 - 6i\frac{Z_1}{l} - \frac{F_P l}{8} \tag{9-22}$$

$$M_{BA} = M_{BA}^{\Delta} + M_{BA}^{F} = 4iZ_2 - 6i\frac{Z_1}{l} + \frac{F_P l}{8} \tag{9-23}$$

$$F_{QBA} = F_{QBA}^{\Delta} + F_{QBA}^{F} = -\frac{6i}{l}Z_2 + \frac{12i}{l^2}Z_1 - \frac{F_P}{2} \tag{9-24}$$

对于单元 BC 运用式（9－14）可得

$$M_{BC}^{\Delta} = 3iZ_2 \tag{9-25}$$

因为其上无荷载，所以

$$M_{BC} = M_{BC}^{\Delta} = 3iZ_2 \tag{9-26}$$

类似，对于单元 CD 运用式（9－14）亦可得

$$M_{DC}=M_{DC}^{\Delta}=-3i\frac{Z_1}{l} \tag{9-27}$$

以 CD 杆件为隔离体，由 D 点的力矩平衡条件可得

$$F_{QCD}=3i\frac{Z_1}{l^2} \tag{9-28}$$

9.3.3 建立位移法基本方程

上一节讨论得到了各单元杆端力的位移表达式。以此为基础，根据相应的平衡条件就可以得到该问题的位移法基本方程。

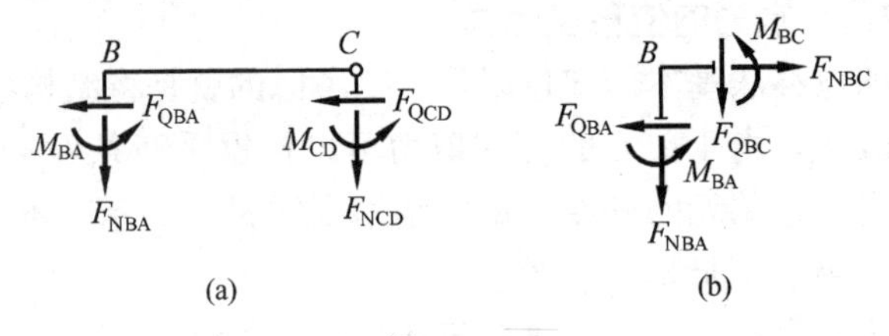

图 9－10

以 BC 杆件为隔离体（图 9－10a），其水平方向力的平衡条件为

$$F_{QBA}+F_{QCD}=0 \tag{9-29}$$

以节点 B 为隔离体（图 9－10b），其力矩平衡条件为

$$M_{BA}+M_{BC}=0 \tag{9-30}$$

将式（9－23）、（9－24）、（9－26）、（9－28）代入式（9－29）、（9－30）得

$$\left.\begin{aligned}\frac{15i}{l^2}Z_1-\frac{6i}{l}Z_2&=\frac{F_P}{2}\\-\frac{6i}{l}Z_1+7iZ_2&=-\frac{F_Pl}{8}\end{aligned}\right\} \tag{9-31}$$

式（9－31）就是以节点 B 的水平位移 Z_1 和转角 Z_2 为基本未知量时，图 9－8（a）所示问题的位移法方程。

9.3.4 位移未知量的求解和杆端弯矩计算

解位移法方程（9－31）可得

$$\left.\begin{aligned}Z_1&=\frac{11}{276}\frac{F_Pl^3}{EI}\\Z_2&=\frac{3}{184}\frac{F_Pl^2}{EI}\end{aligned}\right\} \tag{9-32}$$

将式（9－32）回代入式（9－22）、（9－23）、（9－26）、（9－27），即可得结构各单元的最终杆端弯矩为

$$M_{AB}=M_{AB}^{\Delta}+M_{AB}^{F}=-0.332F_Pl \tag{9-33}$$

$$M_{BA}=M_{BA}^{\Delta}+M_{BA}^{F}=-0.049F_Pl \tag{9-34}$$

$$M_{BC}=M_{BC}^{\Delta}+M_{BC}^{F}=0.049F_{P}l \tag{9-35}$$

$$M_{DC}=M_{DC}^{\Delta}=-0.120F_{P}l \tag{9-36}$$

9.3.5 绘制结构弯矩图

从各单元的最终杆端弯矩出发，即可绘制该问题的弯矩图，如图 9－11 所示。

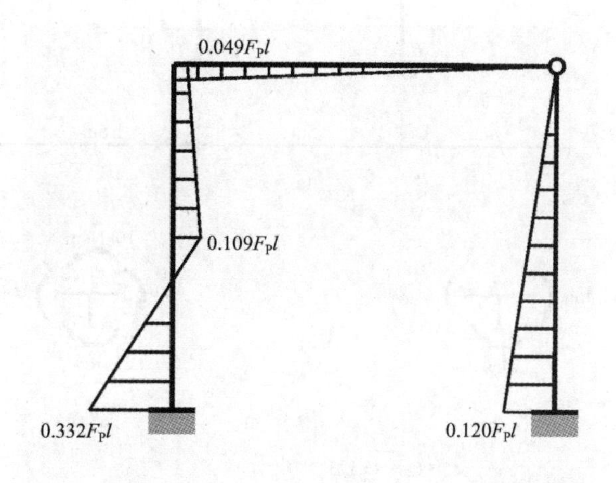

图 9－11

9.4 实例分析

本节讨论两则例题。

【例 9－1】 图 9－12（a）所示为一超静定刚架，刚架各杆的线刚度 i 和几何尺寸示于图中。试运用位移法分析该刚架，并绘制其弯矩图。

【解】 第一步，选取位移法基本未知量。将该刚架看成由 AB、BC、CD、BE、CF 五个杆单元组成。因为忽略轴向变形，刚架节点 B 和节点 C 只可能有转动不可能有线位移。因此，以节点 B 的转角 Z_1 和节点 C 的转角 Z_2 就可以表示出各单元的杆端力。所以，本问题可以取 Z_1、Z_2 为基本未知量进行求解。

第二步，建立各单元杆端力的位移表达式。对于单元 AB，运用式（9－14）可得

$$M_{BA}^{\Delta}=3i_{AB}Z_1=3\times4\times Z_1=12Z_1 \tag{a}$$

查表 9－1 可得固端弯矩为

$$M_{BA}^{F}=\frac{ql^2}{8}=\frac{20\times4^2}{8}=40\text{kN}\cdot\text{m} \tag{b}$$

（注意，此时 M_{AB}^{F}是顺时针方向的，应为正号，和表中符号不同。）

由式（a）、（b）可得单元 AB 的杆端弯矩为

$$M_{BA}=M_{BA}^{\Delta}+M_{BA}^{F}=12Z_1+40 \tag{c}$$

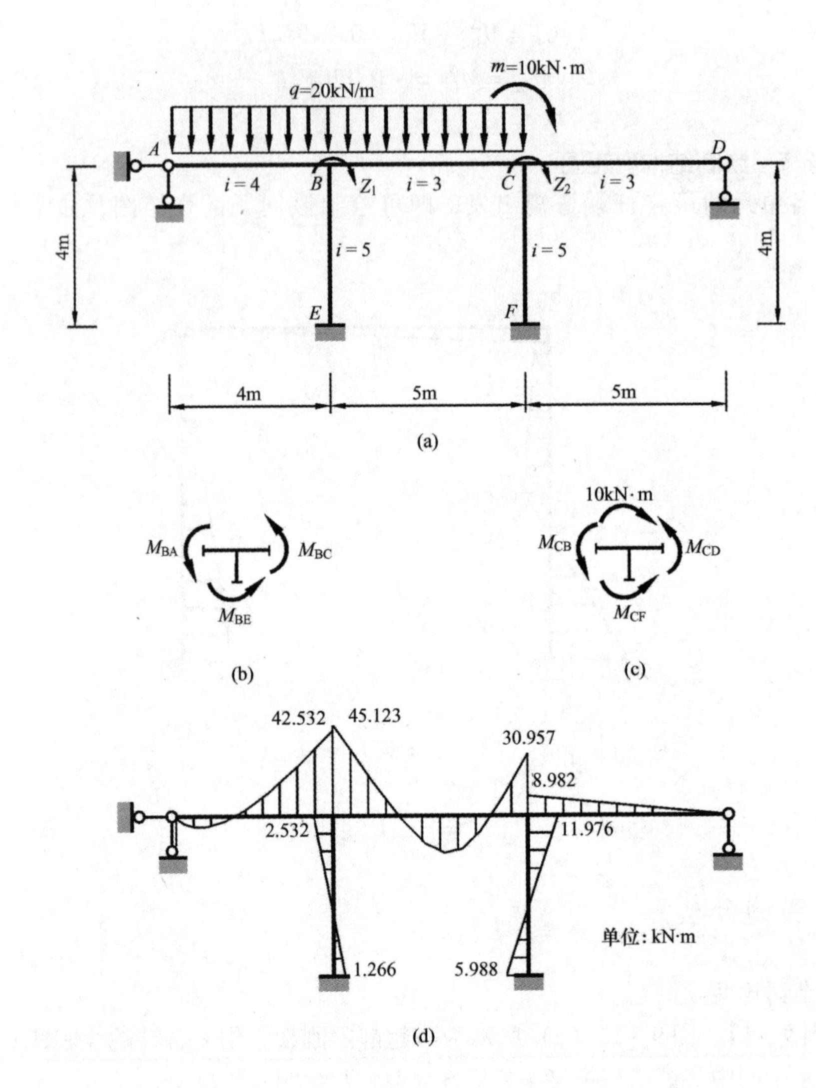

图9－12

对于单元 BC，运用式（9－10）可得

$$\left.\begin{aligned} M_{BC}^{\Delta} &= 4i_{BC}Z_1 + 2i_{BC}Z_2 = 12Z_1 + 6Z_2 \\ M_{CB}^{\Delta} &= 2i_{BC}Z_1 + 4i_{BC}Z_2 = 6Z_1 + 12Z_2 \end{aligned}\right\} \tag{d}$$

查表9－1可得固端弯矩为

$$M_{BC}^{F} = -\frac{ql^2}{12} = -\frac{20\times5^2}{12} = -41.667\text{kN}\cdot\text{m} \tag{e}$$

$$M_{CB}^{F} = +\frac{ql^2}{12} = \frac{20\times5^2}{12} = 41.667\text{kN}\cdot\text{m} \tag{f}$$

所以 BC 单元的杆端弯矩为

$$\left.\begin{aligned} M_{BC} &= M_{BC}^{\Delta} + M_{BC}^{F} = 12Z_1 + 6Z_2 - 41.667 \\ M_{CB} &= M_{CB}^{\Delta} + M_{CB}^{F} = 6Z_1 + 12Z_2 + 41.667 \end{aligned}\right\} \tag{g}$$

对于单元 BE 运用式（9－10）可得

$$\left.\begin{aligned}M_{BE}^{\Delta}&=4i_{BC}Z_1=12Z_1\\M_{EB}^{\Delta}&=2i_{BC}Z_1=6Z_1\end{aligned}\right\}\tag{h}$$

BE 单元上没有荷载，固端弯矩为零，所以 BE 单元的杆端弯矩为

$$\left.\begin{aligned}M_{BE}&=M_{BE}^{\Delta}=12Z_1\\M_{EB}&=M_{EB}^{\Delta}=6Z_1\end{aligned}\right\}\tag{i}$$

同理，CF 单元的杆端弯矩为

$$\left.\begin{aligned}M_{CF}&=12Z_2\\M_{FC}&=6Z_2\end{aligned}\right\}\tag{j}$$

对于单元 CD，运用式（9－14）可得

$$M_{CD}^{\Delta}=3i_{CD}Z_2=3\times3\times Z_2=9Z_2\tag{k}$$

CD 单元上没有荷载，固端弯矩为零，所以 CD 单元的杆端弯矩为

$$M_{CD}=M_{CD}^{\Delta}=9Z_2\tag{l}$$

第三步，建立位移法方程。分别取节点 B 和 C 为隔离体，如图 9－12（b）、（c）所示。其力矩平衡条件为

$$\left.\begin{aligned}M_{BA}+M_{BE}+M_{BC}&=0\\M_{CB}+M_{CF}+M_{CD}&=10\end{aligned}\right\}\tag{m}$$

将式（c）、（g）、（i）、（j）、（l）代入式（m），整理后可得本问题的位移法方程为

$$\left.\begin{aligned}36Z_1+6Z_2&=1.667\\6Z_1+33Z_2&=-31.667\end{aligned}\right\}\tag{n}$$

第五步，解位移法方程并计算各单元杆端弯矩。解方程（n）后可得

$$\left.\begin{aligned}Z_1&=0.211\\Z_2&=-0.998\end{aligned}\right\}\tag{o}$$

将式（o）代入式（c）、（g）、（i）、（j）、（l）可得各单元的最终杆端弯矩为

$$\left.\begin{aligned}M_{BA}&=12\times0.211+40=42.532\text{kN}\cdot\text{m}\\M_{BC}&=12\times0.211+6\times(-0.998)-41.667=-45.123\text{kN}\cdot\text{m}\\M_{CB}&=6\times0.211+12\times(-0.998)+41.667=30.957\text{kN}\cdot\text{m}\\M_{BE}&=12\times0.211=2.532\text{kN}\cdot\text{m}\\M_{EB}&=6\times0.211=1.266\text{kN}\cdot\text{m}\\M_{CF}&=12\times(-0.998)=-11.976\text{kN}\cdot\text{m}\\M_{FC}&=6\times(-0.998)=-5.988\text{kN}\cdot\text{m}\\M_{CD}&=9\times(-0.998)=-8.982\text{kN}\cdot\text{m}\end{aligned}\right\}\tag{p}$$

第五步，绘制弯矩图。根据各单元的最终杆端弯矩绘制该问题的弯矩图，如图 9－12（d）所示。

【例 9－2】 试运用位移法分析图 9－13（a）所示的组合结构，并绘制其弯矩图。结构各杆的截面刚度和几何尺寸示于图中。

【解】 第一步，取半结构分析。本例为对称结构在对称荷载作用下的响应问题，根据8.4节的知识，可取图9－13（b）所示的半结构进行分析。

第二步，选取位移法基本未知量。图9－13（b）所示结构可看成由AB、BC、BD三个杆单元组成，其中BD为二力杆，AB、BC为受弯杆。因为AB、BC是受弯杆，可忽略轴向变形，所以节点B只可能发生竖向位移和转动，不可能水平有线位移。以节点B的竖向线位移Z_1和转角Z_2就可以表示出各单元的杆端力。所以，本问题可以以Z_1、Z_2为基本未知量进行求解。

第三步，建立各单元杆端力的位移表达式。对于单元AB运用式（9－10）可得

$$\left.\begin{aligned}M_{AB}^{\Delta}&=2i_{AB}Z_2-6i_{AB}\frac{Z_1}{l}=\frac{EI}{10}Z_2-\frac{3EI}{200}Z_1\\M_{BA}^{\Delta}&=4i_{AB}Z_2-6i_{AB}\frac{Z_1}{l}=\frac{EI}{5}Z_2-\frac{3EI}{200}Z_1\end{aligned}\right\}\tag{a}$$

AB单元上没有荷载，固端弯矩为零，所以AB单元的杆端弯矩为

$$\left.\begin{aligned}M_{AB}&=M_{AB}^{\Delta}=\frac{EI}{10}Z_2-\frac{3EI}{200}Z_1\\M_{BA}&=M_{BA}^{\Delta}=\frac{EI}{5}Z_2-\frac{3EI}{200}Z_1\end{aligned}\right\}\tag{b}$$

由平衡条件可得AB单元的杆端剪力为

$$F_{QBA}=-\frac{M_{AB}+M_{BA}}{l}=\frac{3EI}{2000}Z_1-\frac{3EI}{200}Z_2\tag{c}$$

对于单元BC，运用式（9－17）可得

$$\left.\begin{aligned}M_{BC}^{\Delta}&=i_{BC}Z_2=\frac{EI}{10}Z_2\\M_{CB}^{\Delta}&=-i_{BC}Z_2=-\frac{EI}{10}Z_2\end{aligned}\right\}\tag{d}$$

查表9－1可得固端弯矩为

$$M_{BC}^{F}=-\frac{ql^2}{3}=-\frac{10\times10^2}{3}=-333.333\text{kN}\cdot\text{m}\tag{e}$$

$$M_{CB}^{F}=+\frac{ql^2}{6}=\frac{10\times10^2}{6}=166.666\text{kN}\cdot\text{m}\tag{f}$$

所以BC单元的杆端弯矩为

$$\left.\begin{aligned}M_{BC}&=M_{BC}^{\Delta}+M_{BC}^{F}=\frac{EI}{10}Z_2-333.333\\M_{CB}&=M_{CB}^{\Delta}+M_{CB}^{F}=-\frac{EI}{10}Z_2+166.666\end{aligned}\right\}\tag{g}$$

其杆端剪力为

$$F_{QBC}=ql=10\times10=100\text{kN}\tag{h}$$

最后考虑二力杆单元BD。节点B的竖向位移Z_1引起的BD杆的伸长量为$3Z_1/5$，如图9－13（c）所示。由此可知BD杆中的轴力为

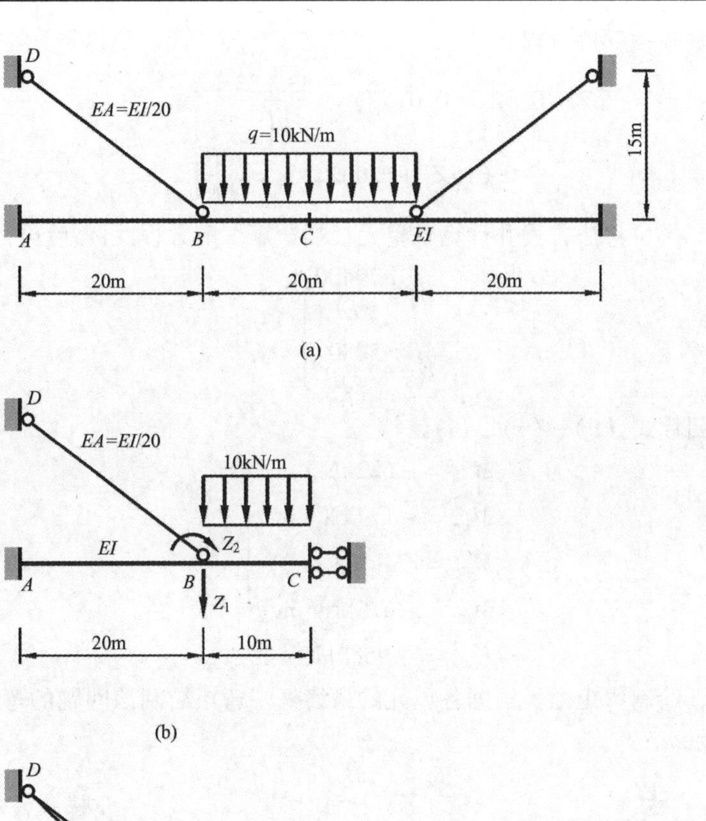

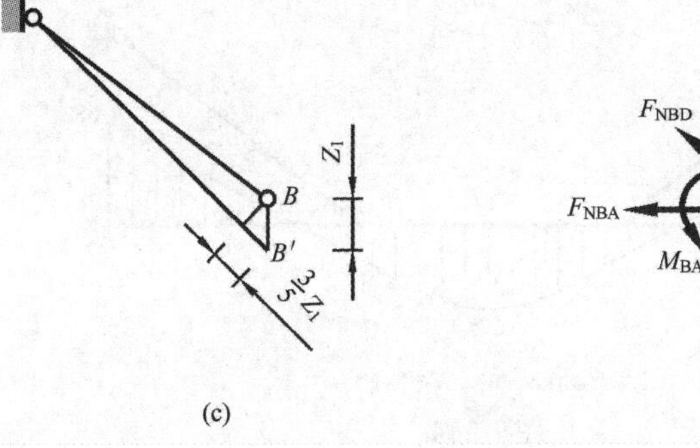

图 9－13

$$F_{\mathrm{NBD}}=\frac{3}{5}Z_1\frac{EA}{\sqrt{15^2+20^2}}=\frac{3EI}{2500}Z_1 \tag{i}$$

第四步，建立位移法方程。取节点 B 为隔离体，如图 9－13（d）所示。其力矩平衡条件和竖向力的平衡条件为

$$\left.\begin{aligned}M_{\mathrm{BA}}+M_{\mathrm{BC}}=0\\F_{\mathrm{QBA}}+\frac{3}{5}F_{\mathrm{NBD}}-F_{\mathrm{QBC}}=0\end{aligned}\right\} \tag{j}$$

将式（b）、（c）、（g）、（h）、（i）代入式（j）得

$$\left.\begin{aligned}\frac{EI}{5}Z_2-\frac{3EI}{200}Z_1+\frac{EI}{10}Z_2-333.333=0\\\frac{3EI}{2000}Z_1-\frac{3EI}{200}Z_2+\frac{3}{5}\times\frac{3EI}{2500}Z_1-100=0\end{aligned}\right\} \tag{k}$$

整理后可得如下位移法方程

$$\left.\begin{aligned}0.3Z_2-0.015Z_1&=\frac{333.333}{EI}\\-0.015Z_1+0.00222Z_2&=\frac{100}{EI}\end{aligned}\right\}\tag{l}$$

第五步，解位移法方程并计算各单元杆端弯矩。解方程（l）后可得

$$\left.\begin{aligned}Z_1&=\frac{79400}{EI}\\Z_2&=\frac{5080}{EI}\end{aligned}\right\}\tag{m}$$

将式（m）回代式（b）、（g）、（i），得

$$\left.\begin{aligned}M_{AB}&=-682\text{kN}\cdot\text{m}\\M_{BA}&=-174\text{kN}\cdot\text{m}\\M_{BC}&=174\text{kN}\cdot\text{m}\\M_{CB}&=-675\text{kN}\cdot\text{m}\\F_{NBD}&=-95.2\text{kN}\cdot\text{m}\end{aligned}\right\}\tag{n}$$

第六步，绘制弯矩图。根据各单元的最终杆端弯矩绘制该问题的弯矩图，如图9－14所示。

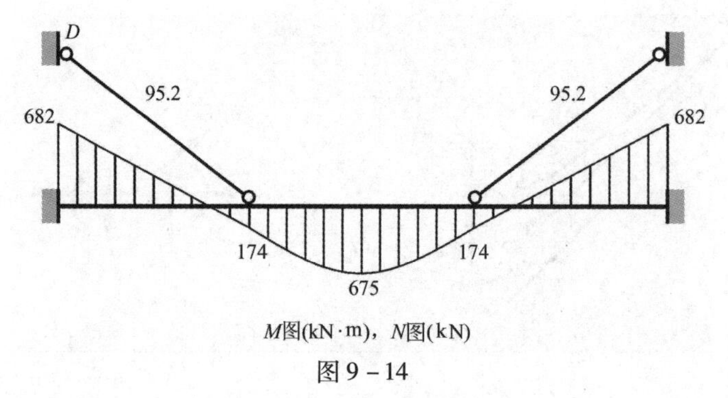

M图(kN·m)，N图(kN)

图9－14

9.5　本章小结

位移法是非常重要的一种结构分析方法，广泛应用于各类结构的内力和位移分析。以位移法力学模型为基础的矩阵位移法，是现代结构计算机分析程序的理论基础，因此，位移法在现代结构分析中发挥着举足轻重的作用。

位移法将结构看成有限个杆单元组成，以结构在节点处的位移为基本未知量，根据力的平衡条件来建立方程求解未知的节点位移。位移法的基础是单元分析。单元分析包括：杆单元的转角位移方程、杆单元在荷载作用下的固端弯矩计算。单元分析将各杆单元的杆端力表示成杆端位移的函数。将单元分析得到的杆端力表达式代入相应的平衡条件，就得到了以节点位移为未知量的位移法基本方程。求解位移法方程后，将节点位移回代入单元分析的有关公式就可得结构各杆端的内力值。这就是结构位移法分析的基本过程。

在位移法分析流程中，确定问题的位移法基本未知量是问题的关键，它决定了分析工作的成败。和力法不同，位移法的基本未知数和问题的超静定次数没有关系。即使是静定结构也可以用位移法求解，这正是位移法的魅力所在。位移法分析中，工作量较大的是单元分析这一步。只有在熟练掌握转角位移方程后，才能很好地完成这一环节的工作。

总之，位移法是现代结构分析的基础，有关内容读者应该熟练掌握。

习　题

9-1　相对于力法，位移法有哪些优点？

9-2　力法能否用于求解静定结构？位移法能否用于求解静定结构？

9-3　位移法方程的物理意义是什么？

9-4　确定图示结构位移法的基本未知量。

9-5　写出图示结构杆端弯矩表达式及位移法基本方程。

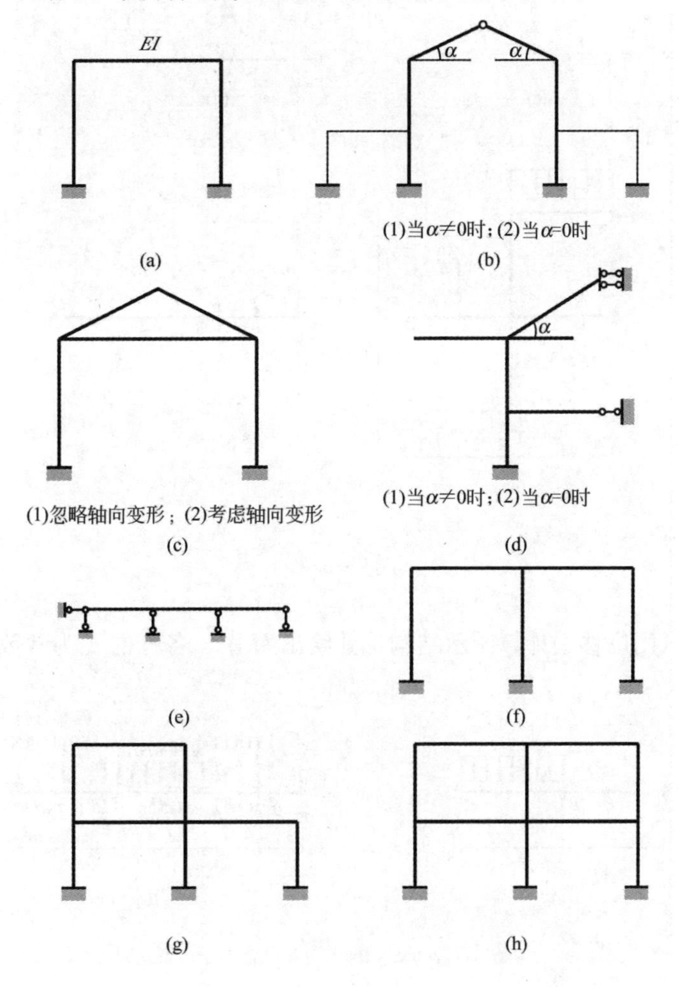

题9-4图

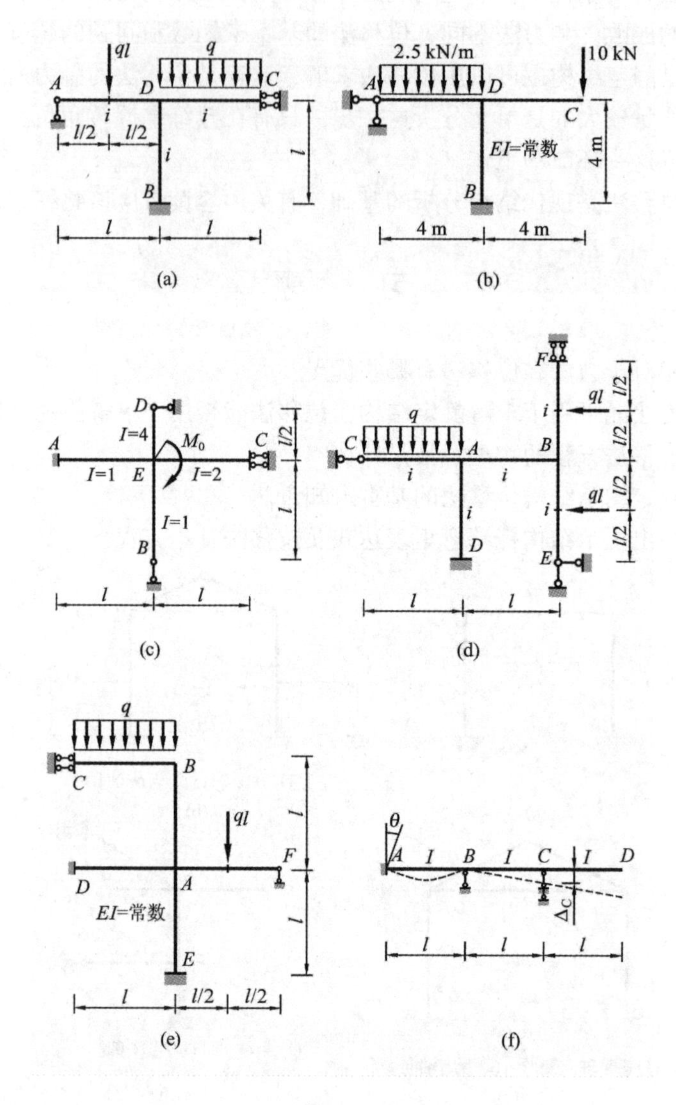

(a) (b)

(c) (d)

(e) (f)

题9-5图

9-6 试用位移法计算图示结构，并绘出 M 图，各杆的 E 为常数。

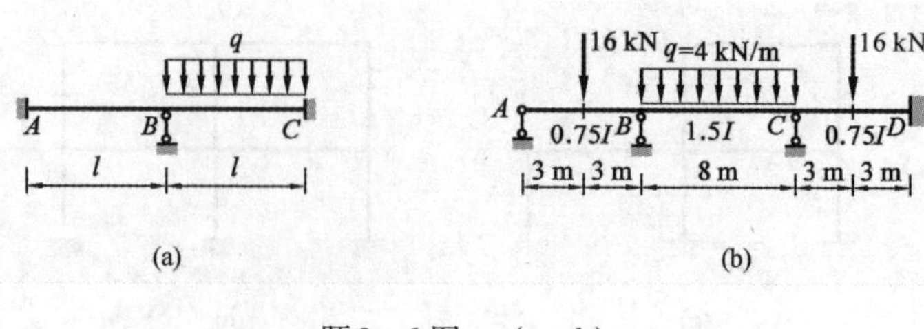

(a) (b)

题9-6图 （a、b）

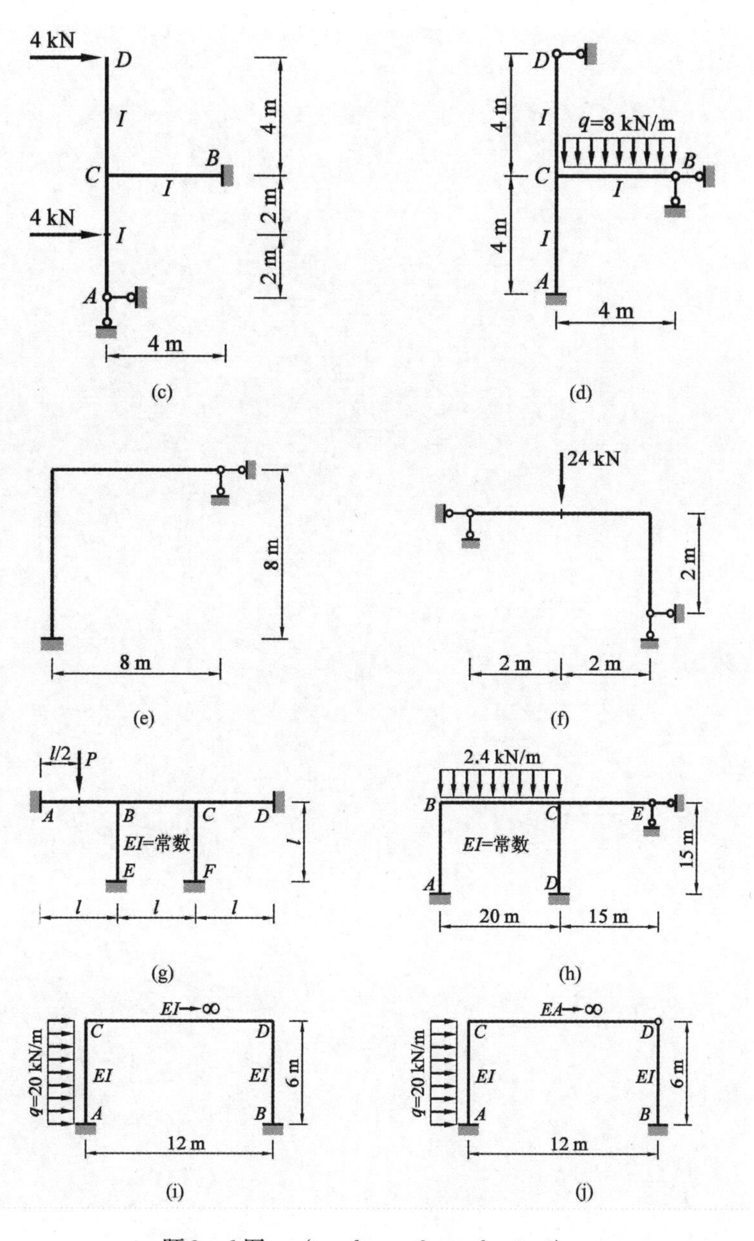

题9－6图　（c、d、e、f、g、h、i、j）

第 10 章
压杆稳定

Chapter 10
Stability of Structures

强度、刚度、稳定性是结构设计必须考虑的三个基本内容。如果说结构刚度验算是为了保证建筑物能正常使用的话，那么，强度和稳定性验算就是为了保证建筑结构在荷载作用下能“活”下去，不至于被压垮。实践表明，结构在荷载作用下的破坏机理一般有两种：一是强度破坏；另一个就是失稳破坏。失稳破坏的机理比较复杂，相对于强度破坏来讲，失稳破坏比较隐蔽，容易被忽视。而失稳破坏往往又是瞬间灾难性的，所以，结构设计时，对稳定性问题一般都比较敏感。本章将对细长直杆中心受压时的稳定性问题进行讨论。

10.1　压杆稳定的一般概念

10.1.1　问题背景

为了说明轴心受压细长杆件在使用过程中遇到的一类特殊问题，考虑图10－1所示的一个简单实验。图10－1(a)为一细长钢板尺，其顶端作用一竖向压力 F_P。钢尺的截面尺寸为20mm×1mm，其屈服应力为200MPa。从强度角度看，钢板尺承载能力的极限为

$$F_P = (20 \times 10^{-3} \times 10^{-3}) \times (200 \times 10^6) = 4\text{kN} \qquad (10-1)$$

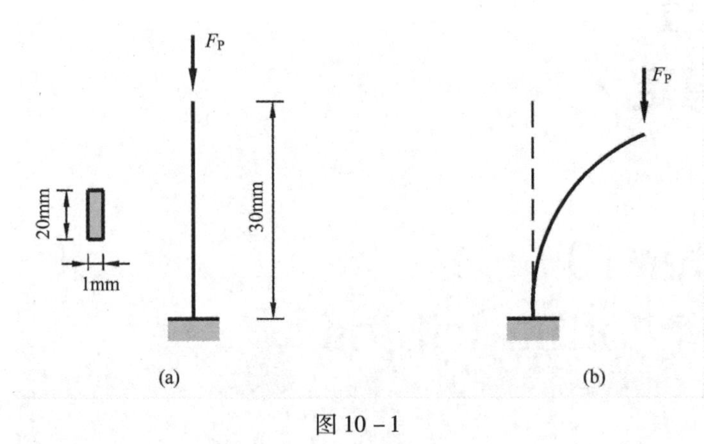

图10－1

可实验发现，当压力还不到40N时，受压的钢尺就被明显压弯而崩溃了。这一实验结果表明：杆件受压时，其承载能力会由于和杆件整体弯曲有关的某种原因而大幅下降。这就意味着，对于受压细长杆，强度极限可能并不能作为其实际承载能力的标准。那么，受压细长杆的破坏机理是怎样的？其实际承载能力应该怎样评估？这就是本章要解决的压杆稳定问题。

10.1.2　稳定性的一般概念

生活中的事物在特定时刻总是处于这样或那样的状态之中。某一事物处于特定的状态时，不可避免地会受到周围环境的一些干扰而偏离原来的状态。如果干扰消失后，事物会自动回到原来的状态，那么，我们称该事物在原来的状态下是稳定的。反之，如果事物受到微小干扰后，就此偏离原来状态一去不复返了，那

么，该事物原来所处的状态就是不稳定的。下面结合图 10 - 2 所示物理问题作进一步说明。

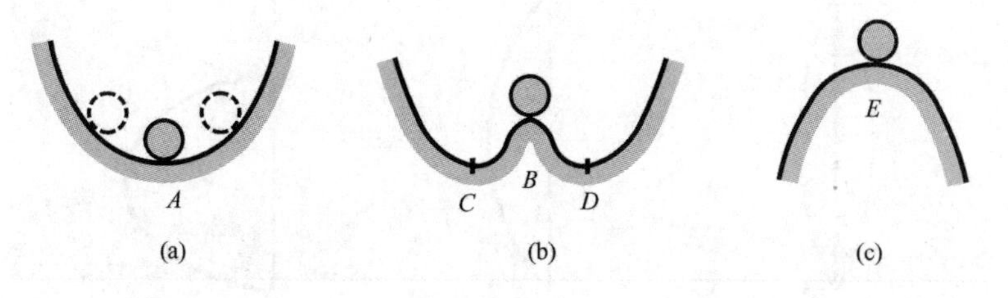

图 10 - 2

图 10 - 2(a)所示的小球在 A 点处于平衡。当外界给小球一个微小作用时，小球会偏离平衡点 A。但干扰消失以后，小球最终又会自动回到 A 点维持原来的平衡状态。因此小球在 A 点的平衡态是稳定的，系统不会因为外界微小的扰动而崩溃。

再来考虑图 10 - 2(b)所示系统。小球在 B 点处于平衡态。但此时小球一旦受到外界的微小干扰后就会偏离 B 点的平衡态，在 C 点或 D 点重新建立新的平衡态，而不会再回到 B 点的原有平衡态中。虽然和系统（a）一样系统（b）也不会因外界微小的扰动而崩溃，但小球在 B 点的平衡态是不稳定的。

最后考虑图 10 - 2(c)所示系统。小球在 E 点处于平衡态。此时外界任何微小的扰动都会使系统崩溃，小球将一去不复返。

在日常生活的大多数情况下，系统（a）比较理想；系统（b）可以接受；系统（c）是要避免的。

10.1.3 压杆稳定的一般概念

研究表明，细长杆中心受压时，也有类似于上面小球的三种情况。考虑图 10 - 3所示的中心受压细长杆件 AB。外界给系统一个微小的横向扰动时，杆件会发生弯曲。实验表明：当压力 F_P 较小时，扰动消失后系统会回到原来的竖直平衡态（如图 10 - 3a 所示）。该系统在外界微小扰动下不会崩溃，其竖直平衡态是稳定的；当压力 F_P 增大到一定程度，扰动消失后系统不会再回到原来的竖直平衡态，而是在弯曲状态下处于新的平衡（如图 10 - 3b 所示）。该系统在外界微小扰动下虽然不会崩溃，但其竖直平衡态是不稳定的；当压力 F_P 进一步增大，达到一定程度后，任何微小的横向扰动都会使杆件发生严重的弯曲变形而崩溃（如图 10 - 3c 所示）。

图 10 - 3 所示的压杆的三种情况和图 10 - 2 所示的小球的三种情况是类似的。图 10 - 3(c)所示的情况称为*压杆失稳*。图 10 - 3(a)是正常的压杆情况。图 10 - 3(b)是系统从状态（a）到状态（c）的过渡状态，此时杆件内各点还处于线弹性状态，因此系统的这一状态也称为*线弹性失稳状态*。使系统进入线弹性失稳状态的最小压力称为*压杆临界力*，记为 F_{Pcr}。

结构设计中，图 10 - 3(c)所示的失稳情况肯定是要避免的。虽然从理论上

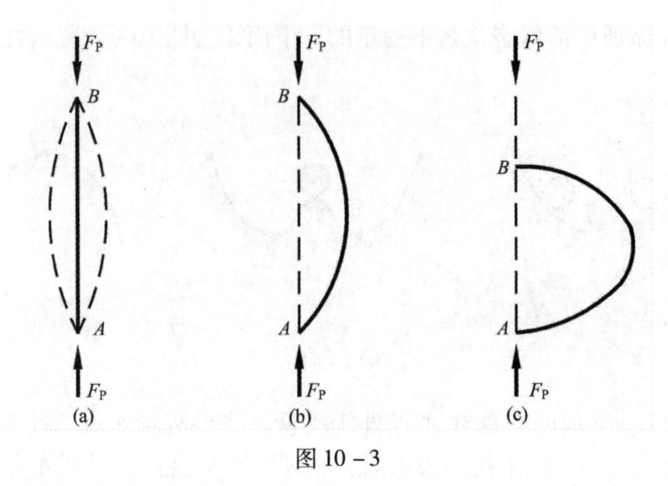

图 10－3

说，线弹性失稳状态下系统并没有崩溃，似乎可以接受，但基于安全考虑，实际设计时就以临界力 F_{Pcr} 作为压杆的承载能力指标，认为超过了临界力 F_{Pcr} 压杆就会因失稳而破坏。

10.2　简支细长中心受压杆的临界力·欧拉公式

本节以简支细长压杆为例来说明压杆临界力的分析方法。

图 10－4(a)为一简支的细长等截面压杆，长度为 l。根据压杆临界力 F_{Pcr} 的定义，在临界力 F_{Pcr} 作用下，杆件将处于微弯的平衡状态（即线弹性失稳状态）。

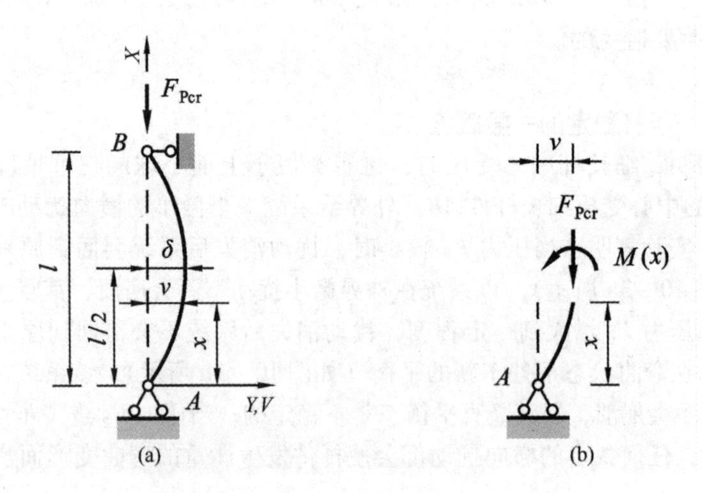

图 10－4

建立如图 10－4(a)所示的坐标系。取隔离体如图 10－4(b)，由 A 点的力矩平衡条件可得杆件在任意截面上的弯矩为

$$M(x) = F_{Pcr}v \qquad (10-2)$$

其中 v 为杆件 x 截面处的挠度。

本问题中，弯矩为 x 的函数，因此，曲率半径 ρ 也应该是 x 的函数，这样弯曲变形的基本公式（6－40）应写为：

$$\frac{1}{\rho(x)}=\frac{M(x)}{EI} \qquad (10-3)$$

式（10－3）表明，杆件 AB 弯曲变形后，其上任一点处的曲率 $1/\rho(x)$ 与该点处横截面的弯矩 $M(x)$ 成正比，而与该截面的抗弯刚度 EI 成反比。

现在考虑将曲率（曲率半径）表示成曲线挠度 v 的函数。如图 10－5 所示，$\mathrm{d}s$ 为曲线微段 CC' 的弧长；θ 为曲线 C 点切线和 X 轴的夹角；x 为 C 点的横坐标。根据曲率半径的定义，可得

$$\rho(x)=\frac{\mathrm{d}s}{\mathrm{d}\theta} \qquad (10-4)$$

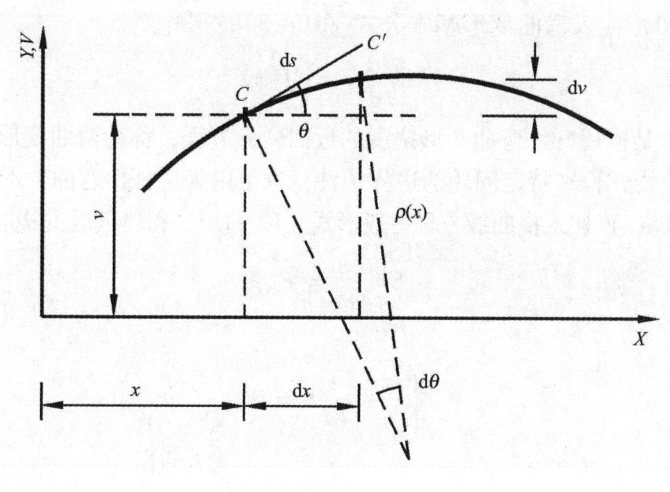

图 10－5

则曲线在 C 点的曲率为

$$\frac{1}{\rho(x)}=\frac{\mathrm{d}\theta}{\mathrm{d}s} \qquad (10-5)$$

因为

$$\theta=\arctan\frac{\mathrm{d}v}{\mathrm{d}x} \qquad (10-6)$$

所以

$$\mathrm{d}\theta=\frac{-\dfrac{\mathrm{d}^2v}{\mathrm{d}x^2}}{1+\left(\dfrac{\mathrm{d}v}{\mathrm{d}x}\right)^2}\mathrm{d}x \qquad (10-7)$$

其中，负号是因为本问题中 $\mathrm{d}^2v/\mathrm{d}x^2<0$。将式（10－7）代入式（10－5），并考虑到

$$\mathrm{d}s=\sqrt{(\mathrm{d}x)^2+(\mathrm{d}v)^2} \qquad (10-8)$$

可得

$$\frac{1}{\rho(x)}=\frac{\mathrm{d}\theta}{\mathrm{d}s}=\frac{\dfrac{-\dfrac{\mathrm{d}^2v}{\mathrm{d}x^2}}{1+\left(\dfrac{\mathrm{d}v}{\mathrm{d}x}\right)^2}\mathrm{d}x}{\sqrt{(\mathrm{d}x)^2+(\mathrm{d}v)^2}}=\frac{-\dfrac{\mathrm{d}^2v}{\mathrm{d}x^2}}{\left(1+\left(\dfrac{\mathrm{d}v}{\mathrm{d}x}\right)^2\right)^{\frac{3}{2}}} \tag{10-9}$$

本问题因为是微小弯曲变形，各截面的转角很小（一般小于1°），而$\left(\dfrac{\mathrm{d}v}{\mathrm{d}x}\right)^2$就更小，可以忽略不计。于是上式可简化为

$$\frac{1}{\rho(x)}=-\frac{\mathrm{d}^2v}{\mathrm{d}x^2} \tag{10-10}$$

将式（10－10）代入弯曲变形基本公式（10－3），得

$$-EI\frac{\mathrm{d}^2v}{\mathrm{d}x^2}=M(x) \tag{10-11}$$

式（10－11）是描述杆件弯曲变形挠度的近似微分方程，称为弯曲变形的挠曲线方程。运用挠曲线方程和特定问题的边界条件，就可以确定杆件弯曲变形后的轴线。

将式（10－2）代入挠曲线方程一般形式（10－11），得本问题的挠曲线方程如下

$$-EI\frac{\mathrm{d}^2v}{\mathrm{d}x^2}=F_{\mathrm{Pcr}}v \tag{10-12}$$

将上式写为

$$\frac{\mathrm{d}^2v}{\mathrm{d}x^2}+\frac{F_{\mathrm{Pcr}}}{EI}v=0 \tag{10-13}$$

令

$$k^2=\frac{F_{\mathrm{Pcr}}}{EI} \tag{10-14}$$

得

$$\frac{\mathrm{d}^2v}{\mathrm{d}x^2}+k^2v=0 \tag{10-15}$$

其通解为

$$v=A\sin kx+B\cos kx \tag{10-16}$$

其中，A、B、k三个待定常数可由边界条件确定。

将边界条件$v|_{x=0}=0$代入式(10－16）可得

$$B=0 \tag{10-17}$$

将式（10－17）代入式（10－16）得

$$v=A\sin kx \tag{10-18}$$

再将$v|_{x=l/2}=\delta$代入式（10－18）得

$$A=\frac{\delta}{\sin\dfrac{kl}{2}} \tag{10-19}$$

其中，δ为杆件的跨中挠度。将式（10－19）代入式（10－18）得

$$v=\frac{\delta}{\sin\dfrac{kl}{2}}\sin kx \tag{10-20}$$

再将边界条件$v|_{x=l}=0$代入（10－20）得

$$2\delta\cos\frac{kl}{2}=0 \tag{10-21}$$

因为$\delta\neq0$，所以

$$\cos\frac{kl}{2}=0 \tag{10-22}$$

得

$$\frac{kl}{2}=\frac{n\pi}{2}\quad n=1,3,5\cdots \tag{10-23}$$

这样本问题的最小解为$n=1$时的解，于是

$$kl=\sqrt{\frac{F_{\mathrm{Pcr}}}{EI}}l=\pi \tag{10-24}$$

由此可得

$$F_{\mathrm{Pcr}}=\frac{\pi^2EI}{l^2} \tag{10-25}$$

这就是简支细长中心压杆临界力的计算公式。由于此式最早由欧拉（L. Euler）导出，故称为欧拉公式。

10.3 不同边界条件下细长中心受压杆的临界力

上一节讨论了简支细长中心压杆临界力的计算公式。对于不同的支承条件，压杆有不同的临界力。本节讨论其他支承条件下压杆的临界力。

10.3.1 一端固定另一端自由压杆

考虑图10－6所示一端固定另一端自由的压杆。

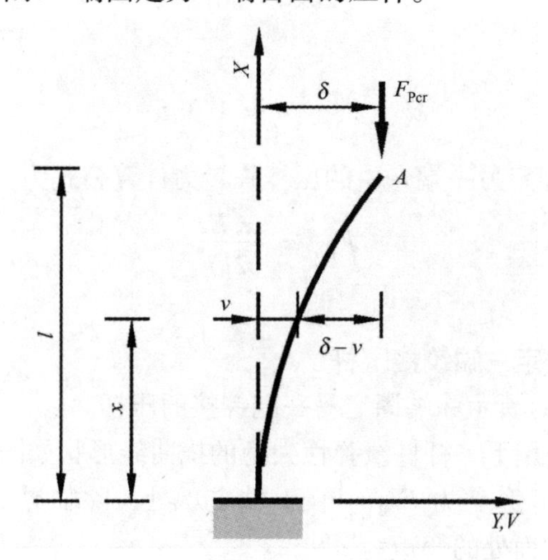

图10－6

杆件x截面处的弯矩为

$$M(x)=-F_{\mathrm{Pcr}}(\delta-v) \tag{10-26}$$

将式（10－26）代入式（10－11）得

$$EI\frac{d^2v}{dx^2}=F_{Pcr}(\delta-v) \tag{10-27}$$

整理后得

$$\frac{d^2v}{dx^2}+k^2v=k^2\delta \tag{10-28}$$

其中，$k^2=F_{Pcr}/EI$。方程（10－28）的通解为

$$v=A\sin kx+B\cos kx+\delta \tag{10-29}$$

其中，A、B 和 k 三个待定常数可由边界条件确定。

对式（10－29）取一阶导数后得

$$\frac{dv}{dx}=Ak\cos kx-Bk\sin kx \tag{10-30}$$

将边界条件$\left.\frac{dv}{dx}\right|_{x=0}=0$代入式（10－30）得

$$A=0 \tag{10-31}$$

代入式（10－29）得

$$v=B\cos kx+\delta \tag{10-32}$$

将边界条件$v|_{x=0}=0$代入式（10－32）得

$$B=-\delta \tag{10-33}$$

代入式（10－32）得

$$v=\delta(1-\cos kx) \tag{10-34}$$

将边界条件$v|_{x=l}=\delta$代入式(10－34）得

$$\delta=\delta(1-\cos kl) \tag{10-35}$$

由此得到能使挠曲线方程成立的条件为

$$\cos kl=0 \tag{10-36}$$

从而得到

$$kl=\frac{n\pi}{2}\quad n=1,3,5\cdots \tag{10-37}$$

取最小解，得一端固定另一端自由的压杆临界力计算公式为

$$F_{Pcr}=\frac{\pi^2EI}{(2l)^2} \tag{10-38}$$

10.3.2 一端固定一端铰接压杆

考虑图10－7(a)所示一端固定另一端铰接的压杆。

在临界力 F_{Pcr}作用下，杆件线弹性失稳的挠曲线形状如图10－7(b)所示。此时固定端存在弯矩 m 和剪力 F_{QBA}。在上端支承处，除临界力 F_{Pcr}外，还有剪力 F_{QAB}。此时杆件 x 截面处的弯矩为

$$M(x)=F_{Pcr}v-F_{QAB}(l-x) \tag{10-39}$$

对于细长受弯杆，剪力对变形的影响可以忽略，挠曲线近似微分方程(10－11)对本问题仍然适用。将式（10－39）代入方程（10－11）后可得

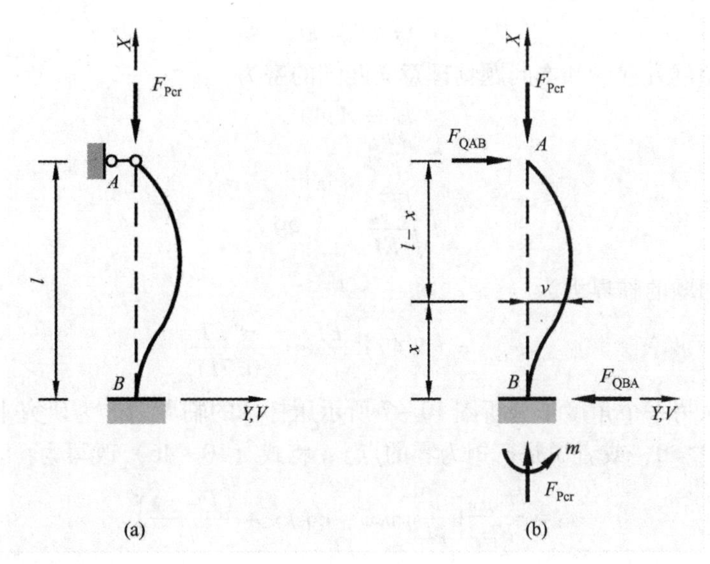

图 10－7

$$-EI\frac{d^2v}{dx^2} = F_{Pcr}v - F_{QAB}(l-x) \tag{10-40}$$

令 $k^2=F_{Pcr}/EI$，式（10－40）可写为

$$\frac{d^2v}{dx^2} + k^2v = k^2\frac{F_{QAB}}{F_{Pcr}}(l-x) \tag{10-41}$$

其通解为

$$v = A\sin kx + B\cos kx + \frac{F_{QAB}}{F_{Pcr}}(l-x) \tag{10-42}$$

对式（10－42）取一阶导数，得

$$\frac{dv}{dx} = Ak\cos kx - Bk\sin kx - \frac{F_{QAB}}{F_{Pcr}} \tag{10-43}$$

将式（10－43）代入固定端的边界条件$\left.\frac{dv}{dx}\right|_{x=0}=0$ 可得

$$A = \frac{F_{QAB}}{kF_{Pcr}} \tag{10-44}$$

将式（10－42）代入边界条件$v|_{x=0}=0$ 可得

$$B = -\frac{F_{QAB}l}{F_{Pcr}} \tag{10-45}$$

式（10－44）、(10－45) 代入式（10－42）后，得

$$v = \frac{F_{QAB}}{F_{Pcr}}\left[\frac{1}{k}\sin kx - l\cos kx + (l-x)\right] \tag{10-46}$$

将式（10－46）代入边界条件$v|_{x=l}=0$ 后，得

$$\frac{1}{k}\sin kl - l\cos kl = 0 \tag{10-47}$$

即

$$\tan kl = kl \tag{10-48}$$

这是一个超越方程，和本问题物理意义匹配的解为

$$kl = 4.49 \tag{10-49}$$

即

$$l\sqrt{\frac{F_{\mathrm{Pcr}}}{EI}} = 4.49 \tag{10-50}$$

所以，本问题的临界力为

$$F_{\mathrm{Pcr}} = (4.49)^2 \frac{EI}{l^2} \approx \frac{\pi^2 EI}{(0.7l)^2} \tag{10-51}$$

现在从另一个角度来分析图10－7所示压杆件的临界力。为研究本问题的反弯点（即$v''=0$，或者说是弯矩为零的点），将式（10－46）改写为

$$v = \frac{lF_{\mathrm{QAB}}}{F_{\mathrm{Pcr}}}\left[\frac{1}{kl}\sin kx - \cos kx + \frac{(l-x)}{l}\right] \tag{10-52}$$

对式（10－52）取两阶导数后可得

$$\frac{\mathrm{d}^2 v}{\mathrm{d}x^2} = \frac{lF_{\mathrm{QAB}}k^2}{F_{\mathrm{Pcr}}}\left[-\frac{1}{kl}\sin kx + \cos kx\right] \tag{10-53}$$

将式（10－53）代$v''=0$后，得

$$-\frac{1}{kl}\sin kx + \cos kx = 0 \tag{10-54}$$

即

$$\tan kx = kl = 4.49 \tag{10-55}$$

在$0 \leqslant x \leqslant l$的范围内，方程（10－55）有解

$$x_1 = 0.3l \text{ 和 } x_2 = l \tag{10-56}$$

由此可知，杆件在$x=l$（即上端铰支承处）和$x=0.3l$各有一个反弯点。

由于在反弯点处杆截面的弯矩等于零，因此杆件在反弯点处相当于设有一个铰。压杆两反弯点之间的一段，相当于一个两端铰支的压杆。原压杆可视为一段由两端铰支的压杆组成，原压杆的失稳就归结为，两反弯点之间的等效两端铰支压杆的失稳。其失稳的临界力就可用两端铰支压杆失稳的临界力公式计算。所不同的是，此时压杆的长度不是杆件的原长l，而是两反弯点之间的长度，这个长度称为压杆计算长度，用μl表示，μ称为压杆长度系数。显然对于两端铰支压杆$\mu=1$。本例中等效压杆长度为$0.7l$。从这一角度看，图10－7所示压杆的临界力应该为

$$F_{\mathrm{Pcr}} = \frac{\pi^2 EI}{(\mu l)^2} = \frac{\pi^2 EI}{(0.7l)^2} \tag{10-57}$$

验算表明$(4.49)^2 EI/l^2 \approx \pi^2 EI/(0.7l)^2$。以后就用式（10－57）作为一端固定一端铰支压杆的临界力计算公式。

10.3.3 两端固定压杆

考虑图10－8(a)所示两端固定的压杆。

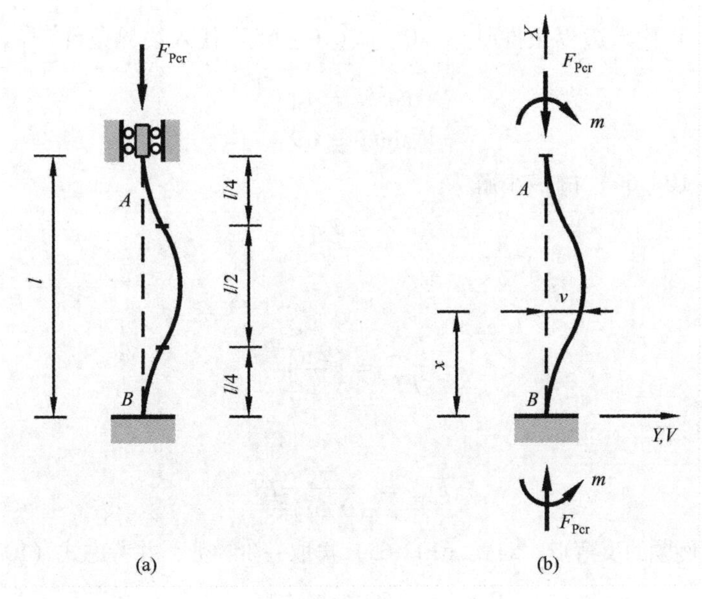

图 10－8

在临界力 F_{Pcr} 作用下，杆件线弹性失稳的挠曲线形状如图 10－8(b)所示。由于杆件上、下两端约束条件相同，所以杆的变形和杆端约束反力应对中截面对称，杆件两端的弯矩相等，水平反力为零。此时杆件任意截面的弯矩为

$$M(x) = F_{Pcr}v - m \tag{10-58}$$

将式（10－58）代入挠曲线近似微分方程，整理后可得

$$\frac{d^2v}{dx^2} + k^2v = k^2\frac{m}{F_{Pcr}} \tag{10-59}$$

其中，$k^2 = F_{Pcr}/EI$。此方程的通解为

$$v = A\sin kx + B\cos kx + \frac{m}{F_{Pcr}} \tag{10-60}$$

式（10－60）代入边界条件 $v|_{x=0} = 0$ 得

$$B = -\frac{m}{F_{Pcr}} \tag{10-61}$$

对式（10－60）取一阶导数

$$\frac{dv}{dx} = Ak\cos kx - Bk\sin kx \tag{10-62}$$

式（10－62）代入边界条件 $\left.\frac{dv}{dx}\right|_{x=0} = 0$ 得

$$A = 0 \tag{10-63}$$

式（10－61）、(10－63）代入式（10－60）得

$$v = \frac{m}{F_{Pcr}}(1 - \cos kx) \tag{10-64}$$

式（10－61）、(10－63）代入式（10－62）得

$$\frac{dv}{dx} = \frac{m}{F_{Pcr}}k\sin kx \tag{10-65}$$

式（10 -64）代入边界条件$v|_{x=l}=0$、式(10 -65) 代入边界条件$\left.\frac{dv}{dx}\right|_{x=0}=0$，得

$$\left.\begin{aligned}\cos kl &= 1\\ \sin kl &= 0\end{aligned}\right\} \tag{10-66}$$

满足方程（10 -66）的最小解为

$$k=\frac{2\pi}{l} \tag{10-67}$$

即

$$\frac{F_{Pcr}}{EI}=\left(\frac{2\pi}{l}\right)^2 \tag{10-68}$$

所以临界力为

$$F_{Pcr}=\frac{\pi^2}{(0.5l)^2}EI \tag{10-69}$$

现在考虑本例题的反弯点。对式（10 -65）再取一阶导数，并考虑式（10 -67）后得

$$\frac{d^2v}{dx^2}=-\frac{m}{F_{Pcr}}k^2\cos\frac{2\pi x}{l}=0 \tag{10-70}$$

在$0\leqslant x\leqslant l$范围内，式（10 -70）的有两个解分别为

$$x_1=\frac{1}{4}\pi;\quad x_2=\frac{3}{4}\pi \tag{10-71}$$

所以本问题的压杆长度系数为$\mu=0.5$。由此也可以得到式（10 -69）。

10.3.4 一端固定一端可水平滑动压杆

考虑图 10 -9(a)所示一端固定另一端可水平滑动压杆。

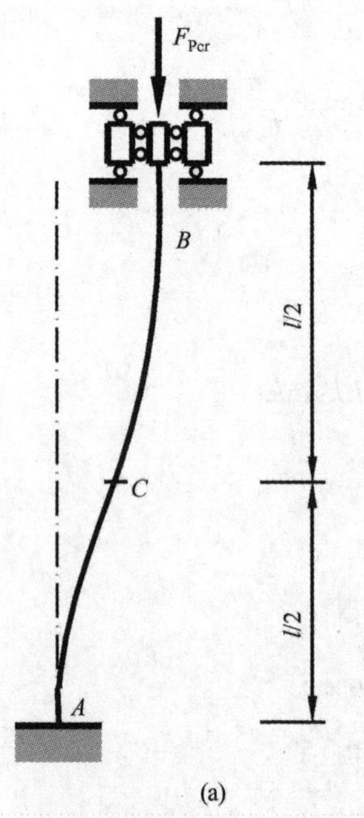

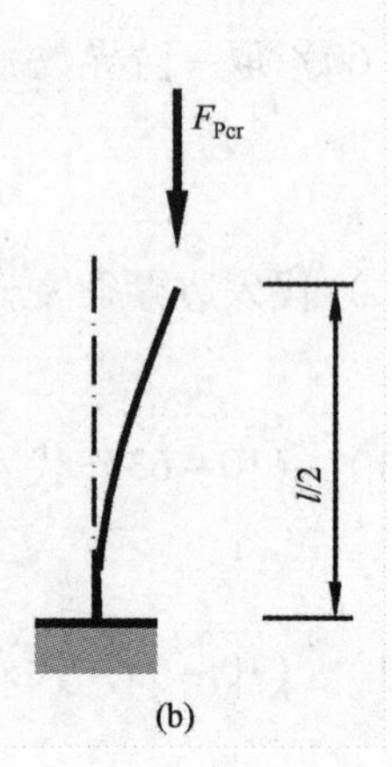

图 10 -9

在临界力 F_{Pcr} 作用下，杆件线弹性失稳的挠曲线形状如图 10－9(a)所示。由于本问题中杆件线弹性失稳的挠曲线是反对称的，所以杆件唯一的反弯点在中点 C 处。已知杆件中的剪力为零，而反弯点处的弯矩也为零（即 $M_C=0$），所以本问题等价于图 10－9(b)所示的一端固定一端自由的压杆临界力问题。由式(10－38）得

$$F_{Pcr}=\frac{\pi^2EI}{\left(2\times\frac{l}{2}\right)^2}=\frac{\pi^2EI}{l^2} \tag{10-72}$$

汇总以上各节的讨论结果，可得到各种边界条件下的压杆临界力计算公式，详见表 10－1。

从表中可以看出，压杆临界力的通式为

$$F_{Pcr}=\frac{\pi^2EI}{(\mu l)^2} \tag{10-73}$$

其中，μ 为压杆长度系数，μl 为压杆计算长度，或称为压杆等效长度。

各种支承约束条件下等截面细长压杆临界力的欧拉公式　　表 10－1

支端情况	失稳时挠曲线形状	临界力欧拉公式	长度系数 μ
两端铰支	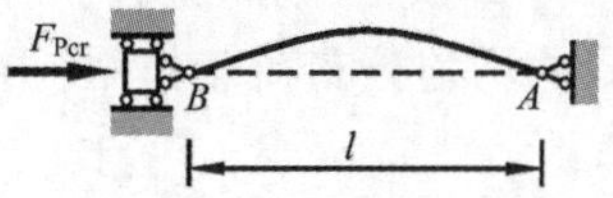 F_{Pcr}, B, A, l	$F_{Pcr}=\frac{\pi^2EI}{l^2}$	$\mu=1$
一端固定另端铰支	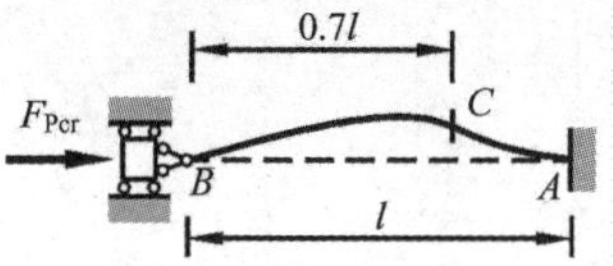 F_{Pcr}, 0.7l, C, B, A, l C-挠曲线拐点	$F_{Pcr}=\frac{\pi^2EI}{(0.7l)^2}$	$\mu=0.7$
两端固定	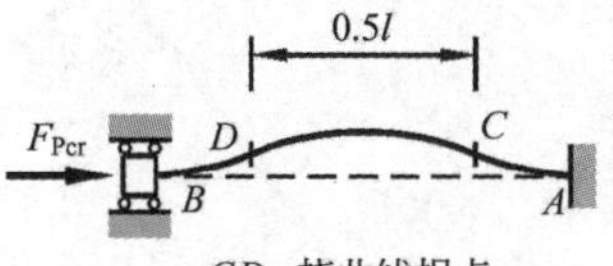 F_{Pcr}, 0.5l, D, C, B, A CD-挠曲线拐点	$F_{Pcr}=\frac{\pi^2EI}{(0.5l)^2}$	$\mu=0.5$
一端固定另端自由	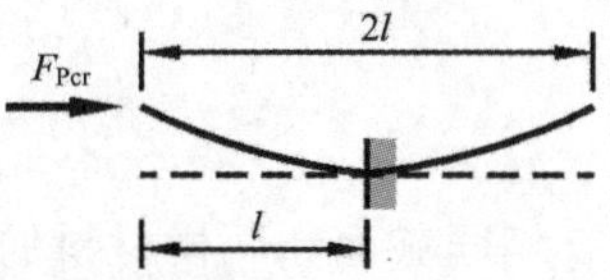 F_{Pcr}, 2l, l	$F_{Pcr}=\frac{\pi^2EI}{(2l)^2}$	$\mu=2$
两端固定但可沿横向发生相对移动	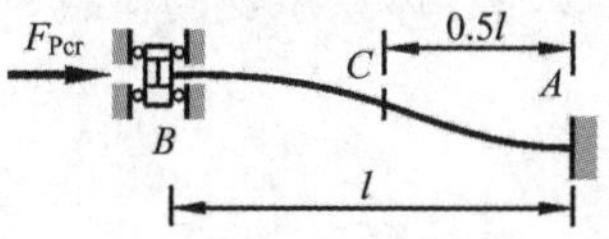 F_{Pcr}, C, 0.5l, A, B, l C-挠曲线拐点	$F_{Pcr}=\frac{\pi^2EI}{l^2}$	$\mu=1$

注：表中拐点即为反弯点。

10.4　本章小结

压杆稳定性验算和杆件的强度验算、刚度验算具有同等的重要性，是结构分析的三个基本组成部分之一。临界力作用下的压杆，在遇到微小干扰时会进入线弹性失稳状态。线弹性失稳状态下压杆处于微弯平衡态。压杆的临界力可由欧拉公式计算。不同边界条件下的压杆，具有不同的长度系数，临界力也各不相同。

结构失稳时，其破坏往往是整体崩溃性的，所以设计时必须对压杆的稳定问题予以充分重视。

习　　题

10－1　什么是压杆的线弹性失稳？什么是压杆的临界力？

10－2　细长等直杆的临界力和哪些因素有关？

10－3　什么是压杆的计算长度？它和哪些因素有关？

10－4　为了提高压杆的抗失稳能力，可以采取哪些结构措施？

10－5　图示一简单托架，其撑杆 AB 为圆截面钢杆，弹性模量 $E=2.1\times10^5$MPa。若架上受集度为 $q=10$kN/m 的均匀分布荷载作用，AB 两端为铰。试求为保证撑杆不出现失稳所需的直径 d。

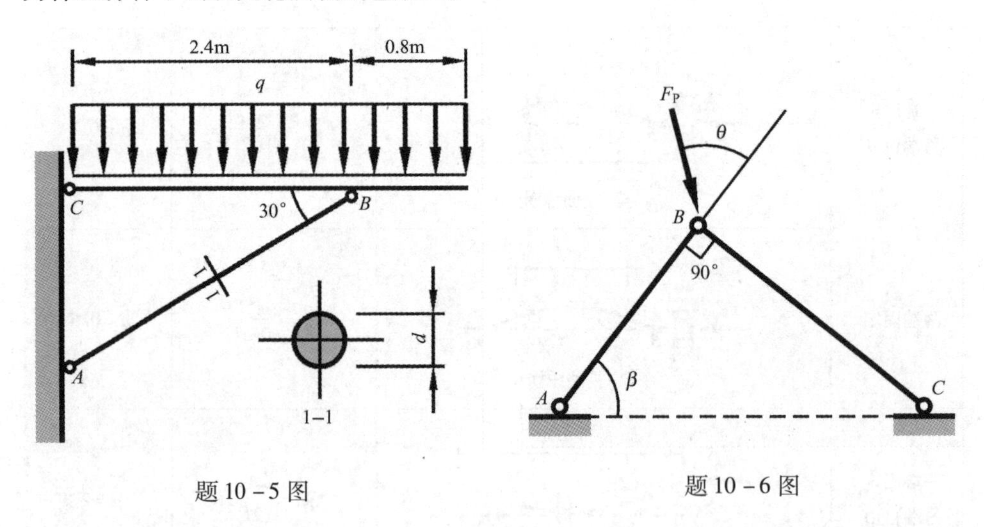

题 10－5 图　　　　题 10－6 图

10－6　图示铰接杆系 ABC 由具有相同截面和同样材料的细长杆组成，β 为已知。问：当 θ 角（$0<\theta<\frac{\pi}{2}$）为多少时，体系承受的荷载 F_P 最大？（假定体系的破坏由杆件在 ABC 平面内的失稳引起。）

第 11 章
结构快速分析简介

Chapter 11
Introduction to Rapid Analysis of Structures

随着计算机的日益普及，依赖人力计算进行结构设计的时代已经成为历史。高效的结构分析软件，使结构设计人员得以从繁琐的结构具体计算工作中解脱出来。但这绝不是说人脑分析已经不重要了。相反，依赖人脑进行的结构快速分析在实际工作中正发挥着越来越重要的作用，这主要体现在以下两个方面。首先，结构分析软件计算结果的正确性需要人来判断。在进行程序计算之前，设计者需要预先对分析结果有个大致的认识，以判断软件分析结果的合理性；其次，建筑师或结构工程师在进行结构选型和初步设计时，需要对所设计的结构有整体的认识，以确保设计方案的合理性和可行性。因此，结构快速分析是建筑师和结构工程师必不可少的基本技能之一。本章将对结构快速分析中常用的一些技巧和方法作一些介绍。

11.1　结构快速分析要点概述

结构快速分析是一项颇具灵活性的工作，需要综合运用建筑力学各部分的知识和技巧去解决实际问题。虽然这部分内容灵活性很强，需要具体问题具体分析，但还是有一些普适的分析要领和方法可供设计者参考。本节就结构快速分析中的一些基本要领，作一些简单介绍，通过几则简单实例给读者在快速分析方面一个感性而整体的认识。

11.1.1　运用对称性和变形对结构进行定性分析

善于运用对称性和结构变形，快速判断结构内力是结构快速分析中非常重要的技巧。一方面，利用对称性可以大幅度简化问题；另一方面，相对于内力而言，结构变形要直观得多。从作用在结构上的荷载出发，通过研究判断结构变形来定性考察结构内力是一个不错的切入点。下面，我们以图 11－1 所示刚架为例，演示综合运用对称性和结构变形判断结构内力的全过程。

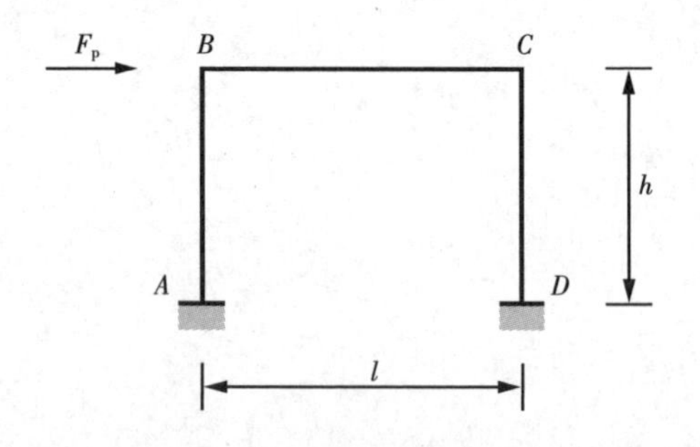

图 11－1　单跨刚架快速分析

根据第 8.4 节介绍的结构对称性分析方法，图 11－1 所示问题可分解为图 11－2（a）、（b）所示两个问题的叠加。这样问题就被分解成了对称和反对称两个独立的问题。

先来考虑图 11－2（b）所示的对称情况。由于刚架忽略轴向变形，所以图

11－2（b）所示对称问题的弯矩为零。这样我们只需得到图11－2（a）所示问题的弯矩图，就得到了原问题的弯矩图。这是一个对称结构在反对称荷载作用下的响应问题。根据第8.4节介绍的对称结构在反对称荷载作用下的半结构取法，可将该问题转化为图11－2（c）所示的半结构问题。

现在考虑图11－2（c）所示半结构的弯矩图。对这一问题我们不难作出如图11－2（d）所示的变形情况。由于梁 BE 上没有垂直于梁轴线的荷载，根据第5.3节介绍的直杆荷载—内力关系知，梁 BE 的弯矩图应为一直线。从梁的变形可以判断，梁 BE 应为下部受拉，考虑到 M_E 为零，可作该梁的弯矩图，如图11－2（e）所示。

接下来分析柱 AB 的弯矩图。由节点 B 的力矩平衡条件，可知柱 AB 的 B 端为右侧受拉，且 $M_{BA}=M_{BE}=M_B$。类似梁的分析，考虑到柱 AB 段内无横向荷载作用，可知柱 AB 中弯矩应为直线。根据图11－2（d）所示的变形判断，柱 A 端左侧受拉。于是可作柱 AB 的弯矩图，如图11－2（e）所示。根据对称性，由半结构的弯矩图可推得原刚架弯矩图，如图11－2（f）所示。

最后，我们来考虑柱中的剪力。对柱 AB、DC 取隔离体，如图11－2（g）、（h）所示。由力矩平衡条件得

$$M_B + M_A = Q_{BA}h \qquad (11-1)$$

$$M_B + M_A = Q_{CD}h \qquad (11-2)$$

得

$$Q_{BA} = Q_{CD} \qquad (11-3)$$

对梁 BC 取隔离体，如图11－2（i）所示。由 $\sum F_x=0$，得

$$Q_{BA} = Q_{CD} = \frac{F_P}{2} \qquad (11-4)$$

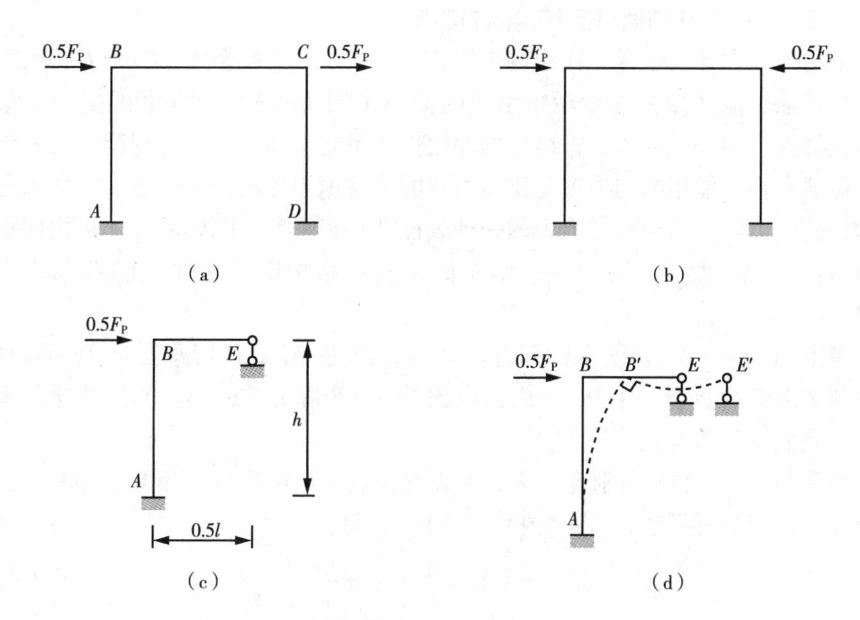

图11－2　单跨刚架快速分析流程（a、b、c、d）

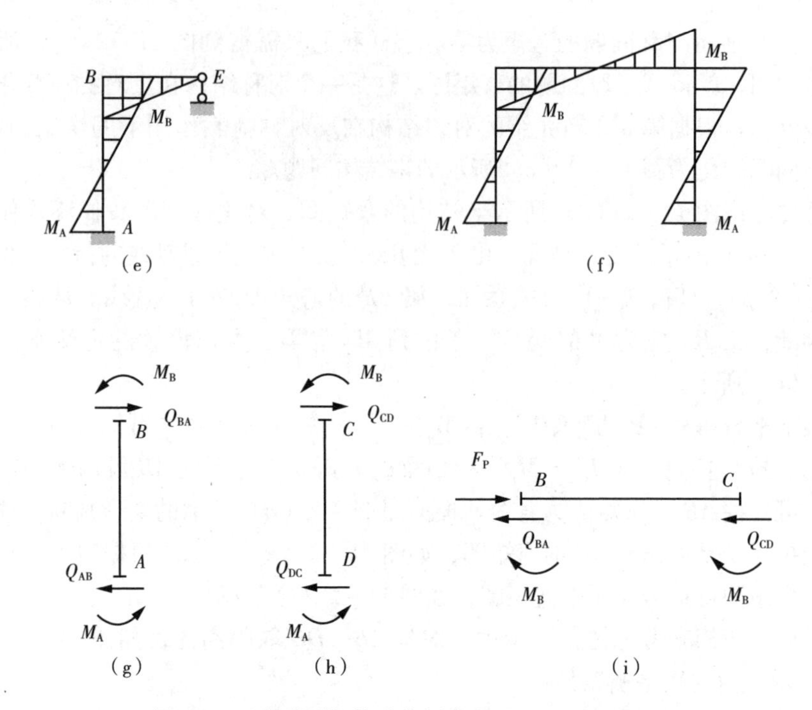

图 11－2　单跨刚架快速分析流程（e、f、g、h、i）

通过以上分析，我们不但知道了结构弯矩图的大致形状，而且精确掌握了结构的剪力值。虽然分析流程看似很长，但完全基于概念分析和心算，对于熟练者可谓“说时迟，那时快”！实际所需时间非常少。但这一快速简短的分析，足以帮助软件操作者判断软件计算结果的正确性。

11.1.2　按构件刚度分配结构内力的技巧

结构和人类社会一样，往往也是能者多劳。在人类社会中，一个人在社团中的能力越强，他（她）在生活中承担的责任往往就越多。如果我们把一个结构比作人类社会的一个社团，将结构构件比作社团的个体——人，则能力强的构件在外荷载来临时承担的内力就要比能力差的构件承担的内力大。那么，什么是结构构件的能力呢？结构构件能力的一种表征就是其刚度。刚度越大，该构件承担的内力往往就越大。下面通过一则实例来演示结构中的这种“能者多劳”的现象。

考虑图 11－3（a）所示的问题。该结构中柱 DC 的抗弯刚度是 AB 的两倍，根据能者多劳的原则，柱 DC 中内力应该是柱 AB 内力的两倍。实际情况是不是这样，我们来具体考察一下。

由于横梁 BC 的轴向刚度很大，所以该结构 B、C 两点有相同的侧移 Δ。由第 9.2 节介绍的杆端位移转角方程（9－14），得，

$$M_{AB}=-3i_{AB}\frac{\Delta}{l}=-3\frac{EI}{l}\frac{\Delta}{l} \tag{11－5}$$

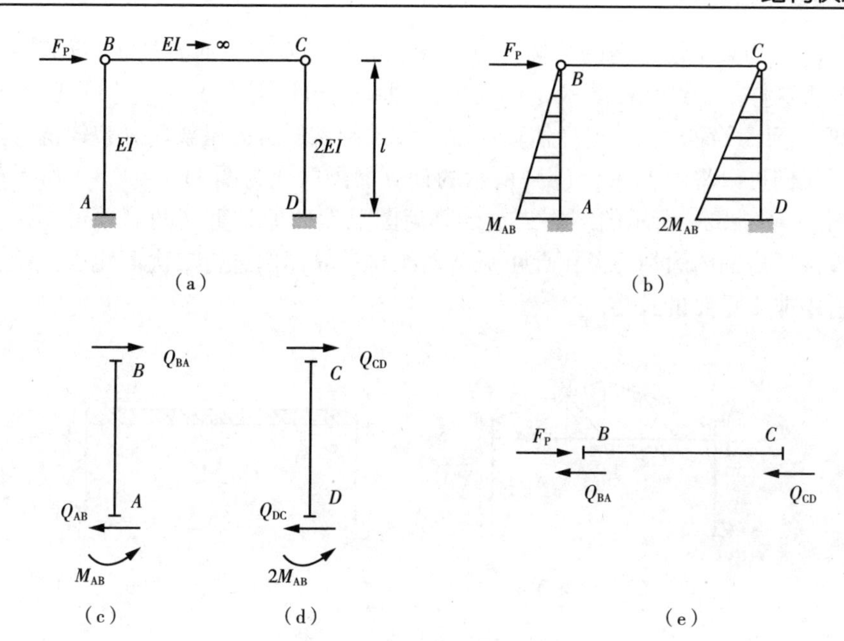

图 11-3 按刚度分配构件内力

$$M_{DC} = -3i_{DC}\frac{\Delta}{l} = -3\frac{2EI}{l}\frac{\Delta}{l} \quad (11-6)$$

式（11-5）、(11-6）表明，

$$M_{DC} = 2M_{AB} \quad (11-7)$$

可见，柱内弯矩满足能者多劳原则。下面再来考虑剪力情况。

对柱 AB、DC 取隔离体，如图 11-3（c）、(d）所示。由力矩平衡条件得

$$3\frac{EI}{l}\frac{\Delta}{l} = Q_{BA}l \quad (11-8)$$

$$3\frac{2EI}{l}\frac{\Delta}{l} = Q_{CD}l \quad (11-9)$$

式（11-8）、(11-9）表明

$$Q_{CD} = 2Q_{BA} \quad (11-10)$$

这样，结合横梁的平衡条件（图 11-3e)，可得

$$Q_{CD} = 2Q_{BA} = \frac{2}{3}F_P \quad (11-11)$$

按照快速分析的思想，以上的分析可以一言以蔽之，“从刚度关系看，柱 DC 中的内力应为柱 AB 中的两倍，即 $Q_{AB}=F_P/3$；$Q_{DC}=2F_P/3$。于是，$M_{AB}=F_Pl/3$；$M_{DC}=2F_Pl/3$”。分析过程如此简单，完全可以用心算进行！

11.1.3 对结构进行二次简化

结构计算简图是通过对实际结构进行力学简化得到的，是建筑力学分析的起点。基于结构计算简图的建筑力学分析是结构设计的依据，所以，结构计算简图须尽可能反映结构的实际情况。实际工程中的结构计算简图一般比较复杂。图

11－4（a）为某单层厂房的结构计算简图，杆件比较多，布置情况也比较复杂。精确分析这样一个结构需要一定的时间。但我们可以对图11－4（a）所示的计算简图进行二次简化，以提高估算速度。考虑到该厂房的屋架部分整体抗弯刚度很大，我们可以将图11－4（a）所示的计算简图简化为图11－4（b）所示的形式。图11－4（b）所示的结构二次计算简图显然比原计算简图简单得多，更利于估算该厂房的内力情况。由此可见，对结构计算简图进行二次简化也是结构快速分析中非常重要的技巧。

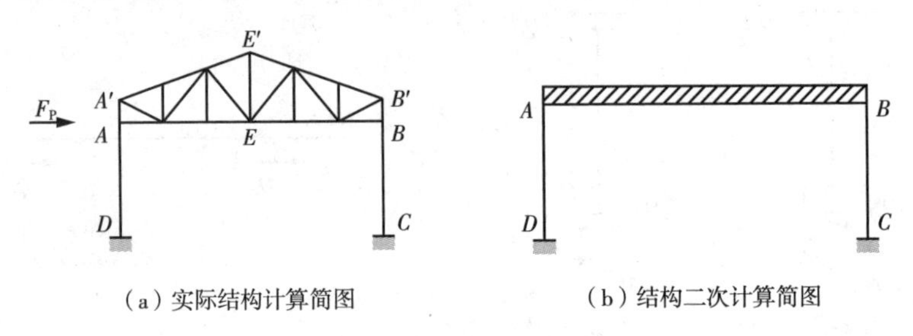

（a）实际结构计算简图　　（b）结构二次计算简图

图11－4　结构的二次简化

11.2　单节点力矩分配法

在第11.1节介绍的结构快速分析要点中，很重要的一点就是根据结构构件的相对刚度情况来判断构件的内力。这一技巧在力矩分配法中得到了集中体现。力矩分配法是20世纪30年代工程一线广泛使用的一种主流结构内力计算方法。随着计算机和结构分析软件的日益普及，力矩分配法已经从结构计算的主导地位中逐步淡出。但其按杆件刚度分配力矩的思想，对于工程师把握结构的整体形态仍然非常重要。力矩分配法中的单节点分配至今仍是结构快速分析中的一个重要技巧。本节将对单节点力矩分配法及其应用作一些介绍。

11.2.1　分配和传递的概念

为了说明力矩分配法中分配和传递的概念，考虑图11－5（a）所示的问题。梁*ABC*在节点*B*作用有50kN·m的集中力矩。该力矩作用下梁的变形如图11－5（b）所示。由于变形的连续性，节点*B*两侧截面的转角相等，均为θ。由第9.2节杆端位移转角方程（9－10）得

$$M_{BA} = 4\frac{EI}{l_{AB}} = 4\frac{EI}{l}\theta \qquad (11-12)$$

$$M_{BC} = 4\frac{EI}{l_{BC}}\theta = 4\frac{EI}{l}\theta \qquad (11-13)$$

根据节点*B*的平衡条件（图11－5c）得

$$M_{BA} + M_{BC} = 50 \qquad (11-14)$$

于是

$$M_{BA} = M_{BC} = 25 \qquad (11-15)$$

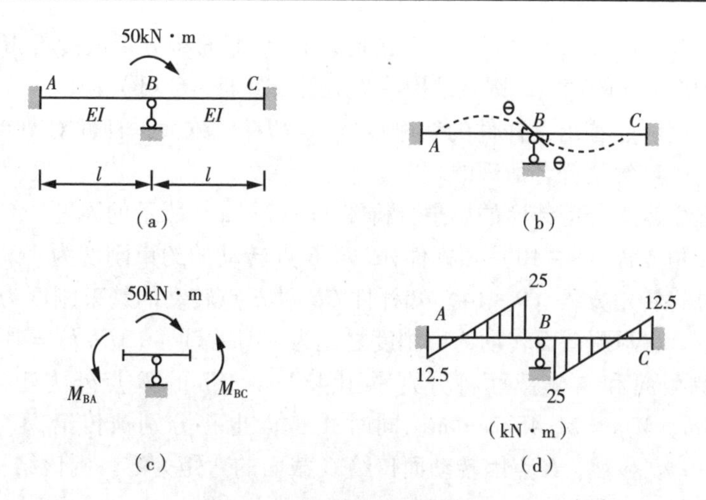

图 11-5 单节点分析实例一

在上面的讨论中，$4EI/l_{AB}$反映了杆件 AB 对节点 B 左侧截面转动的约束刚度；$4EI/l_{BC}$反映了杆件 BC 对节点 B 右侧截面转动的约束刚度。这样，以上的分析过程可以概括为一句话："杆件 AB 对节点 B 转动的约束刚度和杆件 BC 对节点 B 转动的约束刚度相等，所以 B 点两侧截面各承担 50kN·m 力矩荷载的一半。"

将 $M_{BA}=25\text{kN}\cdot\text{m}$ 代入式（11-12）得

$$\theta = \frac{25}{4\dfrac{EI}{l}} \tag{11-16}$$

将式（11-16）代入杆端位移转角方程（9-10）得

$$M_{AB} = \frac{1}{2}\times 25 = 12.5 \tag{11-17}$$

这一过程好像 B 左侧截面分配到了二分之一外力矩后，又传递给了 A 截面一半。这就是力矩分配法中的所谓分配传递的思想。类似，结构 C 端也将分配到 12.5kN·m 的弯矩。最后，结构的弯矩图如图 11-5（c）所示。

下面我们运用这一思想来分析图 11-6（a）所示的问题。

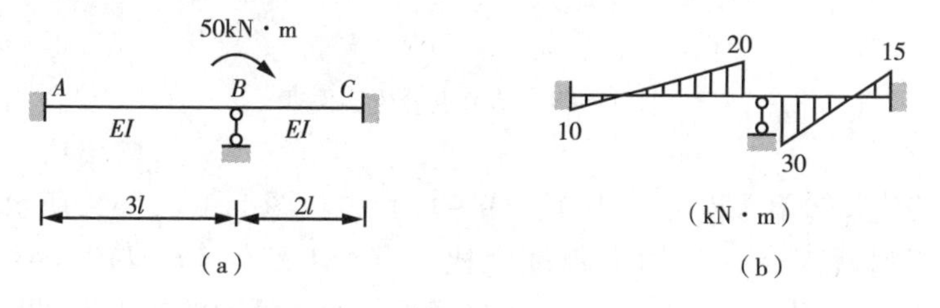

图 11-6 单节点分析实例二

在图 11-6（a）所示的问题中，根据杆端位移转角方程（9-10）AB 杆对 B 点转动的约束刚度和 BC 杆对 B 点转动的约束刚度之比为（$4EI/3l$）:（$4EI/2l$）= 2:3。这就意味着 B 节点左侧截面和右侧截面将分别承担 2/5 和 3/5 的 B 点外力矩，

即 $M_{BA}=20\text{kN}\cdot\text{m}$，$M_{BC}=30\text{kN}\cdot\text{m}$。由此，$A$、$C$ 截面将分别被传给 $M_A=10\text{kN}\cdot\text{m}$，$M_C=15\text{kN}\cdot\text{m}$ 的弯矩。则该结构的弯矩图如图 11－6（b）所示。

从本实例可以看出，杆件的线刚度（$i=EI/l$）越大，杆件对节点的约束刚度就越大。这显然是符合情理的。

现在继续运用分配传递的思想分析图 11－7（a）所示的问题。A 为固定段，由端位移转角方程（9－10）知杆件 AB 对 B 点转动的约束刚度为 $4EI/l$。C 为铰接，由端位移转角方程（9－14）知杆件 CB 对 B 点转动的约束刚度为 $3EI/l$。所以，B 点左、右两侧截面转动约束刚度之比为（$4EI/l$）：（$3EI/l$）$=4:3$。这就是说 B 点左侧截面和右侧截面将分别承担 4/7 和 3/7 的 B 点外力矩，即 $M_{BA}=28.55\text{kN}\cdot\text{m}$，$M_{BC}=21.45\text{kN}\cdot\text{m}$。同时 A 截面也将分别被传给 $M_A=M_{BA}/2=14.275\text{kN}\cdot\text{m}$。显然，$B$ 点因转动而传给 C 截面的弯矩为零。则该结构的弯矩图如图 11－7（b）所示。

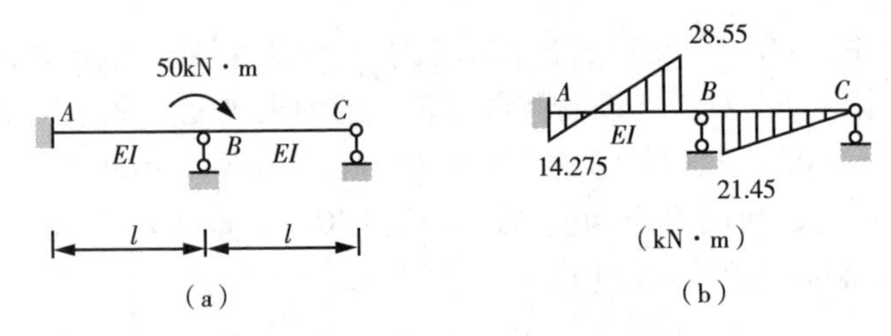

图 11－7　单节点分析实例三

从本例可以看出，杆件对节点的约束刚度和杆件另一端的约束条件有关。这显然也是合情合理的。

最后，我们来考虑图 11－8（a）所示有滑移支座的情况。

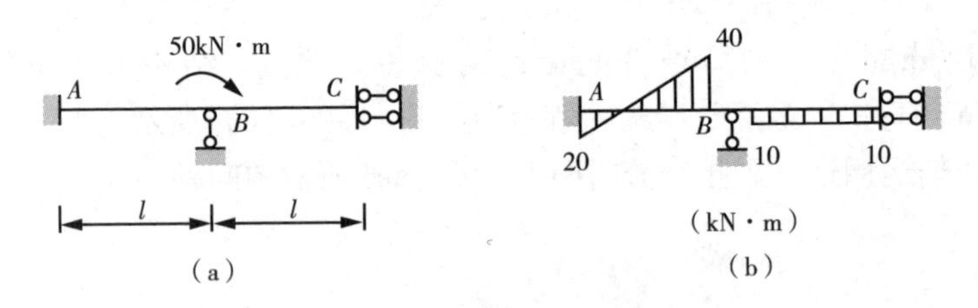

图 11－8　单节点分析实例四

由杆端位移转角方程（9－10）、（9－17）得，图 11－8（a）所示结构 B 节点左、右两侧截面转动的约束刚度之比为（$4EI/l$）：（EI/l）$=4:1$。所以，$M_{BA}=40\text{kN}\cdot\text{m}$；$M_{BC}=10\text{kN}\cdot\text{m}$。$B$ 点转动而传给 A 截面的弯矩为 $20\text{kN}\cdot\text{m}$。根据杆端位移转角方程（9－17），B 点转动而传给 C 截面的弯矩为 $10\text{kN}\cdot\text{m}$（注意：下部受拉），则，结构的弯矩图如图 11－8（b）所示。

以上四则实例的讨论使我们对单节点力矩分配法的分配传递有了一个比较全面的认识。下面将通过一则例题来综合演练一下这些技术。

【例 11－1】　考虑图 11－9（a）所示结构。图中 i 为杆件的线刚度。试作

该结构在 A 节点 50kN · m 外力矩作用下的弯矩图。

【解】 根据各杆件的约束情况可知 A 点转动时，截面 A_B、A_C、A_D 的约束刚度之比为

$$(3\times2):(4\times2):(4\times1.5)=6:8:6$$

于是，截面 A_B、A_C、A_D 分配到的弯矩为

$$\begin{cases} M_{AB}=\dfrac{6}{20}\times50=15\text{kN}\cdot\text{m} \\ M_{AC}=\dfrac{8}{20}\times50=20\text{kN}\cdot\text{m} \\ M_{AD}=\dfrac{6}{20}\times50=15\text{kN}\cdot\text{m} \end{cases}$$

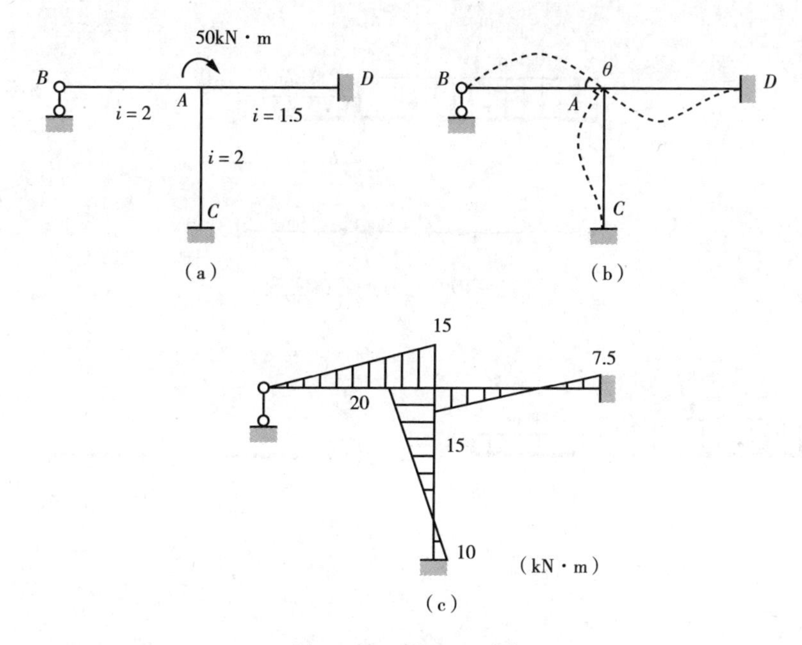

图 11－9 例 11－1 图

同时，A 点因转动而传给 B、C、D 截面的弯矩分别为

$$\begin{cases} M_B=0\text{kN}\cdot\text{m} \\ M_C=10\text{kN}\cdot\text{m} \\ M_D=7.5\text{kN}\cdot\text{m} \end{cases}$$

则，该问题弯矩图如图 11－9（c）所示。

11.2.2 非节点荷载的处理

上一节仅讨论了节点荷载作用下的结构弯矩的分配方法，但实际问题中，作用在结构上的荷载往往比较复杂。本节介绍非节点荷载作用时，力矩分配法的分析流程。

考虑图 11－10 所示结构，梁横截面抗弯刚度 EI 为常数。为处理非节点荷载，

在节点 B 处施加力矩 M（图 11－11a）。M 的作用是保证结构在 M、$q=10\text{kN/m}$、$q=8kN/m$、$F_P=40\text{kN}$ 共同作用下，B 节点不发生转动。这样原结构在 M、$q=10$ kN/m、$q=8\text{kN/m}$ 和 $F_P=40\text{kN}$ 共同作用下的变形如图 11－11（b）所示。显然，图 11－11（a）所示问题和图 11－10 所示原问题是不同的。为此，在节点 B 施加力矩 10kN·m 和反向的 M，如图 11－11（c）所示。图 11－10 所示原问题可以看成是图 11－11（a）和图 11－11（c）所示问题的叠加。图 11－11（c）所示问题可以用单节点力矩分配法解决。现在先来考虑图 11－11（a）所示问题的弯矩图。考虑到 B 节点没有转动，由第 9.3 节表 9－1 中固端弯矩 1、2、3 可得该问题弯矩图，如图 11－11（d）所示。由弯矩图 11－11（d）中点 B 的平衡性可以判断 $M=51\text{kN}\cdot\text{m}$。

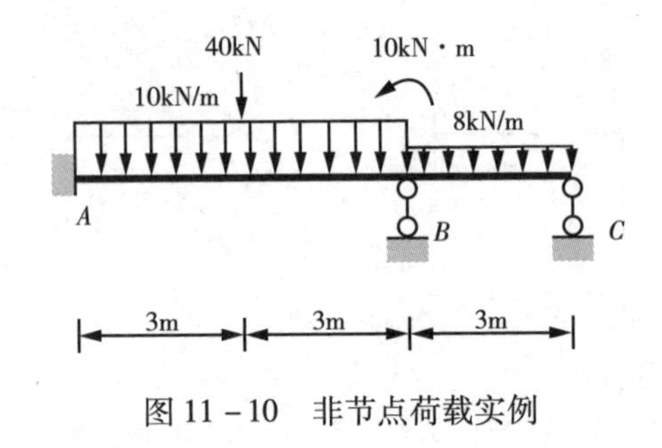

图 11－10　非节点荷载实例

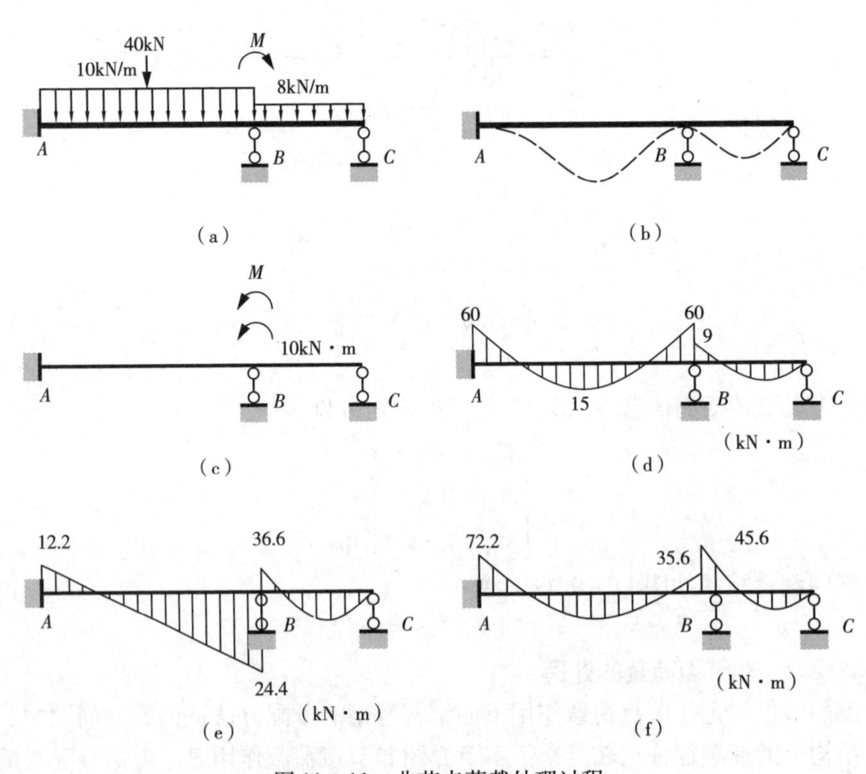

图 11－11　非节点荷载处理过程

现在来考虑图 11-11（c）所示问题的弯矩图。截面 B_A 和截面 B_C 转动约束刚度之比为 $4EI/6:3EI/3=4:6$。所以，截面 B_A 和截面 B_C 分配的弯矩分别为 $0.4\times61=24.4\text{kN}\cdot\text{m}$ 和 $0.6\times61=36.6\text{kN}\cdot\text{m}$。$A$ 截面由此被传递到的弯矩为 $0.5\times24.4=12.2\text{kN}\cdot\text{m}$。故图 11-11（c）所示问题的弯矩图如图 11-11（e）所示。

考虑到图 11-10 所示原问题可以看成是图 11-11（a）和图 11-11（c）所示问题的叠加，则，将图 11-11（b）和图 11-11（d）叠加后，得原问题的弯矩图，图 11-11（f）。

综上所述，通过施加特定的节点弯矩，非节点弯矩问题可以转化为固端弯矩和节点力矩两个独立问题的叠加。前者可以通过查表直接获取，而后者根据弯矩的分配和传递可以很快获得。

11.3 结构快速分析实例讲解

本节通过对几则工程实例的讨论，来演示如何综合应用以上各节中介绍的分析技巧，进行结构快速分析。

11.3.1 连续梁快速分析实例

考虑图 11-12（a）所示的连续梁，梁各截面抗弯刚度 EI 为常数。现分析该连续梁的弯矩图。

根据对称性，该问题可取图 11-12（b）所示的半结构来进行分析，而图 11-12（b）所示问题可以看成是图 11-12（c）、（d）两个独立问题的叠加。图中力矩 M 的作用是保证图 11-12（c）所示问题在节点 B 无转动。根据第 9.3 节表 9-1 中固端弯矩，可得该问题弯矩图，如图 11-12（e）所示。由图 11-12（e）所示弯矩图可知，$M=120\text{kN}\cdot\text{m}$。现考虑图 11-12（d）所示问题的弯矩图。截面 B_A、B_E 的转动约束刚度之比为 $(3EI/l):(EI/(1/2l))=3:2$。所以，B_A、B_E 两截面的弯矩分别为 $(3/5)\times120=72\text{kN}\cdot\text{m}$、$(2/5)\times120=48\text{kN}\cdot\text{m}$。因 B 点转动而在 E 点产生的弯矩为 $48\text{kN}\cdot\text{m}$。则，图 11-12（d）所示问题的弯矩图，如图 11-12（f）所示。最后运用叠加法和对称性可得原问题弯矩图，如图 11-12（g）所示。

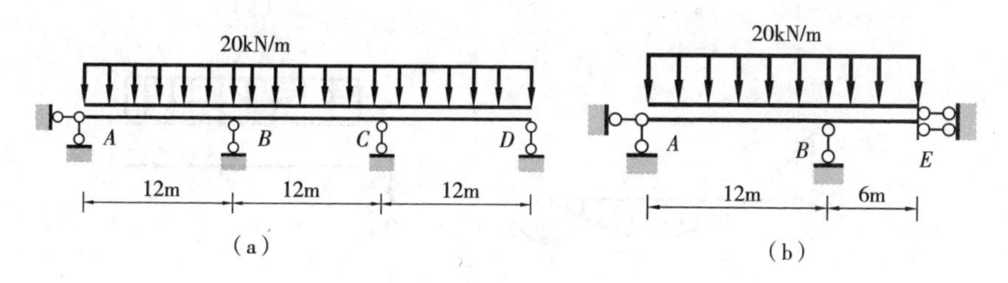

图 11-12　连续梁快速分析（a、b）

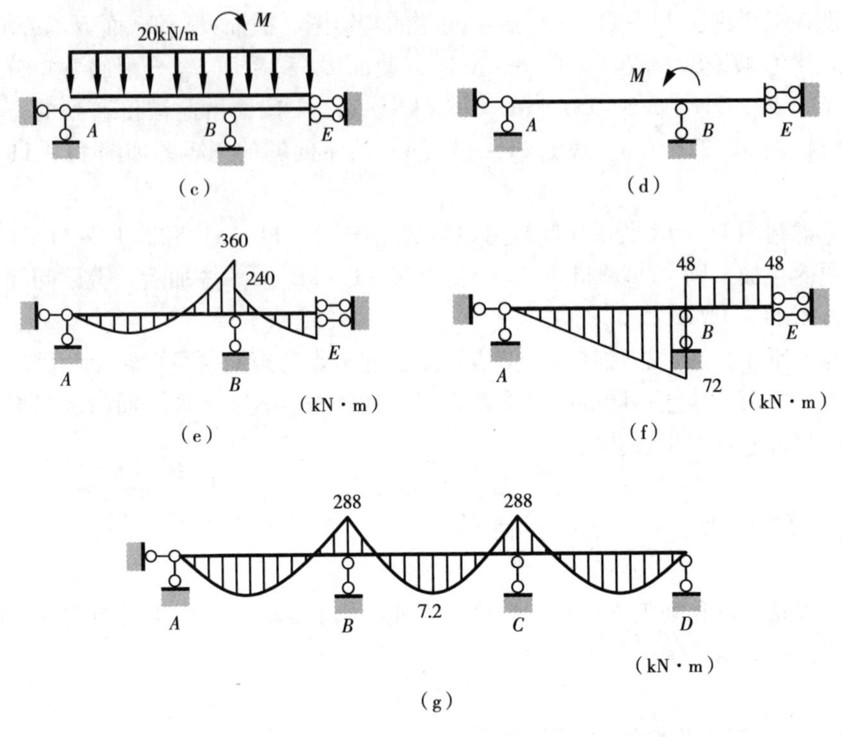

图11-12　连续梁快速分析（c、d、e、f、g）

11.3.2　雨篷快速分析实例

图11-13（a）所示为一钢制雨篷。弹性模量 $E=2.0\times10^8\text{kN/m}^2$；梁 AB 的截面惯性矩 $I=0.0072\text{m}^2$；二力杆 CB 截面积 $A=0.0672\text{m}^2$。现估算该雨篷的内力。

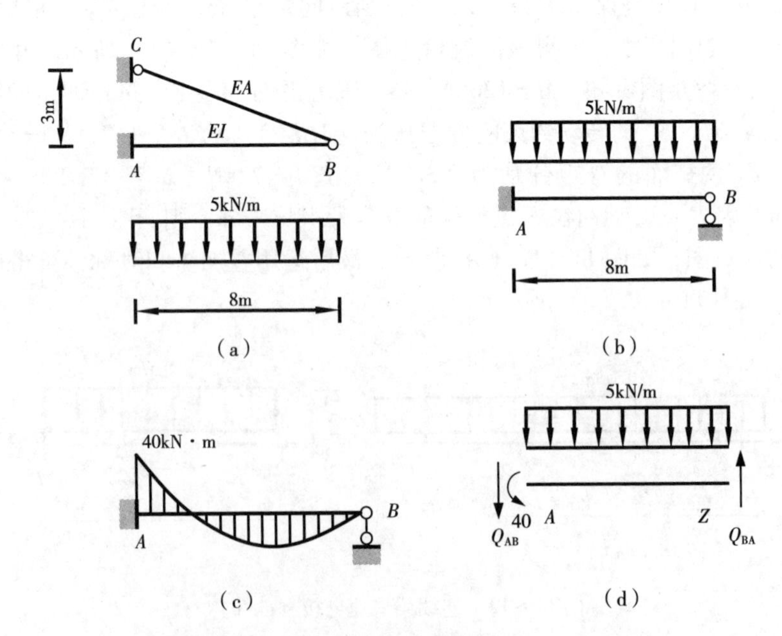

图11-13　雨篷快速分析（a、b、c、d）

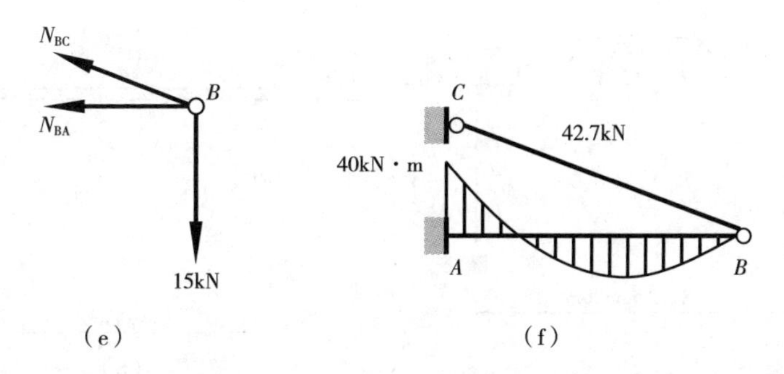

图 11－13　雨篷快速分析（e、f）

由于拉杆 CB 的刚度较大，在估算梁 AB 的弯矩时，先不考虑 B 点的竖向位移，这样，问题变为图 11－13（b）所示的超静定梁问题。根据第 9.3 节表 9－1 中固端弯矩，可得该超静定梁问题的弯矩图，如图 11－13（c）所示。该弯矩图就是对雨篷横梁弯矩图的近似估计。如图 11－13（d）所示，取梁 AB 为隔离体，由 $\sum M_A = 0$，得 $Q_{BA} = 15\text{kN}$。如图 11－13（e）所示，取 B 点为隔离体，由 $\sum Y = 0$，得 $N_{BC} = 42.7\text{kN}$。于是，得出原问题的内力估计情况，如图 11－13（f）所示。该估算值和精确解的比较示于表 11－1。可见，以上快速分析结果还是很有用的。

雨篷估算值和精确解的比较　　　　**表 11－1**

	估算值	精确值
N_{BC}	42.7kN	40.55kN
M_A	40kN · m	46.095kN · m

11.3.3　单层厂房快速分析实例

图 11－14（a）所示为某钢结构单层厂房。弹性模量 $E = 2.0 \times 10^{11}\text{N/m}^2$，柱子的截面惯性矩 $I = 0.0084\text{m}^4$，桁架杆件截面积 $A = 0.0168\text{m}^2$，水平荷载 $F_P = 150\text{kN}$。现快速估计该厂房的内力情况。

由于桁架部分的整体抗弯刚度很大，估算柱子部分弯矩时，可将原问题简化为图 11－14（b）所示的形式。图 11－14（b）所示问题在 B、C 两点没有转动，故其弯矩图轮廓如图 11－14（c）所示。为计算图中 M 值，取图 11－14（d）所示的柱子为隔离体。由平衡条件 $\sum M_A = 0$ 可得

$$Q_{BA} = \frac{2M}{10} = 0.2M$$

类似由 CD 的隔离体可得 $Q_{CD} = 0.2M$。

取图 11－14（e）所示的横梁为隔离体。将 $Q_{CD} = Q_{BA} = 0.2M$ 代入图 11－14（e）所示隔离体的平衡条件 $\sum X = 0$，得

$$0.2M + 0.2M = 150$$

故　$M = 375\text{kN} \cdot \text{m}$

为估算桁架上弦杆的内力情况，取图 11－14（f）所示的隔离体。由 $\sum M_B = 0$ 得桁架右侧上弦杆轴力的水平分量 $N_{1x} = 187\text{kN}$。

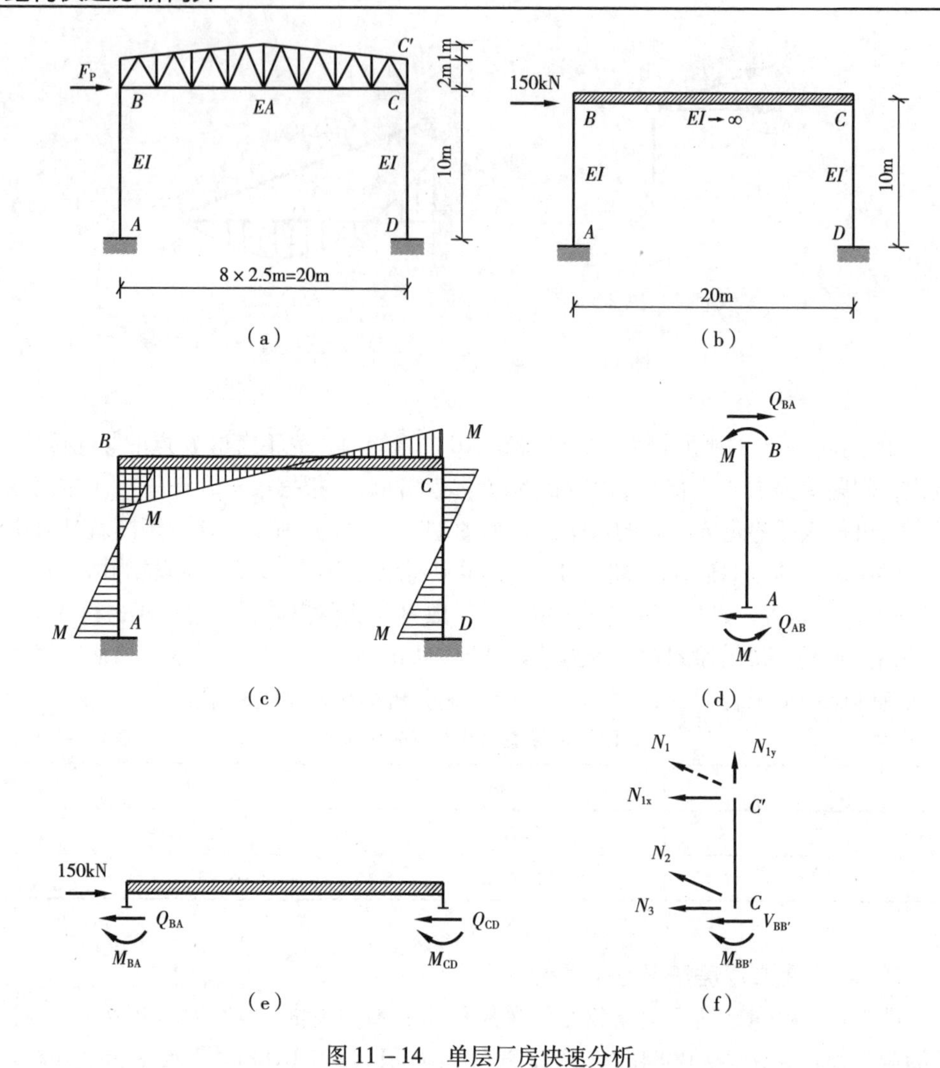

图 11－14　单层厂房快速分析

表 11－2 比较了本例估算值和有限元程序的计算结果。可见快速估算有利于分析者研判程序计算的真确性。

厂房估算值和有限元程序计算结果的比较　　　　**表 11－2**

	估算值	有限元程序计算结果
N_{1x}	169kN	187kN
M	338kN · m	375kN · m

习　题

11－1　试快速分析图示连续梁的弯矩图（EI 为常数）。

11－2　试定性分析图示框架结构的弯矩图（只需作出弯矩图轮廓）。

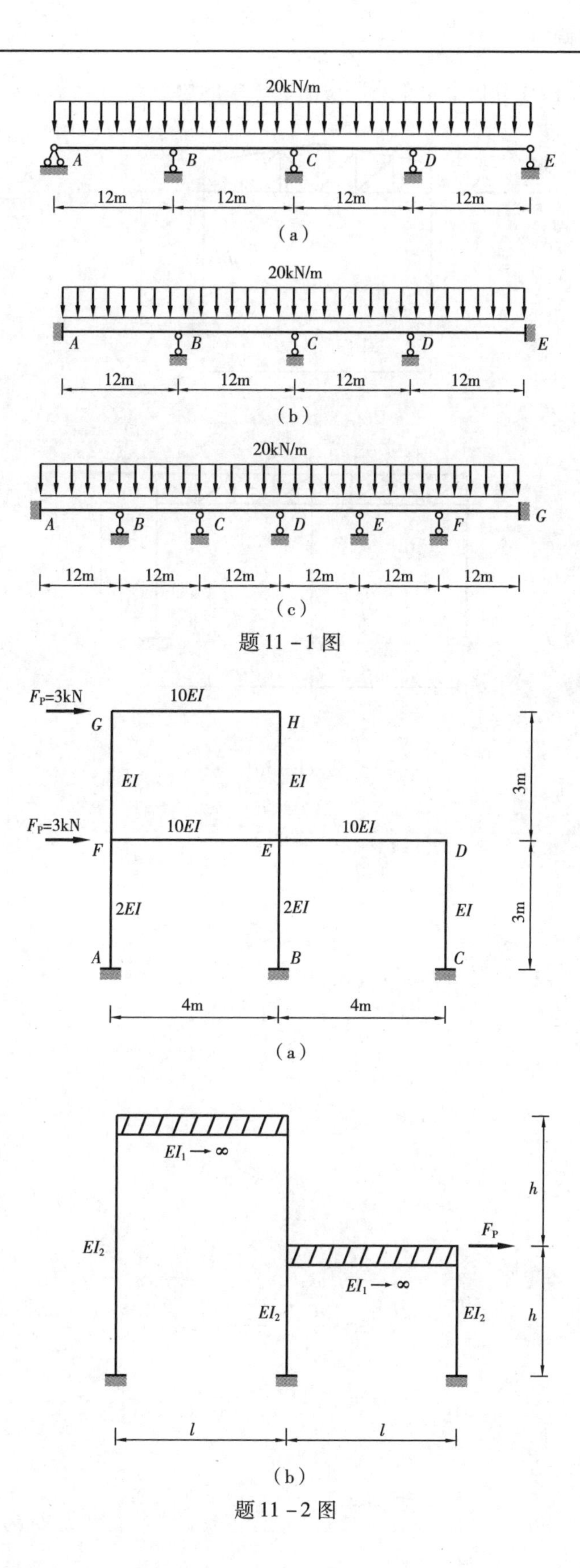
20kN/m
A
B
C
D
E
12m
12m
12m
12m
(a)
20kN/m
A
B
C
D
E
12m
12m
12m
12m
(b)
20kN/m
A
B
C
D
E
F
G
12m
12m
12m
12m
12m
12m
(c)

题 11 - 1 图

F_P=3kN
10EI
G
H
EI
EI
3m
F_P=3kN
10EI
10EI
F
E
D
2EI
2EI
EI
3m
A
B
C
4m
4m
(a)
$EI_1 \to \infty$
h
F_P
EI_2
$EI_1 \to \infty$
EI_2
EI_2
h
l
l
(b)

题 11 - 2 图

11－3　试快速分析图示单层厂房的柱子中的弯矩。

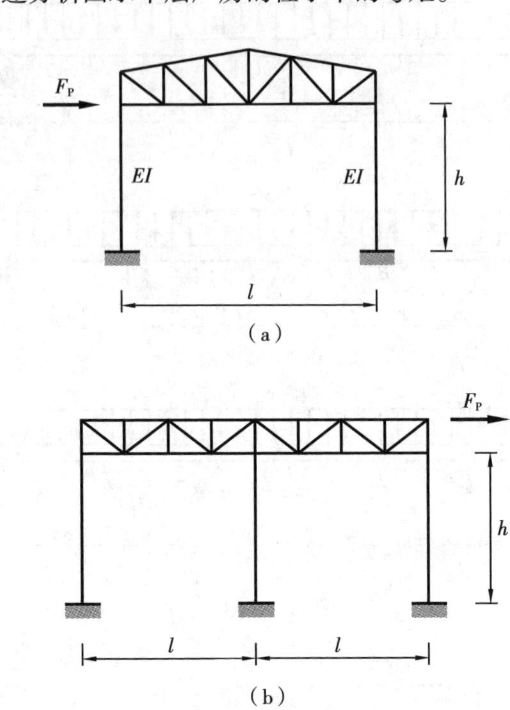

题11－3图

第 12 章
结构动力分析入门

Chapter 12
Introduction to Structural Dynamics

12.1　什么是结构动力学？

结构在外荷载作用下的响应分析分为结构静力分析和结构动力分析两大类。在**结构静力分析**中，结构的空间位置随外荷载的影响而缓慢变化，其加速度对分析结果影响很小、可以忽略。例如，结构在自重、雪荷载、活荷载作用下的响应就可以采用结构静力分析获得很精确的结果。但是，当骤变荷载（如地震、飓风）作用在结构上时，结构的空间位置会随时间剧烈变化，此时在分析中忽略结构加速度的影响就会导致很大的分析误差。这种在结构分析中必须考虑结构加速度影响的问题就称为**结构动力学问题**。结构动力学问题中涉及的荷载就称为**结构动荷载**。

结构动力学分析的基础是经典动力学。经典动力学和结构动力学的差别在于，经典动力学的研究对象是经过力学抽象后的理想模型，而结构动力学的研究对象是只经过工程抽象的结构模型。例如，图 12－1（a）所示的单自由度振子就是一个典型的经典动力学问题；而图 12－1（b）描绘的则是一个双链杆结构的振动问题。结构动力分析往往要对结构模型进行二次抽象，形成结构的动力学模型。这一点将在第 12.5.1 节详细讨论。

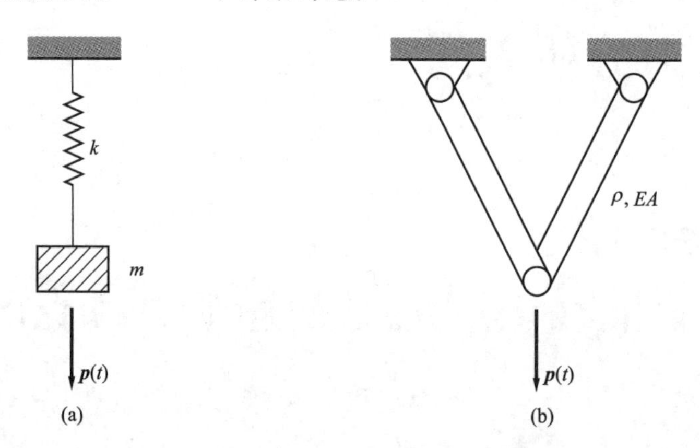

图 12－1　经典动力学和结构动力学的区别

（a）经典动力学问题；（b）结构动力学问题

动力学要考虑研究对象运动变化对分析结果的影响，因此，首先要研究如何描述物体的运动，这部分称之为**运动学**。运动学只研究物体运动的几何描述，不涉及运动变化的原因——“力”。在运动学基础上我们要考虑力对运动的影响，这部分就是狭义上的动力学。广义上的动力学是运动学和狭义上的动力学的统称。本章第 12.2 节讨论运动学，第 12.3 节讨论动力学的一般原理，第 12.4 节讨论经典动力学的一则典型实例——弹簧振子，第 12.5 节讨论结构动力学的两大基本问题：结构风振分析和结构抗震分析。

12.2 向量运动学

本节讨论质点的向量运动学。我们将发现通过定义位移向量、速度向量和加速度向量，可以完整地描述一个质点的运动。

12.2.1 位移、速度、加速度

本小节将给出运动学中位移向量、速度向量和加速度向量的解析定义，并探讨其几何含义。

为了描述一个质点 m 的运动，建立图 12－2 所示的时空坐标系（t，x，y，z）。这是一个 $\boldsymbol{R}\times\boldsymbol{R}^3$ 的四维空间，其中，描述质点空间位置的坐标空间 $\boldsymbol{R}^3$ 称为**位置空间或构型空间**。描述一个物体运动时首先必须建立一个时空坐标系来描述其时空构型。质点 m 在 t 时刻位于空间点 P，在 $t+\Delta t$ 时刻运动到了空间点 P'。描述运动就是描述变化，一个对象运动时的最基本变化就是其空间位置的变化，为此我们定义如下描述质点位置变化的**位移向量 $\Delta\boldsymbol{r}$**：

$$\Delta\boldsymbol{r}\equiv\boldsymbol{r}_{t+\Delta t}-\boldsymbol{r}_{t} \tag{12-1}$$

其中，

$$\begin{cases}\boldsymbol{r}_{t}\equiv\overrightarrow{OP}\\ \boldsymbol{r}_{t+\Delta t}\equiv\overrightarrow{OP'}\end{cases} \tag{12-2}$$

分别为质点在 t 和 $t+\Delta t$ 时刻的位置向量。由此可见位移向量的模是质点在运动时段内起点和终点间的距离，其方向由起点指向终点。

作为 $\boldsymbol{R}^3$ 空间中的向量，$\Delta\boldsymbol{r}$ 可以表示为：

$$\Delta\boldsymbol{r}=\Delta x\boldsymbol{i}+\Delta y\boldsymbol{j}+\Delta z\boldsymbol{k} \tag{12-3}$$

或

$$\Delta\boldsymbol{r}=\begin{Bmatrix}\Delta x\\ \Delta y\\ \Delta z\end{Bmatrix} \tag{12-4}$$

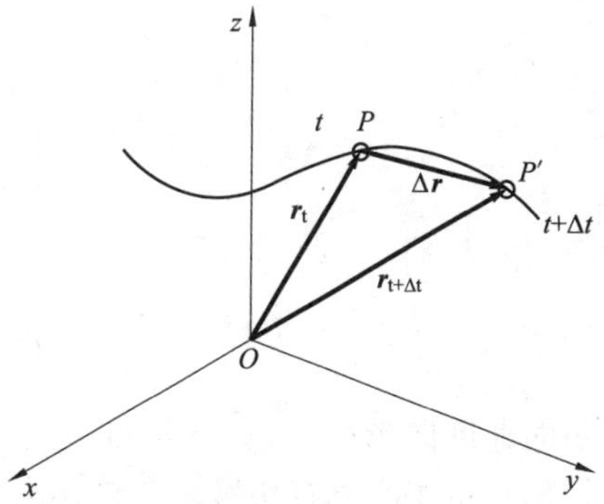

其中，

$$\begin{cases}\Delta x\equiv x_{t+\Delta t}-x_{t}\\ \Delta y\equiv y_{t+\Delta t}-y_{t}\\ \Delta z\equiv z_{t+\Delta t}-z_{t}\end{cases} \tag{12-5}$$

图 12－2　质点的位移向量 $\Delta\boldsymbol{r}$

位移向量 $\Delta\boldsymbol{r}$ 只描述了质点空间位置的变化，为了描述运动质点位置变化的快慢，现引入如下**平均速度$\bar{\boldsymbol{v}}$**的定义：

$$\bar{\boldsymbol{v}} \equiv \frac{\Delta \boldsymbol{r}}{\Delta t} \tag{12-6}$$

注意，由于位移向量只和质点的起点和终点的位置有关，和运动路径无关，所以，平均速度也和路径无关。这就带来了一个问题，如果一个质点运动一圈又回到原地，那么其平均速度就是零，这显然不合理。此外，平均速度也不能很好地描述一个忽快忽慢的质点的运动，为此，运动学又引入了如下**瞬时速度向量**的概念。

$$\boldsymbol{v}(t) = \lim_{\Delta t \to 0} \frac{\Delta \boldsymbol{r}}{\Delta t} = \frac{\mathrm{d}\boldsymbol{r}}{\mathrm{d}t} \tag{12-7}$$

式（12-7）表明，质点在 t 时刻的瞬时速度向量 $\boldsymbol{v}(t)$ 就是该质点平均速度向量在 t 时刻取极限的结果。图 12-3 给出了瞬时速度向量的几何描述。可以看出，瞬时速度向量位于和质点的运动路径的切线方向。

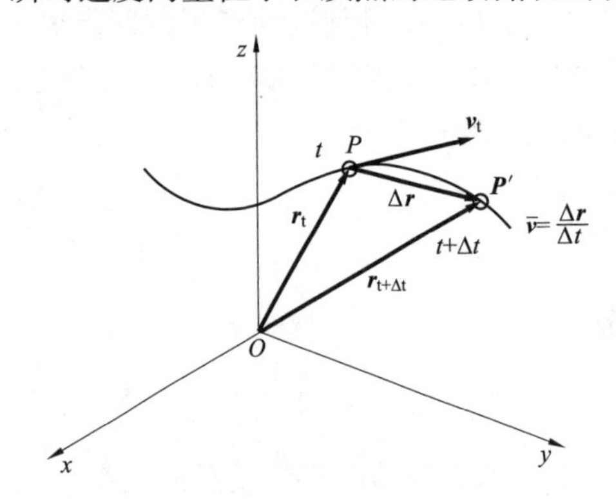

图 12-3　质点的平均速度和瞬时速度

和位移向量类似，瞬时速度向量同样可以用其分量来表示，即，

$$\boldsymbol{v} = \dot{x}\boldsymbol{i} + \dot{y}\boldsymbol{j} + \dot{z}\boldsymbol{k} = v_x\boldsymbol{i} + v_y\boldsymbol{j} + v_z\boldsymbol{k} \tag{12-8}$$

或

$$\boldsymbol{v} = \begin{Bmatrix} \dot{x} \\ \dot{y} \\ \dot{z} \end{Bmatrix} = \begin{Bmatrix} v_x \\ v_y \\ v_z \end{Bmatrix} \tag{12-9}$$

其中，

$$\begin{cases} v_x \equiv \dfrac{\mathrm{d}x}{\mathrm{d}t} \equiv \dot{x} \\ v_y \equiv \dfrac{\mathrm{d}y}{\mathrm{d}t} \equiv \dot{y} \\ v_z \equiv \dfrac{\mathrm{d}z}{\mathrm{d}t} \equiv \dot{z} \end{cases} \tag{12-10}$$

为瞬时速度向量在 x、y、z 轴方向上的分量。

质点位置变化有快慢之分，其速度变化也有快慢之分。例如，轿车性能可以用其从静止加速到百公里时速所需的时间来衡量。这里就有个加速度的概念。运动学上将质点在 $[t, t+\Delta t]$ 时段内的**平均加速度** $\bar{\boldsymbol{a}}$ 定义为：

$$\bar{\boldsymbol{a}} \equiv \frac{\boldsymbol{v}_{t+\Delta t} - \boldsymbol{v}_t}{\Delta t} = \frac{\Delta \boldsymbol{v}}{\Delta t} \tag{12-11}$$

由此可见，平均加速度也是一个向量，它指向速度变化的方向。

和瞬时速度类似，对平均加速度向量取极限就得到了运动质点的**瞬时加速度向量**，即，

$$\boldsymbol{a}(t) \equiv \lim_{\Delta t \to 0} \frac{\Delta \boldsymbol{v}}{\Delta t} = \frac{\mathrm{d}\boldsymbol{v}}{\mathrm{d}t} \tag{12-12}$$

图 12－4 给出了平均加速度和瞬时加速度向量的几何描述。这里要特别强调的是，加速度向量指向速度变化的方向，和速度一般不在一个方向上。

瞬时加速度向量 $\boldsymbol{a}(t)$ 的分量表达式为：

$$\boldsymbol{a} = \ddot{x}\boldsymbol{i} + \ddot{y}\boldsymbol{j} + \ddot{z}\boldsymbol{k} = a_x\boldsymbol{i} + a_y\boldsymbol{j} + a_z\boldsymbol{k} \tag{12-13}$$

或

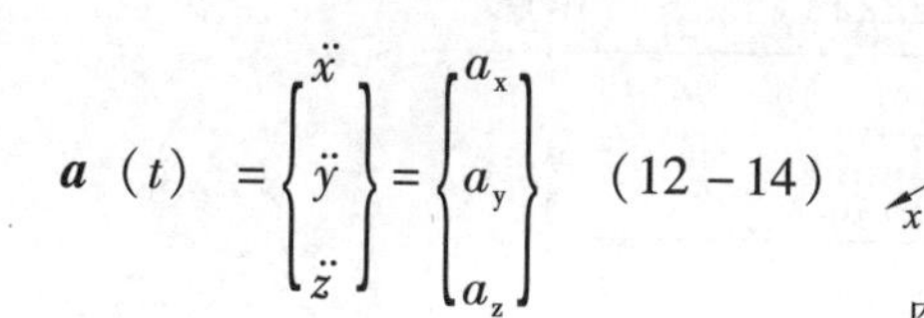

$$\boldsymbol{a}(t) = \begin{Bmatrix} \ddot{x} \\ \ddot{y} \\ \ddot{z} \end{Bmatrix} = \begin{Bmatrix} a_x \\ a_y \\ a_z \end{Bmatrix} \tag{12-14}$$

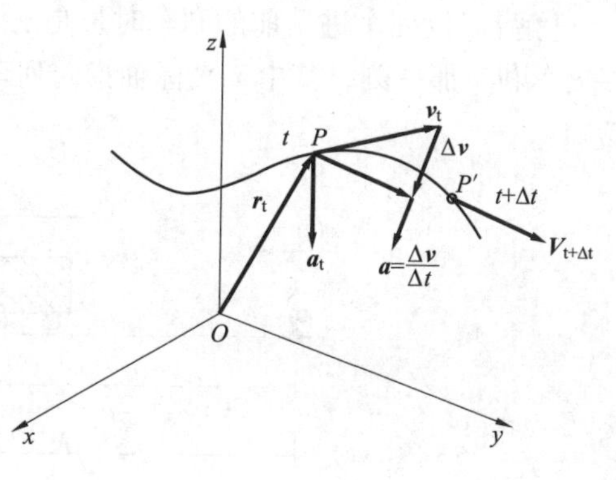

图 12－4　质点的平均加速度和瞬时加速度

其中，

$$\begin{cases} a_x \equiv \dfrac{\mathrm{d}v_x}{\mathrm{d}t} \equiv \ddot{x} \\ a_y \equiv \dfrac{\mathrm{d}v_y}{\mathrm{d}t} \equiv \ddot{y} \\ a_z \equiv \dfrac{\mathrm{d}v_z}{\mathrm{d}t} \equiv \ddot{z} \end{cases} \tag{12-15}$$

为加速度向量 $\boldsymbol{a}(t)$ 在 x、y、z 轴方向上的分量。

方程（12－3）、（12－8）和（12－13）表明，位移、速度、加速度具有相同的正向约定，都以构型空间（即位置空间）的坐标轴方向为正。这一点和生活直觉相吻合。如果一个质点的速度和加速度分别为：

$$\boldsymbol{v} = \begin{Bmatrix} 5 \\ 0 \\ 0 \end{Bmatrix} \quad 和 \quad \boldsymbol{a} = \begin{Bmatrix} -3 \\ 0 \\ 0 \end{Bmatrix} \tag{12-16}$$

那么该质点正沿 x 轴的正向做减速运动。

12.2.2　恒加速直线运动、运动初始条件

本节运用上一节建立的运动学概念求解生活中常见的一类运动学问题——具有恒定加速度的直线运动，以使读者对运动学的用途和运动学问题的基本求解流程有个初步了解。

速度和加速度的定义表明，它们分别是位置矢量的一阶和二阶导数。这就意味着，一旦知道了质点位置的时间历程，即位置随时间的变化规律，我们就掌握了该质点速度和加速度的信息。但反过来，知道了质点加速度的时间历程并不意

味着就掌握了质点速度或位移的全部信息，因为其中还存在有待确定的积分常数。为了说明这一点我们来考虑下面一则例题。

【例 12-1】 某列车的行驶速度是 v_0。其刹车减速时产生的向后加速度 a 为常数。问，该列车进站前应该提前多长时间开始刹车？此时应该离车站多远？

【解】 设列车进站前的刹车时长是 τ。我们将时空坐标系（x，t）的原点设在火车刹车那一刻，其中 x 坐标轴指向列车前进方向，如图 12-5 所示。本问题已知：

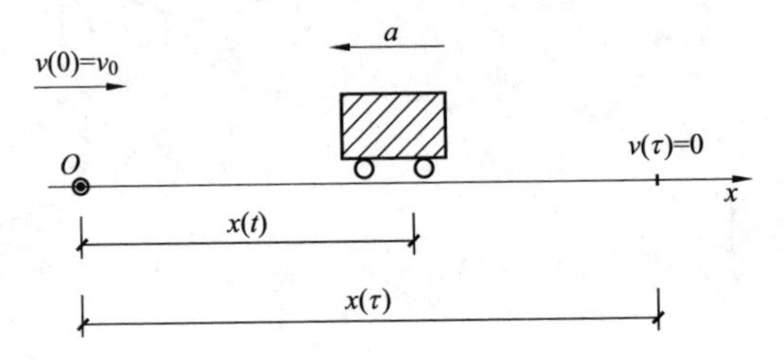

图 12-5 列车进站时的运动构型图

$$\ddot{x}(t) = -a$$

且

$$\begin{cases} x(0) = 0 \\ \dot{x}(0) = v_0 \end{cases} \tag{a}$$

方程（a）称为本问题的**运动初始条件**。任何一个运动学问题，无论是恒加速运动还是变加速运动，都存在其特定的运动初始条件。从下面的讨论可以看出，运动初始条件是确定体系位置时间历程的必要条件。

列车在 t 时刻的速度 $v(t)$ 可表示为：

$$v(t) = \dot{x}(t) = \int \ddot{x}(t)\mathrm{d}t = -at + c_1 \tag{b}$$

其中，c_1 为待定积分常数，将由初始条件（a）确定。由式（a）、（b）得，

$$c_1 = v_0$$

列车在 t 时刻的位置 $x(t)$ 可表示为：

$$\begin{aligned} x(t) &= \int \dot{x}(t)\mathrm{d}t \\ &= -\frac{1}{2}at^2 + v_0 t + c_2 \end{aligned} \tag{c}$$

其中，c_2 为待定积分常数，同样由初始条件确定。由式（a）、（c）得，

$$c_2 = 0$$

故，

$$x(t) = -\frac{1}{2}at^2 + v_0 t \tag{d}$$

考虑到列车进站时的速度为零，即，

$$\dot{x}(\tau)=0 \tag{e}$$

方程（b）、（e）表明，列车进站前所需的刹车时长 τ 为，

$$\tau=\frac{v_0}{a} \tag{f}$$

将式（f）代入式（d）得列车进站前的刹车距离 $x(\tau)$ 为，

$$x(\tau)=\frac{v_0^2}{2a}$$

我们通过［例 12－1］这样一则简单实例演示了运动学问题分析的基本流程。分析物体的运动首先需要建立一个时空坐标系（即构型空间）以描述问题的运动构型。必须设定时空坐标系的时空原点和空间坐标轴的方向。一旦明确了时空坐标系，我们就规定了求解该问题时的速度和加速度约定正方向，正因如此，［例 12－1］的加速度向量在取定的时空坐标系中表示为 $-a\boldsymbol{i}$；然后需要画出问题在时空坐标系的构型图，并写出问题的运动初始条件和附加定解条件。运动初始条件可用以确定位置历程和速度历程在定解过程中出现的积分常数，附加定解条件则用以获取诸如刹车时间和距离之类的附加信息。

12.3 牛顿运动定律和达朗贝尔原理

在牛顿运动定律诞生之前，人类只能根据经验预判运动物体的变化历程，也就是说，人类只能对试验观测过的特定运动现象进行描述。然而自发现牛顿运动定律以后，对于没有观测数据的运动系统，人类也可以根据其现有的运动状态解析地预测其未来任意时刻的运动状态。这在科学上意义非凡。正因如此，科学界普遍认为牛顿运动定律是一个后世难以企及的丰碑。本节就来介绍牛顿第一和第二运动定律，并将之运用于抛物运动的分析。

12.3.1 牛顿第一运动定律和惯性系

描述运动总要先取定一个参照系。因为运动学不涉及力对物体运动的影响，只谈到位移、速度和加速度，而这些数学关系在任何参照系中都是成立的，所以，运动学对参照系的选择没有任何的限制。但动力学不同，它主要研究力对物体运动的影响，而力和运动的关系只能在一种特定的、被称之为惯性系的参照系中得到简洁的数学描述。牛顿第一运动定律就定义了什么是惯性系。

对于**第一运动定律**，牛顿是这样叙述的：

如果作用在物体上的合力为零，则该物体将保持其静止或匀速直线运动的状态不变。物体所固有的这种保持其静止和匀速直线运动不变的特性称为物体的**惯性**。

牛顿第一运动定律也称为**惯性定律**。牛顿第一运动定律涉及运动状态的描述，当

然也就牵涉到参照系的选择问题。研究表明，牛顿第一运动定律并非对所有参照系都成立的，而只对某种特定的参照系成立。为了说明这一点，我们考虑一则思想试验。如图12－6在一列匀速行驶的普快火车车厢内，光滑的地板上有一相对车厢静止的小球。当列车继续匀速直线行驶时，小球将保持静止。在该列车的乘客（即以火车车厢为参照系的旅客）看来，地板光滑，小球所受合外力为零，保持静止不变，满足牛顿第一运动定律。站在路基上的人（即以地面为参照系的观测者）看来，小球所受合外力为零，保持匀速直线运动不变，也满足牛顿第一运动定律。这就是说，无论以地面为参照系，还是以普快列车车厢为参照系，小球都满足牛顿第一运动定律。然而当一列高铁以加速度 a 超越普快列车时，在高铁的乘客（即以高铁为参照系的旅客）看来，普快火车上的小球所受合外力为零，但却在向后做加速运动，不满足牛顿第一运动定律。由此看来，牛顿第一运动定律只在普快和地面这样的参照系中成立，对加速行驶的高铁这样的参照系，牛顿第一定律是不成立的。使牛顿第一运动定律得以满足的参照系称为**惯性参照系**，简称**惯性系**。在上面的思想试验中，地面和普快车厢都是惯性系，但加速行驶的高铁列车则是非惯性系。从这一角度看，牛顿第一运动定律也可作为惯性系的定义，所以，近代力学也将牛顿第一运动定律表述为：

如果一个所受合外力为零的物体在某参照系下的测得的加速度为零，那么，该参照系就是一惯性系。

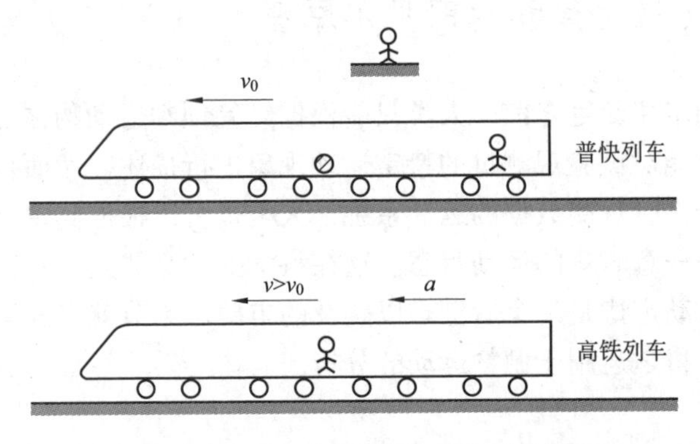

图12－6 惯性系和非惯性系的思想试验

因为运用动力学研究物体运动时选定的参照系一定要是惯性系。所以，牛顿第一运动定律有着特别重要的意义。下面用一则例题结束本节的讨论。

【例12－2】 一匀速行驶列车的光滑地板上有一小球。列车进站刹车减速时乘客发现小球开始加速向前滚动。问，既然地板是光滑的，那么哪里来的力使小球向前滚动？

【解】 没有力，减速的列车车厢是非惯性系。本例中地面才是惯性系，在地面上的观测者看来列车在减速，但小球仍然在做匀速直线运动。

12.3.2 牛顿第二运动定律和质量

牛顿第一定律回答了这样一个问题，“当物体不受外力所用时（合外力为零），它将怎样运动?”现在自然要考虑第二个问题，“外力作用下的物体将怎样运动?”这第二个问题将由牛顿第二运动定律来回答。因为牛顿第二运动定律涉及三个物理量：力、加速度、质量，前两个我们已经有了定义，但质量还没有，所以我们下面先从质量的概念开始讨论。

牛顿在其名著《自然哲学的数学原理》中将**质量**定义为物体中所含物质的量。这个定义告诉我们两点：（1）质量是物体的固有属性，它既独立于参照系，也和物体所处的环境无关；（2）质量是一个标量。一个物理概念提出以后立即就产生了一个问题：怎样测量这个物理量？也许我们会考虑用物体的体积来度量其质量，但很快发现不对，一升空气和一升水所含质量肯定不等。随后我们会考虑用提起物体所需的力（物体的重量）来作为度量物体质量的方法，这虽然具有一定的迷惑性，但也有问题，同一物体在海边和高原提起来的重量明显不一样。虽然这两种方法都不能作为度量物体质量的方法，但我们可以肯定的是，同体积同类物质的两个物体的质量应该是一样的。那么两升米所含的质量应该是一升米所含质量的二倍。现在我们来做图 12-7 所示的思想试验。

如图 12-7（a）所示，一辆质量可以忽略的小车置于光滑无摩擦的地面上。车上装上一升米后我们用力 $\boldsymbol{F}$ 去推小车，发现小车的加速度是 a。在图 12-7（b）的试验中，力不变，小车上装了两升米，即质量增加一倍，这时发现小车的加速度下降一半。图 12-7（c）中，小车还是装一升米，但力增加一倍，此时发现小车的加速度增加一倍。大量的类似观察揭示出自然界存在如下规律：

从惯性系的角度观测，物体的加速度和物体所受的力成正比，和其质量成反比。

这就是著名的**牛顿第二运动定律**。如果用 m 表示质点的质量，则牛顿第二运动定律可以表示为，

$$\sum_i \boldsymbol{F}_i = m\boldsymbol{a} \tag{12-17}$$

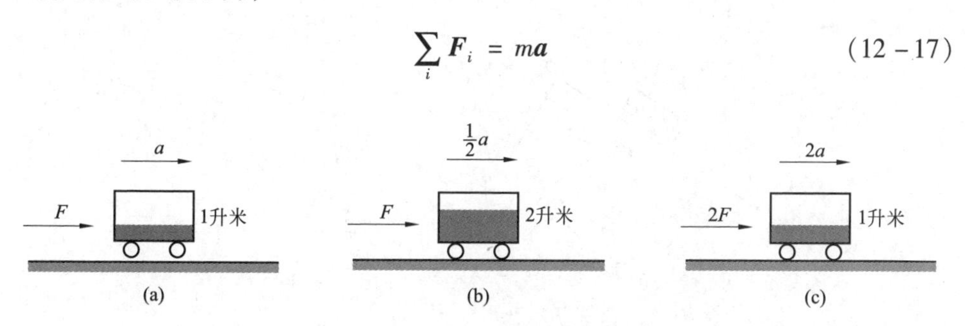

图 12-7　揭示牛顿第二运动定律的试验

其中，$\sum_i \boldsymbol{F}_i$ 表示质点上所受的合外力；$\boldsymbol{a}$ 为质点因合外力而产生的加速度。方程（12-17）的分量表达式为：

$$\sum_i \{F\}_i = m\{a\} \tag{12-18}$$

其中

$$\{F\}_i \equiv \begin{Bmatrix} F_{xi} \\ F_{yi} \\ F_{zi} \end{Bmatrix} \quad \{a\} \equiv \begin{Bmatrix} a_x \\ a_y \\ a_z \end{Bmatrix} \tag{12-19}$$

方程（12－17）在科学史上具有极其重要的地位。下面我们通过一则实例来演示牛顿第二运动定律的应用。

【例 12－3】 图 12－8 所示的光滑斜面上有一质量块从静止开始下滑。问：下滑开始后的 τ 时段内该质量块滑过了多少距离?

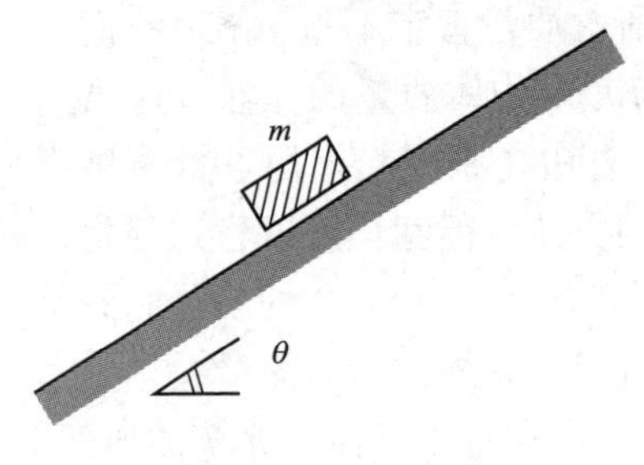

图 12－8　例 12－3 图

【解】 如图 12－9（a）所示建立一固定在斜面上的时空坐标系。将该惯性坐标系的原点设置在质量块由静止开始滑动的那一刻那一点。图 12－9（a）给出了质量块在 t 时刻的构型。在该时空坐标系中，系统的初始条件可表示为：

$$\begin{cases} x(0)=0 \\ \dot{x}(0)=0 \end{cases} \tag{a}$$

如图 12－9（b）对质量块取隔离体并做受力分析。牛顿第二运动定律给出：

$$mg\begin{Bmatrix} \sin\theta \\ \cos\theta \end{Bmatrix} + \begin{Bmatrix} 0 \\ -N \end{Bmatrix} = m\begin{Bmatrix} a_x \\ a_y \end{Bmatrix} = m\begin{Bmatrix} \ddot{x} \\ 0 \end{Bmatrix} \tag{b}$$

由式（b）得质量块的运动方程为，

$$\ddot{x} = g\sin\theta \tag{c}$$

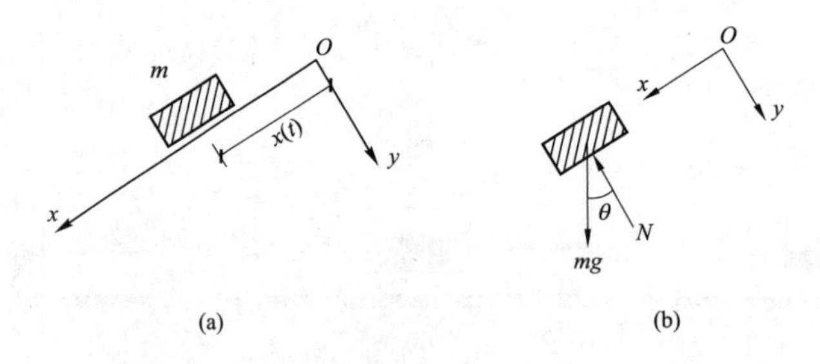

图 12－9

（a）时空坐标系和构型图；（b）质量块的隔离体图

积分式（c）得，

$$\dot{x} = gt\sin\theta + c_1 \tag{d}$$

将式（d）代入初始条件（a）得，$c_1=0$。故，质量块在 t 时刻的速度为：

$$v(t) = \dot{x} = g\sin\theta \tag{e}$$

积分将式（e）得，

$$x(t)=\frac{1}{2}gt^2\sin\theta+c_2 \tag{f}$$

将式（f）代入初始条件（a）得，$c_2=0$。故，质量块在 t 时刻的位移向量 $\boldsymbol{r}$（t）为：

$$\boldsymbol{r}(t)=\begin{Bmatrix}x(t)\\y(t)\end{Bmatrix}=\begin{Bmatrix}\frac{1}{2}gt^2\sin\theta\\0\end{Bmatrix}$$

本例中质量块的滑移距离就是位移向量的模，所以，质量块在 τ 时段内滑过的距离 d（τ）为：

$$d(\tau)=\frac{1}{2}gt^2\sin\theta$$

例 12－3 演示了动力学问题的求解过程。一般说来动力学问题的求解要经历以下三个步骤：

（1）对问题进行构型分析。完整的构型分析包括：建立惯性时空坐标系，明确坐标系的时空原点和空间坐标轴方向；绘出研究对象在 t 时刻的构型图；写出研究对象初始条件在所选择的时空坐标系下的表达式。[例 12－3] 中的式（a）就是质量块的初始条件。

（2）运用牛顿定律建立研究对象的运动方程。[例 12－3] 中的式（c）就是质量块的运动方程。本书研究对象的运动方程限于常微分方程或常微分方程组。

（3）求解运动方程并运用初始条件确定求解过程中出现的待定常数，得问题解。

12.3.3　达朗贝尔原理

静力学中力的平衡是一个易于接受的概念。利用平衡概念来建立研究对象的状态方程是一个形象生动的过程。当物体处于加速运动状态时，其上的力是不平衡的，此时必须运用牛顿第二运动定律建立其运动方程。虽然这在数学上这无可挑剔，但必须承认它不如静力学那样符合直觉而易于想象。本节我们将发现，通过引入惯性力的概念，运动物体也是处于平衡的，完全可以像静力学那样想象和思考。这一将“动”转换为“静”的原理就是著名的达朗贝尔原理。

对于质量为 m 的粒子，牛顿运动方程可写为：

$$\sum_i \boldsymbol{F}_i-m\boldsymbol{a}=\boldsymbol{0} \tag{12-20}$$

其中，$\boldsymbol{F}_i$ 为粒子所受外力，$\boldsymbol{a}$ 为粒子的加速度。令：

$$\boldsymbol{F}^{\mathrm{I}}\equiv-m\boldsymbol{a} \tag{12-21}$$

则方程（12－20）可改写为：

$$\sum_i \boldsymbol{F}_i+\boldsymbol{F}^{\mathrm{I}}=0 \tag{12-22}$$

考虑到 $\boldsymbol{F}^{\mathrm{I}}$ 具有力的量纲同时又和粒子的惯性成正比，故称之为**惯性力**。因为力的原始定义是物体间的相互作用，而惯性力并不是物体间的相互作用，所以，惯性力只是一种虚拟的力。惯性力的定义式（12－21）表明，*惯性力的约定正方向和加速度约定正方向相反，即和空间坐标轴方向相反*。引入惯性力后粒子的状态方程又可写为：

$$\sum \boldsymbol{F} = 0 \tag{12-23}$$

其中，$\sum$表示对粒子所受的所有力求和，包括惯性力。

方程（12－22）或（12－23）就是所谓的**达朗贝尔原理**。这一原理极易被人误解，不是因为它艰深难懂，而恰恰是因为其外表浅显，常被误认为只是简单地移了项、起了一个惯性力的名字而已。其实，达朗贝尔原理揭示的是经典力学上的一个很重要的普遍原理，即，

在考虑惯性力后，任何物体都处于平衡态。

达朗贝尔原理表明，只要静力学规律中加入惯性力，它立刻就变成了动力学规律。

【例 12－4】 运用达朗贝尔原理建立例 12－3 质量块的运动方程。

【解】 首先，继续采用图 12－9（a）所示的时空坐标系和构形图。然后，如图 12－10 取隔离体对质量块进行受力分析。这里除了现实的力以外，还要标出虚拟的惯性力。注意惯性力的约定正方向和空间坐标轴方向是相反的。根据达朗贝尔原理，我们完全可以将图 12－10 所示的质量块当作一个静平衡问题来对待。其在 x 轴方向上的平衡条件为，

$$mg\sin\theta - m\ddot{x} = 0 \tag{12-24}$$

即，

$$\ddot{x} = g\sin\theta \tag{12-25}$$

这和例 12－3 中得到运动方程（c）是一致的。

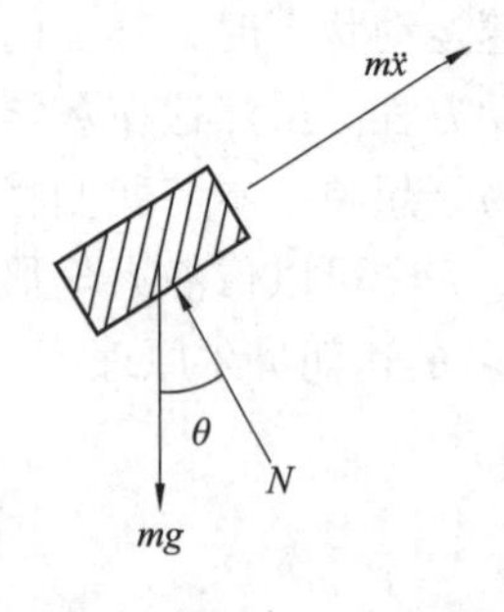

图 12－10 例 12－4 含惯性力的质量块受力分析

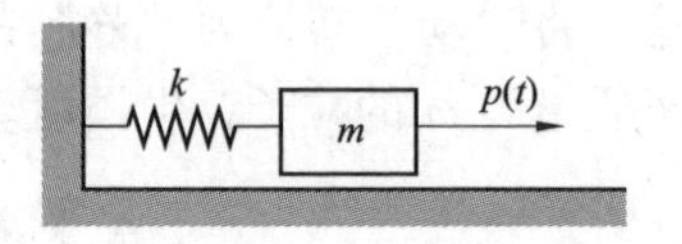

图 12－11 单自由度弹簧振子

12.4 弹簧振子的运动

如图 12－11 所示，一置于光滑平面上的质量块 m 用刚度系数为 k 的弹簧系

于墙壁。在一往复动力 $p(t)$ 作用下，质量块在某平衡位置附近来回振动。这样一个系统就称为**弹簧振子**。工程中的很多振动问题都可以抽象成弹簧振子。本节就来分析弹簧振子的运动。

12.4.1 弹簧振子的运动方程和初始条件

弹簧振子研究大体上分为三步：（1）建立弹簧振子的运动方程；（2）分析弹簧振子的固有动力特性；（3）分析弹簧振子在外激荷载下的运动。其中，运动方程是弹簧振子物理运动的数学描述，建立运动方程是动力分析的起点，本节运用达朗贝尔原理建立弹簧振子的运动方程。

如图 12－12（a）所示，将空间坐标系的原点设在弹簧自由长度处（即弹簧内力为零的位置），时间坐标系的原点设在外力开始作用的那一刻。如果外激荷载为简谐力，则可表示为：

$$p(t) = p_0 \sin\theta t \tag{12-26}$$

其中，p_0 为外激荷载的振幅，θ 为外激荷载的频率。

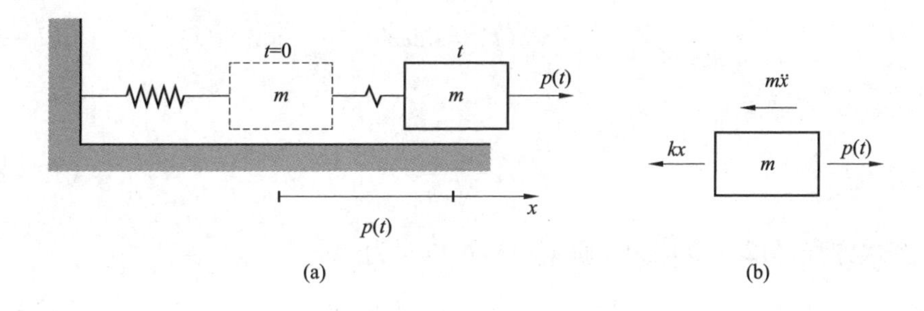

图 12－12
（a）弹簧振子的运动构形；（b）弹簧振子受力分析

为运用达朗贝尔原理建立弹簧振子的运动方程，如图 12－12（b），在 t 时刻对质量块取隔离体进行受力分析。受力分析图中除了现实的弹性恢复力 kx 和外激力 $p(t)$ 以外，还标出了惯性力 $m\ddot{x}$。因为惯性力的约定正方向和坐标轴方向相反，所以，图中 $m\ddot{x}$ 的方向和 x 轴方向相反。

由式（12－23）得如下运动方程

$$m\ddot{x} + kx = p(t) = p_0 \sin\theta t \tag{12-27}$$

这是一个二阶的常微分方程，它决定了一簇 $x(t)$ 曲线，此弹簧振子究竟按哪一条 $x(t)$ 曲线来运动，这还要由问题的初始条件确定。

设，弹簧振子的质量块在 $t=0$ 时刻位于 x_0 处，其速度为 v_0，则

$$\begin{cases} x(0) = x_0 \\ \dot{x}(0) = v_0 \end{cases} \tag{12-28}$$

式（12－28）称为图 12－11 所示弹簧振子的**运动初始条件**。$v_0>0$ 表明质量块在 $t=0$ 时刻沿 x 轴正向运动，反之沿 x 轴负向运动。

弹簧振子的位移时程 $x(t)$ 除了要满足运动方程（12－27）外，还要满足初始条件（12－28）。方程（12－27）和初始条件（12－28）就是弹簧振子完整的数学描述，它是弹簧振子在理论分析中的数学表达，也是动力学问题的分析起点。

12.4.2　弹簧振子的动力特性——自振频率

弹簧振子在外激作用下的响应由两方面的因素决定，一是弹簧振子的固有动力特性，二是外激力。本节通过观测弹簧振子的自由振动来探索其固有动力特性。

弹簧振子的自由振动是指系统在不受外激作用（即 $p(t)=0$）时由某个初始条件产生的振动。此时振子空间位置的时间历程 $x(t)$ 满足如下运动微分方程

$$m\ddot{x}+kx=0 \tag{12-29}$$

显然，方程（12－29）有如下两个线性无关的特解

$$x_{p1}(t)=\cos\omega t \tag{12-30}$$

$$x_{p2}(t)=\sin\omega t \tag{12-31}$$

其中

$$\omega=\sqrt{\frac{k}{m}} \tag{12-32}$$

故，齐次方程（12－29）的通解 $x_c(t)$ 可以写为

$$x_c(t)=A\cos\omega t+B\sin\omega t \tag{12-33}$$

其中，A、B 为待定常数。将式（12－33）代入初始条件（12－28），可解得

$$A=x_0 \tag{12-34}$$

$$B=\frac{v_0}{\omega} \tag{12-35}$$

故，此弹簧振子由初始条件（12－28）产生的运动为

$$x(t)=x_0\cos\omega t+\frac{v_0}{\omega}\sin\omega t \tag{12-36}$$

其中，ω 是弹簧振子自由振动时的频率，称为**自振频率**。式（12－32）表明，自振频率和运动初始条件无关，完全由系统的刚度和质量决定。由此可见，自振频率是弹簧振子的固有动力特性，因此，也称为**固有频率**。

12.4.3　弹簧振子的强迫振动

现在来讨论弹簧振子在外激作用下的运动，也就是运动方程（12－27）所描述的运动。为求解运动微分方程（12－27），设 $x_c(t)$ 为齐次方程（12－29）的通解，$x_p(t)$ 为运动微分方程（12－27）在任意某初始条件下的特解，则

$$m\ddot{x}_{c}+kx_{c}=0 \tag{12-37}$$

$$m\ddot{x}_{p}+kx_{p}=p(t) \tag{12-38}$$

方程（12－37）、（12－38）相加，得

$$m\frac{d^{2}(x_{c}+x_{p})}{dt^{2}}+k(x_{c}+x_{p})=p(t) \tag{12-39}$$

方程（12－39）表明

$$\begin{aligned} x(t)&=x_{c}(t)+x_{p}(t)\\ &=A\cos\omega t+B\sin\omega t+x_{p}(t) \end{aligned} \tag{12-40}$$

为方程（12－27）的解。因含有两个任意常数 A、B，故其为方程（12－27）的通解。现在的问题在于找到特解 $x_{p}(t)$。为此，我们尝试如下形式的解

$$x_{p}=C\sin\theta t \tag{12-41}$$

看看能否找到一个合适的 C 使得函数（12－41）满足方程（12－27）。将式（12－41）代入方程（12－27），得

$$-m\theta^{2}C\sin\theta t+kC\sin\theta t=p_{0}\sin\theta t \tag{12-42}$$

方程（12－42）给出

$$C=\frac{p_{0}}{k}\left(\frac{1}{1-\beta^{2}}\right) \tag{12-43}$$

其中，β 为外激频率和弹簧振子固有频率的比，即

$$\beta\equiv\frac{\theta}{\omega} \tag{12-44}$$

这样我们就找到了方程（12－27）的一个特解

$$x_{p}=\frac{p_{0}}{k}\left(\frac{1}{1-\beta^{2}}\right)\sin\theta t \tag{12-45}$$

将式（12－45）代入式（12－40）得方程（12－27）的通解

$$x(t)=A\cos\omega t+B\sin\omega t+\frac{p_{0}}{k}\left(\frac{1}{1-\beta^{2}}\right)\sin\theta t \tag{12-46}$$

其中，A、B 为任意待定常数由运动初始条件确定。例如，我们可以假设在 $t=0$ 时刻弹簧振子处于无变形的静止状态，即

$$\begin{cases} x(0)=0\\ \dot{x}(0)=0 \end{cases} \tag{12-47}$$

将式（12－46）代入初始条件（12－47），得

$$\begin{cases} A=0\\ B=-\dfrac{p_{0}\beta}{k}\left(\dfrac{1}{1-\beta^{2}}\right) \end{cases} \tag{12-48}$$

将式（12－48）代入式（12－46）得方程（12－27）由初始条件（12－47）决定的特解

$$x(t)=\frac{p_0}{k}\left(\frac{1}{1-\beta^2}\right)(\sin\theta t-\beta\sin\omega t) \qquad (12-49)$$

这就是图12－12所示的弹簧振子从自然的静止状态开始受一简谐力激励时的运动轨迹。可以看出，当外激频率和系统固有频率相同（即 $\theta=\omega$，$\beta=1$）时，振子的振幅将会趋于无穷大，这就是所谓的**共振**，是结构设计中要极力避免的情况。

12.5　结构振动分析

通过前面几节的学习，我们已经为结构振动分析做好了数学、力学上的准备。本节将演示如何综合运用数学、力学、结构三方面的知识来分析一个结构的振动。

12.5.1　结构的动力学模型

结构振动分析的第一步是要为结构建立一个动力学模型。考虑图12－13（a）所示的高层建筑，在结构振动分析中，该结构常被简化为图12－13（b）所示的一个质量线密度为ρ、截面抗弯刚度为EI、竖立着的悬臂梁。这就是高层建筑抗震分析的一维连续动力学模型。以此连续动力学模型为基础运用牛顿第二定律或达朗贝尔原理建立的结构运动方程将是一个二阶偏微分方程，这超出了本书的范畴，在此不做赘述。工程上常进一步将此结构简化为图12－13（c）所示的集中质量模型。集中质量模型和一维悬臂梁模型的区别在于，集中质量模型中所有质量被集中在了杆件顶部，杆件本身没有分布质量，这就是高层建筑振动分析的集中质量动力学模型，也是高层建筑抗震分析中广泛采用的一种动力学模型。下面我们将集中讨论这种单自由度集中质量动力学模型的建立和求解。

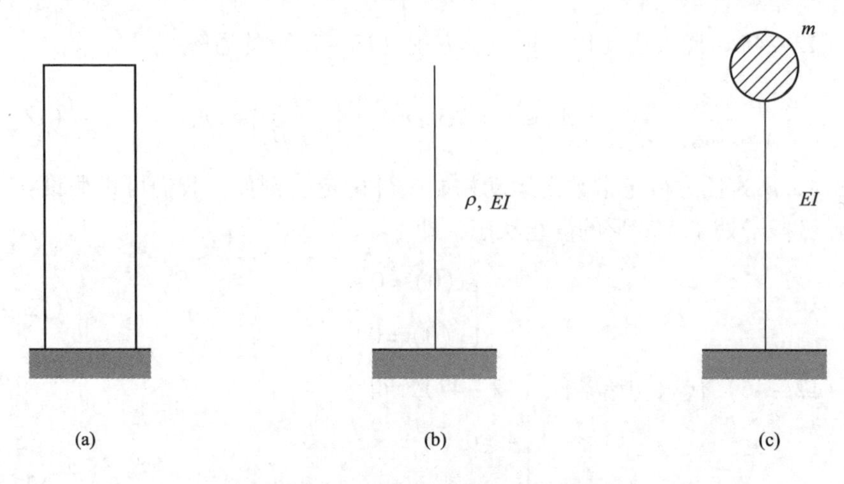

图12－13　高层建筑的动力学模型

（a）高层建筑原型；（b）高层建筑悬臂梁模型；（c）高层建筑集中质量模型

建立集中质量模型的第一个问题是等效物理参数的确定，也就是图 12－13（c）所示的杆件等效刚度 EI 和顶部的等效集中质量 m 的确定。等效刚度 EI 可以由**位移等效原则**确定。具体地说，就是分别在建筑物和集中质量模型的顶端加一个大小相等的水平力，调整等效刚度 EI 使得两者顶端的水平位移相同，这样我们就得到了满足位移等效原则的等效刚度 EI。而集中质量 m 则可以由**频率等效原则**确定，即调整等效集中质量 m 使得集中质量模型的固有频率和原结构的固有频率相同。但一种比较快捷和粗略的做法是直接将原结构质量的一半作为等效集中质量 m。这是进行建筑初步设计和估算时常用的办法。

12.5.2　结构风振分析

动力模型就是结构在振动分析中的“替身”，虽然它摈弃了原结构的很多特点，但从动力学的角度看结构动力学模型和原结构是等价的。建立结构动力分析模型以后，下一步要做的工作就是建立动力学模型的数学描述，即建立结构运动方程。不同的结构不同的外激荷载，运动方程的建立和求解有其不同的特点。本节结合高耸结构风振分析来演示其运动方程建立和求解的全过程，并借此介绍结构抗风设计中的一些基本概念。

高层建筑风振分析可以采用图 12－14（a）所示的单自由度集中质量模型，其中 p（t）为作用于建筑物的风荷载；杆件 01 的截面抗弯刚度为 EI，轴向变形可以忽略。如图 12－14（b）建立空间坐标系，原点 o 设在杆件 0 端，时间坐标系的原点设在风荷载 p（t）开始作用的那一刻。x（t）表示 t 时刻质点 m 的位移。为建立结构的运动方程，如图 12－14（c）对质点 m 取隔离体，做受力分析。为采用达朗贝尔原理建立运动方程，图中标出了惯性力 $m\ddot{x}$，按惯性力的正向约定 $m\ddot{x}$ 指向坐标轴的负方向。F_s 为 t 时刻杆件因变形而施加给质点 m 的恢复力，即

$$F_s = k_{11}x(t) \tag{12-50}$$

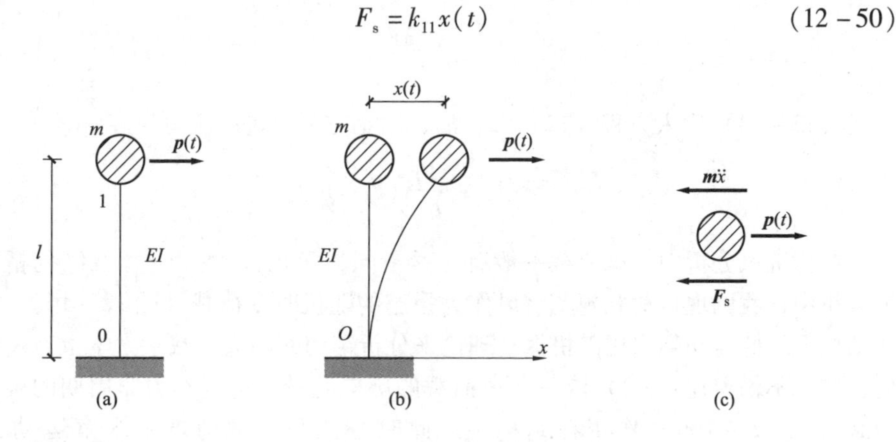

图 12－14　高层建筑风振分析

（a）结构风振动力模型；（b）t 时刻的运动构型；（c）质点 t 时刻隔离体

其中，k_{11} 为结构 1 点发生单位水平位移时，质点 m 所受到的恢复力。质点 m 在 t 时刻的动平衡方程为

$$m\ddot{x}(t)+F_s=p(t) \tag{12-51}$$

即

$$m\ddot{x}(t)+k_{11}x(t)=p(t) \tag{12-52}$$

现在的问题是要得到刚度 k_{11} 的具体表达式。k_{11} 的物理意义表明，它是原结构在1点发生单位位移时，杆件01对质点 m 施加的剪力。为求 k_{11}，我们建立图12－15（a）所示的等效超静力问题。该超静定结构在1处支座发生单位位移（$\Delta=1$）时，在1处产生的剪力 Q_{10} 就是刚度 k_{11}。根据式（9－14）可作出此超静定结构在 $\Delta=1$ 时的弯矩图（图12－15b）。如图12－15（c）对杆件01取隔离体作受力分析，由 $\sum M_0=0$ 得

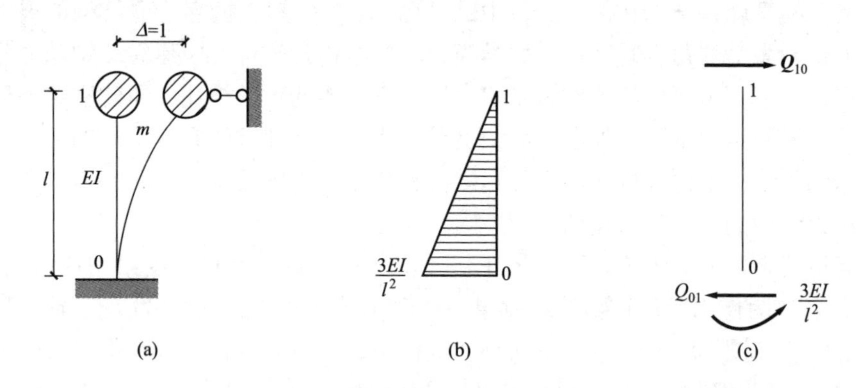

图12－15　结构恢复力分析

（a）等效静力问题；（b）弯矩图；（c）杆件隔离体

$$Q_{10}=\frac{3EI}{l^3} \tag{12-53}$$

即

$$k_{11}=\frac{3EI}{l^3} \tag{12-54}$$

将式（12－54）代入方程（12－52）后，运动方程可进一步写为

$$m\ddot{x}(t)+\frac{3EI}{l^3}x(t)=p(t) \tag{12-55}$$

结构抗风分析中，风荷载一般有三种不同的简化方法：（1）在结构精确抗风分析中，我国现行荷载规范将风作为稳态的随机时变荷载（图12－16a）施加在结构上。此时必须采用随机振动理论来分析结构的响应，数学力学上有一定难度，在此不做赘述。（2）取一条风荷载的历史纪录，将其作为非周期的确定性荷载（图12－16b）作用在结构上。此时必须采用数值方法求解运动方程（12－55）。读者在掌握了简单的微分方程数值求解程序后，这个问题不难解决。（3）将图12－16（b）所示之确定性非周期荷载进一步简化为图12－16（c）所示的确定性周期荷载，这样做的好处是可以求得结构风致响应的解析解。下面我们采用第三种风荷载模型来对结构进行风振分析。

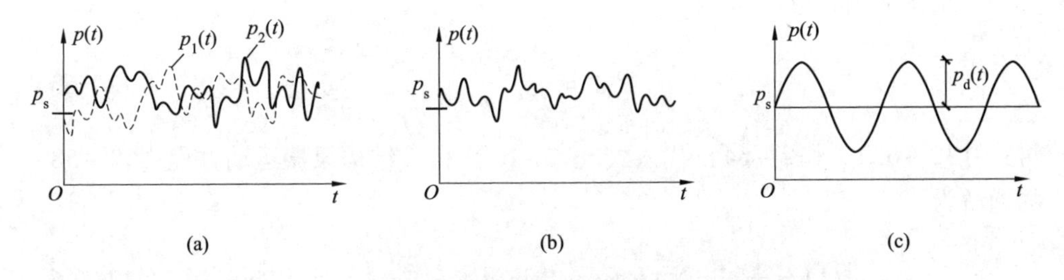

图 12－16 结构抗风设计中常用的几种风荷载模型

（a）稳态随机模型；（b）确定性非周期模型；（c）确定性周期模型

图 12－16（c）所示的确定性周期风荷载 $p(t)$ 可以写为

$$p(t) \equiv p_s + p_d(t) \tag{12-56}$$

其中，p_s 为作用在结构上的**等效静风荷载**[1]；p_d 为作用在结构上的**脉动风荷载**

$$p_d = p_0 \sin\theta t \tag{12-57}$$

将式（12－56）代入式（12－55）得如下描述结构风振的运动微分方程

$$m\ddot{x}(t) + \frac{3EI}{l^3}x(t) = p_s + p_d(t) \tag{12-58}$$

下面来求解运动方程（12－58）。设 x_s 为方程

$$m\ddot{x}_s(t) + \frac{3EI}{l^3}x_s(t) = p_s \tag{12-59}$$

的某特解（即结构在等效静风荷载下的响应）；又令 x_d 为方程

$$m\ddot{x}_d(t) + \frac{3EI}{l^3}x_d(t) = p_d(t) \tag{12-60}$$

的通解（即结构在脉动风作用下的响应），则

$$x \equiv x_s + x_d \tag{12-61}$$

为运动方程（12－58）的通解。显然方程（12－59）有如下特解

$$x_s = \frac{1}{3}\frac{p_s l^3}{EI} \tag{12-62}$$

该特解是不随时间变化的定常解，对应如下初始条件

$$\begin{cases} x_s(0) = \dfrac{1}{3}\dfrac{p_s l^3}{EI} \\ \dot{x}_s(0) = 0 \end{cases} \tag{12-63}$$

由方程（12－27）及其通解（12－46）知，方程（12－60）的通解为

$$x_d = A\cos\omega t + B\sin\omega t + \frac{1}{3}\frac{p_0 l^3}{EI}\left(\frac{1}{1-\beta^2}\right)\sin\theta t \tag{12-64}$$

[1] 将结构抗风简化为静力学问题时，即将此荷载作用在结构上进行静力简化分析。

其中，结构的固有频率 ω 为

$$\omega=\frac{1}{l}\sqrt{\frac{3EI}{ml}} \tag{12-65}$$

将式（12－62）、（12－64）代入式（12－61）得，结构风振运动方程（12－58）的通解为

$$x(t)=\frac{1}{3}\frac{p_s l^3}{EI}+A\cos\omega t+B\sin\omega t+\frac{1}{3}\frac{p_0 l^3}{EI}\left(\frac{1}{1-\beta^2}\right)\sin\theta t \tag{12-66}$$

其中、特定常数 A、B 由初始条件确定。例如，此结构在初始条件

$$\begin{cases}x(0)=\dfrac{1}{3}\dfrac{p_s l^3}{EI}\\ \dot{x}(0)=0\end{cases} \tag{12-67}$$

下的风致响应为

$$x_p(t)=\frac{1}{3}\frac{p_s l^3}{EI}+\frac{1}{3}\frac{p_0 l^3}{EI}\left(\frac{1}{1-\beta^2}\right)(\sin\theta t-\beta\sin\omega t) \tag{12-68}$$

解（12－66）、（12－68）表明，当风激频率和结构自振频率相同（即 $\beta=1$）时，结构会产生共振。这就是为什么会发生按12级飓风设计的高耸建筑被3、5级微风吹垮的原因。此即所谓**微风共振**，是高耸结构设计中特别要防范的灾害。

12.5.3　结构抗震分析

地震是我国的主要自然灾害之一。我国很多地区结构设计的首要任务是做好结构的抗震分析。本节以大跨结构抗震分析为例说明结构抗震分析的主要步骤和特点。

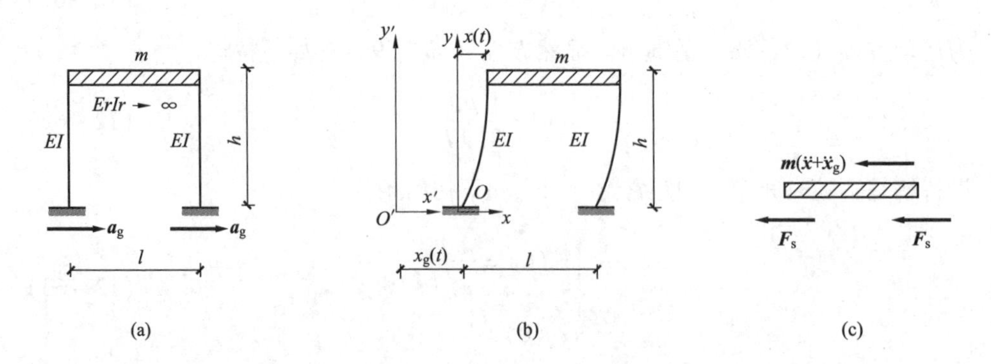

图12－17　大跨结构抗震分析

（a）大跨结构抗震分析模型；（b）地震作用下结构 t 时刻的运动构型；（c）楼盖隔离体受力分析

大跨结构因跨度较大，故屋盖多采用网架、桁架等刚度较大的结构体系。此时屋盖常被简化为刚度无穷大的横梁。相对于大跨屋盖的质量，结构柱子的质量可以忽略不计，只考虑其抗弯刚度 EI。这是结构分析中经常采用的简化方法，由

此可得图 12－17（a）所示的大跨结构抗震分析动力学模型。图中 a_g 为地震来袭时产生的地面加速度。为了建立结构在地震作用下的运动方程，如图 12－17（b）建立时空坐标系，其中，$o'x'y'$ 为固定不动的坐标系；oxy 为随地面运动的坐标系；$x_g(t)$ 为地震来袭时，结构基础相对于固定坐标系的位移，$x(t)$ 为结构屋盖相对于基础的位移。如图 12－17（c）对屋盖（横梁）取隔离体作受力分析，由 $\sum F_x=0$ 得

$$m(\ddot{x}+\ddot{x}_g)+2F_s=0 \tag{12-69}$$

即

$$m\ddot{x}(t)+2k_{11}x(t)=-ma_g(t) \tag{12-70}$$

其中，k_{11} 为单根柱在屋盖发生单位侧移时作用在屋盖上的恢复力，也就是屋盖发生单位侧移时在柱子 1 处产生的剪力 Q_{10}。

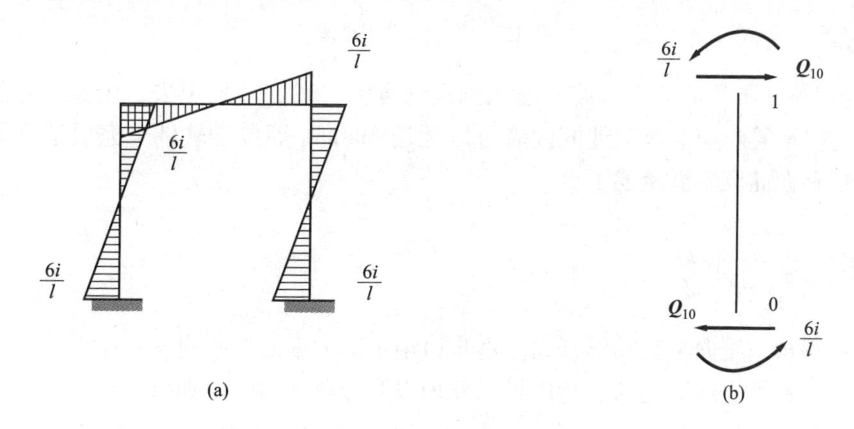

图 12－18　恢复力分析

（a）屋盖发生单位相对位移时的结构弯矩图；（b）柱子隔离体受力分析

图 12－18（a）给出了屋盖相对于基础发生单位侧移时结构的弯矩图。图中，$i\equiv EI/l$ 为柱子的线刚度。如图 12－18（b）对柱子取隔离体作受力分析，由 $\sum M_0=0$ 得

$$Q_{10}=\frac{12EI}{l^3} \tag{12-71}$$

据此，方程（12－70）可进一步写为

$$m\ddot{x}(t)+\frac{24EI}{l^3}x(t)=-ma_g(t) \tag{12-72}$$

其中，$a_g(t)$ 为地震产生的地面运动加速度；ma_g 就是地震作用在结构上的**地震荷载**，它和结构的质量 m、地震加速度 a_g 均成正比。

实际观测表明，地震产生的地面加速度是非稳态的随机过程。图 12－19 为汶川地震时的地面加速度时程纪录。可见看出，和风荷载不同，结构的地震荷载是非稳态随机过程。严格说来，结构地震响应分析应该采用非稳态随机振动分析，这在数学上有一些困难。为简化起见，我国规范建议将单个地震加速度时程

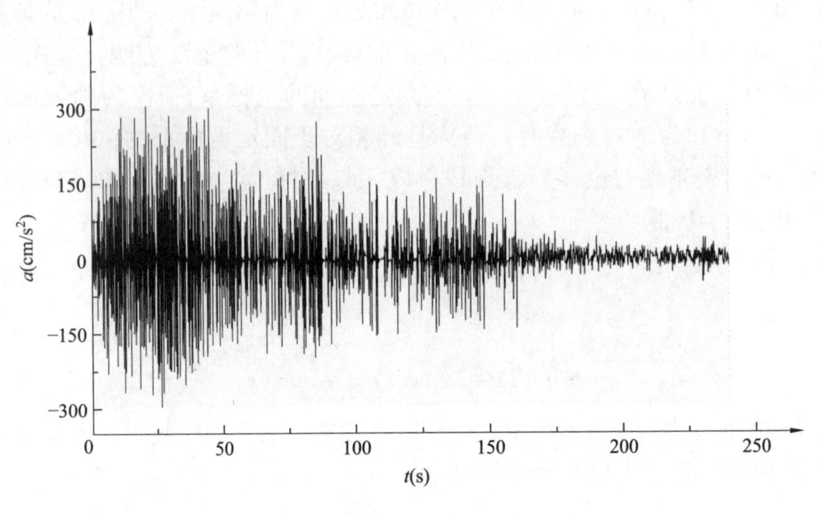

图 12-19 汶川地震波

（如汶川波、天津波、人工波）输入到运动方程（12-72）中去，用数值方法计算结构的地震响应。有兴趣的读者可以运用 MatLab 等数学软件来完成这部分工作，本书在此就不做赘述了。

12.6 本章小结

本章从三维向量运动学开始，逐步讨论了动力学的核心内容：牛顿第一运动定律、牛顿第二运动定律、达朗贝尔原理以及经典动力学的典型范例——单自由度弹簧振子。集中展示了经典动力学的核心理论和分析问题的基本方法及其流程。在此基础上，讨论了建筑结构设计中的两个核心动力学问题：结构风振分析和结构抗震分析，并借此演示了经典动力学在结构动力分析中的应用技巧和基本概念。

对结构进行动力分析，首先要对结构模型进行二次抽象，建立结构的动力学模型。就动力特性而言，结构动力模型和原结构完全等价。因为动力分析中要考虑物体加速度的影响，所以须建立时空坐标系来描述结构动力模型的运动构型。建立结构的动力学模型并进行运动构型分析是结构动力分析的起点，也是关乎全局的一步。

运动学意义上的时空坐标系具有任意性，但动力分析中必须采用惯性坐标系。牛顿第一运动定律给出了惯性系的判别方法；牛顿第二运动定律则给出了惯性系下力和物体运动变化规律之间的关系，它是建立物体运动数学描述——运动方程的关键。经典力学的运动方程是关于时间的二阶微分方程。结构运动的初始条件就是其二阶运动微分方程的数学定解条件。

达朗贝尔原理通过引入惯性力的概念，将动力学问题转化成了含有惯性力的等效静力学问题。需要注意的是，位移、速度、加速度等物理量的约定正向和构型空间的坐标轴方向相同，但惯性力的约定正向和坐标轴方向相反。运用达朗贝尔原理建立结构的运动方程时，我们只需在隔离体中标出惯性力，然后完全按静力学中建立平衡方程的流程就可以建立结构的运动方程。这极大地简化了动力学问题的思考流程，因此，达朗贝尔原理在动力分析中具有特别重要的意义。

弹簧振子的运动方程及其求解过程是经典动力学中的一个典型范例，它高度集中地展现了动力学问题的许多关键方法和核心概念。自振频率是弹簧振子的固有动力特性，它和弹簧振子的运动初始条件共同决定了振子的自由振动。弹簧振子强迫振动的通解由其齐次方程的通解和强迫振动方程的特解叠加而成，通解的待定参数由振子的运动初始条件确定。当外激荷载的频率和弹簧振子的自振频率相同时，振子的位移响应会趋于无穷大，这就是动力学中的共振现象。

结构抗风和结构抗震是结构动力分析的两大核心内容。无论是高层建筑还是大跨结构，其风振分析可以简化为一个单自由度体系在稳态集中力作用下的经典动力学问题。特别值得注意的是，当风激频率和结构自振频率相近时会出现微风共振，这是高耸结构设计中特别要防范的灾害。类似，高层建筑和大跨结构抗震分析可以简化为一个单自由度系统在非稳态地基运动激励下的动力学问题，此时的地基运动将转化为等效地震荷载作用在结构上。结构的地震荷载和结构的质量，与地基运动的加速度成正比。

习　题

12－1　如题12－1图所示，一质量 m 的轿车从静止开始加速。发动机牵引力为 F，地面摩擦阻力为 f。试用牛顿第二定律建立轿车的运动方程，并求轿车从静止加速到100km/h所需要的时间。

12－2　如题12－2图所示，一质量 m 的轿车在坡度角为 θ 的斜坡上行驶。发动机牵引力为 F，地面摩擦阻力为 f，试用达朗贝尔原理建立轿车的运动方程。如果轿车的初始速度为 v_0，求轿车在 t 秒后的速度。

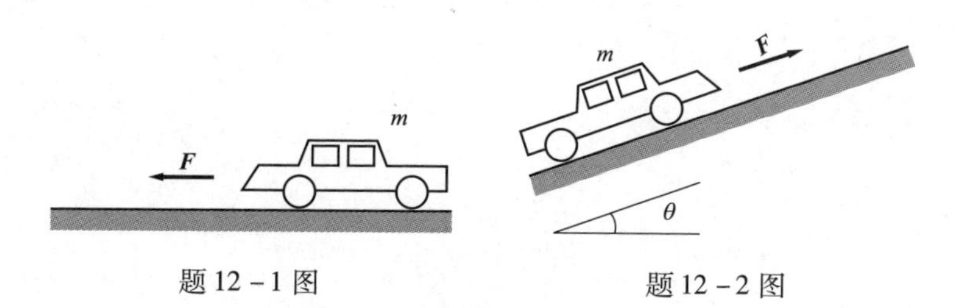

题12－1图　　题12－2图

12－3　如题12－3图所示，一质量块 m 系于刚度系数为 k 的弹簧下。建立此弹簧振子的运动方程，并求其自振频率。

12－4　如题12－4图所示，一质量块 m 系于刚度系数为 k 的弹簧下。建立质量块在 $p(t)=p_0\sin\theta t$ 激励下的运动方程，并求此系统的位移响应。

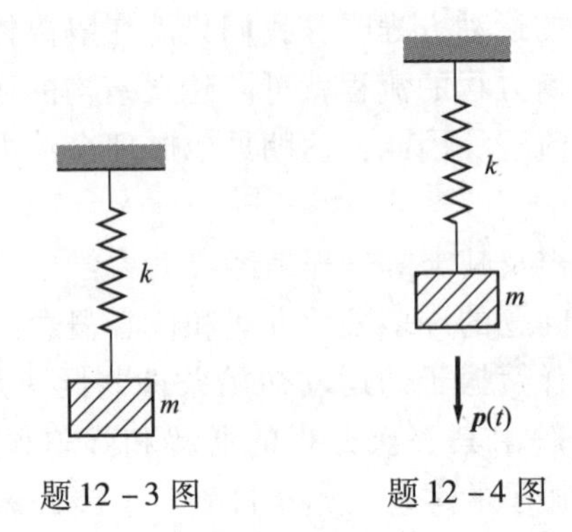

题12－3图　　　题12－4图

12－5　如图所示为某高层建筑抗震分析的单自由度动力学模型。建筑质量 m 集中于杆件顶端，杆件的截面抗弯刚度为 EI，地震激励产生的基础运动加速度为 $a_g(t)$。试建立此单自由度动力学模型的运动方程，并求其固有频率。

12－6　如图所示为某大跨结构风振分析的动力学模型。结构质量 m 集中于屋盖（横梁）处，屋盖的抗弯刚度趋于无穷大，框架柱的截面抗弯刚度为 EI，所有杆件均忽略轴向变形。结构风荷载 $p(t)$ 作用于屋盖处。试建立此问题的运动方程，并求屋盖在 $p(t)=p_0\sin\theta t$ 下的位移响应，以及发生微风共振的条件。

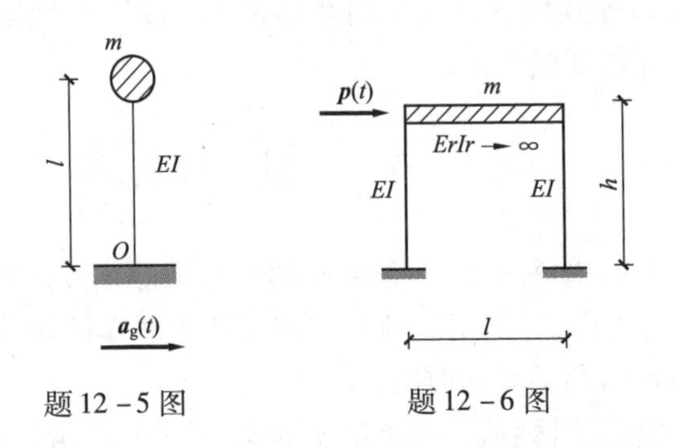

题12－5图　　　题12－6图

附录 I　部分习题答案

第 2 章

2－7　$F_R=120N$；$\alpha=60°$。

2－8　$F_{BA}=-9.06kN$；$F_T=5.73kN$。

2－9　$F_A=0.8kN$；$F_B=1.2kN$；$F_C=1.2kN$。

2－10　（a）$\alpha=30°$；（b）$W_B=\frac{1}{3}W_A$。

2－11　（a）$F_R=0$；$M=\frac{\sqrt{3}}{2}Fa$。（b）$F_R=2F$；$M_A=\frac{\sqrt{3}}{2}Fa$。

2－12　$\theta=2\arcsin\frac{W_1}{W_2}$。

第 3 章

3－6　（a）$F_{HA}=0$；$F_{VA}=5kN\cdot m$。（b）$F_{HA}=0$；$F_{VA}=-4kN\cdot m$。

3－7　（a）$F_{HA}=F_P$；$F_{VA}=-F_P/2$；$F_D=F_P/2$。

第 4 章

4－3　（a）几何不变体系，无多余约束；（b）几何不变体系，无多余约束；（c）几何不变体系，无多余约束；（d）几何可变体系，有一多余约束；（e）几何可变体系，无多余约束；（f）几何可变体系，无多余约束；（g）几何不变体系，无多余约束；（h）瞬变体系；（i）几何不变体系，有一多余约束；（j）几何不变体系，无多余约束；（k）几何不变体系，无多余约束；（l）瞬变体系；（m）几何不变体系，有一多余约束；（n）几何不变体系，无多余约束；（o）几何不变体系，无多余约束；（p）几何不变体系，无多余约束；（q）几何不变体系，无多余约束；（r）瞬变体系；（s）几何不变体系，有一多余约束；（t）几何不变体系，有一多余约束。

第 5 章

5－1　（a）$M_C=\frac{F_P l}{2}$，$F_{QC}^L=\frac{F_P}{2}$，$F_{QC}^R=-\frac{F_P}{2}$

（b）$M_C=2kN\cdot m$，$F_{QC}=-1kN$

（c）$M_C=10kN\cdot m$，$F_{QC}=-7kN$

（d）$M_C=0.75kN\cdot m$，$F_{QC}=-2kN$

（e）$M_C=144kN\cdot m$，$F_{QC}^L=72kN$，$F_{QC}^R=32kN$

（f）$M_C^L=40kN\cdot m$，$M_C^R=0$，$F_{QC}=-20kN$

5-2 (a) $M_C=8kN\cdot m$，$F_{NCA}=2.68kN$，$F_{QCA}=-5.3kN$，$F_{NCB}=0$，$F_{QCB}=-6kN$

(b) $M_{CA}=30kN\cdot m$，$M_{CB}=10kN\cdot m$，$F_{NCA}=-6kN$，$F_{QCA}=8kN$，$F_{NCB}=6kN$，$F_{QCB}=-8kN$

5-3 (a) $F_{BY}=140kN$，$M_B=120kN\cdot m$，$F_{QB}^L=-60kN$

(b) $M_A=\frac{F_P l}{4}$，$F_{QA}=\frac{F_P}{4}$

(c) $M_A=80kN\cdot m$，$M_C=80kN\cdot m$，$M_E=40kN\cdot m$，$F_{QAB}=80kN$，$F_{QC}^L=-40kN$，$F_{QC}^R=40kN$

(d) $M_A=4.5kN\cdot m$，$F_{QA}^L=2.25kN$，$F_{QA}^R=-1.75kN$，$M_C=1.88kN\cdot m$，$F_{QC}^L=-0.22kN$，$F_{QC}^R=1.88kN$

5-4 (a) $M_{AB}=30kN\cdot m$，$F_{NAB}=-100kN$，$F_{QAB}=0$

(b) $M_{CB}=30kN\cdot m$，$F_{NCB}=-6kN$，$F_{QCB}=-4.67kN$

(c) $M_{CB}=36kN\cdot m$，$F_{NCB}=-4kN$，$F_{QCB}=-4kN$

(d) $M_{CB}=16kN\cdot m$，$F_{NCB}=-8kN$，$F_{QCB}=0$

5-5 (a) $M_{DE}=3F_P$，$F_{NDE}=-\frac{F_P}{2}$，$F_{QDE}=\frac{F_P}{2}$

(b) $M_{DE}=1kN\cdot m$，$F_{NDE}=0$，$F_{QDE}=-\frac{1}{a}$

(c) $M_{BA}=12.5kN\cdot m$，$F_{NBA}=-2.5kN$，$F_{QBA}=-2.08kN$

(d) $M_{DC}=60kN\cdot m$，$F_{NDC}=-20kN$，$F_{QDC}=-20kN$

5-6 (a) $F_{N56}=40kN$

(b) $F_{N35}=-15kN$，$F_{N34}=6.3kN$

(c) $F_{N24}=-80kN$，$F_{N23}=144.2kN$，$F_{N67}=56.6kN$，$F_{N89}=36.1kN$

(d) $F_{N32}=6.7kN$，$F_{N37}=-8.3kN$，$F_{N57}=-1.7kN$

5-7 (a) $F_{Na}=18kN$，$F_{Nb}=37.5kN$

(b) $F_{Na}=52.5kN$，$F_{Nb}=18kN$，$F_{Nc}=-18kN$

(c) $F_{Na}=40kN$，$F_{Nb}=20kN$，$F_{Nc}=-105.1kN$

(d) $F_{Na}=-16kN$，$F_{Nb}=-17.5kN$，$F_{Nc}=30kN$

(e) $F_{Na}=30kN$，$F_{Nb}=0$，$F_{Nc}=-20kN$

(f) $F_{Na}=-2F_P$，$F_{Nb}=0.7F_P$，$F_{Nc}=-F_P$

第6章

6-1

截面方位	σ_α(MPa)	τ_α(MPa)
0°	100	0
30°	75	43.3
45°	50	50
60°	25	43.3
90°	0	0

6－2 （1）最大压力 $N_{CB}=260kN$

（2）$\sigma_{AC}=-2.5MPa$，$\sigma_{CB}=-6.5MPa$

（3）$\varepsilon_{AC}=-0.25\times10^{-3}$，$\varepsilon_{CB}=-0.65\times10^{-3}$

（4）$\Delta L=-1.35mm$

6－3 $\sigma=149MPa$，$E=2.03\times10^{5}MPa$

6－4 $A=397mm^2$

6－5 $\sigma_{max}=352MPa$

6－6 $\sigma_{max}=40.7MPa$

6－7 $\Delta L=\dfrac{qL^3}{2bh^2E}$

6－8 单元体1：$\sigma=0$；$\tau=\dfrac{3}{2}\dfrac{P}{bh}$；

单元体2：$\sigma=\dfrac{3Pa}{bh^2}$，$\tau=\dfrac{9}{4}\dfrac{Pa}{(L-2a)bh}$；

单元体3：$\sigma=0$，$\tau=0$。

6－9 $b\geqslant61.5mm$，$h\geqslant184.5mm$

第7章

7－3 $X_A=10kN(\leftarrow)$，$Y_A=2.5kN(\downarrow)$，$Y_B=2.5kN(\uparrow)$，

$M_E=5kN\cdot m$，$F_{QE}=-2.5kN$

7－4 $Y_B=17.5kN(\uparrow)$，$M_B=10kN\cdot m$

7－5 （a）$\Delta=1cm(\leftarrow)$，（b）$\Delta=0.25cm(\leftarrow)$，（c）$\Delta=0.25cm(\rightarrow)$

7－6 $\Delta_{VK}=\Delta_y-3a\Delta_\varphi(\downarrow)$，$\Delta_{HK}=\Delta_x+a\Delta_\varphi(\leftarrow)$，$\theta_K=\Delta_\varphi$

7－7 $\Delta_C=6.828\dfrac{F_Pa}{EA}(\downarrow)$

7－8 $\Delta_C=4.828\dfrac{F_Pa}{EA}(\rightarrow)$

7－9 $\Delta_C=23.6\dfrac{F_Pa}{EA}(\leftarrow)$

7－10 （a）$\dfrac{11F_Pl^3}{2EI}(\leftarrow)$

（b）$8.33mm(\leftarrow)$

（c）$\dfrac{ql^4}{30EI}(\leftarrow)$

7－11 （a）$\Delta_{VA}=29.3mm(\uparrow)$

（b）$\theta_C=0.021rad$

（c）$\Delta_{HE}=\dfrac{3ql^4}{256EI}(\rightarrow)$，$\theta_B=\dfrac{11ql^3}{384EI}$

（d）$\Delta_{VC}=28.97mm(\downarrow)$

7－12　$\Delta_{VC}=30\alpha_l l+30\alpha_l l^2/h(\uparrow)$

第8章

8－3　(a) 3次，(b) 1次，(c) 2次，(d) 1次，(e) 15次，(f) 3次（整体有3个自由度），(g) 5次，(h) 1次，(i) 28次，(j) 4次

8－4　(a) $M_{AB}-\frac{3}{16}Fl$

(b) $F_{By}=\frac{F}{2}\frac{2l^3-3l^2a+a^3}{l^3-\left(1-\frac{I_2}{I_1}\right)a^3}$

(c) $M_{AB}=M_{BA}=\frac{ql^2}{12}$

(d) $M_C=\frac{1}{8}ql^2$

8－5　(a) $M_{AB}=\frac{15}{7}$kN·m；$M_{BC}=\frac{15}{7}$kN·m

(b) $M_{DA}=45$kN·m；$M_{DB}=0$

(c) $M_{AB}=86.15$kN·m

(d) $M_{AB}=49.04$kN·m

(e) $M_{CD}=2.18$kN·m；$M_{DC}=30.58$kN·m

$M_{DB}=2.18$kN·m；$M_{DE}=28.36$kN·m

(f) $M_{BA}=4.5$kN·m；$M_{AB}=0$

8－6　(a) $M_{BD}=90$kN·m

(b) $M_{AD}=216.48$kN·m；$M_{BF}=107.92$kN·m

$M_{CG}=25.29$kN·m；$M_{FE}=37.04$kN·m

8－7　(a) $F_{NAB}=0.414F$

(b) $F_{NAB}=0.896F$

8－8　(a) $M_{AD}=17.47$kN·m

(b) $M_{DA}=\frac{1}{14}ql^2$

(c) $M_{DE}=0.0453ql^2$

(d) $M_{EC}=1.8F$；$M_{CE}=1.2F$

$M_{CA}=3F$；$M_{CD}=4.2F$

(e) $M_{DA}=\frac{1}{24}ql^2$

(f) $M_{AB}=\frac{91}{112}ql^2$

8－9　$M_{CA}=\frac{3750\alpha EI}{7l}$

第9章

9-4 (a) 3

(b) (1) 10; (2) 9

(c) (1) 4; (2) 9

(d) (1) 3; (2) 2

(e) 3

(f) 7

(g) 7

(h) 9

9-5 (a) $M_{DB}=4i\theta_D$, $M_{DA}=3i\theta_D+\frac{3ql^2}{16}$

$M_{DC}=i\theta_D-\frac{ql^2}{3}$, $8i\theta_D-\frac{7}{48}ql^2=0$

(b) $M_{DA}=3\times\frac{EI}{4}\theta_D+5$, $M_{DB}=EI\theta_D$

$M_{DC}=-40\text{kN}\cdot\text{m}$, $1.75EI=35$

(c) $M_{EA}=4\frac{E}{l}\theta_E$, $M_{ED}=24\frac{E}{l}\theta_E$

$M_{EC}=2\frac{E}{l}\theta_E$, $M_{EB}=0$, $30\frac{E}{l}\theta_E=M_0$

(d) $M_{AB}=4i\theta_A+2i\theta_B$, $M_{BA}=4i\theta_B+2i\theta_A$

$M_{BF}=i\theta_B+\frac{3ql^2}{8}$, $M_{BE}=3i\theta_B-\frac{3ql^2}{16}$

$8i\theta_A+2i\theta_B+\frac{ql^2}{2}=0$, $2i\theta_A+8i\theta_B+\frac{3ql^2}{16}=0$

(e) $M_{AD}=4i\theta_A+2i\theta_B$, $M_{AE}=4i\theta_A$

$M_{AF}=3i\theta_A-\frac{3ql^2}{16}$, $M_{BC}=i\theta_B+\frac{ql^2}{3}$

$15i\theta_A+2i\theta_B-\frac{3ql^2}{16}=0$, $2i\theta_A+5i\theta_B+\frac{ql^2}{3}=0$

(f) $M_{BA}=4i\theta_B+2i\theta_A$, $M_{BC}=3i\theta_B-3\frac{i}{l}\Delta_C$

$M_{CD}=0$, $7i\theta_B+2i\theta_A-3\frac{i}{l}\Delta_C=0$

9-6 (a) $M_{CB}=\frac{5ql^2}{48}$

(b) $M_{BC}=-20.67\text{kN}\cdot\text{m}$

(c) $M_{CA}=8.6\text{kN}\cdot\text{m}$

(d) $M_{CB}=-11.2\text{kN}\cdot\text{m}$

(e) $M_{BA}=68.57\text{kN}\cdot\text{m}$

(f) $M_{CB}=-8.7kN \cdot m$

(g) $M_{AB}=-\frac{41}{280}$, $M_{BC}=-\frac{11}{280}kN \cdot m$

(h) $M_{AB}=27.2kN \cdot m$, $M_{BC}=-54.3kN \cdot m$, $M_{CB}=70.3kN \cdot m$

(i) $M_{AC}=-150kN \cdot m$, $M_{CA}=-30kN \cdot m$, $M_{BD}=M_{DB}=-90kN \cdot m$

(j) $M_{AC}=-225kN \cdot m$, $M_{BD}=-135kN \cdot m$, $F_{QAC}=97.5kN$

第10章

10-5 $d=54.88mm$

10-6 $\theta=\arctan(\cot^2\beta)$

第11章

11-1 (a) $M_B=309kN \cdot m$, $M_C=206kN \cdot m$

(b) $M_A=M_A=M_C=240kN \cdot m$

(c) $M_A=240kN \cdot m$

11-3 (a) $M=\frac{1}{4}F_p h$; (b) $M=\frac{1}{6}F_p h$

附录Ⅱ　常用截面的几何性质计算公式

截面形状和形心轴的位置	面积 A	惯性矩	
		I_x	I_y
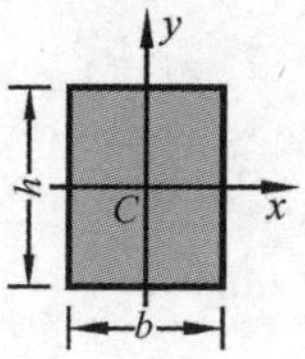	bh	$\frac{bh^3}{12}$	$\frac{b^3h}{12}$
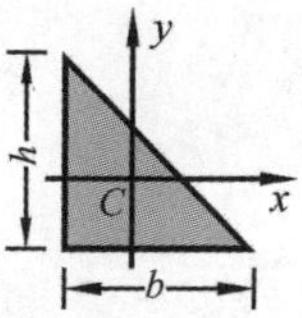	$\frac{bh}{2}$	$\frac{bh^3}{36}$	$\frac{b^3h}{36}$
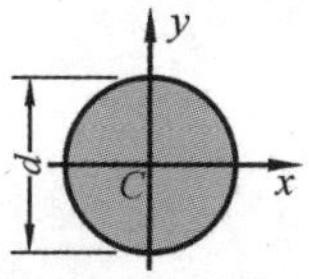	$\frac{\pi d^2}{4}$	$\frac{\pi d^4}{64}$	$\frac{\pi d^4}{64}$
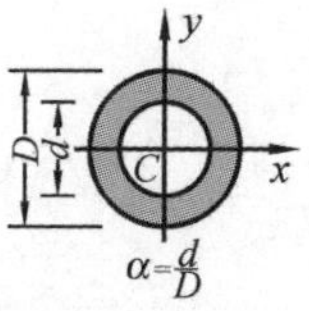 $\alpha=\frac{d}{D}$	$\frac{\pi D^2}{4}(1-\alpha^2)$	$\frac{\pi D^4}{64}(1-\alpha^4)$	$\frac{\pi D^4}{64}(1-\alpha^4)$
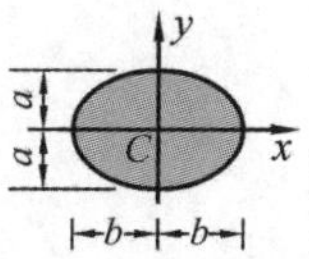	πab	$\frac{\pi}{4}ab^3$	$\frac{\pi}{4}a^3b$

附录Ⅲ 索 引

参考文献

[1] 单建，吕令毅. 结构力学 [M]. 南京：东南大学出版社，2004.
[2] 龙驭球，包世华. 结构力学教程 [M]. 北京：高等教育出版社，1988.
[3] 沈养中等. 结构力学 [M]. 北京：科学出版社，2001.
[4] K. M. Leet and C. M. Uang. Fundamentals of Structural Analysis [M]. New York：McGraw-Hill, 2005.
[5] 孙训方，方孝淑，关来泰. 材料力学 [M]. 北京：高等教育出版社，1994.
[6] 李世清，舒昶. 材料力学 [M]. 重庆：重庆大学出版社，1998.
[7] 徐芝纶. 弹性力学简明教程 [M]. 北京：高等教育出版社，1980.
[8] 吴家龙. 弹性力学 [M]. 北京：高等教育出版社，2001.
[9] 虞季森. 建筑力学 [M]. 北京：中国建筑工业出版社，1995.
[10] 刘光栋，洪范文，彭绍佩. 房屋建筑力学 [M]. 长沙：湖南科学技术出版社，1987.
[11] G. S. Light and T. S. Kalsi, Theoretical Mechanics [M]. New York：Longman Inc. , 1977.